ABCd'Air de l'aviation

Collection « Aviation » dirigée par Pierre Sparaco

En couverture : À gauche, en haut : Vautour (1985), collection particulière.
au centre : Mirage III (1985), collection particulière.
en bas : N 266 (1985), collection particulière.
À droite : Eurofighter Typhoon (2005), © IBO/SIPA.

Toutes les illustrations intérieures sont issues de la collection particulière de l'auteur, à l'exception des suivantes :
p. 118 (d) : DR Scott M. Liebormann/SIPA/AP,
p. 118 (g) : NASA,
p. 162 (g, d) : AP/SIPA,
p. 364 (b) et p. 437 : DGA/CEV.

10, rue des Arts – BP 38028 – 31080 Toulouse Cedex 6

ISBN : 978-2-7089-9206-1

Dépôt légal : avril 2007.

Robert Galan

ABCd'Air de l'aviation

Préface de Jean-Pierre Haigneré

Aviation

Éditions Privat

Préface

J'ai connu Robert Galan au Centre d'essais en vol (CEV) de Brétigny-sur-Orge, dans les années 1980, et il nous y est souvent arrivé de partager le manche du même avion. Il est rapidement devenu un ami cher.

À cette époque, le CEV était encore le club très réservé où les nouveaux pilotes pouvaient côtoyer des collègues issus de l'époque glorieuse des essais en vol. Nous n'en étions certes plus comme eux à voler presque chaque semaine sur un nouveau prototype. Mais grâce à leur présence, le CEV avait gardé une pratique où les pilotes d'essai étaient investis d'une confiance *a priori* qui leur donnait toujours accès à un large spectre de machines volantes. Cette confiance était un privilège rare dont nous étions fiers, et nous n'hésitions jamais à l'exercer. La contrepartie naturelle faisait que l'erreur n'était pas facilement pardonnée, pas plus que la malchance. Les réputations pouvaient ainsi se faire, ou plus cruellement se défaire, en quelques heures. Mais les plus talentueux pouvaient rapidement gravir les échelons en ayant accès aux avions nouveaux ainsi qu'aux essais les plus exigeants. Ces vols où l'on explore l'inconnu nous donnaient le sentiment d'accomplir pleinement notre métier en mettant à l'épreuve notre jugement et notre expérience.

Robert Galan a exercé sa fonction de pilote sur près de 180 appareils différents. Cet impressionnant nombre traduit une expérience exceptionnelle et constitue en soi la radiographie du talent de l'auteur et sa quête d'universalité. Envions-lui en passant les vols sur les très particuliers prototypes des Mirage G et G-8, expérience que bien peu de pilotes ont connue, les prestigieux vols de certification de presque toute la famille Airbus et son expérience de commandant de bord à UTA et Air France.

La forme arbitraire d'abécédaire choisie par Robert pour ce livre permet de présenter agréablement une grande diversité de sujets sur lesquels il apporte de précieux éclairages personnels, inspirés de sa longue et riche carrière. Car Robert Galan ne se contente pas d'être devenu un expert multicartes de l'aéronautique, il s'est aussi beaucoup consacré au partage de ses connaissances. Il est ainsi devenu un pédagogue et un auteur renommé pour nombre de ceux en France qui ont prétendu à des qualifications professionnelles.

Toutes ces expériences accumulées lui ont naturellement donné le statut de « sage », ce que l'administration judiciaire n'a pas manqué de reconnaître en l'accueillant comme expert aéronautique auprès des tribunaux internationaux.

En filigrane de ces pages se trouve aussi la description d'une carrière exceptionnelle qu'il ne serait plus possible de reproduire aujourd'hui. Grâce aux moyens de calcul modernes, les vols d'essai ont largement perdu leur nature exploratoire pour devenir essentiellement des vérifications où l'homme joue un nouveau rôle, moins noble et beaucoup plus cloisonné.

Pour cette raison particulière et pour de nombreuses autres, ce document est une référence précieuse que tous les amateurs d'aviation auront plaisir et intérêt à parcourir, car c'est le témoignage exclusif de ce qu'a pu être la vie d'un aviateur à une des époques les plus prestigieuses de l'aviation française.

Jean-Pierre Haigneré

Préambule

J'ai passé une grande partie de ma vie dans les avions. Plus de deux années pleines si je mets bout à bout toutes mes heures de vol, soit au total quelque 750 jours. J'ai également passé beaucoup de temps autour des avions, à les analyser, à en parler... Cela m'a conduit à vivre ou à côtoyer bien des moments de l'aéronautique. À vivre des expériences et à écouter celles des autres. À me retrouver au bout du compte en possession d'un capital d'informations qui, chaque fois que j'en parle, attise la curiosité de ceux qui s'intéressent à l'aviation, et parfois de ceux qui n'y connaissent pas grand chose. Au point que je me suis dit, alors que ma vie est en approche finale sur l'aire de repos éternel, que cela valait peut-être la peine de laisser mon bagage à la consigne de l'aérodrome, pour que ceux qui me suivent puissent y trouver matière à réflexion. Ou simplement du plaisir.

J'ai cherché à présenter dans le recueil qui s'ouvre ici des souvenirs en désordre, mais aussi des anecdotes sur les essais en vol, les avions, l'aviation commerciale, les accidents... Pour donner un semblant de cohésion à cette matière multiforme et désordonnée, je n'ai pas trouvé mieux que l'ordre alphabétique, qui n'a d'ordre que le nom. J'ai réparti ce fatras aéronautique en deux cents articles dans un découpage totalement artificiel.

Je rapporte ici fidèlement les expériences que j'ai vécues. Pour le reste, je ne me porte pas garant de la véracité absolue de ce qui est raconté dans ces pages, et qui n'est pas de première main : certains faits relatés ici m'ont été transmis par d'autres, qui ont pu se tromper. Disons qu'il y a sans doute parfois des dérapages dans la fiction, dont je n'assume pas la responsabilité. Et puis, dans mon élan, je force parfois un peu le trait, comme il convient à un homme du Midi. Mais il faut toujours un peu forcer le trait pour que l'image passe la rampe.

En fait, le but de cet ouvrage est surtout de faire plaisir au lecteur, de l'intéresser ou de l'amuser. Si quelqu'un voulait aller plus loin dans un des domaines abordés, il lui faudrait d'abord vérifier dans des ouvrages plus conséquents le bien-fondé de ce que j'avance. En retenant toutefois que je me suis appliqué à toujours rester aussi près que possible de la vérité. Ce qui veut dire que si ce récit comporte des erreurs ou des inexactitudes, cela serait purement accidentel et à mettre au compte de l'inadvertance.

Avertissement au lecteur : Certains sujets relèvent parfois de différents articles. Il y a, de ce fait, des renvois d'un article sur un autre, signalés par le nom de l'article auquel le lecteur est renvoyé, en italiques. Comme *Airbus*.

Sommaire

A

B

C

D

E

F

G

H

I

J

L

M

N

O

P

R

S

T

U

V

W

Z

A comme...

Aéronef

Les hasards de l'alphabet et de la langue française font que le premier mot de l'abécédaire qui s'ouvre ici est « aéronef ».

Ce mot a été forgé au tout début de l'aviation par des linguistes qui ont fait précéder le terme « nef » – navire – du préfixe « aéro » – air. Plus tard, on a distingué parmi les aéronefs ceux qui étaient incapables de se déplacer par leurs propres moyens, que l'on a appelés « aérostats », et ceux qui en étaient capables, nommés *a contrario* « aérodynes ».

Seul « aéronef » est resté. Mais ce terme n'a pas été retenu par la langue courante, qui, vivante, n'a que faire des mots savants et préfère se forger ses propres mots.

Pour désigner les nouvelles machines ailées se déplaçant par leurs propres moyens, la langue française a choisi un autre nom, qui n'est autre que le nom donné par l'un des premiers constructeurs à sa propre machine : Avion – du latin *avis* signifiant « oiseau » – était le nom du deuxième aéronef construit par Clément Ader.

En 1912, le nom commun « avion » était officiellement retenu pour désigner les aéronefs militaires, les aéronefs civils étant désormais dénommés par un nouveau vocable : « aéroplane ».

Le terme « aéronef » n'a finalement subsisté que pour désigner dans les textes officiels l'ensemble des avions et autres machines volantes :

hélicoptères, hydravions, amphibies, ballons, montgolfières, dirigeables, ULM (ultralégers motorisés), PUL (planeurs ultralégers).

L'ensemble des aéronefs de l'aviation civile est géré en France par la DGAC (Direction générale de l'aéronautique civile), qui est un aréopage (et non un aéropage) regroupant les officiels de l'aéronautique civile.

Nombreux sont ceux qui pensent que le Français Clément Ader est le premier homme à avoir volé sur un véhicule plus lourd que l'air en 1890. Son appareil était équipé d'un moteur à vapeur, et Ader a effectivement tenté à plusieurs reprises de le faire décoller. Selon des témoins, l'appareil se serait soulevé du sol, mais aucune homologation n'a pu avoir lieu. Lors de ses dernières tentatives, Ader avait d'ailleurs peu de chances de réussir, ayant essayé de décoller en rond sur une piste circulaire, faute de place dans son jardin...

On a longtemps soupçonné ses prétendus vols de n'avoir été que des rebonds sur un sol inégal. Vers la fin du XXe siècle, on a toutefois reconstruit l'Avion et on a pu montrer qu'il pouvait effectivement voler. Mais il est peu probable qu'Ader ait réussi de son vivant.

Le premier vol soutenu et reproductible, seul à mériter le nom de « vol », fut en fait accompli en décembre 1903 par des Américains, les frères Wilbur et Orville Wright. Les frères Wright accomplirent ensuite tour à tour le premier vol circulaire en 1904, puis un vol de 40 kilomètres en quarante minutes en 1905.

Devant le manque d'intérêt des autorités américaines pour leur invention, les frères Wright s'installèrent pour un long séjour en France ; c'est à Pau, en 1909, qu'ils ouvrirent la première école de pilotage de l'Histoire.

On pourra noter que, lorsque les frères Wright déposèrent un brevet pour leur invention le 22 mai 1906, le terme « *aircraft* » n'existait pas plus dans la langue anglaise que le terme « avion » dans la langue française.

Dans le brevet, l'appareil était simplement nommé « *flying machine* » (« machine volante »).

Ailes d'avion

Il y a beaucoup à dire sur les ailes des aéronefs. Il y a tant à dire que l'on ne peut tout écrire dans un simple article. Des livres expliquent pourquoi et comment les ailes permettent de faire voler les aéronefs. Le présent ouvrage évoque ce point plus loin (voir *Mécanique du vol*). On se bornera ici à quelques généralités.

Les avions ne peuvent guère se passer des ailes pour voler. Ce sont elles, en effet, qui créent la portance nécessaire au vol. Pour la petite histoire, on pourra rappeler quelques détails sur les ailes d'avion :

Les ailes peuvent avoir des formes variées. Il y a par exemple l'aile droite du Constellation, l'aile en flèche du Mirage F1, l'aile delta du Mirage 2000, l'aile gothique du Concorde. Il y a eu des biplans comme le Stampe, des avions à aile haute comme le Noratlas, des avions à aile basse comme l'Ouragan. Il y a même eu des triplans pendant la Première Guerre mondiale.

Les ailes sont en général fixes, mais certaines peuvent bouger. J'ai pu moi-même replier au sol (verticalement) les ailes de l'Alizé ou de l'Étendard de l'aéronautique navale. J'ai aussi pu, en vol cette fois (vers l'avant ou l'arrière), déplier et replier les ailes à flèche variable des prototypes Mirage G-01 et Mirage G-8.

Enfin, les ailes des hélicoptères sont les pales du rotor principal, sorte d'ailes tournantes. Au sein du Centre d'essais en vol (CEV), la section en charge des hélicoptères était d'ailleurs dénommée « VT » (Voilures tournantes).

Ailes de poitrine

On note que les anges sont souvent représentés avec des ailes d'oiseau, et les démons avec des ailes de chauve-souris. Il reste que tous deux ont des ailes d'épaule, c'est-à-dire ancrées sur leur corps au niveau des omoplates. Les marchands et les voleurs, c'est bien connu, ont des ailes aux pieds. À l'image de leur patron commun, Mercure.

Les aviateurs, eux, ont des ailes de poitrine. Des ailes cousues ou épinglées sur le devant de leur veste. Au cours de ma carrière, j'ai eu l'occasion d'en porter divers modèles :

– Les ailes des pilotes militaires français : c'est un « macaron » en laiton orné d'une paire d'ailes, avec « en chef » (en haut, comme on le dit en héraldique) une étoile du même. Les jeunes pilotes qui reçoivent ce macaron se prennent tous pour des héros.

– Les ailes des pilotes de chasse chiliens sont des condors – cordillère des Andes oblige. Un moniteur de l'École des cadets de l'armée de l'air chilienne m'avait offert les siennes, après m'avoir fait faire un vol de trente minutes en Beechcraft Mentor au-dessus des premières pentes de la cordillère. Une vision fantastique. Le moniteur me parlait en espagnol, je n'avais donc pas à lui répondre, ne comprenant rien à la langue de Lorca. Je rêvais. C'était durant l'été 1956 – l'hiver au Chili –, j'avais 19 ans. Nous faisions une croisière avec l'École de l'air française en Amérique du Sud et les Chiliens avaient offert à chacun de nous (nous étions une soixantaine) un baptême de l'air. Le plus beau cadeau dont puisse rêver un futur pilote. Je me prenais pour Mermoz, j'étais dans l'Aéropostale...

– Les ailes polonaises sont des aigles d'argent liés à la poitrine par une chaînette. Ces ailes m'ont été offertes par un général de l'armée de l'air polonaise. C'était en 1966, à une époque où le rideau de fer était encore baissé et où le mur de Berlin tenait encore solidement debout. Mais on commençait à avoir des échanges amicaux entre l'Est et l'Ouest. L'École de l'air polonaise était venue nous rendre visite à Salon-de-Provence, où j'étais chargé de l'encadrement scientifique en attendant les essais en vol. J'avais eu l'honneur de faire voler sur Fouga Magister le général commandant l'École polonaise. Un héros de la dernière guerre qui ne parlait ni français ni anglais. Pour me remercier, il m'avait cérémonieusement offert ses ailes à l'issue du vol.

– Les ailes de pilote de ligne ne sont pas métalliques mais brodées sur la poitrine, comme il convient. J'ai porté celles de l'UTA (Union des transports aériens), puis celles d'Air France, reconnaissables à leur petite bande tricolore en sautoir (à l'époque, Air France était encore une compagnie nationale).

Ailes volantes

On a dit plus haut que les avions ne pouvaient voler sans ailes. Mais les ailes, elles, peuvent-elles voler sans avion ?

L'étude de l'aérodynamique et de la mécanique du vol montre qu'une aile classique a une forte tendance à basculer vers l'avant en vol. Si bien que, pour faire voler un avion en bon équilibre, il faut adjoindre à une aile classique un empennage légèrement déporteur, qui crée par rapport à l'ensemble un moment cabreur, lequel vient contrer le moment naturel de l'aile.

Mais une aile spécialement conçue peut-elle voler sans empennage ? La réponse est oui, à condition de donner à cette aile une double courbure. L'aile conserve ainsi de la portance, mais n'a plus de moment piqueur.

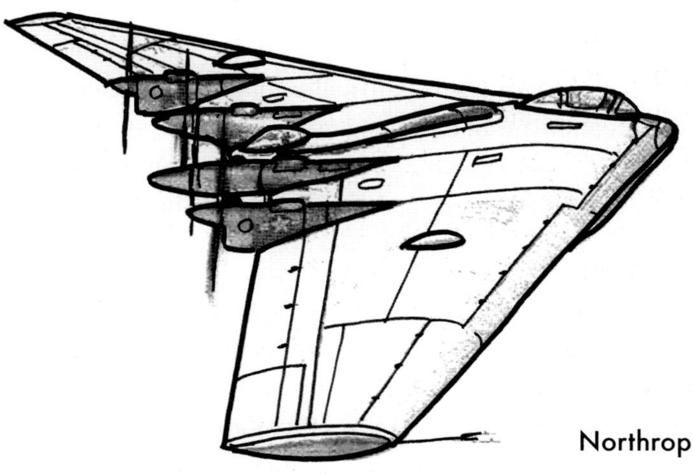

Northrop XB-35

Des ailes volantes ont été essayées, parmi lesquelles, à la fin des années 1940, le bombardier Northrop XB-35 à hélices et le bombardier Northrop YB-49 à huit réacteurs. Pour la petite histoire, on peut voir le Northrop (qui n'existait alors qu'à l'état de prototype) décoller dans l'adaptation cinématographique de *La Guerre des mondes* de H.-G. Wells.

Airbag

Depuis qu'ils ont fait leur apparition dans les voitures, les *airbags* sont devenus des éléments courants de la vie moderne. Au point que l'on peut s'étonner de ne pas les voir installés dans les avions commerciaux, où ils devraient pouvoir compléter avantageusement les ceintures des passagers.

Le terme « *airbag* », qui s'est généralisé comme beaucoup de termes anglo-saxons, signifie en français « coussin gonflable ». Les inconditionnels de la langue française inventeront peut-être un jour un mot francisé, comme ils ont instauré « courriel » pour remplacer « e-mail ».

Bien que les premiers *airbags* pour passagers aient été présentés au Salon du Bourget dès 1965, cet équipement ne s'est pas imposé dans l'aviation.

Je ne me rappelle ni le nom du constructeur ni le nom du produit (qui n'était probablement pas « *airbag* »), mais cela n'a aucune importance. Le système, lors des démonstrations, fonctionnait un coup sur deux. Ce qui n'était pas encourageant.

J'ignore pourquoi l'idée n'a pas été reprise par la suite pour les avions. Sans doute à cause des difficultés que pourrait causer l'*airbag* lors de l'évacuation au sol de passagers d'une cabine en flammes. Sans doute aussi parce que les ceintures des avions ne sont pas utiles seulement en cas d'accident, mais également en cas de turbulences et à l'atterrissage, conditions dans lesquelles l'*airbag* est inutilisable (voir *Ceinture de sécurité*).

Airbus

À la fin des années 1960, l'industrie aéronautique française était dans une impasse. L'expérience réussie de la Caravelle, un des premiers avions moyen-courrier à réaction au monde, se terminait avec un dernier sursaut, celui de la Caravelle XII. En fait, la France avait tout misé sur le transport supersonique Concorde. Tout ce qui existait en France comme bureaux d'études, moyens de calcul, sous-traitances était mobilisé pour le Concorde.

Ce n'était pas un avion qui se préparait à sortir, mais toute l'industrie aéronautique française, entraînant avec elle l'industrie britannique, allait éclater dans une sublime bulle de savon. Sublime sans doute, mais bulle de savon quand même, le supersonique civil n'ayant pas percé sur le plan commercial.

Quand cette industrie s'est réveillée, quelques années plus tard, avec ce qu'il fallait bien se résoudre à appeler un « échec commercial » – même en le camouflant derrière une réussite technique –, Boeing avait pris un élan et une avance que les plus optimistes pensaient définitifs. C'est alors que commençait, dans l'ombre, l'aventure d'Airbus.

Airbus Industrie était le lointain héritier des Sociétés nationales de constructions aéronautiques françaises du Sud-Ouest et du Sud-Est – SNCASO et SNCASE –, regroupées dans un premier temps dans Sud-Aviation, puis s'alliant à des composantes européennes, en particulier allemande et britannique. Sans entrer ici dans le détail de cette saga, il reste qu'en une vingtaine d'années, Airbus a conquis la moitié du marché mondial des avions de transport commerciaux. Au tournant du millénaire, il parvenait à égaler, voire à dépasser, Boeing, qui, dans l'intervalle, avait pourtant absorbé Douglas.

L'aventure d'Airbus s'est déroulée en trois temps. Dans un premier temps, la nouvelle société a appris – ou réappris – à construire des avions commerciaux classiques. Ce fut l'Airbus A300 avec ses variantes B2 et B4.

Airbus A300 B2

Dans un deuxième temps, plus intéressant, Airbus a considéré que la maîtrise des avions classiques lui était acquise et qu'il était temps de se lancer dans un modernisme échevelé, en terrain encore presque vierge. C'était un pari audacieux, mais qui a été gagné. Airbus a tout à la fois introduit les premiers calculateurs numériques, les tubes cathodiques de planche de bord, un système de gestion du vol informatisé, un système de gestion des pannes et, corrélativement, le passage à un équipage à deux pilotes. Après un premier essai sur un A300 modifié dit A300-FFCC (pour Forward Facing Crew Cockpit), Airbus a sorti l'A310.

Le troisième temps fut celui des commandes de vol électriques et des minimanches indépendants, le temps de l'A320. Peut-être encore plus passionnant que le deuxième temps. On passait carrément en terrain totalement vierge, Boeing n'ayant pas voulu (ou osé ?) franchir le pas des commandes électriques pour les avions civils. L'A320 a ensuite été suivi par l'A340 puis par l'A330, plus gros mais de conception identique, enfin par l'A380, encore beaucoup plus gros et de conception analogue.

Pendant plus de vingt ans, j'ai participé à toutes les péripéties des deux dernières phases, que je raconte çà et là dans le présent ouvrage. Il y a eu l'étude des composants (tubes, minimanches) au simulateur de recherche et sur des bancs d'essais volants, des vols d'essai à n'en plus

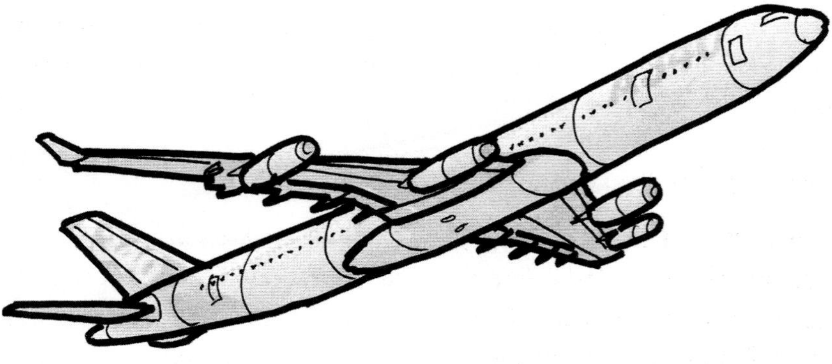

Airbus A340

finir, des séances de précertification avec des débats parfois houleux sur les solutions à retenir, des tranches de certification en vols semi-commerciaux...

L'aventure se termina pour moi au milieu des années 1990, avec la certification de l'A340. Pendant plus de vingt ans, j'ai vécu à bord des Airbus des moments exceptionnels, parmi les plus gratifiants qui soient pour un pilote d'essai. Au bout du compte, Airbus a gagné, et je conserve l'impression d'avoir un peu participé à cette réussite.

Alarme

Quelle que soit la qualité d'un avion, quel que soit le soin apporté à sa définition et à sa réalisation, il arrive toujours un moment où quelque chose ne fonctionne plus à bord. Cela s'appelle une panne et il en sera abondamment question ailleurs (voir *Panne*).

En cas de panne, il y a plusieurs phases à envisager. Il faut d'abord prévenir et alerter l'équipage (voir ci-dessous), lui expliquer le problème en détail (voir *Panne*) et, enfin, lui donner les moyens de résoudre le problème (voir *Check-list*).

En cas d'anomalie dans le fonctionnement d'une des composantes de l'avion, l'équipage doit être informé au plus vite. Il faut immédiatement attirer son attention, quelle que soit sa tâche à ce moment-là. Une toute première information sur la nature de la panne doit lui être fournie pour le mettre sur la voie d'une solution au problème qui se pose à lui.

Alarme en cockpit

Pour attirer l'attention d'un pilote, il faut s'adresser à l'un de ses capteurs naturels, c'est-à-dire ses cinq sens. Comme tous les sens ne peuvent pas être mis à contribution (le goût et l'odorat ne peuvent guère être utilisés, sauf peut-être dans le cas d'un feu qui couve), on s'adresse en pratique aux trois autres sens : la vue, l'ouïe et le toucher.

Alarme visuelle

Les alarmes qui s'adressent à la vue sont fréquemment utilisées. Il s'agit par exemple du pavé lumineux spécifique d'une alarme qui s'allume sous les yeux du pilote, un gros pavé rouge clignotant affichant « *stall* » (« décrochage ») à l'approche du décrochage.

Alarme auditive

Le pilote est parfois absorbé dans une tâche ponctuelle qui l'empêchera de visualiser l'alarme ; il sera alors opportun de l'alerter par le canal auditif.

On trouve sur les avions commerciaux des alarmes sonores, avec si possible différents sons – encore que, au-delà de cinq ou six sons différents, il y a un risque de confusion. On rencontre de plus en plus souvent des alarmes vocales qui annoncent la cause de l'alarme, voire suggèrent une action en cas d'urgence, telle l'alarme de proximité du sol GPWS (Ground Proximity Warning System), qui se déclenche si l'avion se rapproche dangereusement du sol. Une voix synthétique alerte d'abord le pilote par l'annonce « *sink rate* » (taux de descente excessif), puis lui suggère, sur un ton plus impératif, de tirer sur le manche pour remonter : « *Pull up – pull up – pull up !* ».

Les alarmes vocales présentent un avantage important par rapport aux alarmes sonores : elles permettent d'identifier sans risque de confusion la nature exacte de l'alarme.

Il faut toutefois préciser que les alarmes auditives, qui utilisent le capteur « oreille » du pilote, risquent de trop occuper ce canal, au point de le rendre inutilisable pour laisser passer d'autres informations utiles.

Une anecdote amusante qui illustre ce propos s'est produite il y a fort longtemps au CEV. Un pilote arrivait au terme d'un vol difficile sur un monoplace, au cours duquel il avait eu à faire face à de nombreux problèmes. Il se présentait en approche finale dans un cockpit particulièrement bruyant à la suite du mauvais fonctionnement de divers sous-ensembles. La tour de contrôle lui signalait alors que son train n'était pas sorti. Et, de fait, l'alarme sonore « train non sorti » était venue s'ajouter au bruit ambiant dans le cockpit. Le pilote ne comprenait pas le message de la tour. Pressé d'atterrir, il annonçait finalement : « Je n'entends rien de ce que vous me dites. Il y a dans ce cockpit un bruit de sirène insupportable ! » Et il se posait, train rentré, bien entendu. La « sirène insupportable » était censée l'informer du fait que son train n'était pas sorti. Cet accident s'est bien terminé, un atterrissage sur le ventre n'entraînant en général que des dégâts matériels minimes.

Alarme tactile

Il existe une alarme particulièrement bien adaptée au toucher : l'alarme de décrochage. En effet, sur les avions légers, le décrochage est souvent précédé de vibrations sur les gouvernes, dites « *buffeting* ». Ces vibrations « remontent » de la voilure au volant de pilotage (le manche). Le terme anglo-saxon « *buffeting* » qui décrit ces vibrations n'a pas trouvé d'équivalent dans le langage aéronautique.

Sur un avion de grande taille, sur lequel le *buffeting* n'est guère sensible, certains constructeurs ont imaginé un vibreur de manche – *stick shaker* en terminologie anglo-saxonne –, qui, à l'approche du décrochage, fait bruyamment et violemment vibrer le manche. Ce qui ne peut passer inaperçu du pilote, lequel, revenant à son école de pilotage de début, pense au décrochage imminent et pousse d'instinct sur le manche. Cela a pour effet d'éloigner l'avion des vitesses critiques.

FAUSSES ALARMES

Comme tous les systèmes de l'avion, le système de déclenchement des alarmes peut également tomber en panne. Ce peut être une alarme intempestive qui vient signaler une panne qui n'existe pas ou une manœuvre critique qui, en fait, ne l'est pas.

La plupart du temps, le doute peut être facilement levé. Si la phase de vol est calme – montée stabilisée ou croisière –, le pilote a tout loisir d'analyser la situation et de découvrir qu'il est victime d'une fausse alarme.

Dans certains autres cas – en cours de décollage ou en approche finale –, cela peut être beaucoup plus difficile et conduire à des accidents.

Ce fut le cas lors d'un décollage d'Abidjan, face au sud. Sur cette piste, l'avion au décollage survole l'océan immédiatement après la fin de piste.

Un avion qui décollait de nuit dans ces conditions eut une fausse alarme de décrochage. Se demandant s'il fallait croire cette alarme ou l'anémomètre (indicateur de vitesse), dont les indications étaient satisfaisantes mais qui aurait aussi pu être en panne, le pilote décida de « rendre la main » légèrement. Ce qui est une sage procédure si l'avion est effectivement proche du décrochage. Mais une manœuvre à tenter avec précaution à très basse hauteur. En l'occurrence, l'avion avait un comportement parfait, à la fausse alarme près.

Sans repères, de nuit au-dessus de l'eau noire, le pilote ne réalisait pas qu'il descendait. Il n'entendait pas l'alarme de proximité du sol (GPWS), masquée par la fausse alarme, et s'écrasa en mer à quelques centaines de mètres de la côte.

Suite à des difficultés de déclenchement des secours, seuls quelques survivants réussirent à rejoindre la côte à la nage.

Alcool au volant

Il ne viendrait pas à l'esprit d'un pilote digne de ce nom de tenter de décoller en état d'ivresse. Cela est vrai pour un pilote privé qui se propose d'aller faire un tour avec des amis. Cela l'est encore plus pour un pilote de ligne avec ses passagers ou pour un pilote d'essai aux commandes d'un prototype.

Les récits d'accidents rapportés ci-dessous montrent qu'il n'en a sans doute pas toujours été ainsi.

Cette histoire remonte aux années 1970. Elle se déroule sur un grand aérodrome européen. L'avion était un Boeing 707 cargo. Les avions-cargos, dans les grandes compagnies de transport aérien, sont l'objet des mêmes soins et sont pilotés par les mêmes équipages que les avions de passagers.

L'équipage était composé d'un commandant de bord chevronné, d'un tout jeune copilote et d'un mécanicien navigant d'un âge intermédiaire. Le commandant de bord était à la veille de la retraite, un ancien as de guerre à la voix forte devant qui tout le monde filait doux. Le copilote était très jeune ; il venait d'arriver dans la compagnie et n'aurait pour rien au monde osé adresser une remarque au commandant.

Le vol était programmé très tôt le matin, comme cela arrive souvent pour les vols cargo, dont les avions doivent tourner vingt-quatre heures sur vingt-quatre.

La veille au soir, le copilote et le mécanicien avaient dîné de bonne heure à l'hôtel – l'équipage était en transit sur une base extérieure – et étaient allés se coucher. Le commandant de bord, lui, était allé en ville. Il avait fait la fête toute la nuit et, comme le portier de l'hôtel le précisa par la suite, il n'était rentré qu'une heure avant l'heure de départ.

Les trois membres d'équipage s'étaient retrouvés dans le hall de l'hôtel pour partir en taxi vers l'aérodrome. Il avait fallu aider le commandant à monter dans la voiture et ils ne s'étaient pas parlé le long du trajet.

On a peu de détails sur la suite : le dossier de vol avait été récupéré par le copilote, le mécanicien avait vérifié l'avion.

Plus tard, le copilote avait demandé la mise en route, puis le roulage. Le commandant était aux commandes. Le roulage avait été chaotique, l'avion se trompant de voie à plusieurs reprises. Puis, il s'était aligné pour décoller sur un taxiway (chemin de roulement) et il avait encore fallu le remettre sur la bonne voie.

L'autorisation de décollage arriva rapidement. L'avion s'élança, prit de la vitesse, s'arracha du sol. Peu après, il s'inclinait à droite et venait s'écraser près de l'aérogare, tuant ses trois occupants…

L'enquête montra qu'il n'y avait pas eu de panne à bord. Tout allait bien, sauf le commandant de bord, qui, après reconstitution des événements, s'avérait avoir été ivre mort ce matin-là.

Le drame est que personne n'avait osé donner l'alarme : ni le personnel de l'hôtel, ni le personnel qui l'avait croisé à l'aéroport, ni le mécanicien navigant, ni le copilote. Ce matin-là, cela aurait pourtant été utile.

L'anecdote qui suit fait partie de l'histoire de l'aviation, même si elle n'en constitue pas l'une des pages les plus glorieuses.

C'était en juillet 1952. L'aéronautique française renaissait de ses cendres. C'était l'époque de l'Ouragan, du Mistral, du Mystère II. Et aussi du Breguet Deux-Ponts, du SO-30P Bretagne, du Dassault 312 Flamant. Un grand meeting aérien avait lieu à Lyon, dont l'aéroport, à l'époque, était situé plus près du centre-ville, à Bron. L'aéroport plus lointain de Lyon-Satolas, devenu Lyon-Saint-Exupéry, n'existait pas encore.

Tout ce qui se faisait de mieux dans l'aéronautique était présent. Le prototype du Nord 2501 Noratlas était arrivé le matin même de Brétigny avec un équipage d'essai, auquel s'était jointe, en tant que passagère, Maryse Bastié, la fameuse aviatrice de l'entre-deux-guerres. L'avion ne devait pas voler, il devait seulement être présenté en exposition statique.

Il faisait très chaud à Bron en ce jour de fête aérienne. Les bars ne désemplissaient pas, on buvait au renouveau, aux avions français. On buvait sans mesure pendant que les prototypes faisaient leur présentation en vol.

Tout à coup, on vit les hélices du Noratlas se mettre à tourner. Rien d'anormal pour les spectateurs, qui étaient entourés d'extraordinaire, mais un fait inquiétant pour les autorités responsables, car l'avion n'avait pas de plan de vol, n'avait pas demandé la mise en route et ne répondait pas aux appels. Puis l'avion se mit à rouler, sans contact radio. On n'eut que le temps d'écarter les autres avions. Il décolla, toujours sans contact radio.

Il partit vers le nord, pour revenir peu après sur Bron par l'ouest, après avoir survolé Lyon à très basse altitude (Bron se situe à l'est de Lyon).

Revenu au-dessus de la foule, il se mit en montée à la verticale, décrocha, partit en vrille et s'écrasa sur le terrain, tuant tous ses occupants, y compris Maryse Bastié, qui n'était que passagère ce jour-là.

L'enquête révéla que l'équipage avait bu plus que de raison avant de se lancer dans cette épopée ridicule.

C'était un bel avion, un des prototypes les plus prometteurs de l'après-guerre. Le programme a tout de même survécu à la destruction du prototype, et le Nord 2501 servit sur les lignes de l'armée de l'air pendant de longues décennies, parcourant le monde entier à l'époque où, pour paraphraser la devise de l'Espagne sous Charles Quint, « le soleil ne se couchait jamais sur les avions en vol du transport aérien français ».

Jusqu'au début des années 1970, les équipages de la vieille école buvaient parfois du vin avant un vol au restaurant de l'aéroport, dans un gobelet en métal supposé contenir du thé. L'adage « Il vaut mieux un pilote plein qu'un réservoir vide » était encore d'actualité.

On a encore vu, à la fin des années 1970, des verres de vin (le vin de première classe) circuler en cockpit – en quantité très raisonnable – au cours de vols longs-courriers dans certaines grandes compagnies.

La règle est maintenant stricte : pas une seule goutte d'alcool pendant les six heures précédant un vol, et *a fortiori* pendant le vol. Aux États-Unis, les officiers de police font même parfois subir l'alcootest aux pilotes ; les tests sont toujours négatifs. Il n'y a plus de risque de tomber un jour sur un équipage en état d'ébriété.

Alphabet aéronautique

Lorsqu'on doit épeler sur les ondes une série de lettres comme celles d'un indicatif radio, F-BDAC par exemple, il y a un risque de mauvaise compréhension si les lettres sont prononcées telles quelles sur une radio de médiocre qualité.

F-BDAC peut être entendu « è… é é a é », ce qui n'est guère déchiffrable. Sans compter qu'en anglais le A se prononce « ay » et le C « ci ».

On a donc été conduit à définir un « alphabet aéronautique » dans lequel les lettres sont remplacées par des mots courts :

Alfa – Bravo – Charlie (prononcé à l'anglaise : « Tcharlie ») – Delta – Echo – Foxtrot – Golf – Hôtel – India – Juliette – Kilo – Lima – Mike (prononcé « Maïk ») – November – Oscar – Papa – Québec – Roméo – Sierra – Tango – Uniform (prononcé « Iouniform ») – Victor – Whisky – Xray (prononcé à l'anglaise : « Eks-ray ») – Yankee – Zoulou.

Avec cet alphabet, F-BDAC s'épelle « Foxtrot – Bravo – Delta – Alfa – Charlie ». Une chanson des années 1970 parlait dans ce code d'un avion nommé « Papa-Tango-Charlie » perdu dans le triangle des Bermudes...

Altimétrie

Parmi les données élémentaires dont un pilote a besoin en vol, la position verticale dans l'atmosphère est essentielle. On a choisi, pour déterminer cette position, d'utiliser un simple baromètre, c'est-à-dire un instrument mesurant la pression de l'air.

Ce choix est judicieux, car, dans l'atmosphère, la pression décroît toujours quand on s'élève, même si le taux de décroissance n'est pas toujours le même, ce qui conduit à des aménagements et à des corrections pour atteindre une valeur exacte de l'altitude.

Calage altimétrique

On équipe les altimètres d'une fenêtre réglable dite « de calage », dans laquelle le pilote peut afficher la pression pour laquelle l'altimètre indiquera zéro. L'altimètre indique 450 pieds pour un calage de 1012 hectopascals (soit 29,91 pouces de mercure), affiché dans la fenêtre par le bouton en bas à gauche de la figure du haut (dans l'article *Analogique – Numérique*).

Niveau de vol

L'un des rôles essentiels de l'altimètre est de permettre la séparation verticale en ligne des avions. Il convient en effet de conserver entre deux avions qui sont sur la même route ou qui doivent se croiser un espace vertical suffisant, en particulier en vol aux instruments.

Pour cela, il faut que tous les avions aient le même calage. On a choisi pour calage de référence la pression à l'altitude zéro d'une atmosphère moyenne dite « standard », qui est de 1 013,2 hectopascals (ou millibars) ou encore de 29,92 pouces de mercure.

Tous les avions en vol commercial évoluant en espace contrôlé se réfèrent, hors des zones de départ et d'arrivée, à ce calage standard.

Sur les avions récents, au lieu d'afficher 1 013,2 dans la fenêtre, on presse simplement un bouton qui fait apparaître les lettres STD (pour Standard) (voir figure dans *Analogique – Numérique*).

Deux avions qui sont au calage standard, dont l'un vole à 8 000 pieds et l'autre à 9 000 pieds, sont séparés verticalement par 1 000 pieds (environ 300 mètres), ce qui est considéré comme suffisant pour la sécurité. On dit que le premier est au « niveau de vol » (Flight Level – FL) 80, le second au FL 90.

ALTITUDE

Quand les avions sont proches de leur décollage ou de leur atterrissage, leur souci majeur est de conserver une marge de sécurité suffisante avec les obstacles, essentiellement le relief avoisinant l'aérodrome.

Ainsi, dans les zones entourant les aérodromes, on utilise un calage dit QNH (voir *Codes*), pour lequel l'altimètre indique zéro au niveau de la mer : un avion volant à 8 000 pieds à ce calage, dans une zone où le relief culmine à 5 800 pieds, est assuré d'avoir une marge de sécurité d'environ 2 200 pieds. Il a « de l'eau sous la quille » pour utiliser une expression courante, sans doute héritée des pilotes de l'aéronautique navale.

Les valeurs exactes de la marge peuvent légèrement différer en fonction de la température. Mais elles restent très voisines de celle annoncée ci-dessus dans l'exemple.

HAUTEUR

Lorsqu'un pilote veut atterrir sur une piste, il aurait tout intérêt, pour connaître sa hauteur au-dessus de la piste, à utiliser un altimètre indiquant zéro au niveau de la piste. Ce calage existe : c'est le QFE (voir *Codes*), utilisé essentiellement dans l'aviation militaire. Il n'est pratiquement pas utilisé dans l'aviation commerciale.

Pour atterrir, les avions commerciaux ont en effet besoin d'une précision meilleure que celle d'un altimètre. Ils utilisent pour cela un système radar de bord qui indique la hauteur au-dessus du sol avec une précision supérieure à 10 centimètres (précision toutefois illusoire si on n'indique pas le point de l'avion en référence pour cette hauteur au-dessus du sol ; la référence choisie est le point bas des roues du train principal : quand le radioaltimètre indique zéro, les roues de l'avion touchent le sol).

Les pilotes d'avions commerciaux utilisent en planche de bord le radioaltimètre pour connaître leur hauteur au-dessus du sol en approche finale et conservent sur l'altimètre barométrique le calage précédent (QNH) ; celui-ci indique leur altitude, ce qui leur permet de se protéger du relief avoisinant.

Les avions les plus récents sont en plus équipés d'un radioaltimètre vocal, dont la voix synthétique égrène les hauteurs en approche finale (100 pieds, 50 pieds, 40, 30, 20, 10...).

ACCIDENTS LIÉS AUX ERREURS DE LECTURE DE L'ALTIMÈTRE

De nombreux accidents ont pour origine une mauvaise utilisation de l'altimètre. Ce fut le cas de l' accident relaté ci-dessous, dû à une erreur sur le calage altimétrique. Une telle erreur peut arriver facilement, souvent à cause d'un manque de vigilance du pilote, parfois à cause d'une mauvaise compréhension entre le pilote et le contrôleur au sol.

Cet accident s'est passé en 2000. Un Boeing 707 cargo en provenance de Khartoum volait à destination d'un petit aérodrome situé sur les bords du lac Victoria, au cœur de l'Afrique, avec à son bord deux pilotes, un mécanicien navigant et deux manutentionnaires pour le chargement de poissons que l'avion venait chercher.

Les moyens radio à l'arrivée étaient pauvres, l'éclairage de la piste était en panne. La nuit était bien noire. L'avion se présentait en approche finale au-dessus du lac. Le commandant de bord, aux commandes, avait mal réglé son altimètre, qui surestimait l'altitude de 400 pieds. Il n'y avait pas de radioaltimètre à bord. Finalement, l'avion se posa sur l'eau, perdit le train et les quatre moteurs et s'arrêta à cent mètres du rivage, flottant nez haut. Les occupants furent évacués par des pêcheurs... et se sauvèrent dans la nuit à bord d'un autre avion de la compagnie par crainte d'avoir à rendre des comptes aux autorités locales.

Les autorités aéroportuaires, n'ayant pas les moyens d'effectuer des recherches de nuit, attendaient le petit matin, persuadés que l'avion avait violemment percuté le lac et coulé. On le retrouva en fait à 12 kilomètres de là, où il avait dérivé, toujours flottant.

ALTITUDE DE SÉCURITÉ

Dans les zones voisines des aérodromes, dans lesquelles les avions sont obligés de descendre et doivent donc particulièrement se protéger contre le relief, on définit des altitudes de sécurité. Ces altitudes sont celles en dessous desquelles il est strictement interdit de descendre ; elles sont définies pour des secteurs géographiques donnés, par exemple le secteur d'attente sur une balise radioélectrique, par lequel les avions se préparant à atterrir doivent en général passer.

Les contrôleurs aériens n'autorisent les avions à descendre qu'à des altitudes supérieures à l'altitude de sécurité des zones qu'ils contrôlent.

Sur les grands aéroports, les contrôleurs d'approche sont équipés de systèmes MSAW (Minimum Safe Altitude Warning systems), à base de radars primaire et secondaire (voir *Radar*), qui déclenchent une alarme sonore à la tour de contrôle lorsqu'un avion passe en dessous de l'altitude de sécurité de son secteur en approche.

Accidents dus au non-respect de l'altitude de sécurité

Il y a eu, tout au long de l'histoire de l'aéronautique civile et militaire, de nombreux accidents dus au non-respect de l'altitude de sécurité. En voici un exemple caractéristique.

Dans les années 1960, un Boeing 707 charter assurait un vol entre l'Italie et les États-Unis, avec une escale à Santa Maria aux Açores. Ce Boeing 707, dont l'équipage n'avait jamais pratiqué de vol transatlantique, avait mal préparé ce vol. Dans un cockpit en désordre où les procédures n'étaient pas respectées, l'équipage avait reçu du contrôleur de Santa Maria l'autorisation de descendre à 3 000 pieds, altitude de sécurité.

L'équipage, ne prêtant qu'une attention modérée au trafic radio, n'avait pas compris et avait affiché à son pilote automatique une altitude cible de 2 000 pieds. Comme, par ailleurs, il ne disposait pas des cartes d'approche nécessaires, il n'avait pas pu vérifier l'altitude de sécurité qui y est toujours portée. La descente se faisant dans les nuages, les pilotes n'ont vu la montagne – l'île est très montagneuse et l'aérodrome est situé à l'ouest – qu'au dernier moment, et l'avion s'y est écrasé, tuant tous ses occupants.

Pour la petite histoire, c'est sur un sommet voisin que s'était écrasé en 1949 le Lockheed Constellation transportant le boxeur français Marcel Cerdan, qui était à l'époque la coqueluche des Français.

Cet autre accident s'est produit en décembre 1972, de nuit. Un Lockheed-1011 TriStar assurait le vol New York-Miami. Se trouvaient dans le cockpit un équipage de deux pilotes et un mécanicien navigant, auxquels s'était joint un technicien de la compagnie en mise en place à Miami.

En approche, l'avion n'avait à effectuer qu'un virage de 90 degrés pour s'établir sur le *localizer* (axe radiobalisé) de la piste 09R. Il passait en approche finale lorsque l'équipage constata que seuls deux voyants verts de train sur trois étaient allumés (les trois voyants indiquent que les trois trains sont bien sortis et verrouillés). Il fallait donc « remettre les gaz ».

L'avion fut autorisé à remonter vers 2 000 pieds en virage vers la gauche, vers un large vent arrière, au cap 270 degrés, préalablement à un nouvel ILS 09R. Il se trouvait alors au-dessus des marécages des Everglades.

Dans le cockpit, une discussion s'était engagée entre les quatre occupants, les trois membres de l'équipage de base et le technicien. On faisait des incursions dans la soute électronique, on avait du mal à vérifier si le train avant était sorti ou pas.

Au moment d'engager un virage de retour, le copilote, qui venait de vérifier que le voyant ALT du pilote automatique était bien allumé (donc que l'avion était censé être en tenue automatique d'altitude à 2 000 pieds) fut soudain horrifié en abaissant les yeux vers l'altimètre, dont l'indication était voisine de zéro. Immédiatement, une alarme radioaltimétrique retentit, suivie de près par le violent bruit d'un impact et l'obscurité totale à bord. L'avion avait percuté les marécages des Everglades où il s'était disloqué.

Depuis son aéroglisseur, un pêcheur avait vu le *crash* et s'était précipité vers l'épave. Les hélicoptères des garde-côtes suivirent. Seuls 77 passagers purent être sauvés, dont certains gravement atteints. D'autres, qui avaient survécu à l'impact, furent dévorés par les alligators.

Amerrissage forcé

Bien que les avions soient destinés à atterrir sur des pistes terrestres, il leur arrive parfois, en cas de panne, d'avoir à se poser sur l'eau.

Le Littré ignore carrément le terme « amerrir ». Il faut dire qu'à l'époque de sa parution, seuls certains oiseaux pouvaient se poser sur la mer. On les ignorait.

Le Larousse du XXe siècle, paru dans les années 1930, prenant conscience de l'existence des hydravions, crée le néologisme « amérir », qui devint un peu plus tard « amerrir ».

Lorsque l'homme est allé sur la Lune, on a utilisé un autre néologisme, « alunir ». Certains linguistes se sont alors inquiétés : allait-on créer un nouveau mot chaque fois que la surface sur laquelle on se posait allait changer ? N'allait-on pas parler d'« avénusir » ou d'« amarsir » ? La meilleure solution n'était-elle pas de garder le terme « atterrir » pour l'opération consistant à se poser, en précisant ensuite le support : atterrir sur la Lune, sur Vénus, sur Mars ? Mais alors, pourquoi pas « atterrir sur la mer » ? Pour ce cas particulier, le terme « amerrir » a survécu.

Il n'est pas question de parler ici des amerrissages d'hydravions, encore que le sujet soit digne d'intérêt. On y fait d'ailleurs allusion plus loin dans l'article *Hydravions*. On ne parlera ici que des amerrissages forcés, c'est-à-dire des cas dans lesquels un avion a été contraint de se poser sur l'eau, alors qu'il n'était pas conçu à cette fin.

Principes de l'amerrissage forcé

Pilotage

Du point de vue du pilotage, la technique de l'amerrissage forcé ne présente pas de caractère particulier par rapport à celle de l'atterrissage normal. Il faut réduire la vitesse de l'avion en braquant les dispositifs *ad hoc* et se présenter en approche finale avec le train rentré ou sorti selon les cas (le manuel de vol prévoit en général la configuration idéale : Airbus conseille ainsi de conserver le train rentré sur ses avions, comme l'A320).

Bien entendu, il faut essayer d'amerrir face au vent (voir *Atterrissage*), dont on peut assez bien déterminer la direction avec l'observation du sens de la houle, en passant par 500 mètres en phase préparatoire à l'approche finale. L'impact sur l'eau est souvent très dur et l'avion est irrémédiablement perdu. Ceux qui l'ont pratiqué témoignent qu'à grande vitesse, l'eau est aussi dure que du béton. Et, si la mer est forte, les vagues sont autant d'obstacles que vient percuter l'avion. Toutefois, si l'impact se passe dans de bonnes conditions, l'avion peut ne pas être disloqué et flotter un certain temps.

Passagers

Les passagers doivent avoir enfilé leur gilet de sauvetage avant l'amerrissage. Comme ils n'ont généralement pas écouté les annonces de sécurité du PNC avant le départ, il faut faire une seconde démonstration et leur rappeler de ne pas gonfler leur gilet avant d'être à l'extérieur de l'avion, même si on sait que certains le gonfleront malgré tout avant de sortir, ce qui rendra plus difficile leur évacuation et celle des autres passagers. Il faut également rappeler l'utilisation des issues de secours et demander à chacun de suivre le cheminement d'évacuation (marqué au sol par des voyants lumineux) sans bousculade. Il faut de nouveau expliquer aux passagers qu'en bousculant les autres ils ne gagneront pas de temps et pénaliseront tout le monde.

Les issues de secours sont équipées de toboggans gonflables qui, maintenant, servent aussi de canots de sauvetage. Les coussins des sièges sont également flottants et peuvent servir de bouées.

Au moment de l'impact, les passagers doivent avoir adopté la position idéale : penchés en avant, la tête entre les bras, appuyés sur le siège de devant, objets pointus (dont les chaussures à talons) ôtés.

Après l'amerrissage, si celui-ci a été conduit dans de bonnes conditions, le fuselage peut rester intact et l'avion peut flotter plusieurs minutes avant de sombrer. Il y a largement le temps d'évacuer l'épave.

Amerrissage forcé dans l'aviation commerciale

On trouve beaucoup d'exemples d'amerrissages forcés dans l'aviation commerciale de l'immédiat après-guerre de 1939-1945. À cette époque, de nombreux vols intercontinentaux étaient assurés par des avions à gros moteurs à pistons surcompressés, moteurs relativement fragiles.

En 1955, un avion assurant le vol Portland-Honolulu perdit ainsi une hélice une demi-heure après son départ (l'hélice s'est détachée et est tombée dans l'océan). La traînée étant trop forte, l'avion descendit et dut se poser sur l'eau. Il y eut cinq morts parmi les occupants.

En 1956, un vol Honolulu-Tokyo perdit l'hélice de son moteur n° 1, deux heures trente après le décollage. L'avion ne put maintenir son altitude et dut amerrir en plein océan. Il n'y eut pas de victime : l'avion réussit à se poser près d'un navire, qui filma l'approche et l'impact avant de sauver tous les occupants.

Suite à l'arrivée des turboréacteurs sur les avions commerciaux long-courriers, les amerrissages se sont fait plus rares, car la panne d'un réacteur entraîne des conséquences moins graves que celle d'un gros moteur classique : l'avion peut en général continuer à voler sans problème.

L'un de ces amerrissages fut néanmoins particulièrement dramatique. Il s'agit d'un Boeing 767 qui assurait en 1996 un vol en Afrique de l'Est. Des pirates de l'air qui en avaient pris le contrôle peu après le décollage forcèrent le commandant de bord à rester en l'air jusqu'à épuisement total du carburant (voir *Sécurité et sûreté*). Les moteurs arrêtés, l'avion descendit en vol plané vers les îles Comores. Pour tenter de sauver un maximum de passagers, le commandant de bord posa l'appareil parallèlement à une plage occupée par des estivants. Le calcul était bon et, de fait, plusieurs passagers furent sauvés par les baigneurs. Mais le commandant n'avait pas remarqué, au large de la plage, la présence de récifs à très faible profondeur. Au lieu de se poser en douceur et de flotter, l'avion se disloqua, perdit ses ailes et éclata son fuselage. Il y eut 125 morts sur les 175 occupants de l'avion. Cet amerrissage a été filmé par des vacanciers installés sur la plage.

Analogique – Numérique

Le débat entre l'analogique et le numérique, à l'ordre du jour pendant des décennies, se place en fait sur deux terrains distincts : le calcul et la présentation de l'information.

Le calcul

Les premiers ordinateurs ont fait leur apparition au lendemain de la Seconde Guerre mondiale. Il s'agissait à l'époque d'ordinateurs analogiques, c'est-à-dire que les données d'entrée étaient présentées à l'ordinateur sous forme de grandeurs physiques, de déplacements, de forces, de tensions, capacités ou intensités électriques.

Le calcul lui-même était un processus physique lourd et toujours imprécis qui donnait des résultats également sous forme de paramètres physiques.

Dans les années 1970, grâce aux progrès de l'électronique, on a pu conduire les calculs par le biais de diodes à deux positions, + ou –, généralement dénommées 0 et 1. La rapidité des calculs, conduits en milliers par seconde, puis en millions et davantage, a permis d'obtenir dans des temps records des résultats parfaitement exacts.

L'informatique numérique, dite « digitale » par les Anglo-Saxons, était née et remplaçait définitivement l'informatique analogique.

Le transfert de l'analogique au numérique a permis d'équiper les avions d'ordinateurs performants travaillant sur des milliers de calculs en temps réel, ce qui a constitué la véritable révolution technologique des années 1980.

La présentation de l'information

La présentation de l'information est une autre question. Il y a deux façons de présenter l'information : au moyen de cadrans, dessins, figures et lignes géométriques (on parle alors de « présentation analogique »), ou au moyen de chiffres (on parle de « présentation numérique »).

Si, pour le calcul, le numérique a immédiatement supplanté et totalement remplacé l'analogique, il n'en est pas de même pour la présentation de l'information, domaine dans lequel les deux procédés présentent avantages et inconvénients.

Un exemple permet de mieux comprendre le problème. Supposons qu'un candidat, au cours de l'écrit d'un examen, se demande à un certain moment combien de temps il lui reste avant la fin de l'épreuve, qui s'achève à l'heure ronde. S'il a une montre classique, avec cadran à aiguilles, et s'il voit la grande aiguille près du 8, il sait instantanément qu'il lui reste environ vingt minutes. Résultat rapide mais imprécis. S'il a une montre avec affichage numérique, il lira 10:39, fera la soustraction 11:00 – 10:39 et trouvera

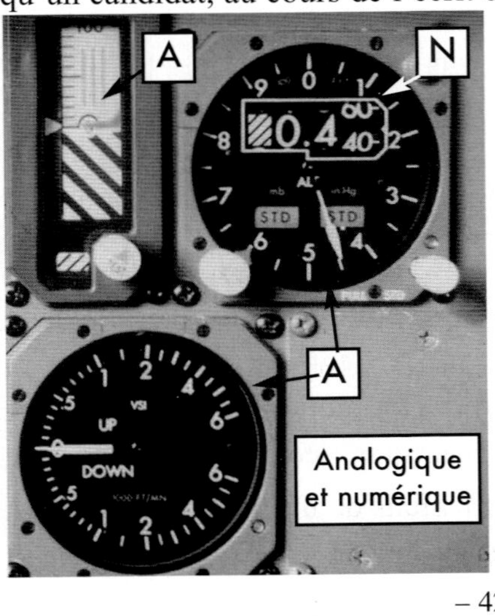

21 minutes. Résultat précis mais long à obtenir, et qui peut par ailleurs être source d'erreur.

Sur la figure ci-contre cohabitent, sur une planche de bord, de l'analogique (A) et du numérique (N).

Dans la conception des cockpits d'avion, on a souvent le choix entre les deux modes de présentation. Du coup, la décision n'est jamais évidente.

Pour des températures de tuyères, dans un avion quadriréacteur, on préférera souvent l'analogique, avec quatre cadrans alignés horizontalement. Lors de l'affichage de la poussée de décollage, la température tuyère n'ayant pas à être affichée au degré près, on vérifiera simplement que les quatre aiguilles sont parallèles, en s'assurant d'un seul coup d'œil que tout va bien.

Pour l'affichage d'une pente de descente, en approche finale, on préférera le numérique, car une pente de descente doit être affichée au dixième de degré près. À l'aide d'un bouton tournant (dit « rotacteur »), on lira par exemple sur un afficheur numérique – 3,2°.

Les deux présentations, analogique et numérique, cohabitent dans les avions actuels. Parfois dans le même instrument, comme sur l'altimètre de la figure précédente, sur lequel un coup d'œil suffit pour savoir que l'on se trouve légèrement en dessous de 500 pieds (analogique), et où l'on peut lire avec une meilleure précision l'altitude de 445 pieds (numérique).

Anticyclone et dépression

La pression atmosphérique n'est pas toujours la même à la surface de la Terre. Elle varie entre des hautes pressions pouvant atteindre 1 040 hectopascals et des basses pressions pouvant descendre jusqu'à 850 hectopascals, la moyenne étant de 1 013 hectopascals.

Les zones de basses pressions sont appelées « dépressions », les zones de hautes pressions sont des « anticyclones ». Ces deux types de « figures barométriques » atteignent des diamètres de 500 à 1 500 kilomètres. Il existe aussi certaines dépressions de diamètre plus réduit et particulièrement actives : ce sont les cyclones (voir *Cyclone*).

On pourra retenir que les anticyclones sont généralement plus vastes et plus stables que les dépressions. Certains sont semi-stationnaires, comme l'anticyclone des Açores ou celui de Sibérie. Les anticyclones sont en général des zones de beau temps (quand ils arrivent sur nos régions, le baromètre monte). Les dépressions apportent plutôt du mauvais temps.

Les anticyclones et les dépressions sont à l'origine des vents, qui s'organisent autour d'eux. On pourrait croire que les vents soufflent tout droit vers les dépressions et s'écartent radialement des anticyclones. En fait, à cause d'une accélération dite « de Coriolis », liée à la composition de deux mouvements (déplacement sur la Terre, elle-même en rotation), les vents tournent autour des anticyclones et des dépressions : dans le sens horaire (« *clockwise* » en anglais) autour des anticyclones, et dans le sens antihoraire (« *counterclockwise* ») autour des dépressions (cela dans l'hémisphère Nord, car c'est l'inverse dans l'hémisphère Sud).

CARTE D'UNE SURFACE ISOBARE 300 HECTOPASCALS

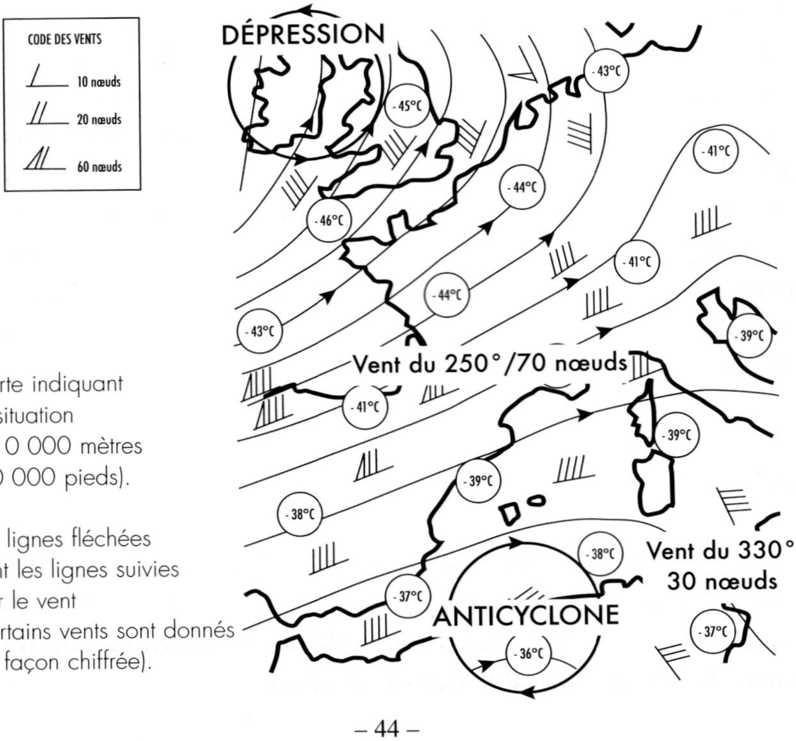

Carte indiquant la situation à 10 000 mètres (30 000 pieds).

Les lignes fléchées sont les lignes suivies par le vent (certains vents sont donnés de façon chiffrée).

Sur la carte ci-contre, un anticyclone est établi sur l'Afrique du Nord et on repère une dépression sur les îles Britanniques. La France subit un régime de vents d'ouest - sud-ouest.

Un avion qui effectuerait le vol Paris-Londres au niveau de vol 300 (la carte est établie pour cette altitude, 30 000 pieds, soit environ 10 000 mètres) subirait un fort vent de la gauche. Il aurait une forte dérive vers la droite. D'où la règle mnémotechnique : dans l'hémisphère Nord, vol vers une dépression = dérive droite (voir *Trois-D*). À son niveau de vol, il rencontrerait des formations nuageuses importantes (qui n'apparaissent pas sur cette carte, mais que l'on verrait se déplacer en suivant les vents sur les animations météorologiques de la télévision) et des températures de l'ordre de – 45 °C.

À propos du sens de rotation des courants de vents autour des dépressions, on peut se poser une question : dans une baignoire qui se vide, l'eau est attirée par l'orifice de vidange, comme l'air est attiré sur la Terre par une dépression. Comme autour de la dépression atmosphérique, l'eau tourne autour de l'orifice tout en s'écoulant. L'accélération de Coriolis étant la même pour tous, l'eau qui se vide tourne-t-elle toujours dans le sens antihoraire dans l'hémisphère Nord ?

En fait, la réponse est non. En effet, si elle est prépondérante à l'échelle de la Terre, l'accélération de Coriolis devient secondaire à l'échelle de la baignoire. Et l'eau qui s'écoule dans la vidange de la baignoire tourne dans n'importe quel sens. Avec peut-être, statistiquement, un avantage pour le sens antihoraire. Disons 70 % des cas pour le sens antihoraire contre 30 % pour le sens horaire sous nos latitudes. L'étude scientifique reste à faire. L'analyse expérimentale est en revanche à la portée de tous ceux qui prennent des bains.

Approche

L'approche est la phase finale d'un vol, qui se termine par l'atterrissage. Si le temps est beau, on peut effectuer une approche à vue. Si le temps est dégradé, avec une visibilité réduite ou un plafond bas, il faut effectuer une approche dite « aux instruments ».

L'APPROCHE À VUE

L'approche à vue classique peut revêtir des allures diverses : il y a la « prise de terrain en L » ou PTL, la « prise de terrain en U » ou PTU, ou la « prise de terrain en S » ou PTS. Dans toutes ces approches, on choisit en général d'avoir le vent de face en approche finale (on dit, en aviation comme dans la marine à voiles, « vent debout »). Si, dans la figure, le nord est « vers le haut », comme sur la plupart des cartes, la PTL représentée est faite par vent d'est (vent venant de la droite, de l'est). La PTU est faite par vent de nord, la PTS par vent d'ouest.

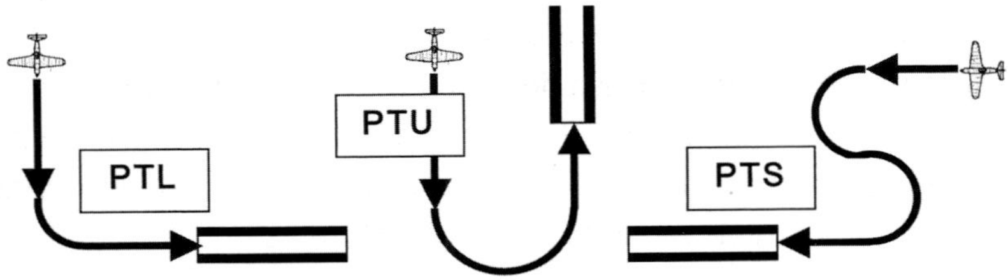

Approches à vue classiques

On pratique également, sur certains terrains, d'autres types d'approche à vue moins classiques. Dans ces approches, le sens d'approche finale est imposé par d'autres paramètres que le sens du vent. C'est le cas de l'approche sur certains terrains nichés au fond d'un fjord – comme à Sondrestrom, au Groenland –, où elle se fait toujours de l'embouchure vers le fond du fjord (la pente d'approche finale serait trop forte dans l'autre sens). Le décollage a toujours lieu dans l'autre sens. C'est aussi le cas de l'approche sur un altiport, où on se pose face à la pente et non en descendant la pente (pour pouvoir s'arrêter sur le méplat situé en haut de la piste). Le décollage a toujours lieu dans l'autre sens.

L'APPROCHE AUX INSTRUMENTS

Lorsque les conditions météorologiques ne permettent pas une approche à vue, il faut effectuer l'approche en utilisant des instruments qui permettent en général de suivre une trajectoire d'approche radiobalisée.

Les moyens radioélectriques utilisés vont du VOR-DME (Visual Omni Range et Distance Measuring Equipment), peu précis, à l'ILS (Instrument Landing System), qui permet un atterrissage de précision.

Pour pratiquer ces approches, l'avion peut être piloté manuellement, éventuellement avec l'aide d'un directeur de vol qui indique les manœuvres à effectuer. Il est aussi possible de confier le pilotage à un pilote automatique.

Certaines approches aux instruments méritent une mention particulière :
– l'approche ILS sur l'ancien terrain de Hong Kong (le seul du territoire jusqu'en 1995), sur lequel, faute de place, l'approche finale ne se faisait pas dans l'axe de piste. Lorsqu'on sortait des nuages, vers 200 mètres de hauteur, face à la ville, il fallait effectuer, à vue, un virage de 90° à droite pour se poser ;
– une approche sur le terrain de New York JFK, où la brume est fréquente en hiver. Dans cette approche, on ne voyait pas la piste avant la phase finale, mais on était aidé par de puissants flashs verticaux installés au sol, qui balisaient une trajectoire courbe.

L'approche de précision

Sur les avions commerciaux modernes, il est possible d'atterrir par très mauvais temps, en visualisant la piste au tout dernier moment, juste avant de toucher des roues. Pour cela, il faut effectuer une approche de précision qui doit respecter des critères stricts, tant pour l'équipement des avions que pour la qualification des équipages.

Pour chaque approche de précision est définie une hauteur de décision DH (Decision Height), qui peut être réduite à zéro pour les cas les plus performants.

Nous avons procédé aux premiers essais en vol des approches de précision au CEV de Brétigny, dans les années 1960. Pour défricher le domaine des approches de précision, nous avons utilisé un Mystère 20 équipé d'un pilote automatique spécialement conçu pour ces opérations. Nous avons commencé par vérifier la faisabilité de l'opération par beau temps, puis nous sommes passés à des conditions météorologiques de plus en plus dégradées.

Il y avait à Brétigny une route de service qui traversait la piste principale (05-23). Peu de trafic sur cette route, peu de vols également sur la piste.

La tour de contrôle allumait sur cette route un gros feu rouge clignotant pour arrêter les voitures lorsqu'un avion était en approche.

Lorsque nous avons commencé les essais d'approche de précision par mauvais temps, il fallait guetter les jours et heures de brouillard. Quand, dans la soirée, le service météorologique promettait du brouillard pour le lendemain matin, nous commencions les vols dès 6 h 30 ou 7 heures.

Un matin, alors que la visibilité était d'une dizaine de mètres, nous faisions donc des approches automatiques. Un magasinier, qui n'était pas au courant des vols, voyant le feu rouge dans le brouillard, s'est dit : « Tiens, ils ont oublié de l'éteindre hier soir... D'ailleurs, avec un temps pareil, personne ne vole au CEV, surtout à cette heure ! » Il s'est engagé sur la piste et a vu un avion proche de son toucher des roues passer à quelques mètres devant lui de la droite vers la gauche, tandis que hurlait la sirène déclenchée par la cellule photoélectrique qui avait repéré le passage de la voiture.

Pour tenter d'améliorer artificiellement la visibilité au seuil de piste au terme d'une approche de précision, on a installé, durant un temps, des réacteurs enterrés en bordure de piste. Ces réacteurs soufflaient de l'air chaud vers le secteur d'approche, ce qui avait comme double effet de réchauffer l'air – donc de faire évaporer les gouttelettes d'eau en suspension qui constituent le brouillard – et de repousser mécaniquement le brouillard en le soufflant.

Le système que nous avons testé dans les années 1970 s'appelait « Turboclair ». Mis au point par la compagnie Bertin, il était assez efficace, mais coûtait cher et n'était que d'une utilité secondaire avec l'amélioration des équipements des avions. Il fut installé quelque temps en piste 09 à l'aéroport Paris-Charles-de-Gaulle. Il a été abandonné au début des années 1980.

Ascendance

Cet article aurait pu s'intituler : « Comment les planeurs volent-ils alors qu'ils n'ont pas de moteur ? »

Comment les planeurs décollent-ils ? Certains s'attendent peut-être à lire que les planeurs décollent grâce aux ascendances, puisque c'est le titre de l'article. Il ne faut pas rêver !

Les planeurs décollent soit en étant remorqués par un avion à moteur, soit en étant « treuillés », c'est-à-dire tirés par un gros treuil installé en bout de piste (la piste étant généralement un champ), qui lâche le planeur à une centaine de mètres de hauteur en fin de treuillage. L'avion à moteur qui remorque un planeur classique n'a pas besoin d'être très puissant ; j'ai moi-même effectué de nombreux remorquages en Stampe et en Morane 500. Bien entendu, si le planeur pèse dix tonnes et emporte des dizaines de passagers équipés (comme c'était le cas des Horsa, qui atterrissaient derrière les lignes allemandes dans les opérations préparatoires au débarquement de Normandie), il faut un avion plus gros, comme un Dakota.

Le constructeur René Fournier a même imaginé, dans les années 1960, une sorte d'avion-planeur équipé d'un petit moteur servant uniquement au décollage, l'hélice se mettant ensuite en drapeau pour offrir une traînée minimale et conférer à la machine une finesse acceptable. Bon avion mais planeur de finesse moyenne, cet appareil n'eut guère de succès.

D'autres tentatives du même genre, avec des moteurs rétractables dans le fuselage, ont été menées ailleurs, en particulier en Scandinavie. Sans succès décisif, il faut bien le dire.

Comment les planeurs restent-ils en l'air ? Les planeurs restent en l'air lorsque le pilote parvient à se maintenir dans une ascendance, c'est-à-dire dans une zone où l'air s'élève plus vite que le planeur ne descend.

On distingue plusieurs types d'ascendance :

– l'ascendance orographique : lorsqu'une masse d'air en déplacement aborde une colline ou une montagne, l'air s'élève le long de la pente « au vent ». Si le planeur fait des va-et-vient au-dessus de cette pente, il est soulevé avec l'air : c'est un « vol de pente ». Il ne faut pas qu'il passe du côté « sous le vent » de la montagne, car la masse d'air y redescend et les vents ascendants cèdent la place à des « rabattants », dont l'effet sur le planeur est désastreux ;

– l'ascendance thermique : au-dessus de certains sols, en général pierreux, l'air se chauffe et s'élève, emportant avec lui les planeurs, qui savent se maintenir au-dessus du bon endroit. Comme on trouve souvent, au-dessus des ascendances thermiques, de petits nuages blancs et ronds – cumulus de beau temps –, on voit souvent, dans les ciels de traîne, des planeurs tournoyer sous les cumulus ;

– l'ascendance d'onde : les ondes orographiques sont une sorte de longue vague qui ondule sous le vent d'une montagne. Ces ondes sont accompagnées de zones alternées d'ascendants et de rabattants. Les zones d'ascendance sont souvent balisées par des lignes de nuages parallèles à la crête de la montagne (nuages « lenticulaires »).

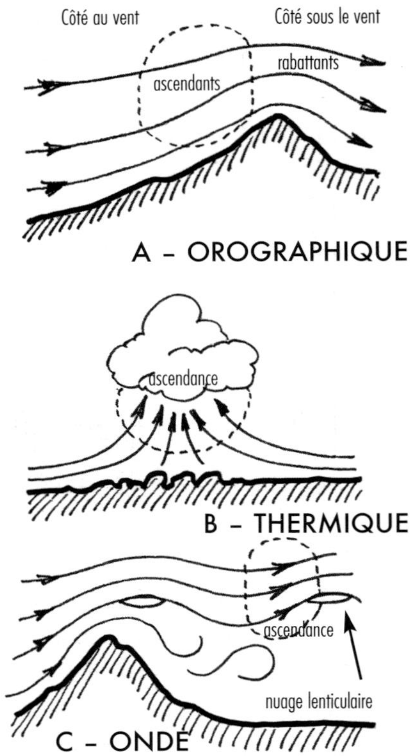

Ces régimes peuvent s'étendre sur des centaines de kilomètres et sont favorables aux hautes performances en planeur (records de distance, par exemple).

Atmosphère

L'atmosphère est la couche d'air qui entoure la Terre. Elle s'étend depuis le sol jusqu'à une altitude imprécise, la pression atmosphérique diminuant de façon continue jusqu'à atteindre zéro très loin de la surface (les satellites artificiels, si hauts soient-ils, tournent dans un air extrêmement raréfié, mais qui les freine toutefois : il faut parfois les faire « remonter » si on ne veut pas les voir retomber sur Terre au bout de quelques mois).

Si la pression diminue lorsqu'on s'élève, il n'en va pas de même de la température, qui décroît régulièrement jusque vers 11 kilomètres, où

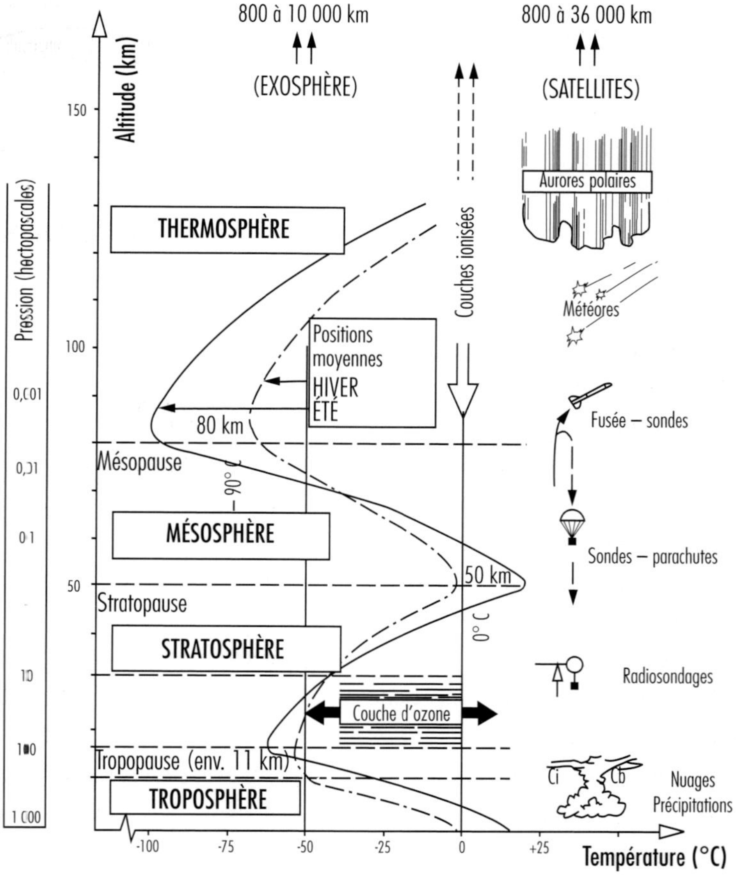

elle atteint une valeur de – 55° C à – 65° C. La tropopause se trouve à cette altitude. La température remonte jusque vers 0° C, valeur atteinte vers 50 kilomètres, où se trouve la stratopause.

Les positions de la tropopause et de la stratopause varient en altitude. Entre ces deux limites se situe la stratosphère, qui varie donc tant en épaisseur qu'en altitude moyenne.

La figure précédente donne quelques informations moyennes relatives à l'atmosphère. On y a localisé quelques éléments annexes, comme les nuages et les aurores boréales (voir *nuages* et *aurore boréale*), les météores (étoiles filantes) et la couche d'ozone.

Je ne peux m'empêcher, pour clore le sujet, de citer la grande Arletty dans le film *Hôtel du Nord* : « Atmosphère, atmosphère… »

Atterrissage

L'atterrissage est évidemment une phase incontournable du vol. Afin de réduire au maximum la distance d'atterrissage, il faut diminuer le plus possible la vitesse de l'avion. Pour cela (voir *Mécanique du vol*), on configure l'avion avec les dispositifs hypersustentateurs (becs et volets) sortis, et, bien entendu, le train d'atterrissage. Il faut aussi prendre une vitesse faible mais restant bien dégagée de la vitesse de décrochage de la configuration. Si on appelle Vs la vitesse calculée de décrochage, il faut avoir en approche finale une vitesse indiquée de 1,3 x Vs, soit 130 nœuds si la vitesse de décrochage est 100 nœuds. Enfin, il faut diminuer la vitesse-sol en se posant avec un vent de face – « debout » – maximal.

Les pistes sont généralement orientées dans le sens des vents dominants. Il reste que le vent en approche finale n'est souvent pas exactement debout. Il y a parfois une composante de vent traversier, que l'on contre en approchant, en longue finale, « en crabe » – le nez « dans le vent » de la valeur de la dérive. On ne remet le nez dans l'axe qu'en très courte finale, au prix d'une légère inclinaison latérale – c'est le « décrabe ».

Le bombardier B-52, avec tous ses trains orientables, peut se poser en crabe avec les roues dans l'axe de piste.

Sur un porte-avions, on peut, au moment des appontages, faire manœuvrer le navire pour obtenir une composante de vent debout sur le pont d'atterrissage.

B-52 en approche vent de travers

Aurore boréale

Bien que l'on puisse parfois les apercevoir aux latitudes moyennes, les aurores boréales restent un phénomène caractéristique des hautes latitudes. Les aurores boréales sont les aurores polaires de l'hémisphère Nord.

Il s'agit, pour l'essentiel, d'émissions lumineuses provenant de la désexcitation des composants neutres et ionisés de la haute atmosphère, dont l'état excité, et éventuellement ionisé, résulte de l'impact d'une particule énergique ou d'une réaction chimique telle qu'une recombinaison radiative. C'est l'explication que l'on peut trouver dans une encyclopédie. Si on veut être plus clair, on dira qu'il s'agit d'influences du rayonnement solaire sur la très haute atmosphère, que l'on peut souvent observer de nuit au-delà de 70° nord. Il s'agit de particules émises par le Soleil lors d'éruptions à sa surface, qui viennent s'enrouler autour du pôle magnétique terrestre, situé quelque part dans le nord du Canada. Ces particules s'illuminent par frottement lors de leur entrée dans la haute atmosphère.

Cela se traduit par des sortes de vastes draperies allant du bleu pâle à l'orangé clair, qui se déploient dans tout le ciel avec de rapides variations de forme et de couleur. C'est un phénomène de toute beauté, un peu surréaliste et très difficile à décrire à ceux qui ne l'ont jamais vu. D'autant qu'il est très difficile de photographier ou de filmer une aurore boréale, tant sa luminosité est faible et tant ses variations sont rapides et imprévisibles.

Ce que l'on ne lit nulle part, c'est que ces aurores boréales sont accompagnées de sifflements aigus, sortes de vibrations stridentes, à peine audibles dans les écouteurs du cockpit. Il s'agit sans doute d'interférences avec les ondes radio.

On peut observer ce phénomène (et donc l'entendre) pendant des heures, lors de voyages entre Paris et la côte ouest des États-Unis. Car les routes entre l'Europe et cette côte passent par des latitudes souvent supérieures à 70° nord (voir *Routes aériennes*).

Avions à décollage et atterrissage courts (ADAC)

De tout temps, l'aviation a connu ses modes : la mode des avions à aile en flèche, à aile delta, celle des ailes à grand allongement, des ailes à flèche variable... La mode des Avions à décollage et atterrissage verticaux (ADAV ou VTOL pour Vertical Take Off and Landing) et des Avions à décollage et atterrissage courts (ADAC ou STOL pour Short Take Off and Landing) a fait fureur dans les années 1960.

On trouve, dans toute bonne histoire de l'aviation, la description des projets d'ADAV/ADAC, dont la plupart n'ont pas été produits en série, le Harrier britannique faisant exception. Cet avion a eu tellement de succès qu'il a été produit en série sous licence par les Américains et a équipé des unités du Marine Corps. Une de ces unités était basée à Yuma (Arizona), où je participais aux essais de certification du MD-11. Un jour que j'attendais au point d'arrêt pour m'aligner et décoller, un Harrier arriva en courte finale sur l'ILS. En finale tellement courte que j'avais anticipé en demandant à m'aligner. Mais le Harrier ne se posait pas. Ironiquement, il s'était immobilisé sur son axe d'approche à une cinquantaine de mètres de hauteur. Le pilote me regardait, sans doute en souriant dans son masque.

En France, le Mirage V (V pour « Vertical ») n'a pas dépassé le stade des prototypes, et l'Atar volant (voir *Turboréacteur*) n'est guère allé plus loin. Le Mirage V était pourtant un avion intéressant, avec ses moteurs verticaux noyés dans le fuselage assurant la sustentation, et son réacteur axial pour la propulsion. Les problèmes de stabilité inhérents à cette formule avaient entraîné le développement d'asservissements très complexes qui fonctionnaient fort bien pour l'époque.

À propos d'atterrissage court, voici une aventure classique de l'histoire de l'aviation. En 1919, un pilote français un peu fou (mais tous les pilotes de l'après-Grande Guerre étaient un peu fous) a tenté un exploit insensé. Jules Védrines – c'était son nom – a parié qu'il pouvait poser son Caudron G 3 sur le toit des Galeries Lafayette à Paris. Il répondait en fait à une offre de 25 000 francs faite par la direction des Galeries au premier pilote qui atterrirait et décollerait de ce toit. On avait déjà à cette époque un sens aigu de la publicité – on disait alors « réclame ». Védrines est arrivé par l'angle de la Chaussée-d'Antin et a posé sa machine. Sans encombre ou presque. Seulement en cassant son train d'atterrissage. L'histoire ne dit pas s'il a touché les 25 000 francs, n'ayant réalisé que la moitié du contrat : il avait atterri mais n'avait pas redécollé...

Au milieu des années 1960, la France décida, à défaut de chasseur ADAV, de se doter d'un avion de transport ADAC. Le Breguet-941 a été cette machine, une réussite remarquable, qui n'a hélas pas eu de suites, sans doute à cause de sa fragilité.

Le Breguet-941 était un quadrimoteur. Mais un quadrimoteur de curieuse conception : du fait du soufflage de l'aile par les hélices – qui, avec un braquage des volets de 90 degrés, permettait une portance même à vitesse d'avancement quasi nulle –, il fallait que les quatre hélices continuent à tourner, même en cas de panne d'un moteur. Donc, les quatre moteurs faisaient tourner un axe unique transversal, lequel faisait tourner les quatre hélices. En cas de panne d'un moteur, les trois moteurs restants continuaient à faire tourner l'axe, qui à son tour faisait tourner (avec une perte de puissance) les quatre hélices. Cela était la base d'un gag, toujours renouvelé, quand nous effectuions des essais sur l'avion à Brétigny.

Au CEV, tous les démarrages se faisaient avec les pompiers devant l'avion. Quand nous avions démarré le premier moteur, les quatre hélices tournaient, et les pompiers s'en allaient. Nous avions toutes les peines du monde à les rappeler et à leur expliquer qu'il n'y avait qu'un moteur en route. Eux « voyaient bien » que les quatre moteurs tournaient.

Le Breguet-941 décollait et atterrissait en moins de cent mètres. Comme la piste de Brétigny faisait 99 mètres de largeur, il se trouvait souvent un pilote qui voulait atterrir sur la largeur de la piste. Et qui, bien entendu, touchait dans l'herbe pour avoir visé court de deux ou trois mètres. Heureusement, le train de l'avion était prévu pour tous les terrains.

À l'époque où volaient les prototypes du Breguet-941, il y avait encore à Paris un petit aérodrome, avec une piste de plusieurs centaines de mètres de long, à Issy-les-Moulineaux. Porte de Sèvres, à « Balard » comme nous disions alors, près de l'état-major de l'armée de l'air. Il avait alors été question de sauvegarder cette surface exceptionnelle pour des liaisons européennes de centre-ville à centre-ville. Comme avait été conservé l'aérodrome de London-City par exemple, utilisable par des avions du type Breguet-941. Mais les promoteurs ont réussi à convaincre les pouvoirs publics que ce type d'aviation n'avait aucun avenir. On a donc construit autour et sur l'aérodrome, qui n'est plus accessible qu'aux hélicoptères. Lesquels n'ont jamais percé dans le transport commercial. L'aérodrome de London-City est resté, lui, accessible aux avions STOL.

Avions amphibies

Un avion amphibie est un avion qui peut se poser aussi bien sur terre que sur mer. Il est généralement équipé d'une coque, comme les hydravions, pour se poser sur l'eau, et de roues rétractables pour se poser sur terre.

J'ai effectué un vol – un seul – en Polynésie sur ce merveilleux avion amphibie qu'est le Catalina, dont était équipée l'aéronautique navale. Invité par son commandant, qui m'avait offert la place de gauche, je n'ai guère eu le temps, durant ces deux ou trois heures essentiellement vouées à une prétendue surveillance maritime – prétexte à du tourisme –, d'apprécier vraiment la machine. Mais j'en ai gardé un souvenir ému.

Un autre avion amphibie sur lequel j'ai eu l'occasion de faire quelques tours était le Grumman Goose, un petit avion très court, trapu, dont l'aéronautique navale était équipée en Algérie. L'un d'eux était basé à Annaba (anciennement Bône). L'aéronautique navale s'en servait pour faire de la recherche maritime à courte portée.

J'ai pu effectuer un vol (sol-sol) sur cette machine à l'occasion du ravitaillement de l'équipe d'un phare côtier isolé ; le ravitaillement consistait simplement en un lancer de sacs par la porte ouverte.

Lorsqu'il était sur terre, stationné sur une zone herbeuse à l'écart des pistes, le Goose avait l'air posé sur le ventre tant ses roues étaient courtes. Lors d'un roulage à proximité, alors que son équipage préparait un vol, un pilote de l'armée de l'air lui avait ainsi lancé : « Alors les gars, on attend la marée ? »

Un troisième avion amphibie sur lequel j'ai volé, lors de ses essais de certification, à la fin des années 1960, était le Canadair CL-215. Cet avion, qui est devenu dans le langage populaire « le Canadair », devait servir à éteindre les feux de forêts, fréquents l'été dans le midi de la France. Le Canadair était basé à terre mais écopait l'eau sur les étangs ou sur mer calme pour se recharger en eau.

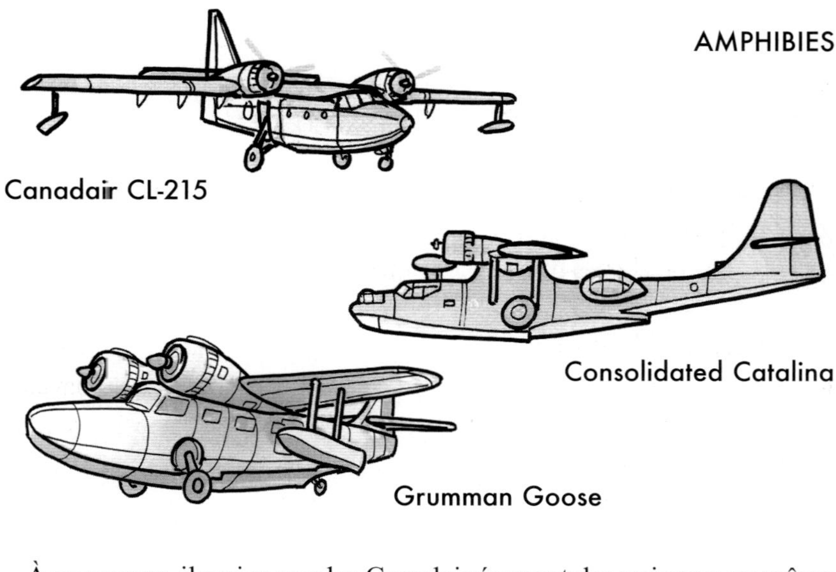

À ce propos, il arrive que les Canadair écopent des poissons en même temps que l'eau et qu'ils aillent les déverser sur des feux en altitude, à 500 ou 1 000 mètres, voire davantage. Des poissons tombant ainsi dans un sol favorable pourront se momifier, puis se fossiliser au cours des âges. Dans quelques millions d'années, les paléontologistes qui les découvriront concluront non seulement que la daurade existait déjà au début du troisième millénaire (ce qu'ils sauront peut-être par ailleurs), mais qu'au début de cette même époque, la mer Méditerranée recouvrait les sommets des Alpes maritimes.

Avions de luxe

Certains grands de ce monde, non contents de s'offrir des demeures exceptionnelles avec un environnement qui sort nettement de l'ordinaire, veulent avoir des moyens de déplacement aériens qui reflètent leur niveau de vie. Certains se contentent de louer les services de transporteurs spécialisés, qui mettent à leur disposition, à des tarifs en regard du service rendu, des avions de quatre, six ou dix places, avec tout le confort souhaitable. Dassault Aviation – pour ne parler que de ce constructeur – offre ainsi à cette clientèle, par sociétés de transport à la demande interposées, une flotte qui va du Mystère 10 à vocation moyen-courrier au Falcon 7X intercontinental.

J'ai vu passer ces avions, en cours d'aménagement (certains équipements, de communication ou de navigation, demandant un passage au CEV), à Brétigny : sièges en cuir, bar américain, voire kitchenette chromée...

L'un de mes amis qui avait fini sa carrière chez un de ces transporteurs de luxe à la demande me racontait qu'un industriel parisien en affaires sur la Côte d'Azur devait être rejoint par sa femme pour le week-end à Nice.

Cette dame était donc arrivée à Nice en Mystère 20 (devenu depuis Falcon 20), avec femme de chambre et bagages. Elle avait soudain réalisé que son coffret à bijoux avait été oublié avenue Foch. Furieuse, la dame chargea aussitôt sa femme de chambre d'aller le chercher à Paris sans délai. Aller-retour avec le Mystère 20, bien entendu. Mon ami, qui pilotait l'avion, m'avait indiqué le coût de l'aller-retour, mais je ne retiens pas les nombres quand ils ont trop de zéros...

D'autres préfèrent s'offrir un avion personnel, avec équipage. Les plus économes (certains industriels ont bâti leur empire grâce à leur sens de l'économie) achètent un bimoteur à pistons ou un biturbopropulseur à six places, qui leur permet des déplacements immédiats pour leurs affaires, avec leurs collaborateurs, sans confort exceptionnel, à un prix raisonnable. Les patrons des grandes sociétés internationales passent souvent à la taille au-dessus, avec le bi- ou le triréacteur aménagé tout confort, avec équipage complet, dont l'hôtesse en uniforme maison.

Un pas supplémentaire est franchi avec les avions de chefs d'État. Les appareils utilisés à ce stade sont de taille supérieure, choisis dans les gammes des Boeing et Airbus long-courriers. Certains chefs d'État acceptent de partager leur avion avec une compagnie de leur pays, pour éviter qu'il reste immobilisé pour rien pendant 95 % du temps (les voyages présidentiels sont relativement rares). Dans ce cas, l'avion est « transformable », de la version luxe à la version commerciale courante.

C'était le cas de l'avion présidentiel d'un chef d'État africain des années 1970, qui utilisait un DC-8 qui faisait aussi office d'avion-cargo la plupart du temps. La veille des voyages présidentiels, l'avion venait se faire transformer au Bourget, à UTA Industries. On « enfilait » dans le fuselage une série de modules annulaires spécifiques. L'opération terminée, un couloir courait tout le long de l'avion, par bâbord, et desservait les différents sous-ensembles : appartements privés du président à l'avant, avec chambre, salle de bains et salle à manger, puis dépendances, bureaux, cabine première classe pour les ministres, cabine classe affaires pour les fonctionnaires d'État, cabine classe touriste pour le reste de la délégation...

Les successeurs du général de Gaulle aimaient voyager en Concorde, lorsque cet avion fut livré à la compagnie nationale Air France (on ne parlait pas encore de privatisation). On raconte que, pour un sommet international, le Concorde présidentiel arriva sur un aérodrome en même temps que l'Air Force One, l'avion du président des États-Unis.

Bouleversant le protocole, le président Richard Nixon vint de lui-même vers le Concorde, escalada l'échelle et se fit présenter l'avion par l'équipage du président français.

Le général de Gaulle, disparu à cette époque, n'aurait pas été fâché de cet hommage indirect à la grandeur française.

Le sommet dans le domaine des avions de luxe appartient aux chefs d'État dont l'avion ne sert qu'à lui. C'est le cas pour le président des États-Unis, dont l'avion a été successivement un Boeing 707 puis un

Boeing 747. Cet avion, appelé Air Force One, fut le héros d'un film éponyme de la fin des années 1990. Aménagé comme une Maison Blanche miniature, il comprend un bureau ovale, les appartements privés du président, des salons et salles à manger, des cabines de luxe pour les hauts dignitaires et des cabines plus simples pour la suite présidentielle, avec un important centre de communication – mais sans le module largable imaginé dans le film.

En la matière, la palme appartient sans doute aux Boeing 747 du sultan de Brunei et du roi d'Arabie. Il est difficile de savoir quel est le plus luxueux des deux, car leur aménagement par des sociétés spécialisées comprend une clause de non-divulgation de l'équipement.

On dit qu'ils comportent, en plus des appartements royaux dorés à l'or fin (la robinetterie est en or massif), une salle du trône et un bloc opératoire avec équipe chirurgicale opérationnelle vingt-quatre heures sur vingt-quatre. Et, luxe suprême, une salle de prières à base circulaire tournante, contrôlée par la centrale de navigation de l'avion : quelle que soit la position de l'avion dans le monde, cette salle est toujours tournée vers La Mecque. J'ai toujours songé que, lorsque l'avion est en circuit d'attente à l'arrivée – ce qui arrive par mauvais temps – et qu'il tourne en rond pendant des dizaines de minutes, ce devait être impressionnant de voir tourner cette salle autour du tapis (volant) à prières...

Avions de mesure et d'observation sur réceptacle (AMOR)

Dans les années 1960, le général de Gaulle voulut équiper la France d'une force de frappe nucléaire multivecteurs – on revient plus loin sur l'aspect le plus aéronautique de cette force, dans l'article *Mirage IV*.

Il est question ici du troisième vecteur de la force, après les Mirage IV et les sous-marins nucléaires : les fusées intercontinentales.

Pour essayer ces fusées, un centre de tir, justement nommé « Centre d'essais des Landes », avait été installé dans les Landes. Les missiles à longue portée étaient lancés vers l'ouest et tombaient dans l'Atlantique, plus exactement dans les eaux territoriales du Portugal, au voisinage immédiat des Açores. La France avait passé un accord avec le Portugal pour installer une base de mesures sur l'île la plus occidentale de l'archipel, Flores.

Lorsque l'aménagement de Flores fut achevé, on s'aperçut que l'axe de tir initialement prévu ne pouvait être maintenu, pour diverses raisons dont on ne parlera pas ici. Toujours est-il que les premiers points de chute des missiles se trouvaient plus au nord, hors de vue de l'observatoire installé sur le sommet de l'île de Flores.

Pour remédier à ce défaut, on décida alors d'équiper de radars et d'électronique trois avions Douglas DC-7C, regroupés dans une section dénommée « AMOR » (Avions de mesures et d'observation sur réceptacle) et installés à Brétigny.

DC-7C « AMOR »

À chaque tir, les DC-7C AMOR devaient être en vol au voisinage du point de chute prévu du missile. Ils suivaient à la radio le départ de l'engin des Landes, puis écoutaient les commentaires du centre de Flores, qui suivait la trajectoire au radar. Ils se dirigeaient enfin vers le dernier point de chute calculé et en relevaient à vue les coordonnées. Comprenons qu'ils passaient à vue, à basse hauteur, sur le rond d'écume du point d'impact, teinté de fluorescéine, dont ils relevaient les coordonnées sur leurs équipements de bord dernier cri.

Comme ces avions avaient une autonomie augmentée (ils pouvaient tenir l'air plus de vingt-quatre heures), ils emportaient souvent deux équipages de conduite et étaient équipés d'une cuisine, d'une salle à manger et de couchettes confortables.

Avions embarqués

Sans doute faut-il, tout d'abord, définir ce qu'est un avion embarqué. En effet, certains lecteurs, peu au fait de la chose aéronautique, pourraient faire remarquer que l'on peut embarquer un avion dans un gros camion, voire dans un navire-cargo. À la suite de cette opération, on a littéralement affaire à un « avion embarqué ». Dans l'aviation, on appelle en réalité « avion embarqué » un avion capable de décoller d'un porte-avions – et, bien entendu, capable de s'y reposer.

Nous avons eu, au CEV, la possibilité de voler sur différents avions embarqués : l'Étendard IV, le Super-Étendard, le Crusader, l'Alizé.

À part le fait qu'il fallait replier les ailes au sol après l'atterrissage – et, surtout, car c'est plus important, les déplier avant le décollage –, je n'ai retenu que quelques anecdotes sur ces avions.

Le Breguet Alizé

C'était un avion monoturbopropulseur de reconnaissance maritime pouvant emporter un équipage de trois ou quatre membres, dont un seul pilote. Il y avait le cockpit à l'avant et un poste radar derrière, sans possibilité pratique de passer d'une place à l'autre.

Dans les années 1970, nous avons effectué sur cet avion les essais d'un nouveau radar maritime de reconnaissance qui était censé voir et enregistrer la silhouette des navires repérés en mer. La mission type consistait à partir en Manche à basse altitude, à photographier au radar des cargos ou des pétroliers au hasard, puis à passer sous leur poupe pour relever leur nom.

De retour à Brétigny, une fois les photos développées, on les comparait avec les silhouettes de bateaux prises dans un catalogue de commerce maritime mondial, pour analyser la ressemblance entre le vrai bateau et la photo radar.

Il s'est trouvé que nous avons eu à accomplir ces vols en hiver et, comme l'avion était monomoteur et que les vols étaient à basse altitude, nous portions, sous nos combinaisons de vol, des combinaisons spéciales de caoutchouc, avec collerette et bonnet assortis.

Les spécialistes estimaient que nous avions ainsi, en cas d'amerrissage forcé, un quart d'heure de survie garantie. Mais comme personne ne savait exactement où nous étions…

J'ai gardé un souvenir amusant d'une de ces missions. Nous opérions dans les eaux territoriales françaises. Avisant deux cargos qui se suivaient de près et qui étaient jumeaux (ils avaient exactement la même forme), nous avons effectué un passage radar le long de la colonne qu'ils formaient, puis nous sommes allés comme à l'ordinaire relever leurs noms. C'était deux cargos soviétiques. Le temps de remonter un peu pour souffler, les deux cargos avaient viré de 90° et mis le cap au large vers les eaux internationales.

AVIONS EMBARQUÉS

Alizé

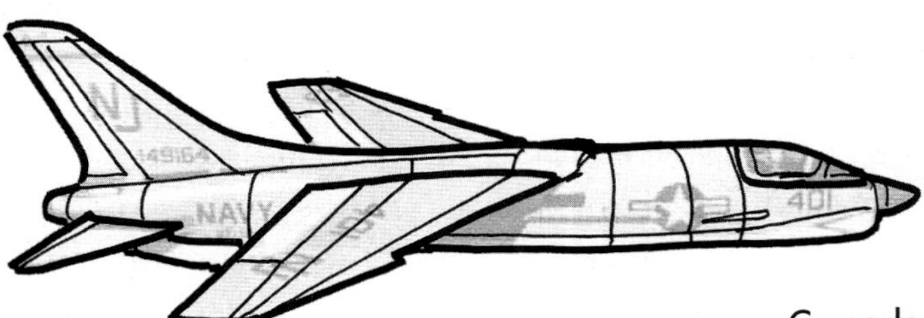

Crusader

Il y avait à l'époque beaucoup de pseudo-cargos soviétiques, en fait des bateaux espions. Ces deux-là ne devaient pas avoir la conscience tranquille. Ils avaient eu peur de nous, nous prenant sans doute pour des avions des forces armées.

Détail intéressant : le Breguet Alizé avait un radar ventral rétractable, sorti en vol opérationnel, mais qu'il ne fallait pas oublier de rentrer à l'atterrissage sous peine de poser l'avion « quatre points » (sur ses trois trains et sur le radar).

Le Crusader

C'était un avion de chasse embarqué, monoplace et monoréacteur, qui a longtemps fait partie des avions embarqués de l'aéronautique navale française.

Une de ses particularités était d'avoir une aile soufflée : pour conserver de la portance en finale, il fallait garder un fort régime à l'atterrissage, ce qui, de toute manière, est classique sur les avions en appontage, car ils doivent conserver un fort régime pour une remise de gaz éventuelle s'ils ratent les brins d'arrêt (voir *Porte-avions*).

J'ai vécu à bord de cet avion quelque chose d'inattendu. Il avait une aile à calage variable, qui pouvait plus ou moins être « à cabrer » ou « à piquer » par rapport au fuselage. Avant mon premier vol, j'avais fait l'essai de la commande au sol et avais pu constater que le calage de l'aile variait bien. La position la plus à cabrer était celle de l'atterrissage. À la fin du vol, approchant de la finale, j'avais consciencieusement mis mon aile à cabrer. Mais quelle ne fut pas ma surprise de constater que, en vol, ce n'était pas l'aile qui allait à cabrer, mais le fuselage qui allait à piquer.

C'était évident : c'était l'aile qui volait, et le fuselage ne pouvait que se recaler par rapport à elle.

Il n'empêche que personne n'en avait parlé, comme souvent au CEV, où l'on découvrait beaucoup par soi-même. J'en ai bien ri par la suite.

Les flottilles de l'aéronautique navale sont très soudées (la flottille est à l'aéronautique navale ce que l'escadrille est à l'armée de l'air). Lorsque le Crusader a été retiré du service actif, tous les anciens pilotes du « Crouze » – comme ils l'appelaient familièrement – se sont comptés et se sont retrouvés. Comme mon nom était sur la liste des pilotes, même occasionnels, j'ai été invité. Je fais officiellement partie des « anciens du Crouze ».

Un avion embarqué très particulier

En avril 1942, dans la guerre du Pacifique, la supériorité des forces japonaises sur les forces américaines était manifeste. Dans leur archipel, les Japonais se sentaient invulnérables. Pour mettre fin à cette croyance (et seulement pour marquer des points sur le plan psychologique), les Américains décidèrent de bombarder Tokyo. Comme aucun de leurs bombardiers n'avait l'autonomie suffisante, étant donné la faible occupation du terrain qu'ils avaient à l'époque, les Américains embarquèrent seize B-25 Mitchell sur le porte-avions *Hornet* et les firent décoller à quelque 650 milles nautiques (1 200 kilomètres) de leur cible.

Le décollage fut difficile, les lourdes machines furent arrachées par les catapultes. L'appontage, au retour, était impensable : il fallait plusieurs centaines de mètres aux bombardiers pour atterrir et il n'était pas question de les équiper de crosses d'appontage.

Après leurs *Trente Secondes sur Tokyo* (titre du film qui en a été tiré par la suite), les Mitchell de Doolittle (leur patron) s'éparpillèrent, un en URSS, un en mer, les autres en Chine. Au terme d'une mission, il faut le dire, semi-suicidaire.

AWACS (Airborne Warning And Control System)

Au début des années 1970, Boeing proposait à l'armée de l'air américaine (US Air Force) un avion de surveillance radar à hautes performances, l'AWACS.

Cet avion était un Boeing 707 modifié, truffé d'antennes radar et radio, équipé de nombreuses consoles à grand écran, permettant la surveillance radar de vastes zones, les détections faites à bord étant complétées par celles en provenance de stations sol ou d'autres avions de surveillance.

Cet avion est facilement identifiable grâce à sa grande antenne circulaire, sorte de soucoupe d'une dizaine de mètres de diamètre, située au-dessus du fuselage. On notera, ce qui n'apparaît pas sur les photos (figées par essence), que cette antenne tourne autour de son axe d'un mouvement régulier pendant le vol.

À la fin des années 1980, la France et le Royaume-Uni ont ressenti le besoin de pareils avions pour surveiller de grandes parties de l'Europe et du Proche-Orient, où se développaient des conflits d'un style nouveau.

Les Américains acceptèrent de relancer la chaîne des AWACS, alors arrêtée, et une équipe franco-britannique fut désignée pour suivre la production et effectuer les essais nécessaires.

J'étais le pilote d'essai français chargé de l'opération, en compagnie d'un pilote anglais. Nous avons effectué de nombreux vols à Seattle sur l'avion de tête de la série pour vérifier le domaine de vol. Les essais les plus intéressants furent ceux du ravitaillement en vol (voir *Ravitaillement en vol*).

AWACS

B *comme...*

Bagages

Les valises des passagers posent souvent des problèmes. Un peu pour leur poids, beaucoup pour le risque lié à ce qu'elles peuvent contenir.

La masse d'un avion conditionne étroitement ses performances et sa sécurité : si la masse au décollage est supérieure à la masse maximale pour laquelle le décollage est possible, l'avion ne peut pas décoller. Or, la connaissance du poids des passagers et de leurs valises est souvent imprécise. Pour les passagers, les compagnies appliquent en général un poids forfaitaire, différent pour les hommes et les femmes, basé sur des statistiques correspondant à la population transportée.

Pour les valises, une pesée est effectuée lors de l'enregistrement, mais le résultat de cette pesée vise parfois davantage à faire payer des surtaxes qu'à affiner la vraie masse au décollage de l'avion.

Le contenu des valises est plus inquiétant. Pour éviter que soit chargé en soute un produit dangereux, explosif en particulier, on procède à diverses vérifications. On s'assure, par un questionnement, que chaque passager a rempli lui-même sa valise et qu'il ne transporte pas une valise confiée par un tiers. On vérifie aussi que les passagers ayant enregistré une valise en soute embarquent bien dans l'avion. On suppose qu'un passager embarquant dans un avion n'aura pas enregistré une valise avec une bombe à l'intérieur. Si le cas se présente d'une valise embarquée sans son propriétaire, on procède à une identification des bagages en soute avant le décollage (voir *Sécurité et sûreté*).

Malgré ces précautions, il est arrivé que des bombes soient placées dans des valises embarquées en soute – et ce, bien entendu, à l'insu de leur propriétaire. En 1949, un fils plaça une bombe dans les bagages de sa mère, pour toucher une assurance de 37 500 dollars. La bombe était programmée pour exploser au-dessus d'une chaîne montagneuse, où il devait être difficile de retrouver des preuves du crime. À la suite d'un retard au décollage, la bombe explosa seulement quelques minutes après l'envol, dans une plaine où l'on retrouva sans peine les traces de la bombe et son origine. Les 23 occupants de l'appareil furent tués. Le fils fut arrêté.

En 1949 également, sur un DC-3, un mari plaça une bombe dans les bagages de sa femme pour toucher une assurance de 10 000 dollars. Tous les occupants furent tués. Le mari fut découvert et condamné.

Depuis, il n'y a que peu de problèmes identifiés avec les valises des passagers en soute. Mais cela arrive encore parfois…

La fin du XXe siècle a connu des attentats qui firent des centaines de victimes à cause de bombes placées à bord. En 1988, un Boeing 747 d'une compagnie américaine assurait le vol Francfort-Londres-New York. Alors qu'il survolait l'Écosse, l'avion disparut des écrans de contrôle, après que deux échos fugitifs en descente rapide furent relevés. Une bombe avait été placée à bord, dans un conteneur à bagages. Les 259 occupants de l'avion périrent, ainsi que 11 habitants du village de Lockerbie. L'enquête démontra la responsabilité de la Libye dans l'attentat, et les familles des passagers furent dédommagées par le colonel Kadhafi, maître du pays, après un procès de plus de quinze années.

En 1988, un DC-10 de l'UTA assurant le vol Brazzaville-N'Djamena-Paris explosa alors qu'il volait à 35 000 pieds au-dessus du Niger, à 600 kilomètres au nord de N'Djamena. Une bombe avait été placée à bord, dans une valise, sous un siège (bien identifié par la suite), vraisemblablement à Brazzaville. Une organisation terroriste islamique revendiqua l'attentat, et le gouvernement libyen avoua là aussi sa participation, acceptant de verser des indemnités en 2004 (en même temps qu'aux familles des victimes de Lockerbie).

Quelques années plus tôt, en 1985, un Boeing 747 d'Air India assurant le vol Toronto-Montréal-Londres-New Delhi-Bombay disparut des écrans de contrôle à 31 000 pieds au-dessus de l'océan alors qu'il approchait de Shannon. Deux bombes avaient été placées à bord, dans la soute située sous la cabine de première classe. L'attentat fut revendiqué par des étudiants sikhs.

Bandes dessinées

Les pilotes, qui ont toujours impressionné les jeunes enfants – à l'âge de six ans, on veut souvent être plus tard pilote ou pompier –, ont été l'un des sujets favoris des auteurs de bande dessinée. Au moins dans les années d'après guerre, l'âge d'or de la bande dessinée recouvrait à peu près les années dorées de l'aviation au cours desquelles tout était possible : les années 1950 et 1960.

Je ne citerai pas ici tous les héros de mon enfance et de mon adolescence, sauf peut-être Victor Hubinon et son inoubliable Buck Danny. Et Johnny Hazard et Tanguy et Laverdure, bien sûr, dont les aventures furent reprises à la télévision et à l'écran dans la série *Les Chevaliers du ciel*. Sans parler de Snoopy, qui se prend pour un as de la Grande Guerre, et du Baron noir de Got.

Barrière d'arrêt

Les avions d'armes des années 1960 avaient des vitesses d'atterrissage élevées et des freins pas toujours fiables.

Tous les terrains des bases de chasse françaises étaient, à cette époque, équipés de barrières d'arrêt. Ces barrières étaient de larges filets dans lesquels venaient se prendre les avions incapables de s'arrêter par leurs propres moyens dans les limites de la piste, arrivant en fin d'atterrissage comme de gigantesques papillons en détresse.

Ces barrières étaient repliées et couchées sur le sol au repos. Sur un signal envoyé par le contrôleur de la tour, elles pouvaient se redresser instantanément sous l'action de *sandows*.

Je n'ai personnellement jamais eu besoin de barrière d'arrêt. Les barrières d'arrêt n'étaient pas utilisées quotidiennement, mais il ne se passait pas de mois sans un ou plusieurs « engagements » de barrière sur les terrains de chasse français.

On rappelait volontiers dans la chasse l'anecdote suivante : un jour d'hiver, par un temps relativement médiocre, les avions de l'escadre de reconnaissance (33e Escadre) n'avaient pu se reposer sur leur terrain au terme de leur mission. À cette époque, il y avait une certaine rivalité entre les pilotes de chasse et les pilotes de reconnaissance, lesquels se définissaient volontiers comme des « chasseurs intelligents ». Par malchance, cinq des avions de reconnaissance, déroutés sur les terrains de chasse, avaient engagé les barrières d'arrêt, ce qui avait bloqué au sol les chasseurs de ces terrains, car on ne décolle pas, par mauvais temps, avec les barrières d'arrêt indisponibles (il faut un certain temps pour reconditionner une barrière utilisée). Sur toutes ces bases de chasse, les pilotes, qui s'étaient donné le mot, entonnaient le lendemain, au *briefing* du matin, sur l'air de *La Marseillaise* : « Nous entrerons dans la barrière quand la 33 n'y sera plus... »

Avant le premier vol du Concorde, on n'était pas sûr que l'avion aurait assez de piste pour pouvoir s'arrêter à son premier atterrissage. On a beau avoir confiance dans les calculs, on ne sait jamais ce qui peut se passer... (Les savants atomistes réunis par les Américains au Nouveau Mexique, pour l'explosion de la première bombe atomique en juillet 1945, n'étaient eux non plus pas sûrs de leurs calculs et se demandaient si la réaction en chaîne qu'ils déclenchaient n'allait pas s'étendre à toute la Terre… Ils ont malgré tout appuyé sur le bouton !)

Pour le Concorde, on a préféré installer une barrière d'arrêt sur mesure à Toulouse-Blagnac, terrain de ce premier vol.

Pour ne prendre aucun risque, on a même testé cette barrière avant le jour fatidique du premier vol en y précipitant un avion que l'on venait de réformer à Brétigny, le premier prototype de la Caravelle, qui portait le numéro 01.

L'essai fut satisfaisant, la vieille Caravelle y a laissé ses bords d'attaque. Par la suite, le Concorde n'a jamais eu besoin de barrière d'arrêt.

Bâtiments

Les avions ne sont pas faits pour pénétrer en vol dans des bâtiments. Pourtant, il y a eu, dans l'histoire de l'aviation, des cas dans lesquels des avions ont percuté des bâtiments. Volontairement ou pas.

Dans les années qui suivirent la Grande Guerre, entre 1920 et 1930, de nombreux avions, qui avaient été construits entre 1912 et 1914 pour le combat, se retrouvèrent sans utilité. Les plus gros furent convertis en avions de transport pour l'aviation commerciale naissante. Les autres étaient destinés à la casse – on ne pouvait même pas les récupérer à la ferraille, car ils étaient en bois et en toile.

Dans ces années-là, une autre invention se répandait, le cinématographe. Certains des premiers metteurs en scène, friands d'images choc, ont utilisé des avions venant percuter des maisons. Maisons décors en carton, avec effets pyrotechniques à la clé. Et les spectateurs applaudissaient à la corbeille.

En juillet 1945, la Deuxième Guerre mondiale s'achevait. Un équipage militaire devait poser un B-25 Mitchell sur le terrain de La Guardia, au nord-est de New York. À cause d'un épais brouillard, le commandant de bord décidait de se dérouter vers Newark et entreprenait pour cela de traverser Manhattan. À trop basse altitude et complètement perdu, il vint s'encastrer dans la façade nord de l'Empire State Building, au niveau du 79e étage. Les trois membres d'équipage furent tués. Il y eut 13 morts et 25 blessés dans le gratte-ciel – à l'époque le plus haut de New York –, mais celui-ci tint bon.

On a longtemps cru que cet accident spectaculaire resterait exceptionnel. En fait, un autre avion percuta accidentellement un autre gratte-ciel de Manhattan au début des années 2000. Et puis, il y a eu le 11 septembre 2001...

En 1997, un contestataire avait déjà précipité un avion léger sur la façade de la Maison Blanche à Washington. Il fut la seule victime de cet acte suicidaire spectaculaire, qui souleva des questions au Congrès sur l'efficacité de la protection des bâtiments vitaux aux États-Unis.

Les leçons de cet attentat ne furent sans doute pas tirées de façon satisfaisante, car le 11 septembre 2001 se produisait l'attentat collectif contre des bâtiments officiels des États-Unis. Deux avions commerciaux, détournés par des terroristes islamistes, étaient précipités sur les tours du World Trade Center, à la pointe de Manhattan à New York, provoquant l'effondrement des tours et la mort de quelque trois mille personnes. Un troisième avion fut précipité sur le Pentagone à Washington, tandis qu'un quatrième manquait sa cible – probablement la Maison Blanche – et s'écrasait au sol en Pennsylvanie.

Beechcraft

L'EPNER (École du personnel navigant d'essais et de réception, à Istres) disposait de petits avions, qui nous servaient à l'initiation aux moteurs à pistons – car, dans ma génération, qui avait effectué son entraînement initial sur le Fouga Magister à réaction, le moteur à pistons était pour certains une découverte.

Ces avions nous servaient également à l'entraînement basique au vol aux instruments, et nous les utilisions parfois comme avions de liaison.

Il s'agissait d'avions Beechcraft, UC-45 dans leur dénomination militaire américaine. Les civils les appelaient Beech-18.

Le Beechcraft UC-45, que nous appelions simplement « Beechcraft » faute de fréquenter d'autres avions du même constructeur, voire, plus affectueusement, « La Bichette », était un petit bimoteur des années 1950, pouvant emporter quatre passagers en plus de ses deux pilotes. Tout ce monde était très à l'étroit, car c'était un tout petit avion. Ce n'était pas un avion facile, et on disait alors, dans les escadrilles de liaison, qu'il n'y avait que deux sortes de pilotes de Beechcraft : ceux qui avaient fait sur cette machine un cheval de bois (la figure des années glorieuses de l'aviation, dans laquelle l'avion se retrouvait sur le nez en fin d'atterrissage), et ceux qui allaient en faire un sous peu.

Pendant notre stage de pilotes d'essai, nous volions plus souvent avec en cockpit un élève mécanicien d'essai plutôt qu'un autre pilote. Le but étant, pour les pilotes chasseurs d'origine, de se familiariser avec les procédures en équipage.

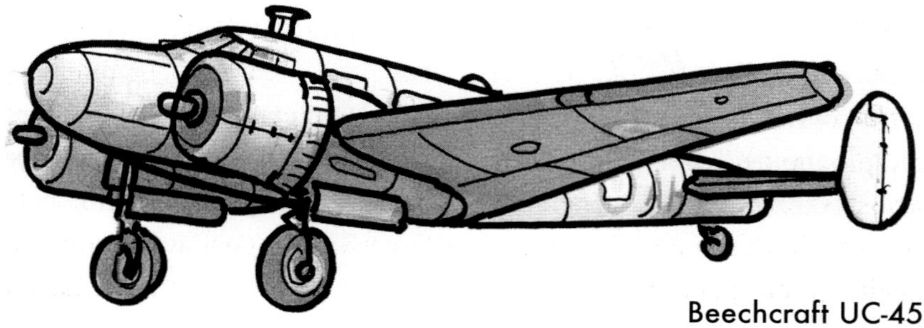

Beechcraft UC-45

Le Beechcraft, on l'a dit, était un avion léger. Avec son aile basse, qui se trouvait très près du sol, il offrait une prise au vent privilégiée. Il fallait, par avis de tempête, l'attacher soigneusement sur son aire de stationnement. Des anneaux étaient prévus sous les ailes, et d'autres sur les parkings.

Avant de laisser un Beechcraft dehors pour la nuit, il valait mieux jouer les marins et l'arrimer au sol si le vent menaçait.

Or, Istres est le pays du vent, le mistral en l'occurrence, dont la particularité est d'être l'un des plus forts de France. Par temps de mistral, les Beechcraft (qui, de toute manière, ne pouvaient voler, limités qu'ils étaient dans ces conditions) restaient attachés au parking.

Une nuit, ce qui devait arriver arriva : la journée avait été belle et nul n'avait prévu de vent avant longtemps. Glorieuses incertitudes de la météorologie... On avait laissé sur le parking un Beechcraft sans liens. Or, dans la nuit s'était levé le plus terrible des enfants que le Nord eût porté jusque-là dans ses flancs. Au petit jour, quand nous arrivâmes, le spectacle était désolant : le Beechcraft avait été emporté et retourné à plus de cent mètres du lieu où on l'avait laissé ; il était tellement endommagé qu'il était bon pour la ferraille. Nous en étions presque aussi retournés que lui. Le Beech aux abois…

Billet d'avion

Lorsqu'on veut voyager d'un aéroport à un autre, on achète un billet d'avion. Ce billet n'est pas un simple reçu attestant que le prix du transport a bien été payé. C'est bien plus. Sur le plan légal, c'est un véritable contrat de transport.

Le contrat de transport que constitue le billet est un engagement réciproque de la compagnie aérienne (le transporteur) et du passager à respecter les règles générales du transport aérien, définies par la convention dite « de Chicago » de l'Organisation de l'aviation civile internationale (OACI).

Il faut noter que le transporteur s'engage seulement à transporter le passager du point de départ au point d'arrivée désignés. Mais il ne s'engage pas sur certains points essentiels :

– le transporteur ne s'engage pas sur l'avion qui doit assurer le transport. Si le vol est programmé sur un modèle récent, le transporteur peut sans préavis le remplacer par un avion de sa flotte plus ancien ;

– le transporteur ne s'engage pas sur d'éventuelles sous-traitances. Il peut affréter un avion de remplacement dans une autre compagnie, avec un équipage de cette autre compagnie ;

– le transporteur ne s'engage pas sur la date exacte du transport. Pour des raisons techniques, le vol peut être retardé sans que le transporteur soit contraint de verser un dédommagement. De même, si se présentent à l'embarquement plus de passagers qu'il n'y a de sièges disponibles (dans le cas fréquent où la compagnie a vendu plus de places qu'il n'y en a de disponibles dans l'avion), certains peuvent être renvoyés à un vol ultérieur. Certains passagers acceptent de moins en moins ce point contesté du contrat (voir *Surréservation*) ;

– le transporteur ne s'engage pas sur le nombre d'étapes du transport vendu. Des passagers ayant acheté un billet pour un vol Amsterdam-Agadir ont ainsi eu la surprise de faire escale à Madrid et à Casablanca (voir *Place du mort*).

Avec la combinaison de tous ces non-dits, on a vu, en 1998, les passagers d'une grande compagnie ayant acheté des billets Paris-Quito (vol programmé au départ de Paris sur un A340) se voir imposer une escale à Bogota. Lors de cette escale, il y eut un changement d'avion, l'étape Bogota-Quito étant assurée par une compagnie locale, sans doute moins bien dotée en avions et en équipages. L'avion de remplacement (un Boeing 727 ancien) s'est écrasé sur une montagne au décollage. Il n'y a eu aucun survivant.

Le billet d'avion comporte certaines dispositions sur le dédommagement dus par le transporteur au passager en cas d'anomalie (allant de la perte de bagage à l'accident). On notera que, en cas de décès d'un des leurs, les familles des passagers contestent souvent le dédommagement forfaitaire prévu par la convention de l'OACI, et réclament à la compagnie des sommes bien plus importantes.

Les avocats américains sont agressifs dans ce domaine. Dès qu'un accident aérien se produit avec des passagers américains à bord, des avocats démarchent les survivants ou les familles des victimes pour les pousser à attaquer la compagnie et ses assureurs en justice pour obtenir davantage.

En général, ils ne demandent comme honoraires qu'un pourcentage du dédommagement obtenu en cas de victoire devant la cour de justice.

Bipoutre

Le fuselage des avions en est la partie centrale, qui relie la pointe avant (avec le cockpit) à la partie arrière (avec l'empennage).

Certains avions ont une silhouette particulière, avec un empennage dédoublé, relié au reste de l'avion par deux poutres.

AVIONS BIPOUTRES

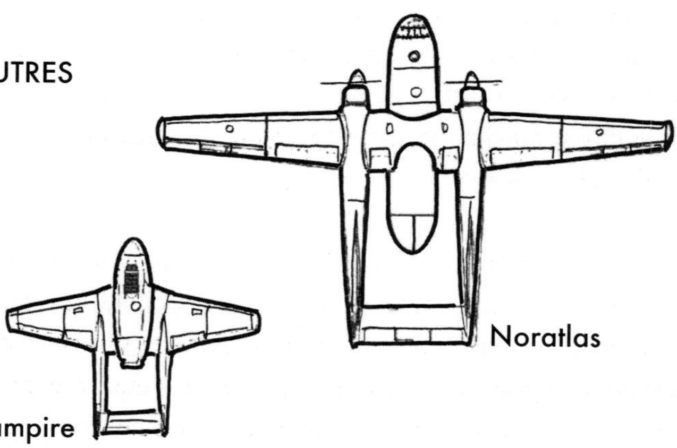

Noratlas

Vampire

Cette disposition présente des avantages variés : sur certains avions-cargos (comme le Noratlas), elle permet de laisser la partie arrière du fuselage central accessible pour le chargement et le déchargement ; sur certains chasseurs (comme le Vampire), elle permet d'avoir un empennage plus pur, maintenu hors de l'effet de traînée du fuselage au-dessus du souffle du réacteur, placé en position centrale.

En 1945, vers la fin de la guerre, les Américains disposaient d'un chasseur monoplace particulièrement efficace, le Mustang. Désirant mettre en ligne un chasseur biplace de la même classe, ils décidèrent d'accoupler deux fuselages de Mustang pour en faire un Twin-Mustang.

Twin-Mustang

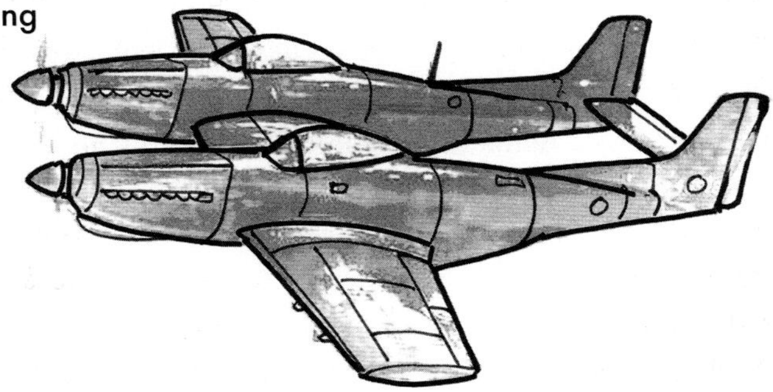

Une portion d'aile fut installée entre deux fuselages jumeaux et un nouvel empennage horizontal fut dessiné entre les deux dérives verticales. Les portions d'aile extérieures furent conservées.

Un des deux cockpits conserva un aménagement pilote, l'autre fut spécialement équipé pour un mitrailleur ou pour un opérateur radar.

Boeing 747

Avec ses deux ponts, ses quatre réacteurs et son train d'atterrissage à quatre bogies (voir *Bogies, balancines, diabolos, etc.*), le Boeing 747, capable de transporter quelques centaines de passagers, a connu une longévité exceptionnelle : il a très longtemps été le plus gros avion commercial du monde.

En fait, le nombre de passagers est très variable selon les avions, car il est fonction de l'aménagement interne. Pour le Boeing 747, cela peut aller de 250 places en version classique « trois classes » (première, affaires et touriste) à plus de 515 places en version « densifiée » (comme dans les compagnies charter).

Sorti d'usine en 1969, le premier prototype de Boeing 747 – le premier Jumbo Jet – a donné naissance à une série de versions modifiées étalée sur une bonne quarantaine d'années, jusqu'à la version 747-8 fin 2005 (en attendant peut-être une version ultérieure).

N'ayant pas de concurrent sérieux, le Boeing 747 n'a que peu évolué au début de sa carrière, c'est-à-dire pendant les quinze premières années. Avion de conception classique, il a conservé son allure du premier jour, avec sa bosse dorsale abritant son deuxième pont. Les deux premiers modèles (100 et 200) étaient peu différents.

Au tout début, le Boeing 747 n'a pas connu une réussite incontestée. Ses premiers moteurs étaient fragiles, ayant tendance à perdre leurs aubes de compresseur. Lors du vol inaugural d'Air France Paris-New York, l'avion a perdu tour à tour deux de ses quatre moteurs et a dû se reposer sur les deux moteurs restants. Après changement des réacteurs défaillants, il a fini par traverser l'océan, mais pour atterrir sur trois moteurs à Montréal, escale non prévue.

Le Boeing 747-300, nouvelle version sortie à la fin des années 1970, a un pont supérieur allongé qui souligne davantage cette sorte de bosse caractérisant l'avion. Les responsables de la compagnie française UTA, qui figura parmi les premiers clients européens, avaient eu l'idée d'appeler l'avion « Big Boss ». Un jeu de mots valable seulement en franglais, ce qui en diminuait l'impact commercial.

Au début des années 1980, sous la pression des nouveaux avions d'Airbus, qui s'attaquait aux grosses capacités avec l'A340, Boeing se décidait enfin à moderniser le Boeing 747 en franchissant le pas des calculateurs numériques (*digital computers*) et des tubes cathodiques de planche de bord (*glass cockpit*).

Il y avait également de nouveaux moteurs double-flux, et des *winglets* – ces petites surfaces de bout d'aile repliées vers le haut, qui permettent du premier coup d'œil de faire la différence entre le 400 et les modèles précédents.

Mais Boeing restait prudent. Aussi prudent qu'Airbus était impétueux dans ses initiatives. Pas de commandes de vol électriques, alors que la technique était bien au point chez les Américains, ni de gestion centralisée des systèmes (l'ECAM – Electronic Centralized Aircraft Monitoring – d'Airbus étant beaucoup plus évolué que l'EICAS – Engine and Instrument Computerized Aircraft System – de Boeing).

J'ai eu la chance d'être désigné comme pilote d'essai français pour la certification européenne du Boeing 747-400. Il s'agissait d'une certification conjointe européenne, dans laquelle chaque pays conservait son autonomie, mais qui devait préluder à la première certification totalement européenne (JAA – Joint Aviation Authorities), pour le MD-11, dont je devais être plus tard un des deux pilotes d'essai certificateurs.

Des semaines furent nécessaires pour cette certification, entre Seattle et les autres terrains Boeing du coin (Moses Lake en particulier), et entre Roswell (Nouveau Mexique, pour les approches automatiques) et Honolulu (Hawaï, pour l'équipage minimal de conduite en long-courrier).

Notre équipe a effectué toutes sortes de vols d'essai sur cet avion, dont une vérification du comportement de l'avion en décrochage, dans toutes les configurations réglementaires, en ligne droite et en virage. Nous avons testé plus de vingt décrochages complets sur cet avion, avec abattée et perte de plusieurs centaines de mètres à chaque fois.

Nous avons signé la certification française du Boeing 747-400 avec toute l'équipe d'essai et la DGAC française au milieu des années 1980.

Bogies, balancines, diabolos, etc.

Combien de roues faut-il à un avion pour décoller et atterrir ? Comment ces roues doivent-elles être disposées sous l'avion ? Voilà de bonnes questions qui permettent une amusante revue d'effectifs.

Certains avions n'ont pas de roues du tout. C'est le cas, bien entendu, des avions utilisés sur la neige ou sur les glaciers. Ces avions ont des skis, lesquels remplacent simplement les roues. C'est aussi le cas des hydravions, utilisés sur l'eau (voir *Hydravion*), avec le cas particulier des avions amphibies (voir *Avions amphibies*), qui ont des roues pour évoluer et se poser sur terre, mais les escamotent pour aller sur l'eau. C'est aussi le cas des véhicules sur coussin d'air (voir *Coussin d'air*). C'est le cas de certains planeurs, qui n'ont qu'un patin ventral. Ce fut aussi le cas d'un chasseur expérimental français des années 1950, le Baroudeur, qui était capable de décoller et d'atterrir sur le ventre, spécialement renforcé à cet effet (voir détails à *Train d'atterrissage*).

Certains avions ont une seule roue, afin de limiter le poids et la traînée. Cela peut sembler surprenant, mais c'est pourtant vrai. Ainsi, de nombreux planeurs n'ont qu'une seule roue, placée sous le pilote. Bien entendu, ce type de planeur ne peut rester en équilibre au sol sur sa roue unique ; il repose également sur deux autres points : sa queue et une extrémité d'aile. Pour le décollage, en treuillé ou en remorqué, un assistant doit courir à côté du planeur, en tenant l'extrémité de l'aile jusqu'à ce que celle-ci ait assez de portance pour se porter elle-même. À la fin de l'atterrissage, le planeur s'incline doucement sur une aile quand il s'immobilise.

Au-delà de la roue unique, il faut introduire des définitions concernant les roues du train d'atterrissage.

Le diabolo est un ensemble de deux roues liées entre elles, ensemble lui-même articulé par rapport à la structure de l'avion.

Le bogie est analogue, mais avec plus de deux roues.

Un train classique comporte une roue sous chaque aile et une roulette de queue.

Un train tricycle comporte une roue (ou un ensemble de roues) sous chaque aile et un train avant.

Un train monotrace est un train dont les roues sont alignées sur une ligne unique, sous le fuselage, dans l'axe de la marche. Avec un tel train, l'avion à l'arrêt est en équilibre instable et a tendance à tomber à droite ou à gauche sur une aile, tout comme le planeur évoqué plus haut.

Les balancines sont des roulettes situées sous les ailes d'un avion à train monotrace, justement pour l'empêcher, à l'arrêt, de basculer d'un côté ou de l'autre.

À partir de là, on peut s'amuser à parcourir toutes les configurations qui ont volé. On peut citer, sans ordre logique :

– le Junkers Ju-52, doté d'un train extrêmement classique : une roue sous chaque aile et une roulette de queue, ce train étant fixe, c'est-à-dire non rétractable en vol ;

– le Douglas C-47 Dakota (ci-dessous), avec un train également très classique : une roue sous chaque aile et une roulette de queue. Mais le train principal était rétractable en vol, comme pour tous les exemples qui suivent ;

DC-3 C-47 Dakota

– le SO-30P Bretagne (ci-dessous), avec un train tricycle élémentaire : une roue sous chaque aile et une roue de nez orientable pour le roulage au sol (dans la suite, les roulettes de nez sont en général orientables) ;

SO - 30P Bretagne

– le Dassault Mystère IVA, qui, comme beaucoup de chasseurs de l'époque, avait également un train composé de deux roues d'ailes et d'une roulette de nez. Mais celle-ci n'était pas orientable : pour tourner, il fallait utiliser les freins de roues (gauche et droite) de façon dissymétrique ;

– le Douglas DC-6, qui avait un diabolo sous chaque aile et une roue de nez ;

– le Douglas DC-7, qui avait la même configuration, avec une particularité : le train principal pouvait être sorti seul en vol (sans la roue de nez) pour servir d'aérofrein (voir *Gouverne*) ;

– le Boeing 707, avec un bogie de quatre roues sous chaque aile et un train avant (diabolo) de deux roues ;

– le Douglas DC-10, à configuration identique, avec en plus un diabolo central sous le fuselage. L'avion peut décoller et atterrir avec ce train central rentré, au prix d'une limitation plus stricte en masse ;

– le Boeing 747, avec quatre bogies de quatre roues chacun, deux sous les ailes et deux sous le fuselage, et un train avant de deux roues. Au roulage, il faut « libérer » le bogie arrière *(body-gear)*, qui peut alors tourner librement autour de son axe vertical pour faciliter le roulage ;

– le SO-4050 Vautour (voir *Vautour*), à train monotrace de deux diabolos (un diabolo avant, un diabolo arrière) et deux balancines latérales (une sur le flanc extérieur de chaque réacteur). Le diabolo avant est orientable pour le roulage au sol ;

– le Boeing B-52, avec son train de quatre bogies sous le fuselage (deux à l'avant et deux à l'arrière) et deux balancines d'ailes (voir *Atterrissage*). Cet avion a la particularité d'avoir ses trains principaux (les boggies) orientables en vol, ce qui lui permet d'atterrir par vent de travers avec les roues axées avec la piste et le fuselage « de travers » (d'un angle égal à la dérive due au vent) ;

– enfin, le Lockheed C-5A Galaxy, avion géant, à bogies de huit roues.

J'ai eu la chance de piloter tous ces avions, à l'exception des deux derniers.

Bois

Le bois est un matériau noble, mais qui n'est plus guère utilisé dans l'aviation de tout premier plan. Il est vrai qu'il existe de nombreux planeurs en bois, mais ce ne sont que des planeurs qui n'intéressent pas les tenants de la « grande aviation ». Il est vrai aussi que les tout premiers avions ont été – pour des raisons évidentes de poids – construits en bois. Mais l'histoire de l'aviation, elle non plus, n'intéresse pas toujours les tenants de la grande aviation. Il est vrai enfin que l'on continue à construire des avions légers en bois : on trouve de nombreux monomoteurs en bois dans les aéroclubs. Mais cela n'intéresse que modérément les tenants de la grande aviation...

Pourtant, sait-on qu'il y a eu des avions à réaction en bois ? En me cantonnant aux avions sur lesquels j'ai volé, il y a eu par exemple le Vampire et le Meteor.

Le De Havilland Vampire Mk-4 équipait l'École de chasse de Meknès au début de l'été 1958. J'avais 21 ans, j'approchais du terme de mon apprentissage au pilotage, et c'était mon premier monoplace.

Le Vampire est un monoréacteur, bipoutre, droit sorti des usines De Havilland à la fin de la Seconde Guerre mondiale, à laquelle il n'a pas eu le temps de participer.

Il était tout en bois, peint couleur argent, sans doute pour faire croire qu'il était en métal. En fait, il était vraiment en bois – tout au moins en grande partie.

Son manche était fait comme celui des Spitfire : une boucle fixée au

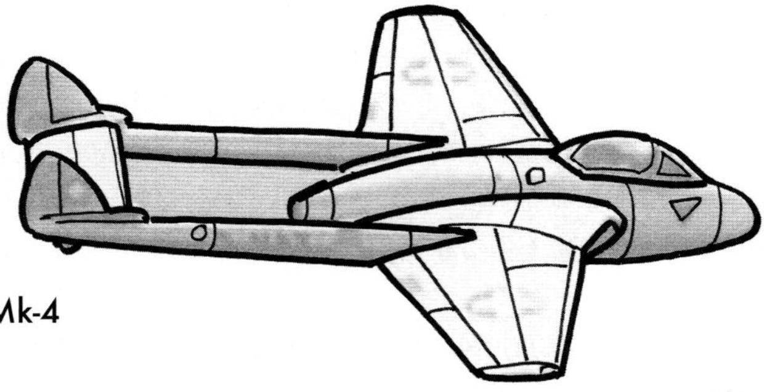

Vampire Mk-4

sommet d'une poutre verticale, avec un frein de bicyclette qui gonflait des vessies qui, elles-mêmes, agissaient sur les freins de roues.

En cas de perte de pression pneumatique, ce qui arrivait parfois, comme il n'y avait pas de barrière d'arrêt à Meknès, on tendait une corde en travers de l'extrémité de piste, tenue par une quinzaine de volontaires de part et d'autre, et on espérait que la vitesse résiduelle de l'avion serait assez faible pour qu'on puisse l'arrêter.

Un de mes collègues élèves pilotes avait à cette occasion « fait très fort », comme nous disions alors. Il avait mal lu son indicateur de pression pneumatique en vol et, croyant cette pression à zéro, avait demandé la « corde d'arrêt ». Les contrôleurs de la tour avaient déclenché une alerte, on avait réuni en hâte des volontaires et tendu la corde en extrémité de piste. Le Vampire en « *emergency* » s'était arrêté par ses propres moyens à dix mètres de la corde, ses freins fonctionnant parfaitement. Le pilote avait dû « payer un pot » à tout l'escadron !

J'ai gardé de mon tout premier vol sur le Vampire un souvenir que l'on pourrait presque qualifier de cuisant, au sens propre du mot. Il y avait sur la paroi interne gauche du cockpit deux poignées en forme de boule, l'une au-dessus de l'autre, qu'il fallait manœuvrer d'avant en arrière. L'une était le robinet de carburant HP (haute pression), qu'il fallait ouvrir pour la mise en route du moteur, l'autre était celui du réchauffage cabine. Le jour de mon « lâcher », sans doute un peu ému, j'ai ouvert par erreur le réchauffage pour la mise en route du moteur. Il ne s'est rien passé : ni chauffage (le moteur étant arrêté) ni démarrage du moteur. J'ai baissé les yeux, vu le robinet HP fermé, sans noter que l'autre était ouvert. J'ai procédé à un deuxième démarrage, qui s'est bien déroulé. Au décollage, moteur à pleine poussée, j'ai reçu en cockpit un jet d'air brûlant presque insupportable (nous étions au début de l'été et il fait chaud au Maroc en cette saison). J'ai vite rétabli l'ordre normal des choses, mais j'avais eu chaud. Au sens propre ! On rappelle que sur les monoplaces, les pilotes ne peuvent voler en double commande avant leur lâcher.

Le Gloster Meteor est encore un avion anglais en bois de la fin de la Seconde Guerre mondiale. Dans les années 1960-1970, il y avait au CEV toutes sortes de modèles de Meteor, depuis le Mk-7 (lire « Mark-7 »), à l'EPNER, jusqu'à la série des chasseurs de nuit, les NF (Night Fighters), le NF-11, le NF-13, le NF-14, le NF-15. J'ai convoyé le dernier Meteor français, un NF-14, vers le musée de l'Air belge à la fin des années 1980.

Le Meteor était un biréacteur, monoplace (Mk-7) ou biplace (tous les NF). Ses réacteurs étaient à compresseur centrifuge (voir *Turboréacteur*).

La compression se faisant sur la couronne du compresseur, il y avait dans l'entrée d'air, au lieu d'un canal circulaire conduisant au moteur comme il convient d'ordinaire, toutes sortes d'équipements obstruant le passage. Le courant d'air les contournait. Les Meteor du CEV, tout en bois, étaient peints en gris, pour donner le change.

Meteor NF-11

J'ai connu une seule mésaventure sur le Meteor : un jour, après un vol de longue durée en altitude, j'ai voulu réduire la poussée des moteurs pour descendre. Impossible : les deux manettes de gaz étaient gelées. Leur mécanisme était pris dans un bloc de glace.

Pour descendre sans accélérer, j'ai dû couper un moteur, attendre en fin de descente que les manettes soient dégelées, puis remettre le moteur en route avant de rentrer pour atterrir.

Boîtes noires

Les boîtes noires font partie du patrimoine journalistique français. Dès qu'il y a un accident d'avion quelque part, les journalistes annoncent immédiatement que l'on a – ou que l'on n'a pas – retrouvé les boîtes noires. Cela présente un côté un peu mystérieux (comme la magie noire) et fait bien vendre l'information. Peu d'entre eux savent sans doute à quoi servent exactement les boîtes noires ; ils ignorent aussi probablement que les boîtes noires sont de couleur orangée – le terme « noir » signifiant en l'occurrence que le contenu n'en est pas accessible aux non-initiés.

Les boîtes noires sont des enregistreurs de vol, qui permettent, si on les retrouve, de restituer les derniers moments du vol avant l'accident.

Il y a réglementairement deux boîtes noires dans un avion commercial : le FDR et le CVR.

Le FDR (Flight Data Recorder, ou enregistreur des paramètres de vol, parfois dit DFDR, le premier D signifiant Digital, pour numérique) est une boîte qui enregistre un maximum de paramètres permettant de restituer au mieux la trajectoire, le fonctionnement des équipements, les actions de l'équipage.

Il y a une trentaine d'années, il n'y avait qu'une dizaine de paramètres enregistrés : la vitesse, l'altitude, le cap et quelques « discrets » – on nomme ainsi des paramètres à deux ou trois positions, comme la position de certains composants tels le train, les volets, la commande de dégivrage, etc. L'enregistrement était à cette époque analogique, c'est-à-dire que des courbes se traçaient sur du papier photographique.

Les DFDR récents enregistrent plusieurs centaines de paramètres, si bien que tous les détails liés à l'accident sont retrouvés. Ces enregistreurs modernes sont numériques (voir *Analogique – Numérique*).

Le CVR (Cockpit Voice Recorder, ou enregistreur des voix et bruits en cockpit) permet de restituer tout ce qui s'est dit, parfois fait, en cockpit avant l'accident. On y trouve les échanges entre les membres d'équipage, et entre l'équipage et les organismes de contrôle. On y entend des bruits caractéristiques qui permettent d'identifier certaines manœuvres de l'équipage. Une analyse acoustique poussée permet même de retrouver le régime des moteurs.

Autant le FDR ne pose pas de problème quant à son utilisation, autant le CVR risque d'en soulever. En effet, un cockpit est un espace isolé, et ce que se disent les pilotes peut être confidentiel. D'ailleurs, qui apprécierait que ses conversations personnelles et privées soient entendues par des tiers ? Or, on ne peut exiger de pilotes qui passent des heures dans un cockpit qu'ils n'aient que des conversations strictement professionnelles.

C'est d'ailleurs pourquoi, au début des années 1950, les pilotes de ligne se sont opposés à l'installation d'enregistreurs à bord des avions par crainte d'être espionnés.

Une solution a été trouvée, qui donne maintenant satisfaction à tout le monde : les pilotes ont la possibilité d'effacer le CVR à l'issue d'un vol sans histoire. Après un accident, les enquêteurs ne diffusent pas l'enregistrement du CVR au public. Ils livrent seulement aux différentes parties concernées par un éventuel litige judiciaire une « transcription » écrite, en faisant le tri de ce qu'il convient de reproduire et de ce qui est personnel.

Ce qui pose souvent problème pour la recherche des causes d'un accident, car seule la bande originale peut rendre compte d'une ambiance, d'un stress, d'un comportement en général.

Le FDR et le CVR doivent en principe survivre à tout accident potentiel. C'est pourquoi ils sont réglementairement résistants aux chocs, au feu et à l'immersion. C'est également pourquoi, bien que nommés « boîtes noires », ils sont donc de couleur orangée, une couleur plus facile à repérer dans une épave que le noir.

Des émissions radio, qui se déclenchent à l'impact de l'avion, permettent de localiser à distance la position des enregistreurs, même au fond de l'eau si l'accident a eu lieu en mer.

En 2004, les deux enregistreurs de l'avion charter qui s'était écrasé en mer au décollage de Charm el-Cheikh (Égypte) ont ainsi été retrouvés en bon état à plusieurs centaines de mètres de profondeur.

Bruit

Les procédures antibruit

Les avions font du bruit. Ils ont toujours fait du bruit, au temps des hélices comme au temps des réacteurs. Au début, on ne s'en souciait guère. Puis, certains ont pris conscience de l'importance de la qualité de vie, de la protection de l'environnement. On a donc cherché des solutions pour protéger les populations contre le bruit des avions.

Dès les années 1960, les grands aérodromes ont dû mettre en place des procédures antibruit. Les avions qui décollent de l'aérodrome de Nice-Côte-d'Azur en direction du nord-est (sens de décollage naturel compte tenu des vents moyens) survoleraient la ville de Nice si on ne prenait pas de précautions. On a donc publié une procédure antibruit imposant à tous les avions de virer vers le sud immédiatement après le décollage (à une hauteur de 100 mètres) en réduisant la poussée (donc le bruit) de leurs moteurs, puis de monter en mer à un millier de mètres d'altitude avant de pouvoir revenir vers le nord, pour ceux qui doivent se diriger dans cette direction.

Au cours des années 1970, sous la pression des autorités de l'aéronautique civile, les constructeurs de moteurs d'avions commerciaux ont mis au point des réacteurs moins bruyants, au son plus grave donc moins pénalisant pour l'oreille humaine (voir *Turboréacteur*).

Les grands aérodromes ont vite fermé leurs portes aux avions équipés des anciens moteurs. Les constructeurs aéronautiques ont dû équiper également leurs anciens modèles de ces nouveaux réacteurs.

Il devenait possible de vivre dans un bureau donnant sur les pistes sans passer son temps à se boucher les oreilles à chaque décollage. Sauf à l'aéroport Roissy-Charles-de-Gaulle, tous les jours entre 11 heures et 11 h 05, lorsque décollait le Concorde quotidien d'Air France vers New York. C'était pour tous les personnels de l'aéroport le signe immanquable que la matinée tirait à sa fin.

Au Centre d'essais en vol

J'ai retenu deux-trois anecdotes à propos du bruit à Brétigny.

Au cours des années 1960, le terrain de Brétigny était encore au milieu des champs. Puis, les promoteurs ont rapproché leurs lotissements des pistes, faisant valoir aux acheteurs des prix relativement bas à cause de la nuisance sonore. Au cours des années 1980, quand les lotissements sont arrivés en bordure du CEV, les habitants ont rempli des pétitions pour que le CEV quitte Brétigny. Ils ont gagné au tournant du millénaire. Il n'y a plus d'essais en vol à Brétigny.

Lors de la certification du Concorde, un des problèmes qui se posaient était celui du bruit. Car l'avion pouvait être bruyant en vol à basse altitude ; au décollage, c'était même insupportable. En croisière, l'avion étant en altitude, il n'y avait plus de problème – pas plus que pour les autres avions. Il reste que la population était sensibilisée au problème potentiel du bruit (peut-être y avait-il des dédommagements à obtenir à la clé – comme pour ces centaines de paysans ayant eu leur grange prétendument détruite par les bangs soniques dans les années 1950). Pour tenter de souligner l'inexistence des risques acoustiques, on avait annoncé à la presse, un lundi, un vol d'essai au-dessus du territoire pour le mercredi. Au-dessus de La Roche-sur-Yon, si je me jeudi, des centaines de plaintes étaient arrivées de la région. Détail intéressant : le vol annoncé pour le mercredi n'avait pas eu lieu.

À cause du bruit que provoquaient les réacteurs sous les fenêtres des bâtiments du CEV, la direction instaura, dans les années 1960 et sous la pression des personnels des bureaux concernés, une « prime de nuisance ». Au début des années 1990, on déplaça le parking des réacteurs loin des bureaux et on supprima naturellement la prime de nuisance, devenue caduque. Les personnels ont alors rédigé une pétition demandant le maintien des réacteurs sous leurs fenêtres. Et, bien entendu, le maintien de la prime corrélative...

C *comme…*

Caravelle

Quel joli nom pour un avion appelé à s'envoler vers des terres lointaines ! Et quel bel avion que cette Caravelle sortie des usines françaises de la SNCASE (Société nationale de constructions aéronautiques du Sud-Est) sous le nom de SE-210 dans les années 1950…

C'était le premier avion de ligne à réaction français. Pas le premier avion européen, car le britannique de Havilland l'avait devancé avec le Comet. L'avion britannique avait été un échec, le domaine de vol de ces nouveaux avions pressurisés à hautes performances imposant des calculs et des essais de structure nouveaux (voir *Comet*).

Caravelle

La Caravelle, avec ses réacteurs placés de part et d'autre de la pointe arrière (une nouveauté dégageant la surface des ailes et limitant le bruit en cabine passagers), avec sa porte d'embarquement en haut d'un escalier rétractable installé sous la queue (rendant l'avion autonome sur les aérodromes mal équipés), constituait une vraie révolution. Et son succès ne s'est pas démenti pendant des décennies, l'avion occupant dans le secteur des avions commerciaux moyen-courriers la même place que celle que les avions américains (essentiellement le Boeing 707) occupaient dans le secteur des avions long-courriers.

La Caravelle n'a pas conservé son avance dans le domaine des avions moyen-courriers. Lorsque Boeing a proposé ses modèles 727, puis 737, mieux équipés parce que sortis plus tard, le constructeur français, devenu Sud-Aviation, n'a pas su faire évoluer son avion. Tous les efforts étaient alors tournés vers le supersonique (voir *Concorde*). Ce n'est que beaucoup plus tard (trop tard) qu'a été proposée la Caravelle XII, au début des années 1970. Le succès n'était plus au rendez-vous, le constructeur américain occupait trop bien le créneau.

Il ne restait plus qu'à ranger la Caravelle dans un placard, au rayon des beaux souvenirs, en évoquant le poète chantant le temps passé :

Et, penchés à l'avant de blanches caravelles,
Ils regardaient monter, en un ciel ignoré,
Du fond de l'océan des étoiles nouvelles.

Carburant

Le carburant utilisé dans les moteurs à pistons des avions est une essence particulièrement raffinée, l'« essence d'avion ». Par contre, le carburant des turbomachines, le kérosène, est un pétrole à peine raffiné, une sorte de fioul comme celui utilisé sur les moteurs Diesel des voitures.

On notera que les quantités de carburant que peuvent emporter les très gros avions long-courriers de l'an 2000 avoisinent les 100 tonnes (quantité qui atteint 200 tonnes pour l'A380). Quand on sait que la quasi-totalité de ce carburant est logée dans les réservoirs d'ailes et que, avec une densité inférieure à 1, ce carburant occupe un volume de plus de 100 mètres cubes, on ne peut qu'être surpris. On n'a pas l'impression que les ailes d'un Boeing 747 puissent emporter un tel volume de kérosène.

En vol, un réservoir vide est-il plus dangereux qu'un réservoir plein ? La question peut paraître saugrenue. Et pourtant, certains accidents ont mis en évidence qu'un réservoir presque vide peut être extrêmement dangereux. En effet, il peut être alors envahi par des vapeurs venues du carburant qui y a séjourné. On peut obtenir ainsi un mélange explosif, à la merci d'une étincelle.

C'est ce qui s'est produit, en 1996, sur un Boeing 747, peu après le décollage de New York. Un câblage des jaugeurs vieilli et mal entretenu aurait provoqué une étincelle dans le réservoir central, pratiquement vide, dans lequel les vapeurs de carburant étaient surchauffées par une longue attente sur un parking ensoleillé. L'étincelle aurait provoqué une explosion du réservoir, entraînant la rupture du fuselage de l'avion au large de Long Island. On parle ici au conditionnel, car certains préfèrent attribuer l'explosion du réservoir à un attentat, voire à un missile tiré par erreur par l'US Navy lors d'exercices. Quoi qu'il en soit, les conclusions officielles ont considéré qu'il y avait un problème dans les câblages de l'avion.

On a donc fait modifier les câblages de tous les 747, sauf ceux du Air Force One (voir *Avion de luxe*), l'avion présidentiel américain. Pour celui-là, les câblages avaient déjà été modifiés à la demande du FBI, dont les agents chargés de la sécurité avaient détecté un risque lors de l'aménagement de l'avion.

Quelle quantité de carburant faut-il embarquer à bord d'un avion commercial ? Pour des raisons d'économie (il est inutile de voler sur un avion trop lourd, cela détériore les performances et coûte cher), les avions commerciaux ne décollent que très rarement avec les réservoirs pleins. Ce n'est pas le cas des avions d'armes qui, toujours avides d'autonomie, décollent en général pleins complets.

Quelle est la quantité minimale de carburant qu'un avion doit avoir à bord au décollage d'un vol commercial ? La réponse pourrait simplement être : le carburant nécessaire pour le voyage projeté. En réalité, ce n'est pas si simple. La réglementation définit strictement la quantité de carburant qu'un avion commercial doit avoir au décollage d'un vol donné. Cette quantité comprend, outre le délestage (c'est-à-dire la consommation prévue pour le vol compte tenu des vents prévus sur le trajet), différentes réserves : « réserve de route » (au cas où les vents seraient plus défavorables que prévu), « réserve de dégagement » (pour pouvoir rejoindre, une fois à destination, un terrain de dégagement où il est possible de se replier si la destination est inutilisable pour quelque raison que ce soit), « réserve d'attente » (permettant d'attendre une demi-heure en vol si le terrain de dégagement est encombré).

Avec ces normes, un vol San Francisco-Paris nécessite, sur un MD-11, une centaine de tonnes de carburant.

Il arrive toutefois que certains avions décollent avec une quantité de carburant bien supérieure à ce minimum réglementaire, pourtant déjà majoré par rapport au strict minimum. C'est souvent le cas lorsqu'il règne sur la région de la destination des conditions météorologiques très défavorables.

Cela arrive parfois dans l'est des États-Unis, qui connaissent en hiver des tempêtes de neige sur tout le nord-est du pays. Le temps de déneiger les grandes pistes, de New York à Philadelphie et de Boston à Newark, et des dizaines, voire des centaines d'avions tournent dans les circuits d'attente. Il n'est pas rare d'avoir à attendre une à deux heures avant de pouvoir atterrir. Quand on sait que l'on risque d'avoir à subir de telles conditions, il vaut mieux partir avec de solides réserves de carburant.

C'est aussi le cas (bien que cela ne soit pas très réglementaire – c'est seulement toléré) lorsque le carburant à destination est tellement cher qu'il vaut mieux emporter le maximum de carburant au départ pour avoir à ravitailler (« refueller ») le moins possible avant de repartir. On appelle cela du « transport de carburant ». Mais ce transport est à manier avec précaution : transporter une tonne de carburant à destination implique une consommation supplémentaire d'environ 0,4 tonne de carburant.

Et pourtant, des avions se retrouvent parfois à court de carburant. Il arrive, heureusement rarement, que des avions manquent de carburant à l'arrivée. En voici quelques exemples.

En 1974, l'équipage d'un Boeing 707 effectuant un vol Téhéran-Genève-Paris, a décidé de ne pas se poser à Genève pour des raisons commerciales (il s'agissait d'un vol cargo, et les services de déchargement de Genève étaient fermés). L'équipage a décidé de continuer le vol sans ravitailler, alors que les calculs montraient que cela « passait juste » (en particulier à cause de vents très défavorables subis depuis le départ). Cela passait tellement juste qu'un premier moteur s'arrêta, en manque de carburant, trois minutes avant l'atterrissage, suivi d'un second en courte finale, et des deux derniers au toucher des roues.

En 1990, un Boeing 737 en provenance de Colombie se rendait à l'aérodrome de New York JFK. Les conditions exécrables sur la région le conduisirent à attendre en vol près de deux heures. Le contrôle, mal informé de la situation, laissa l'avion s'enfermer dans une situation sans issue.

Les réacteurs, à court de carburant, s'éteignirent à 25 kilomètres du seuil de piste. On devait dénombrer plus de 70 morts dans l'épave de l'avion.

En 1989, un 737 brésilien tomba en panne sèche au-dessus de la forêt vierge. L'avion s'écrasa dans les arbres, ne tuant par chance que moins de 10 passagers (voir détails à *Football*).

En 1977, un 767 canadien se retrouva sans carburant en cours de croisière dans le Grand Nord canadien. Il parvint à se poser sur un terrain désaffecté (voir *Unité*).

Au début des années 2000, un A330 se rendait du Canada en Espagne. Deux péripéties survinrent en croisière : une fuite de carburant dans la canalisation alimentant le moteur droit laissait échapper une importante quantité de kérosène de l'aile droite, et l'équipage fit une fausse manœuvre en maintenant ouvert le robinet d'intercommunication entre les ailes, entraînant dans la fuite la totalité du carburant de l'avion. Réalisant la situation, l'équipage décida un déroutement vers le terrain de Lajes, aux Açores, un peu au sud de la route prévue. En route vers ce terrain, les deux moteurs s'arrêtèrent l'un après l'autre. L'avion était alors à 150 kilomètres de Lajes. Prenant la vitesse optimale, la vitesse de finesse maximale (voir *Finesse*), le commandant de bord parvint à poser son avion de justesse sur la piste. Il éclata toutes les roues, mais il n'y eut pas de blessé à bord, et l'avion put être remis en service peu après.

Cargo

Les avions commerciaux transportent des passagers. Ils transportent aussi parfois du fret. Si ce fret se limite aux bagages des passagers ou à des biens les accompagnant, on le place dans une soute à bagages située sous la cabine passagers. Mais on a souvent besoin de transporter des marchandises en dehors de tout transport de passagers. On utilise alors des avions spécialement adaptés ou conçus pour cela, les avions-cargos. On notera au passage que l'activité cargo de certaines compagnies aériennes est aussi importante que leur activité passagers.

Certains avions-cargos sont des développements d'avions de passagers préexistants. Cela fut le cas par exemple pour les premiers avions de transport à réaction, comme le Boeing 707 ou le DC-8.

Pour transformer ces avions de passagers en avions-cargos, on a enlevé les sièges et le revêtement du plafond, renforcé les planchers et ouvert une porte plus large à l'avant gauche de la cabine.

Les portes d'accès latérales n'étant pas pratiques pour le chargement du fret, on a parfois essayé de ménager de vastes portes dans l'axe même du fuselage, à l'avant ou à l'arrière. Cela fut possible de façon simple sur des avions comme le Boeing 747, pour lesquels la cabine de pilotage était déjà au-dessus du reste de la cabine. Certains autres avions, conçus dès l'origine comme avions-cargos, avaient l'accès arrière du fuselage dégagé : par exemple, le Noratlas et le Transall (avions militaires qui ont eu une brève carrière civile, l'un à l'UAT, l'autre dans la postale d'Air France).

On a parfois dû profondément modifier la structure d'avions existants, comme pour le Carvair, un composite de DC-4 (ailes et moteurs) et de DC-7 (fuselage), auquel on a rajouté un cockpit au-dessus de l'ouverture ménagée à l'avant (figures ci-contre).

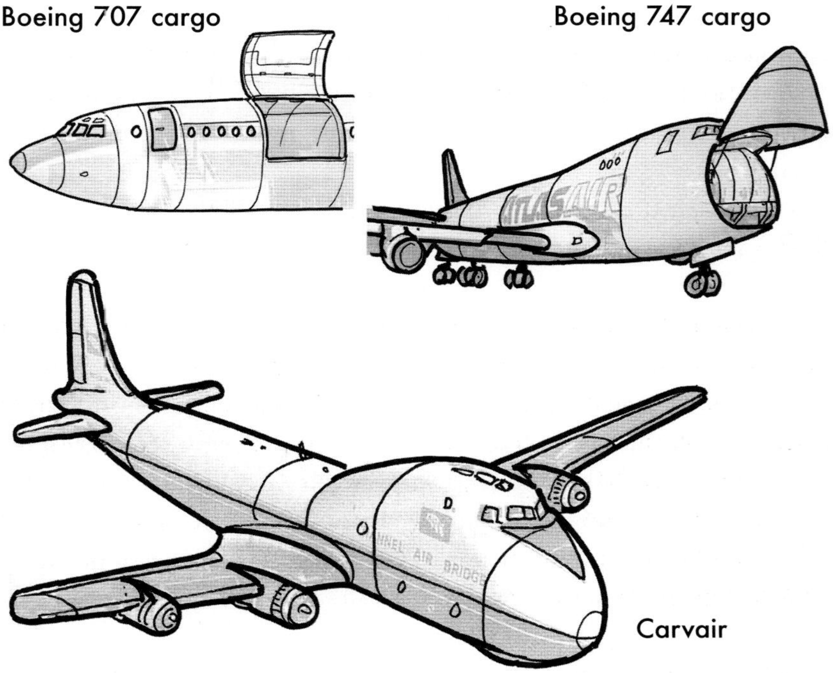

Il y a différentes façons de transporter du fret aérien. En dehors des avions-cargos décrits ci-dessus, il existe d'autres solutions.

On peut charger le fret dans les soutes des avions de passagers. Sur certaines lignes, les bagages des passagers ne remplissent pas la totalité des soutes de l'avion : on utilise la place disponible pour du transport de fret.

Il existe des avions intermédiaires entre l'avion de passagers et le cargo. On appelle ces avions « combi ». La partie avant est occupée par les passagers, la partie arrière (derrière un épais rideau) est réservée au fret.

Quand, dans un avion-cargo, le fret n'est pas transporté sur des palettes spécialement conditionnées, il peut être transporté « en vrac ». Ce mode de transport présente certains risques : dans ce cas, le fret doit être soigneusement arrimé sur le plancher de la cabine pour résister aux diverses accélérations. C'est surtout vers l'avant que l'arrimage doit être particulièrement soigné, en cas d'atterrissage anormal, afin que le chargement ne vienne pas s'écraser sur le cockpit – et sur les pilotes par la même occasion.

Un accident a mis en évidence ce problème d'arrimage lors du décollage, avec des sangles censées empêcher les mouvements du fret vers l'arrière.

Il s'agissait d'un Boeing 707 cargo qui décollait d'un grand aérodrome international européen. Il y avait dans le fuselage des poutres métalliques en vrac. Lors du décollage, sous l'effet de l'accélération, les poutres mal arrimées ont glissé vers l'arrière, ce qui a eu pour effet de faire lever le nez de l'avion. La vitesse étant encore limitée, l'équipage a pris la sage décision d'interrompre le décollage. Mais, le train avant n'étant plus en contact avec le sol, l'avion est devenu incontrôlable en direction. Il est sorti de la piste sur sa gauche et s'est arrêté dans l'herbe, heureusement sans dommages. S'il était sorti à droite, il aurait terminé sa course sur le parking passagers, détruisant plusieurs avions et tuant plusieurs personnes.

Au début des année 1960, on a éprouvé le besoin de transporter par voie aérienne des charges encombrantes, comme des corps de fusées.

CARGOS À TRÈS GRANDE CAPACITÉ

Pregnant Guppy en vol

Supper Guppy ouvert au sol

En 1962, un Boeing 337 Stratocruiser a été modifié à cette fin. On lui a notablement élargi la partie supérieure du fuselage, ce qui lui a donné une forme insolite et lui a valu le surnom de Pregnant Guppy (*pregnant* étant le terme anglo-saxon pour désigner une femme enceinte). On notera que, l'avant du fuselage n'étant pas dégagé, on a dû « découper » l'ensemble du cockpit et lui permettre une rotation de 90 degrés vers la gauche pour le chargement et le déchargement, avec nécessité de désolidariser les câbles des gouvernes, qu'il fallait « recliper » à la fermeture, après remise en place du cockpit.

En 1994, l'aérospatiale procédait à la modification d'un Airbus A300-600 en A300-600-ST (pour Super Transporter), dit Beluga, pour les transports de larges portions de fuselage d'avion (et en particulier de portions de l'A380) entre les diverses usines de production du GIE (Groupement d'intérêt économique) Airbus en Europe et la chaîne de montage à Toulouse.

Beluga

Carrière

La carrière de pilote est multiforme. Qu'il s'agisse des filières de pilote d'essai, de pilote de chasse ou de pilote de ligne, toutes font rêver les enfants. Pour ceux que cela intéresse, il faut savoir qu'il y a bien des façons de devenir pilote. Je donne ici quelques profils types de carrière, dans les différentes voies possibles. Encore que tout soit particulièrement évolutif dans ce métier et que des voies puissent s'ouvrir et se fermer sans préavis.

Pilote d'essai

J'en parle au début, un peu pour mémoire, tant il est vrai que le nombre d'élus est particulièrement limité. En France, il existe deux types de pilotes d'essai : les pilotes des services officiels et les pilotes d'essai des constructeurs.

Les pilotes d'essai officiels sont peu nombreux. Ils se comptent en France sur les doigts des deux mains ou presque. Et parce que la France est un pays relativement petit et que le nombre d'essais est limité, ces pilotes doivent être polyvalents, capables de voler à la fois sur avions d'armes et sur avions commerciaux. Depuis l'avènement de l'autorité européenne JAA (devenue en 2005 EASA, Agence européenne pour la sécurité aérienne), les certifications européennes sont à partager entre les pilotes d'essai des différents pays européens, ce qui diminue d'autant la charge de travail des pilotes français. De ce fait, parce qu'il est difficile de devenir pilote de chasse à 35 ans après être devenu commandant de bord dans la ligne – l'inverse est plus facile –, la plupart des pilotes d'essai officiels sont d'anciens pilotes de chasse.

Les pilotes d'essai des constructeurs sont en général d'anciens pilotes d'essai officiels. Encore que les constructeurs à vocation essentiellement militaire recrutent parfois directement dans l'armée de l'air (ou l'aéronautique navale) et que les constructeurs à vocation civile recrutent parfois directement dans la ligne. Mais cela reste exceptionnel.

Pilote de ligne

Il y a diverses voies pour devenir commandant de bord dans le transport aérien commercial : la voie royale, avec l'École nationale de l'aviation civile (ENAC, à Toulouse), à laquelle on accède par voie de concours, et les voies détournées, en passant les examens de pilote de ligne à ses frais – qui sont relativement élevés – et en cherchant à entrer dans une petite compagnie, en attendant qu'une plus grande ouvre un recrutement.

Pilote de travail aérien

On peut être pilote professionnel sans être dans le transport aérien : on peut travailler pour l'agriculture (épandage), l'industrie (hélicoptères des plates-formes pétrolières) et bien d'autres activités secondaires.

Pilote militaire

La ligne n'est pas toujours la panacée ; on peut réaliser de très belles carrières dans l'armée de l'air ou dans l'aéronautique navale. On y trouve des avions extraordinaires et on y acquiert une haute technicité, tout en conservant la possibilité de rejoindre les autres filières par la suite.

On accède à cette carrière par les voies royales (École de l'air, École navale – toutes deux sur concours) ou par engagement direct.

Il y a quelques détails à connaître sur le métier de pilote, qui ont leur importance. Tout d'abord, il faut avoir une santé et un équilibre parfaits. Les visites d'admission médicale, physique et psychique, sont particulièrement sévères (électrocardiogramme, électroencéphalogramme).

Il faut une vision parfaite aux deux yeux et une audition sans faille. Les tests psychologiques de sélection sont par ailleurs particulièrement exigeants.

Il faut subir des visites médicales tous les six mois ou tous les ans – même si les critères d'aptitude physique s'assouplissent avec l'âge, l'expérience venant combler en partie la diminution de certaines qualités : les vieux commandants de bord portent parfois des lunettes.

Il faut subir des contrôles de qualification annuels, pilotage et gestion du vol, au simulateur de vol et en vol. Une licence de pilote est remise en cause périodiquement pendant toute une carrière.

Il y a longtemps eu une limite d'âge de 60 ans à 62 ans pour le métier de pilote. On peut maintenant parfois atteindre les 65 ans. C'est un âge auquel la plupart des pilotes se sentent encore en pleine santé. Au-delà, il reste possible de voler pour son plaisir, ou d'être instructeur en aéroclub.

Cartes aéronautiques

Il existe des cartes spécialement éditées pour l'aéronautique, comme il existe des cartes routières. Les informations qui y sont portées sont bien entendu spécifiques des besoins des navigateurs aériens.

Un pilote privé qui emmène sa famille en promenade le dimanche dans un avion d'aéroclub utilisera une carte de vol à vue, sur laquelle apparaissent les côtes, les reliefs et les forêts, les rivières et les routes. La carte indique aussi les altitudes des sommets, mais sans les informations kilométriques entre les villes ; elle mentionne aussi le contour des zones interdites et réglementées. Un pilote de chasse qui effectue une navigation à basse hauteur utilisera le même type de carte, avec des échelles mieux adaptées à sa vitesse.

Un pilote qui vole aux instruments (c'est-à-dire en suivant les instructions du contrôle aérien – on parle de « vol IFR » : Instrument Flying Rules) utilise une carte reproduisant les routes aériennes et les balises radioélectriques, indiquant les fréquences des organismes de contrôle de la circulation aérienne, faisant apparaître les aérodromes, mais où les repères sol (comme les côtes) sont réduits au minimum.

Sur les cartes IFR, destinées par nature à être utilisées sans la vue du sol, les seules informations représentées sont celles qui sont nécessaires à l'équipage d'un avion volant aux instruments. On y trouve les routes aériennes, les balises de navigation radioélectrique et les fréquences des organismes de contrôle de la circulation aérienne.

Au début des années 1990, un avion de transport à la demande (on dit en langage courant un « avion charter ») effectuait un vol entre Moscou et Londres. L'équipage, qui volait pour la première fois sur ce trajet, avait réuni une documentation minimale pour le vol – routes aériennes du parcours et cartes de la région londonienne. Une météorologie particulièrement défavorable sur les environs de Londres conduisait les contrôleurs de la circulation aérienne à dérouter les vols sur divers aérodromes du sud de l'Angleterre. L'avion russe était détourné sur Manchester où le temps était meilleur, et même carrément beau. L'équipage accepta avec réticence, ce que les contrôleurs ne comprenaient pas. Ils auraient mieux compris s'ils avaient su qu'à bord, à la demande du commandant de bord, une hôtesse de l'air demandait discrètement aux passagers s'ils n'avaient pas par hasard des cartes routières du centre de l'Angleterre. C'était pour l'équipage le seul moyen de trouver le terrain de déroutement sans se couvrir de ridicule !

Catastrophes aériennes

Comme toutes les réalisations humaines, les avions n'ont jamais été parfaits. Les pilotes, de leur côté, ne prétendent pas non plus à la perfection. L'histoire de l'aviation, c'est aussi l'histoire des accidents aériens. Accidents qui, du fait de l'environnement critique, deviennent vite des catastrophes.

Les avions n'ont jamais été parfaits, mais ils se sont améliorés au cours des âges. Les cellules et les moteurs sont devenus de plus en plus fiables, et les équipements ont connu, au tournant du millénaire, des progrès fabuleux. Ce que les spécialistes appellent du nom barbare de MTBF (Mean Time Before Failure – ou temps moyen avant l'apparition d'une panne) n'a cessé d'augmenter. De leur côté, les pilotes et les équipages ont également accompli des progrès. Aidés par un entraînement de plus en plus efficace, avec en particulier des simulateurs de vol de plus en plus performants (voir *Simulateur de vol*), informés sur les pannes et leur traitement par des logiciels bien adaptés (voir *Panne*), les pilotes ont appris à se tirer de situations critiques sans trop de dégâts.

La législation des États occidentaux a fixé comme objectif que la probabilité de catastrophe aérienne soit inférieure à une chance sur un milliard par heure de vol – ce qui correspond à un accident catastrophique tous les milliards d'heures de vol (probabilité de 10^{-9} en langage mathématique).

Cet objectif dépend de ce que les divers intervenants savent faire, compte tenu des connaissances techniques, des moyens financiers disponibles (lesquels sont évidemment limités) et de ce que les autorités dirigeantes, soumises à l'opinion publique, peuvent accepter. Le niveau de sécurité atteint dans le transport aérien public régulier par les États les plus évolués tend vers cet objectif. Certains États en sont encore éloignés. Par ailleurs, cet objectif est loin d'être atteint dans nombre d'activités aériennes comme le travail aérien ou l'aviation légère et de loisir.

Les raisons des catastrophes aériennes sont multiples et sont liées à des causes variées : conception et/ou réalisation des matériels, conditions de leur entretien, conditions météorologiques, circulation aérienne, conditions d'exploitation, conduite des vols..., sans oublier la malveillance ou le terrorisme.

Le niveau de sécurité de l'activité aérienne s'est considérablement amélioré au cours des cinquante dernières années et plus particulièrement pour ce qui concerne la définition des matériels volants. Le facteur humain des intervenants, de la maintenance aux équipages en passant par les météorologues ou les contrôleurs aériens, reste aujourd'hui majoritairement impliqué.

Le taux d'accidents par million de mouvements (critère officiel de référence) n'a cessé de baisser. Dans l'aviation commerciale occidentale (la seule pour laquelle on dispose de statistiques valables), ce taux est passé de 40 en 1950 à moins de 3 en l'an 2000 – on prend ici en compte tous les accidents majeurs et pas seulement ceux qui sont catastrophiques. Mais rien n'est parfait.

Pendant les dernières années, l'activité n'a cessé de croître dans le transport aérien commercial mondial et la tendance ne semble pas près de s'inverser. Si bien que le gain relatif en performance ne s'est pas traduit dans les valeurs brutes. Il y avait environ 40 accidents majeurs dans le monde en 1960. Ce nombre a baissé jusqu'à une quinzaine en 1990. Puis il s'est remis à augmenter, et l'on craint pour les prochaines décennies deux ou trois accidents majeurs par mois dans le monde.

Ceinture de sécurité

Tous les sièges d'avions sont équipés de ceintures de sécurité. Du fait que les avions volent à des vitesses élevées (dans tous les cas bien supérieures à celles des voitures), les décélérations subies en cas d'accident sont extrêmement dangereuses.

En dehors de l'*airbag*, qui n'a jamais eu dans l'aviation le succès qu'il a eu dans le transport routier (voir *Airbag*), le seul moyen que l'on ait trouvé pour protéger les occupants d'un avion est la ceinture de sécurité.

Il ne viendrait pas à l'esprit d'un pilote de chasse ou d'un pilote d'essai de voler sans un harnais bien serré, avec une ceinture de sécurité basse, mais aussi avec des harnais d'épaules. Ces harnais font d'ailleurs partie intégrante du siège éjectable sur les modèles récents.

Sur les avions commerciaux, on trouve deux types de ceinture : celle des pilotes, et celle des passagers.

Les ceintures des pilotes sont en fait des harnais complets, avec ceinture basse et harnais d'épaules. J'ai fait passer des centaines d'examens à des pilotes de ligne dans de nombreuses compagnies. Il est surprenant de constater que nombre d'entre eux omettent les harnais d'épaules. Pourtant, en cas de crash, l'absence de harnais risque d'entraîner la projection des deux pilotes à travers le pare-brise.

Les ceintures des passagers sont indispensables, au décollage et à l'atterrissage, en cas de crash qu'on a pu prévoir à l'avance (elles doivent être capables de résister à une décélération de 12 g) ou en cas de turbulence en vol (voir *Facteur de charge*). Et, certaines turbulences étant imprévisibles, il est conseillé aux passagers de conserver leur ceinture attachée pendant tout le vol s'ils n'ont pas à se déplacer. Ce conseil est rappelé avant le décollage et est inscrit clairement en cabine à l'attention des passagers pendant tout le vol.

S'il est rappelé aux passagers, avant le vol, comment ils doivent attacher leur ceinture, il leur est également rappelé comment ils peuvent la détacher. Cette procédure est devenue obligatoire depuis l'accident de Habsheim, dont il est question plus loin ; rappelons que l'A320 s'était posé dans une forêt, sans provoquer la mort d'aucun passager à l'impact, encore qu'il y ait eu des victimes dans l'incendie qui a suivi. Lors de l'évacuation, une jeune femme, au moment de sortir par une issue de secours, avait aperçu une petite fille qui ne parvenait pas à se libérer de sa ceinture. Les flammes commençant à envahir la cabine, elle était retournée libérer l'enfant. Le feu, hélas, était allé plus vite qu'elle, et elle avait péri dans les flammes avec l'enfant.

Il m'est arrivé, lors du départ d'un vol commercial, une aventure assez curieuse. Alors que je m'apprêtais à rouler, le chef de cabine vint me prévenir qu'un passager, assis au premier rang de la cabine, refusait d'attacher sa ceinture, expliquant haut et fort que cela ne servait à rien. Je demandai à ce passager, au *public address*, pour que les autres passagers entendent et fassent pression sur lui, de bien vouloir se plier aux règles. Sans résultat. Je me déplaçai alors pour enjoindre au récalcitrant d'accepter les règles, lui rappelant que son billet était un contrat de transport impliquant l'acceptation réciproque de certaines règles. Nouveau refus du passager, superbe dans ses certitudes. Je lui annonçai qu'il prenait le risque d'être débarqué. Ricanements. Je retournai alors dans le cockpit, coupai les moteurs et appelai la police de l'aéroport, qui arriva rapidement. À son arrivée, le méchant avait attaché sa ceinture. Je demandai aux policiers de la détacher et de débarquer le récalcitrant *manu militari*. Ce qui fut fait malgré ses protestations, sous les huées (pour lui) et les applaudissements (pour l'équipage) des autres passagers, approuvant le dénouement de l'incident après avoir été agacés d'avoir pris du retard à cause de cet individu de mauvaise composition.

Il y a eu bien d'autres incidents liés aux ceintures. Dans les années 1990, un équipage rentrait d'Extrême-Orient vers l'Europe. L'avion volait dans un ciel dégagé. Toutefois, un autre avion ayant signalé de la turbulence en ciel clair (voir *Turbulence*), le commandant de bord avait demandé aux passagers d'attacher leur ceinture, allumant le signal lumineux. Un passager de première classe avait décidé de n'en rien faire. Une violente turbulence le projeta peu après au plafond, d'où il retomba en se cassant un bras. Les autres passagers, attachés, n'avaient rien eu. Après l'atterrissage, cet homme, important, avait porté plainte contre la compagnie, réunissant les faux témoignages de trois passagers affirmant que le commandant de bord n'avait pas prévenu les passagers du risque. La compagnie ne put, faute de preuves incontestables, prouver sa non-responsabilité et elle fut condamnée à payer des dommages et intérêts. Ce passager était décidément non seulement un monsieur très important, mais aussi un malhonnête homme. Concomitance qui existe parfois.

Une aventure plus triste s'est produite à la fin de l'année 1999. Un triréacteur officiel transportait des ministres entre deux capitales européennes. Lors de la descente, avant l'arrivée, l'avion entra dans des oscillations rapides et violentes (voir *Flutter*). Les passagers non attachés (malgré les recommandations de l'équipage) furent projetés au plafond et périrent sur le coup. Les seuls survivants étaient, outre l'équipage, une secrétaire de direction et un journaliste, qui avaient peur en avion et qui donc s'étaient attachés. Il aurait pourtant suffi, pour éviter cette catastrophe, que les passagers attachent leur ceinture comme cela est toujours conseillé, même en l'absence du signal lumineux « *fasten seat belt* ».

Une autre aventure triste s'est passée en août 2005. Un ATR-72 qui effectuait un vol entre l'Italie et la Tunisie dut amerrir suite à l'arrêt de ses deux moteurs (voir *Amerrissage*). Certains passagers détachèrent leur ceinture avant que l'avion ne touche la surface de l'eau : ils ont été tués à l'impact, alors que de nombreux passagers, attachés, ont survécu.

Centrage

Un véhicule automobile repose (en général) sur ses quatre roues. Ces quatre roues définissent ce qu'il est convenu d'appeler le « polygone de sustentation », qui est en l'occurrence un rectangle. Pour que la voiture reste stable sur ses roues, il faut et il suffit que la verticale de son centre de gravité tombe à l'intérieur du polygone de sustentation. Ce qui ne pose pas problème, quel que soit le chargement de la voiture.

Pour un avion en vol, le problème est un peu plus complexe. Le centre de gravité, par lequel passe le poids de l'avion, force dirigée vers le bas, doit être placé de façon à être compensé par les forces de portance, dirigées vers le haut. La position du centre de gravité, sur l'axe longitudinal de l'avion, est appelée « centrage ».

Bien que l'on puisse compenser, au moyen des surfaces agissant sur l'axe de tangage (gouverne de profondeur et stabilisateur horizontal), un défaut d'alignement du poids et de la portance, on démontre que le centrage doit être à l'intérieur d'une plage bien définie.

En général, le centrage est déterminé avant le décollage et varie peu durant le vol. Sur les avions modernes, on trouve des réservoirs de carburant dans la queue de l'avion, ce qui permet, par des transferts de kérosène en vol, de contrôler le centrage et de le maintenir à une valeur optimale.

Cette opération est indispensable sur les avions supersoniques (Mirage IV, Concorde), car le centre de poussée subit des déplacements importants entre le vol subsonique et le vol supersonique. Sur les autres avions, un contrôle optimisé du centrage permet des économies de carburant.

Des accidents surviennent périodiquement sur des avions commerciaux à cause d'un mauvais centrage. Cela arrive surtout aux avions-cargos, où des charges importantes, sur les palettes, déplacent facilement le centre de gravité selon la position des palettes. Pour les avions transportant des passagers, la chose est plus rare. Il faudrait que tous les passagers se regroupent en vol tout à l'avant ou tout à l'arrière pour créer un problème.

Au début des années 1950, un Avro Tudor, quadrimoteur britannique de l'immédiat après-guerre, transportant des passagers (l'exception confirme la règle), arriva en Angleterre au terme d'un vol de plusieurs heures. Le centrage était un peu trop arrière – hors de la plage autorisée. Le vol s'était toutefois bien passé, mais la consommation de carburant pendant le vol avait encore fait reculer le centre de gravité. En approche finale, l'avion s'était trouvé mal placé pour atterrir dans de bonnes conditions et le commandant de bord avait initialisé une remise des gaz (officiellement nommée « procédure d'approche interrompue ») à 150 pieds (50 mètres) de hauteur. Par malchance, les moteurs de cet avion, situés sous les ailes, elles-mêmes basses, avaient provoqué à la mise en pleine puissance un couple cabreur, qui était venu s'ajouter au couple cabreur dû au centrage trop arrière. L'avion s'était cabré sans que les pilotes, poussant de toutes leurs forces sur les manches, puissent l'en empêcher. Il était monté à la verticale jusqu'à 300 pieds environ (100 mètres), avait décroché et s'était écrasé, tuant tous ses occupants.

En 1997, un DC-8 cargo d'une compagnie charter décolla en surcharge de 13 tonnes (on croit rêver : pour transporter un maximum de fret, les responsables de la compagnie avaient triché sur la pesée des palettes !). Plus grave encore, le personnel employé au chargement, mal formé, avait oublié de verrouiller une dizaine de palettes (les palettes de fret sont chargées par une grande porte, axiale ou latérale avant, puis poussées sur des rails jusqu'à leur position prévue au plan de chargement avant d'être verrouillées solidement au plancher). Au décollage, lors de la rotation, alors que le pilote faisait lever le nez à son avion, 44 tonnes de fret dévalaient vers l'arrière de l'avion. Le couple cabreur induit fit augmenter l'assiette jusqu'à 70 degrés. L'avion décrocha et s'écrasa en bout de piste.

Pour un avion, on ne parle, bien entendu, que du centrage longitudinal. Un avion commercial ne peut pas pencher à droite ou à gauche s'il est mal centré « en latéral ». Encore que…

Sur un vol charter plein de gentils membres bronzés et joyeux de retour de vacances, j'annonçai, depuis mon poste de commandant de bord, que l'on avait une vue exceptionnelle sur le mont Blanc sur la droite de l'appareil. Après quelques secondes, j'inclinai lentement l'avion sur la droite. À 20 degrés d'inclinaison, je dus crier dans le *public address* : « Attention, n'allez pas tous ensemble à droite ! » Cela a conduit à une belle bousculade. Tous se voyaient déjà renversés, avant de réaliser que ce n'était pas possible et qu'il s'agissait d'une plaisanterie de gentil organisateur.

Note à propos des vols charter retour de villages de clubs de vacances : au cours de tels retours de nuit se déroulaient parfois tout au fond de l'avion des scènes que la morale m'interdit de rapporter ici. Pour certains passagers de ces vols, justement surnommés « gentils membres », la notion de « s'envoyer en l'air » était à double sens.

On a parlé du centrage en vol. Il faut aussi mentionner le centrage au sol, en particulier en cours de chargement sur un avion-cargo. Sur certains avions (comme le Noratlas), il fallait, pour éviter que l'avion bascule sur la queue, sortir au sol des béquilles prévues à cet effet.

Certification

Un avion commercial destiné à transporter des passagers ne peut être mis en service sans des précautions particulières. Il doit être dûment certifié pour le transport de passagers.

LES RÈGLES

Pour avoir le droit de voler dans le transport aérien commercial, un avion doit disposer d'un certificat de navigabilité (CDN) – le terme « avion » désigne ici tout type d'avion : le CDN, justement dénommé « CDN de type » concerne tous les avions du même modèle.

Le processus complet de certification est assuré par les autorités du pays où l'avion est construit. Parmi les principales autorités, on trouve :
– la DGAC (Direction générale de l'aviation civile) en France ;
– la CAA (Civil Aviation Authority) au Royaume-Uni ;
– la FAA (Federal Aviation Agency) aux États-Unis ;
– les JAA (Joint Aviation Authorities) en Europe depuis les années 1990. En 2005, les JAA sont devenues l'EASA (European Agency Air Safety).

Les règlements en vigueur pour les avions commerciaux de taille moyenne ou grande sont, au tournant du millénaire, regroupés dans la FAR-25 (Federal Aviation Regulation) pour les Américains, et la JAR-25 (Joint Aviation Regulation) pour les Européens. Les deux textes sont assez voisins, tant dans leur structure que dans leur contenu. Les pays tiers calquent leurs propres règles sur l'un de ces deux règlements.

Lorsqu'un pays envisage, sur la demande d'une des compagnies qui y opèrent, de certifier un avion de construction étrangère, il demande à ses propres autorités de délivrer un CDN national après avoir vérifié que l'avion est satisfaisant au regard de ses propres règles. Cette vérification est bien entendu plus rapide que le processus complet.

Dans le cadre de la certification directe, j'ai participé de façon étroite à la certification de tous les avions Airbus, de l'A300 FFCC à l'A340 en passant par les A310 et A320, ou des Falcon 50 et 900 et d'autres encore.

Dans le cadre de la certification d'avions étrangers, j'ai été le responsable de la certification française du Boeing 747-400 (en fait une certification conjointe européenne) et le responsable français de la certification européenne du MacDonnel Douglas MD-11, première certification 100 % JAA.

J'ai par ailleurs participé à des tranches limitées de certification du Douglas DC-9, du Hawker-Siddeley HS 748, pour ne parler que des principales.

Le processus de certification

Pour une certification complète, l'équipe d'essai intervient avant le premier vol du premier prototype : au stade de la planche à dessin pour des remarques générales de principe, au stade de la maquette et du simulateur d'essai pour les parties essentielles de l'avion. C'est ainsi que, pour l'A310, nous avons longuement discuté des EFIS au simulateur ; pour l'A320, nous avons défini le minimanche sur un A300 modifié, cela avant que ces avions ne volent.

En parallèle, des équipes au sol spécialisées analysent les systèmes composants (électrique, hydraulique, pneumatique, etc.) pendant que de gros sous-ensembles tels que le train, la voilure ou le fuselage sont testés jusqu'à rupture dans des établissements industriels spécialisés (tel le CEAT – Centre d'essais aéronautiques de Toulouse).

Quand les prototypes volent, les équipages d'essai du constructeur effectuent les premiers vols. Mais les équipes d'essai officielles sont très tôt intégrées dans les vols, et les décisions essentielles sont prises en commun dès le départ. L'image mythique du constructeur qui met l'avion au point seul, puis le livre aux équipes d'essai officielles pour certification est une image fausse. Sur chacun des Airbus, j'ai effectué de nombreux vols d'essai pendant toute la phase de développement et de mise au point, qui dure de douze à dix-huit mois. Quand arrive le moment de la certification officielle, tout a été déjà vu lors du développement et validé au fur et à mesure.

En dehors des avions européens, qui subissent un processus de certification complet, la certification européenne d'un avion étranger commence par une analyse de ce qui a été fait au cours de la certification étrangère, par exemple la certification FAA pour un avion américain. Certains points pour lesquels il peut y avoir des différences d'appréciation entre FAA et JAA font l'objet d'investigations plus poussées, voire de vols d'essai complets.

Charge de travail

Que n'a-t-on pas dit et écrit sur la charge de travail dans les avions commerciaux ! L'arrivée des nouveaux avions à équipage à deux, à la fin du XXe siècle, a provoqué des levées de boucliers au sein des syndicats de navigants (essentiellement français).

La charge de travail (*workload* en terminologie anglo-saxonne) est une notion intuitive. Si on demande à n'importe quel employé quelle est, parmi ses différentes tâches, celle qui lui a causé la plus grande charge de travail, il saura le dire sans problème. Si on lui demande pourquoi, la réponse sera moins évidente.

Au cours d'un vol, un pilote doit accomplir de nombreuses tâches, que l'on peut regrouper par phases : préparation du vol, prise en charge de l'avion, procédures de départ et roulage, décollage, et ainsi de suite jusqu'à l'atterrissage.

Si on demande à ce pilote quelle est la phase pour laquelle sa charge de travail était la plus forte, il n'hésitera pas : ce sera souvent l'approche, parfois une autre phase durant laquelle des problèmes sont venus perturber les opérations.

Si on demande à ce pilote pourquoi sa charge de travail était forte à tel moment, il parlera de surcharge des fréquences radio, de plusieurs problèmes à régler ensemble, de difficultés matérielles à trouver un document, de stress. Mais aura du mal à davantage entrer dans le détail.

Mesure de la charge de travail

Dans les essais en vol, il y a eu des périodes pendant lesquelles il était essentiel de mesurer la charge de travail (voir *Équipage à deux pilotes*).

Pour cela, il fallait pouvoir la définir avec plus de précision. Cette charge de travail ayant des retombées sur le comportement, il a semblé naturel de se tourner vers des médecins ergonomistes pour leur poser la question.

Ceux-ci ont défini certains paramètres physiologiques sur lesquels la charge de travail pouvait avoir une incidence et ont établi une liste des paramètres concernés :

- fréquence et amplitude de la respiration ;
- fréquence et tension cardiaques ;
- fréquence et amplitude des mouvements ;
- acidité salivaire ;
- diamètre pupillaire ;
- activité cérébrale.

Certaines mesures physiologiques ne posaient pas de problème, comme celles réalisées sur électroencéphalogramme ou sur électrocardiogramme.

Pour d'autres, comme la mesure de l'acidité salivaire, la méthode était plus délicate : les pilotes mâchaient des tampons en coton qui étaient ensuite enfermés dans des tubes ; après le vol, des réactifs appropriés analysaient leur acidité. Tous ces moyens ont été utilisés, mais l'analyse des résultats restait incertaine pour mesurer la charge de travail.

Mesures subjectives

En attendant que les analyses physiologiques objectives aient été validées, on a développé en parallèle des analyses subjectives.

Des pilotes ont été entraînés à mesurer subjectivement leur charge de travail dans des situations types, selon une échelle dite « de

Cooper-Harper » à huit niveaux, dont les mesures sont basées sur le potentiel d'accomplissement des tâches. Sur cette échelle, les cotations allaient de « Charge de travail pratiquement nulle, toute tâche peut être accomplie sans délai et sans difficulté » à « Charge de travail tellement élevée que la conduite du vol en sécurité est impossible, les tâches étant mal ou incomplètement exécutées ». Les pilotes ainsi formés ont été soumis à des dizaines d'heures de simulateur, dans des situations très variées. Une analyse situation par situation a permis d'étalonner correctement et de façon homogène pour tous l'outil que l'on pourrait nommer « mesure subjective de la charge de travail ».

Mesures mixtes

Avec les deux méthodes appliquées simultanément au cours de vols d'entraînement (au simulateur ou réels), on a trouvé des convergences entre les deux méthodes. Les mesures en vraie grandeur (donc au cours d'essais réels) ont pu être effectuées avec les deux méthodes appliquées conjointement. Les conclusions étaient établies avec la prise en compte des deux types de résultats, qui devenaient très voisins. Après cinq ans d'application conjointe des deux méthodes (notamment à l'occasion des certifications des avions A300 FFCC, A310 et A320), on a pu considérer que la méthode objective était validée et pouvait être appliquée seule.

J'ai ainsi vécu, avec mes collègues pilotes d'essai, des dizaines de vols d'essai (simulés ou réels) bardé d'instruments de mesure, pendant les certifications ci-dessus mais aussi sur leurs prolongations long-courriers : A340, Boeing 747-400 et MD-11. Il doit exister dans les archives des services de certification des centaines d'heures de nos enregistrements, de nos électrocardiogrammes en particulier.

Il m'est arrivé une aventure plaisante dans ce cadre. Nous effectuions un vol San Francisco-Paris avec ces mesures de charge de travail. Notre équipement en matériel médical demandait du temps et nous nous équipions dans la salle des opérations tout en préparant le vol. Une heure avant le départ, me présentant au contrôle de police américain, je devais passer sous le portique détecteur de métal. Bien entendu, avec toutes les électrodes que j'avais sur le corps et sur la tête, le portique a sonné. En me fouillant, le policier de service a découvert des électrodes sur mon crâne. Devant son air ahuri, j'ai commenté, sur un ton confidentiel : « Nous faisons des essais top secret de pilotes télécommandés depuis le sol ». Le policier m'a regardé, incrédule, puis a éclaté de rire en me disant « *French joke !* », puis m'a laissé passer. C'était avant les attentats du World Trade Center du 11 septembre 2001...

Hypovigilance

Après les mesures de charge de travail potentiellement élevées, certains officiels se sont posés la question inverse : en conditions de faible charge de travail, par exemple lors de vols transocéaniques, n'y a-t-il pas un risque d'endormissement des réflexes, en un mot, un risque d'« hypovigilance » ? Nous sommes donc repartis pour des mesures analogues aux précédentes, sur des vols long-courriers commerciaux réels.

Avec ma double appartenance CEV/compagnie aérienne (c'était l'époque de transition d'UTA à Air France), j'ai effectué plusieurs vols de ce type sur DC-10 entre Paris et Washington, Miami ou San Francisco. À l'issue de ces vols, des recommandations sur l'organisation des temps de repos en vol long-courrier ont été émises, qui ont ensuite été appliquées dans les procédures de travail opérationnelles des équipages.

Ainsi, dans les grandes compagnies, le PNC (personnel navigant commercial) a pour consigne de venir toutes les quinze minutes en cockpit, sous prétexte de voir si les pilotes n'ont besoin de rien, pour vérifier en fait s'ils ne dorment pas.

Check-list – Do-list

Une « do-list » (*do* = « faire ») est une liste d'opérations à effectuer systématiquement à un moment du vol. Une « check-list » (*check* = « vérifier ») est une liste d'opérations dont il faut vérifier qu'elles ont été correctement effectuées à un point clé du vol. La pratique ne retient que le terme check-list, qui regroupe un mélange d'opérations à effectuer ou à vérifier.

L'utilisation d'une check-list apporte la garantie d'une réaction standard optimisée. Lors de la mise en service de l'avion, on analyse les actions les mieux adaptées aux différentes situations, tant en cas de vol normal qu'en cas de panne. Puis, on rédige une liste de questions (qui devront être posées par un membre d'équipage) et de réponses (qui seront formulées par un autre membre d'équipage). Une telle procédure est conçue pour que rien d'essentiel ne soit oublié dans la conduite de l'avion.

Il existe deux types de check-list : celles qui sont utilisées en conditions normales de vol, et celles qui sont utilisées en cas de panne ou de situation anormale.

Dans un vol complet, il y a les « check-lists préparation cockpit », avant mise en route, après mise en route, pendant roulage, avant décollage et ainsi de suite, jusqu'à la « check-list avant atterrissage » et la « check-list retour au parking ». Bien entendu, le choix et le détail des check-lists varient d'un avion et d'une compagnie à l'autre.

Sur un monoplace, on utilise en général des check-lists connues par cœur. Je me rappelle encore celle à exécuter avant le décollage sur le Morane 733 : il fallait réciter la phrase mnémotechnique : « Sois courageux mais prudent en vol ; garde intelligence, habileté, discipline. » L'initiale de chaque mot correspondait à une opération :

– S : serrage manettes (gaz, hélice, mélange) ;

– C : compensateurs réglés en position décollage ;

– M : moteur : paramètres vérifiés ;

– P : pressions huile et hydraulique vérifiées ;

– E : essence : robinets ouverts, quantité vérifiée ;

– V : volets en position décollage ;

– G : gyroscopes (en fait instruments gyroscopiques) lancés, débloqués, vérifiés ;

– I : instruments de vol vérifiés ;

– H : harnais serrés bloqués ;

– D : décrassage moteur.

Dans le langage que nous utilisions à l'époque, nous appelions ces check-lists les « actions vitales avant décollage ».

Sur un avion avec un équipage plus conséquent, on demande donc à l'un des membres d'équipage de lire la liste des opérations à effectuer ou à vérifier, et à un autre de confirmer que l'opération a bien été effectuée ou vérifiée. La phraséologie doit respecter rigoureusement celle du document de référence de sorte que, si un membre d'équipage est fatigué et hésite dans ses actions ou ses vérifications, les autres, entendant une litanie inhabituelle, réalisent qu'il y a une anomalie et reprennent la check-list au début.

On a réalisé des check-lists sur tube cathodique à la place du support papier, où le membre d'équipage efface la ligne de tâche effectuée à mesure de l'avancement des actions et vérifications. Mais avec une amélioration : lorsqu'une ligne correspond à une action qui peut être vérifiée par un automatisme (par exemple, l'ouverture d'un contacteur), la ligne correspondante de la check-list ne peut s'effacer que si l'automatisme a constaté que l'opération a bien été effectuée. On peut parler ici de « check-lists intelligentes ».

Check-list – do-list sur tube catodique Brasilia

Sur la figure ci-dessus, qui correspond à la check-list normale avant mise en route des moteurs, trois couleurs apparaissent (hélas non visibles sur l'impression en noir et blanc) : les quatre premières opérations sont vertes, signe que le pilote a indiqué – en pressant un bouton – qu'il les a effectuées ; la ligne « *Inverters* » est bleue, signe que c'est celle qui est maintenant à effectuer ; les trois dernières lignes sont de couleur ambre, signe qu'elles seront à effectuer ensuite.

Si le pilote presse le bouton pour signaler qu'il a mis les *inverters* sur « *on* » alors qu'il ne l'a pas fait, la ligne, autocontrôlée, redeviendra ambre, lui rappelant que cette action reste à faire.

Lorsqu'une situation d'urgence survient en vol, il faut appliquer une check-list prévue pour cette circonstance : c'est la « check-list secours ». Pour certaines pannes, cela ne pose pas de problème : en cas de panne d'une pompe hydraulique par exemple, il y a un nombre très limité d'actions à effectuer, que l'on peut lire dans la check-list appropriée. Dans d'autres cas, un certain nombre de manœuvres devront être appliquées sans délai, au point que l'on ne peut pas attendre la lecture de la check-list. En cas de dépressurisation brutale en vol, par exemple, il faut agir très vite pour engager une descente de secours (voir *Pressurisation*). Pour cela, certaines opérations sont à exécuter immédiatement, comme la mise en place des masques à oxygène des membres d'équipage. Ces manœuvres sont dites « *memory items* », c'est-à-dire à appliquer de mémoire. La lecture de la check-list secours n'intervient qu'ensuite pour exécuter des actions moins urgentes et vérifier que celles qui ont été accomplies de mémoire l'ont été correctement.

Il existe en revanche des pannes ou des situations pour lesquelles l'application d'une check-list stricte est moins bien adaptée. Il faut laisser au pilote la possibilité de bien évaluer la situation et de prendre une décision qui n'est pas figée à l'avance. Par exemple, en cas d'apparition de fumées en cockpit dont l'origine électrique est probable, il existe une check-list qui recommande de couper tour à tour différents équipements électriques afin de déterminer quel est celui qui provoque les fumées. Comme des dizaines d'équipements pouvent être à l'origine des fumées et comme il faut plusieurs minutes après avoir coupé un équipement pour décider s'il est responsable ou non des fumées, l'avion a le temps de s'embraser totalement avant que la panne ait été localisée ! Cela ne fonctionne qu'au simulateur de vol, où l'instructeur qui a simulé la panne annonce sans délai aux pilotes en contrôle, lorsqu'ils ont isolé un circuit : « la fumée continue » ou « la fumée disparaît ». Dans la réalité, l'interprétation du pilote impliqué dans une telle situation est essentielle et son action ne doit pas être imposée par une check-list trop stricte. Plusieurs cas de fumées en cockpit se sont terminées tragiquement parce que le commandant de bord a voulu se conformer aux prescriptions d'une check-list mal adaptée à une situation complexe (voir *Feu à bord*).

Ciel

Cet article sur le ciel est présenté sous forme de *quiz*, jeu du vrai-ou-faux.

Un pilote vit toujours dans le ciel, au-dessus des nuages le jour, la tête dans les étoiles la nuit. À force d'avoir la tête en l'air, on réalise certaines choses, proposées ci-dessous sous forme d'affirmations. Au lecteur de trouver si ces propositions sont vraies ou fausses...

1 – Le Soleil passe toujours au sud à midi.

2 – Le 25 décembre, jour de Noël, c'est l'hiver et il fait froid.

3 – Le Soleil ne se lève jamais à l'ouest.

4 – On ne peut pas vivre les quatre saisons en 48 heures.

Répondez sans tricher, puis contrôlez vos réponses ci-dessous.

Réponses :

1– Faux. Dans certains lieux dont la latitude est comprise entre 23° 27' nord et 23° 27' sud, le Soleil passe à midi tantôt au nord tantôt au sud. Plus au sud, dans l'hémisphère Sud, le Soleil est toujours au nord à midi.

On raconte que, dans les années 1950, des architectes français devant réaliser les plans d'un sanatorium pour l'île de la Réunion ont conçu un établissement magnifique, avec d'immenses baies et terrasses ouvertes au sud. Lorsque la construction fut achevée, on découvrit que les malades étaient tout le temps à l'ombre...

2– Partiellement faux. Au Chili, on fête bien Noël le 25 décembre, mais on est alors au cœur de l'été austral. La tradition du Père Noël en lourd manteau rouge est toutefois respectée.

3– Faux. En fait, c'est vrai pour un pur Terrien. Mais, quand on effectue un vol Paris-San Francisco en passant par des latitudes supérieures à 70° nord, on va plus vite que le Soleil. Lors de certains vols, par exemple lors du survol de l'Islande, on peut voir le Soleil se coucher à l'ouest. Ensuite, à la traversée du Groenland, on le voit se relever (toujours à l'ouest), rester quelques heures dans le ciel puis se coucher définitivement pour la journée (toujours à l'ouest).

4– Faux. Cela m'est arrivé. Décollant de Paris un 21 juin, alors que c'était le printemps, je suis arrivé à Johannesburg (Afrique du Sud), toujours le 21 juin, peu avant le solstice. C'était encore l'automne en Afrique du Sud. Je suis reparti le lendemain, 22 juin. C'était l'hiver à Johannesburg. À l'arrivée à Paris, toujours le 22 juin, c'était l'été.

Pour terminer ce *quiz*, voici une question qui dépasse l'horizon terrestre puisqu'elle concerne un spationaute installé sur la Lune. Le spationaute observe la Terre et admire le spectacle représenté sur la photo ci-dessous (à gauche). Pour la petite histoire, cette photo a été prise par un des astronautes du programme Apollo. Elle n'était pas au programme de la mission, mais l'astronaute avait trouvé le spectacle si beau qu'il n'avait pu résister à l'envie de prendre une photo. Depuis, cette photo est devenue l'une des plus célèbres des missions lunaires. La question est la suivante : Sur cette photo, la Terre est-elle proche de son lever ou de son coucher ?

La Terre vue depuis la Lune (à gauche) et la Lune vue depuis la Terre (à droite)

Réponse : ni l'un ni l'autre. La Lune présente toujours la même face à la Terre. Les observateurs de la face cachée de la Lune ne voient jamais la Terre. Ceux de la face visible la voient toujours à la même place dans leur ciel. Ceux qui sont au centre de la face visible voient toujours la Terre à leur zénith. Ceux qui sont plus voisins du bord voient la Terre près de leur horizon – c'est le cas pour la photo ci-dessous.

Pour l'observateur qui a pris la photo, la Terre était immobile dans le ciel à cette position – et le serait restée indéfiniment pour lui s'il était resté indéfiniment sur la Lune. En revanche, il l'aurait vue tourner sur elle-même en faisant un tour en vingt-quatre heures et l'aurait vue passer par des phases : nouvelle Terre, premier quartier, pleine Terre, etc., dans un cycle de 29 jours (29 fois vingt-quatre heures).

Une dernière précision à propos de ciel sur la Terre : quand un pilote de chasse est abattu en combat aérien, il finit toujours sa carrière à terre, où son avion s'écrase. Comme disait Brassens, la loi de la pesanteur est dure, mais c'est la loi (*Dura lex sed lex*). Pendant la guerre de 1914-1918, Georges Guynemer était le grand as de l'armée française (qui n'était pas encore l'armée de l'air, les pilotes appartenant à cette époque à la cavalerie). Lorsqu'il fut abattu, il fut cité à l'ordre de l'armée. Un tel héros ne pouvait finir écrasé au sol ; sa citation déclara qu'il était « mort en plein ciel de gloire ». Une belle fin pour un article sur le ciel.

Cinéma

Le cinéma dont il est question ici n'est pas du tout le cinéma que se font les pilotes, bien connus pour leur côté extraverti – le présent ouvrage en est la preuve ! Non. Il s'agit ici de vrais films, de ceux que l'on projette dans les salles de cinéma ou que l'on présente à la télévision.

Tournage

Certains producteurs qui mettent en scène des films sur la guerre et les combats aériens trouvent parfois dans les aéroclubs d'anciens avions présentables en vol. Le film *La Bataille d'Angleterre* avait ainsi réussi à mettre en scène une douzaine d'authentiques Spitfire. Parfois, c'est plus difficile, car on ne trouve plus d'avions d'époque. C'est le cas pour les Zéro, dont aucun n'a survécu en état de vol (le Zéro était l'avion de chasse fétiche des Japonais pendant la guerre du Pacifique). Les films sur la guerre du Pacifique utilisent donc la plupart du temps des T-6, qui ressemblent plus ou moins aux Zéro.

Mitsubishi A6-Zéro

North Americani T6-Harvard

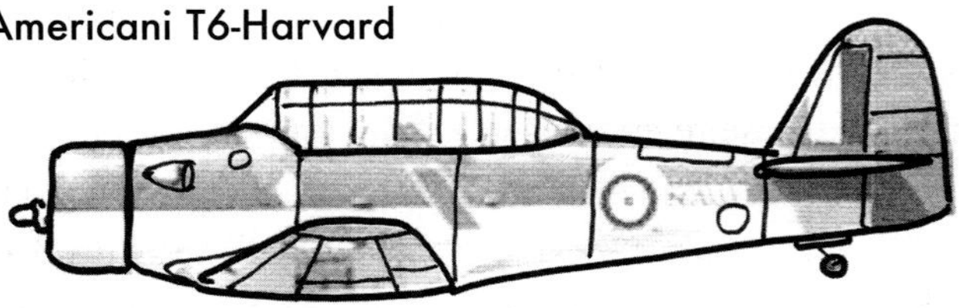

Le CEV a parfois été mis à contribution pour des films, avec de vieux avions plus ou moins déguisés. Un jour, un A-26 Invader fut ainsi déguisé en Havoc ; c'était le dernier A-26 français. Nous l'avions repeint avec un camouflage d'époque. C'est dans cette livrée fantaisiste qu'il fut convoyé peu après au musée de l'Air. Une autre fois, des Nord 1101 ont été déguisés en Messerschmitt Me-109 de la Seconde Guerre mondiale.

Cinéma à bord des avions commerciaux

Les vols commerciaux proposent des films aux passagers, afin de leur faire passer le temps dans les meilleures conditions. Au début, ces films étaient projetés sur écran et tous les passagers les regardaient ensemble. Ce qui avait provoqué dans certaines compagnies aériennes des plaintes de passagers qui jugeaient que les films projetés n'étaient pas acceptables pour les enfants qui les accompagnaient. L'affaire s'était même parfois terminée devant la justice. Puis, des progrès ont été faits, qui permettent aujourd'hui aux passagers de suivre les films sur un écran individuel, ce qui ne dérange personne et permet en prime de proposer à chacun un grand choix de programmes.

Une première anecdote à propos de cinéma en vol se situe à une période intermédiaire pendant laquelle les premières classes étaient équipées d'écrans individuels. Au lieu d'être alimentés par un ordinateur multivoies central comme cela est arrivé par la suite, ces écrans possédaient un lecteur individuel de vidéocassettes. Le PNC mettait à la disposition des passagers des cassettes qu'il fallait introduire dans les accoudoirs de siège pour les visualiser. Lors d'un vol, une hôtesse est venue me prévenir qu'une passagère avait tenté de visionner une cassette personnelle qui était restée bloquée dans le lecteur. Bien sûr, la passagère voulait récupérer sa cassette. Nous étions déjà dans l'ère des avions sans mécanicien navigant. J'ai envoyé l'un des copilotes tenter de sortir la cassette en question. En vain.

J'ai alors fait dire à la passagère que sa cassette serait sortie de sa prison par les services techniques de l'aéroport après l'arrivée, et qu'elle lui serait envoyée à son domicile. Cette solution a provoqué une crise de nerfs de la passagère, qui était prête à démolir le lecteur pour récupérer son bien. Je n'ai eu le fin mot de l'affaire que plus tard : il y avait sur cette cassette des enregistrements très personnels qu'elle ne voulait pas voir tomber dans d'autres mains que les siennes. J'ai dû faire intervenir un mécanicien du sol aussitôt après notre arrivée, qui a libéré la cassette en présence de la passagère. Et la lui a remise sans intermédiaire.

L'anecdote suivante se passe à l'époque des grands écrans, sur un terrain du Tiers Monde où nous faisions escale et où notre avion – un DC-10 – passait la nuit pendant que nous dormions à l'hôtel. Un matin, j'ai eu vent de réclamations de riverains de l'aéroport se plaignant de ce que nous pratiquions des essais d'APU (Auxiliary Power Unit, groupe de bord auxiliaire, sorte de petit réacteur fournissant du courant électrique à l'avion) tard dans la nuit. Cette information m'avait étonné, car nous n'avions jamais besoin d'effectuer de tels essais. Après une brève enquête, nous avons découvert le pot-aux-roses : des mécaniciens sol (qui avaient les clés de l'avion) attendaient que tout le monde ait quitté l'aéroport le soir, puis ils organisaient des séances de cinéma dans le DC-10 ouvertes aux habitants des villages alentour. Pour un prix modique, ceux-ci assistaient à des programmes de choix, assis dans des fauteuils confortables – il y avait même un double tarif pour les places de première classe. Bien entendu, l'APU tournait tout le temps de la projection, car il fallait de l'énergie et de la lumière à bord !

Cisaillement de vent

Pendant des années, on a relevé des accidents qui précipitaient au sol des avions commerciaux en courte finale, sans raison apparente et parfois par très beau temps. Avec à chaque fois des dizaines de victimes et des avions détruits. De tels accidents se produisaient parfois au décollage. Les analyses ont fini par mettre en évidence un phénomène particulièrement dangereux, appelé « cisaillement de vent » (*windshear* en terminologie anglo-saxonne).

Au voisinage de nuages très importants (essentiellement des cumulonimbus, sièges d'orages), il arrive que l'on assiste à de violents courants d'air descendants qui viennent heurter le sol. Ces courants d'air sont bien entendu indétectables à vue et peuvent se manifester assez loin – à plusieurs kilomètres – du nuage qui en est à l'origine. On appelle ces descentes *downbursts* (« rafales vers le bas ») en les qualifiant parfois, selon leur taille, de *macrobursts* ou de *microbursts*, en français « macro- ou microrafales ». En venant heurter le sol, ces courants se transforment en courants horizontaux aussi violents au ras du sol, qui s'écoulent dans un air qui reste plus ou moins calme alentour. C'est le passage d'un avion (en approche finale ou au décollage) de la zone restée calme au courant, ou *vice versa*, qui peut créer des problèmes.

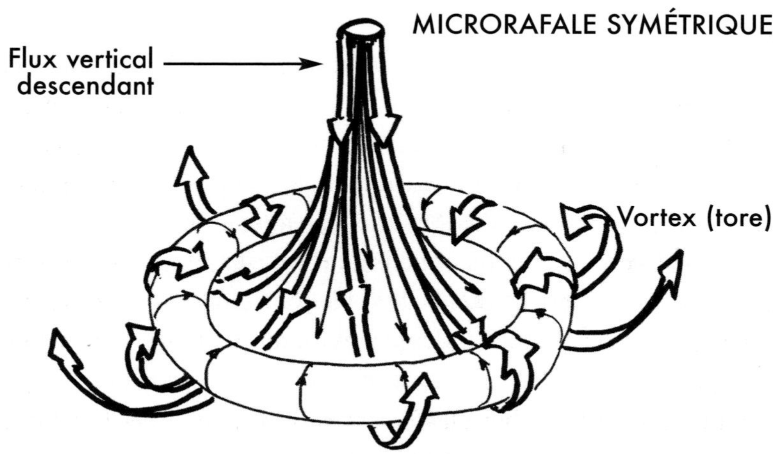

On s'intéresse ici aux problèmes que peut poser à un avion en approche finale un cisaillement de vent. Ce phénomène peut avoir sur l'avion des effets mécaniques et des effets aérodynamiques.

Concernant les effets mécaniques, les brusques changements de direction et/ou de force du vent peuvent :

– dévier l'avion sur la droite ou sur la gauche si la rafale est traversière (dans ce cas, si la rafale est proche de l'entrée de piste et si l'avion est très bas quand il la subit, le toucher des roues peut être sérieusement perturbé) ;

– pousser l'avion vers le bas si la rafale est une *downburst* ; dans ce cas, l'avion peut heurter le sol avant la piste.

Concernant les effets aérodynamiques du cisaillement de vent, l'explication est plus complexe. Lorsqu'un avion passe brutalement, en approche finale, d'un vent debout à un vent debout moins fort, ce qui arrive parfois dans le cisaillement lié à la partie horizontale du courant d'air, sa vitesse par rapport au sol reste, par inertie, inchangée. Il subit alors une perte brutale de vitesse propre – donc de Vc –, qui peut le conduire au décrochage. Le phénomène est analogue au passage d'un vent debout à un vent arrière, ou d'un vent arrière à un vent arrière plus fort.

La prise de conscience des risques induits par les cisaillements de vent s'est faite dans le courant des années 1980, après que plusieurs avions ont été perdus dans ces conditions. Depuis, divers systèmes ont été imaginés :

– moyens de prévision au sol, par des capteurs de vent situés en différents points de l'aérodrome : s'il y a de fortes différences entre divers capteurs, une « alerte *windshear* » est diffusée automatiquement et les avions majorent par précaution leur vitesse d'approche. J'ai moi-même subi de telles alertes à New York-JFK et à Hong Kong ;

– moyens à bord : les systèmes de mesure et les calculateurs embarqués modernes permettent de voir venir le cisaillement avant que ses effets soient irréversibles, ce qui permet au pilote de se préparer à les corriger.

En fait, on utilise à bord différents moyens pour aider le pilote à éviter les effets du cisaillement de vent :

– une simple alarme « *windshear* » lumineuse ou de préférence vocale (ce qui permet d'identifier instantanément le risque) ;

– une suggestion de manœuvre, au travers du directeur de vol, si le pilote est en pilotage manuel ;

– une manœuvre directe imposée à l'avion par le pilote automatique et les automanettes si l'avion est en pilotage automatique en approche finale.

On n'a pris conscience que relativement tard de l'importance du cisaillement de vent et des risques qu'il impliquait lors des décollages et des atterrissages. De nombreux accidents dus au cisaillement de vent n'ont été reconnus comme tels que longtemps après qu'ils se sont produits.

En voici quelques exemples.

En 1984, au décollage de Denver (Colorado), un Boeing 727 subit un cisaillement de vent qui lui fit perdre 20 nœuds juste après la rotation. Le commandant de bord, informé des risques, avait majoré sa vitesse de décollage de 5 nœuds. Cela ne suffit pas. L'avion resta au ras de la piste à quelques nœuds du décrochage et arracha les antennes de l'ILS en fin de piste, endommageant le dessous du fuselage.

En 1982, un autre Boeing 727 au décollage de La Nouvelle-Orléans fut confronté au même problème : décollage tardif, avion arraché du sol en fin de piste, à la limite du décrochage. Il eut ensuite moins de chance : ne pouvant pas prendre de la hauteur, il heurta une rangée d'arbres à 700 mètres de la fin de piste. Il s'écrasa dans une zone résidentielle, détruisant six maisons. Les 145 occupants de l'appareil périrent, ainsi que cinq personnes au sol.

En 1984, un DC-9, en approche à Detroit, rencontra un fort cisaillement de vent. Sentant l'avion s'enfoncer, le commandant de bord ordonna une remise de gaz. Malgré la pleine poussée des réacteurs, l'avion continua à s'enfoncer et toucha la piste, train rentré, en cours de décrochage. Il quitta la piste. Les passagers et l'équipage purent évacuer sans dommages.

En 1985, un TriStar, en finale sur l'aérodrome de Dallas (Texas), perdit 25 nœuds à 1 000 pieds et à 8 kilomètres de la piste. Il s'enfonça et heurta violemment le sol à 2 kilomètres de la piste. Il traversa une route, tuant au passage le conducteur d'une voiture, et heurta des citernes.

Il se disloqua et prit feu. Il y eut 134 morts à bord ; quinze passagers furent retirés de l'épave dans un état grave.

On pourrait citer une dizaine d'autres cas d'accidents en cisaillement de vent. À partir de 1990, les choses se sont nettement améliorées, grâce aux remèdes présentés ci-dessus.

Cockpit

Un cockpit doit être conçu en repectant des règles obligatoires. En voici quelques unes.

Le code couleur

Dans un cockpit, on trouve trois couleurs : le rouge, l'ambre et le vert. Chacune a une fonction bien précise.

Le rouge

Lorsque, sur un instrument à aiguille, une zone est rouge, il ne faut pas que l'aiguille y aille. C'est une zone interdite. Ainsi, sur un anémomètre, les vitesses au-dessus de la vitesse maximale autorisée portent un liseré rouge. De même, le rouge est réservé aux manettes à n'utiliser qu'en cas de danger : poignée d'ouverture d'une issue de secours, levier de sortie du train en secours.

L'ambre

Lorsque, sur un instrument, une zone est ambre, il n'est pas interdit d'y aller, mais il faut l'éviter. Si on s'y retrouve par inadvertance, il faut en sortir au plus vite.

Le vert

Les zones vertes d'un instrument correspondent aux zones d'utilisation normale.

En somme, ces conventions sont voisines de celles utilisées pour les feux tricolores sur les routes du monde entier.

Le « T » basique

On trouve sur la planche de bord de tous les avions commerciaux un certain nombre d'instruments considérés comme essentiels à la conduite du vol. Pour éviter de rechercher une information, en cas d'urgence, il a été décidé que les informations essentielles seraient toujours disposées de la même façon sur tous les avions. Cette disposition est dite du « T » basique, car les instruments considérés y occupent la position du centre et des trois branches d'un T majuscule. On trouve sur la branche du haut, de gauche à droite : vitesse (« badin »), Attitude Display (ADI ou horizon artificiel), altitude (et variomètre). En bas de la branche verticale se trouvent les informations de situation horizontale (HSI).

Le « T » basique de planche de bord sur un avion classique

Sur les avions modernes, où tous ces instruments sont concentrés sur un tube cathodique unique (le PFD – Primary Flight Display), la disposition en « T » basique est respectée (figure ci-contre).

On retrouve sur la partie haute du tube, de gauche à droite : vitesse (sous forme d'un ruban défilant derrière un repère fixe), Attitude Display (équivalent de l'horizon artificiel), altitude (également sous

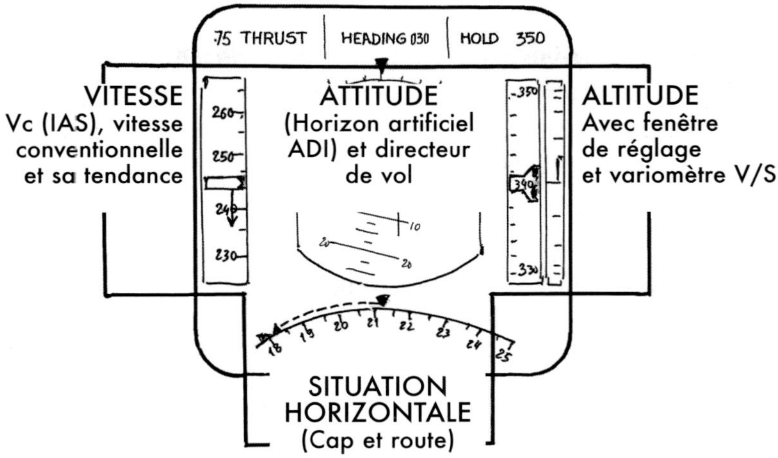

Le « T » basique sur un PFD (tube cathodique principal des tubes de pilotage EFIS). Exemple du MD-11

forme de ruban défilant) avec le variomètre associé. En bas de la branche verticale, on retrouve les informations sur la situation horizontale (cap et route – le reste de la situation horizontale étant renvoyé sur un autre tube, le Navigation Display).

Sens de manœuvre des boutons et des interrupteurs

On trouve dans un cockpit de nombreux boutons ou interrupteurs à deux positions : marche-arrêt (ou *on-off*). Une règle définit dans quel sens doit se trouver la position « marche », et dans quel sens doit se trouver la position « arrêt » :

– sur un plan horizontal, « marche » est vers l'avant, « arrêt » vers l'arrière.

– sur un plan vertical, « marche » est vers le haut, « arrêt » vers le bas.

Un problème se pose parfois sur certains panneaux supérieurs du cockpit (au-dessus de la planche de bord) qui sont inclinés à 45 degrés, suivant plus ou moins l'inclinaison du pare-brise. Si bien que, si on préfère dire qu'un tel panneau est plutôt vertical, la position « marche » des boutons est vers le haut. Mais si on préfère dire que le panneau est plutôt horizontal, la position « marche » est vers l'avant, ce qui correspond plutôt au bas, et le sens est opposé au sens précédent.

Les manettes de conduite moteurs

Tous les moteurs (moteurs à pistons, turboréacteurs ou turbopropulseurs) ont une manette de poussée (ou de puissance), dite « manette des gaz ».

Cette manette est située à gauche du pilote sur les monoplaces (ou les biplaces en tandem), et au milieu du pylône central sur les plus gros avions. Pour augmenter la poussée (la puissance), il faut avancer la ou les manettes des gaz.

Peu de gens le savent : pendant la guerre de 1914-1918, le sens des manettes était différent. Pour augmenter la puissance, il fallait reculer les manettes. Combien de pilotes se sont-ils fait peur en voulant « rajouter des gaz » en finale juste après le changement de sens ?

On raconte à ce propos une histoire savoureuse. Peu après la fin de la guerre de 1914-1918, alors que la manette des gaz était encore dans son état premier, un pilote militaire à l'entraînement, en vol au-dessus de la campagne française, fut pris d'une irrésistible envie naturelle. Naturelle, mais difficile à satisfaire dans un avion de l'époque (on notera à ce propos que les avions d'armes modernes, qui peuvent tenir l'air pendant des heures avec ravitaillement en vol, ont des équipements en cockpit qui permettent au pilote de se soulager). Ce pilote décida donc d'atterrir dans un champ, ce qui à l'époque ne posait pas de problème. Il atterrit, laissant son moteur au ralenti, et sauta à terre. Mais le ralenti du moteur était mal réglé, et ce dernier se mit à caler. Pour le remettre en route, il fallait hélas être deux : un opérateur lance l'hélice à la main, un autre dans le cockpit « accroche » le moteur à la manette dès qu'il « tousse ». Après de longues minutes, notre pilote rencontra, sur le chemin voisin, un facteur à bicyclette, qui, après quelques hésitations, accepta de tenter de lancer l'hélice pendant que le pilote remontait sur son siège. Mais il n'y parvint pas. Le pilote décida alors de changer de tactique : il installa le facteur dans le cockpit, malgré ses réticences, et lança l'hélice lui-même. Le moteur, répondant à la main d'un maître, partit du premier coup. Aussitôt, l'avion fit un bond en avant : la main du facteur, posée sur la manette des gaz, était partie en arrière en entraînant la manette, ce qui eut pour effet d'emballer le moteur.

Le pilote, qui se trouvait devant, n'eut que le temps de sauter sur le côté. L'avion roula et vint s'encastrer dans la haie la plus proche. Effaré, le facteur s'enfuit, laissant le pilote à côté de l'épave de son appareil, préparant son rapport pour ses chefs...

Le manche de pilotage

Le manche de pilotage (qui agit sur deux axes, la profondeur et le roulis) est traditionnellement devant le pilote. Sa forme a connu divers avatars (voir *Commandes de vol*). Certains avions à commandes de vol électriques sont munis d'un minimanche qui ressemble au manche des avions légers et des avions d'armes (voir *Commandes de vol électriques*).

On notera que le manche des hélicoptères, qui a les mêmes fonctions que le manche des avions mais avec des moyens d'action différents (calage des pales au lieu de gouvernes), a la même allure que celui des avions. Ce qui permet à un pilote d'avion de réussir à piloter à peu près un hélicoptère en vol et inversement. Seule une commande est nouvelle sur hélicoptère, qui correspond à une fonction qui n'existe pas sur avion, celle du pas collectif, qui permet de faire monter ou descendre la machine, qui a naturellement la forme d'un levier pouvant monter et descendre, et qui se déplace dans le même sens que le mouvement souhaité.

Les manettes de configuration

La manette de train d'atterrissage

Cette manette est un levier qui se déplace verticalement, de haut (train rentré) en bas (train sorti). Ce levier est en général placé sur la planche de bord, légèrement décentré vers la droite sur les avions à deux pilotes.

Il est recommandé de donner à ce levier la forme d'une petite roue, parallèle aux roues de l'avion. La plupart des avions modernes respectent cette règle.

Il me revient à propos de manette de train une anecdote amusante. Le Lockheed T-33, avion datant de l'immédiat après-guerre, ne passait que très rarement au CEV, lors de modernisations, radio ou autres. Ce qui fait que nous volions rarement sur cette machine et que nous avions à réviser chaque fois quelques-unes de ses particularités, comme le test de la *main fuel shut-off valve* (que notre instructeur de Meknès, peu versé dans la langue de Shakespeare, appelait la « *menchikoff-valve* »). Un jour donc, un T-33 était de passage à Brétigny. Un pilote d'essai de l'ancienne garde fut désigné pour un vol. Il partit vers l'avion, décolla, puis demanda un premier passage au-dessus de la piste, suivi d'un deuxième, tout cela train sorti. Au deuxième passage, je l'ai appelé depuis la salle des opérations, sur la fréquence de la tour, pour lui demander s'il avait un problème. Non, pas de problème. Mais il allait faire un troisième tour avant de partir pour son essai.

Finalement, n'en pouvant plus, il s'écria : « Pourrais-tu me dire où ils ont mis cette sacrée manette de train ? » (« mis » et « sacrée » n'étaient pas les termes exacts...). Le problème était donc là. Il faut dire que sur cet avion, la manette de train était logée à la base du siège, le long du plancher, à gauche. Difficile à trouver si on n'est pas prévenu, même en cherchant bien.

La manette des volets

Sur les avions commerciaux, les volets (et les becs, souvent associés) ont leur manette sur le pylône central, à droite. Il est recommandé de donner à cette manette la forme d'un profil d'aile (forme des volets).

Pour éviter de sortir ou rentrer la totalité des volets et des becs d'un seul coup, cette manette possède des crans (nommés « *gates* » sur les avions américains). En cas de remise des gaz, la consigne étant de rentrer seulement un cran de volets (quelle que soit la positon des volets en finale, s'il est possible d'atterrir avec différentes configurations de volets) : on avance la manette des becs-volets jusqu'au premier cran rencontré.

Autres manettes

Il arrive parfois que, au gré de l'évolution de la technique, de nouveaux composants appellent de nouvelles manettes.

Quand il fallut concevoir pour Concorde une manette pour manœuvrer le nez basculant, cela allait presque de soi : on a placé sur la planche de bord, à droite, un levier haut-bas qui manœuvrait le nez dans les mêmes sens. L'opération s'accompagnait d'un bruit d'enfer.

Lorsqu'on a réalisé les premiers avions à flèche variable aux États-Unis, on a placé sur la gauche du pilote une manette avant-arrière, avec la convention qui paraissait logique : manette en avant, aile déployée (flèche minimale) – manette en arrière, aile repliée (flèche maximale). En fait, le choix s'est avéré illogique. Dans la recherche de vitesse maximale (manette des gaz plein avant), il faut avoir la flèche maximale, donc, pour rester homogène, manette de flèche plein avant. On a donc inversé le sens de la manette de flèche.

Sur les avions à flèche variable français (Mirage G-01 et Mirage G-8), c'est ce dernier sens qui fut retenu. On ne sait pas si, aux États-Unis, il y a eu des problèmes lors du changement de sens.

Codes

De nombreux codes sont utilisés dans l'aéronautique, dans l'objectif de mieux se faire comprendre en général. En voici quelques-uns.

Code morse

Dans les premiers temps de l'aviation, les communications radio étaient difficiles. La « phonie », qui permet des échanges clairs comme dans le téléphone, n'existait pas et les échanges se faisaient en « graphie », par des opérateurs que l'on appelait simplement les « radios » et qui utilisaient le code morse (inventé par Samuel Morse en 1845).

Pour transmettre « Potez », le nom du grand constructeur d'avions des années 1930, on transmettait : /● – – ●/ – – – / – / ● / – – ● ●/

Pour transmettre SOS (signal international de détresse), on transmettait : ●●● / – – – / ●●●

Les initiales SOS correspondent aux premières lettres d'un cantique qui, approprié à la situation, débute par les mots suivants : « *Save our souls* » (« Sauvez nos âmes »).

Code Q

Les transmissions en morse étaient longues, chaque mot nécessitant la transmission de dizaines de signes (points ou traits). Pour augmenter le débit, on décida, dans les années 1930, de remplacer les mots les plus courants par des groupes de trois lettres, dont la première était Q.

Il existait ainsi un « code Q » comportant plusieurs centaines de mots. Ce code a disparu avec l'avènement de la phonie. Mais certains mots sont restés, dont :

– QNH = pression atmosphérique ramenée au niveau de la mer (un altimètre réglé au QNH indique sensiblement l'altitude de l'avion – voir *Altimètre*) ;

– QFE = pression atmosphérique sur un aérodrome (un altimètre réglé au QFE indique à peu près la hauteur de l'avion au-dessus du terrain – voir *Altimètre*) ;

– QDM = relèvement magnétique d'une station par un avion. C'est à peu près la route vers la station ou le cap magnétique qu'il faut prendre pour rejoindre cette station ;

– QGO = terrain fermé cause météo ;

– QGP = numéro d'ordre pour l'atterrissage quand il y a une attente à l'arrivée sur un terrain (voir *Hippodrome*) ;

– QRF = demi-tour et retour vers le terrain de départ ;

– QFU = piste en service. Pour une piste orientée au 049°/229° magnétique, « QFU 23 » signifie que les décollages et atterrissages se font au cap 229°.

Code phonie

L'avènement de la phonie n'a pas fait disparaître tous les codes, bien que l'utilisation d'un code ne soit plus indispensable. On a conservé certains mots-codes datant de la dernière guerre, permettant de préciser en un seul mot un état important. Par exemple :

– « Roger » signifie « j'ai bien reçu votre message » ;

– « Wilco » signifie « j'ai bien reçu votre instruction et je vais l'exécuter » ;

– « Cavok », qui est l'acronyme de « Ceiling and Visibility OK », signifie qu'il fait beau temps (en fait, avec des conditions minimales très précises).

Il existe dans la phonie des codes particuliers.

Pour communiquer sur la qualité de réception d'un message, celui qui a reçu un message peut exprimer la qualité de la réception avec deux chiffres allant de 1 à 5. Le premier chiffre indique la force du signal, de 1 (trop faible) à 5 (fort, satisfaisant). Le second indique la clarté ou lisibilité du message, de 1 (pratiquement incompréhensible) à 5 (parfaitement clair).

Ainsi, « je vous reçois cinq sur cinq » signifie « je vous reçois fort (5) et clair (5) », c'est-à-dire parfaitement.

Pour dire « oui » on « non », on utilisait jadis les termes « affirmatif » et « négatif ». Mais ces deux termes posaient problème en raison de leur sonorité trop proche. Le standard est maintenant « affirm » pour oui et « négatif » pour non.

Collision

Les avions étant mobiles, ils sont exposés à des collisions. Collisions avec des obstacles fixes (pour des avions en vol ou en roulage au sol), collisions entre avions (en vol ou au sol), collisions au sol avec des véhicules terrestres.

Collisions entre avions en vol (ou abordages)

Les collisions en vol entre avions (ou abordages) se traduisent toujours, ou presque, par des tragédies. Rares sont les cas où l'un des deux avions parvient à se poser. Les deux exemples qui suivent mettent en jeu des causes de nature différente.

La première collision est due à une procédure qui avait été mise en place dans l'immédiat après-guerre de 1939-1945 et qui consistait à admettre que des avions de transport commercial puissent voler en conditions de vol à vue sous leur propre responsabilité. On admettait alors que, si les conditions étaient bonnes au-dessus de la couche de nuages, les avions puissent se déclarer « VFR (Visual Flying Rules) *on top* » et assurer, dans ces conditions, leur propre anticollision. En 1956, un DC-7 et un Super-Constellation effectuaient la même étape entre

Los Angeles et New York. Bien que de même origine et de même destination, les deux avions avaient choisi au départ des routes différentes, l'un procédant par une sortie nord, l'autre par une sortie plus sud. Les deux routes se rejoignaient au-dessus du Grand Canyon du Colorado. Ayant été autorisés à voler en « VFR *on top* », les deux avions avaient reçu du contrôle des informations imprécises sur leurs positions relatives. Par malchance, la route de celui qui avait décollé le premier était un peu plus longue que celle du second, si bien que les deux avions étaient arrivés ensemble au point de jonction de leurs trajectoires. Ils ne s'étaient pas vus et s'étaient percutés de plein fouet, tuant tous leurs occupants.

Dans les années qui ont suivi, les radars ont fait de grands progrès et les avions commerciaux ont été astreints à effectuer tous leurs vols en régime IFR (Instrument Flying Rules). Ce qui ne constitue pas un remède absolu, comme le montre l'exemple suivant.

La deuxième collision se passe au début des années 1970. Deux avions volent en croisière au niveau de vol 370 (37 000 pieds, soit environ 11 000 mètres). Ils sont sur la même route aérienne, proches l'un de l'autre, l'un derrière l'autre, et le second a tendance à rattraper le premier. Le contrôleur aérien, assez inexpérimenté, il faut dire, craint une collision. Il demande à l'avion qui est devant de descendre au niveau 360. Mais la phraséologie utilisée est approximative et l'avion comprend qu'on lui demande de faire un virage à 360 degrés. « *OK, three six zero* » est sa réponse, une réponse aussi imprécise que la demande du contrôleur, qui se satisfait de cette réponse et considère que l'avion a compris. Le premier avion entame son virage, au terme duquel il percute l'autre avion, à la même altitude que lui. L'un des deux avions s'écrase au sol, tuant tous ses occupants. L'autre, bien que sérieusement endommagé, parvient miraculeusement à se poser sans faire de victimes.

On a mis au point, au cours des années 1990, un système permettant de diminuer les risques de collision entre avions en vol – les diminuer, mais pas les supprimer. Dans ce dispositif, dit « T-CAS » (Traffic-Collision Avoidance System), les avions diffusent alentour leur position et leur altitude automatiquement, par le biais de leur transpondeur (voir *Contrôle radar*). Lorsqu'un autre avion s'approche trop, le pilote est prévenu. D'abord par une simple information (signal ambre sur son Navigation Display, tube cathodique de navigation), puis de façon plus insistante : signal rouge, alarme sonore et suggestion de manœuvre (pour monter ou descendre). Grâce au T-CAS, les risques de collision en vol sont sérieusement diminués. Diminués mais pas annulés, comme le montre l'exemple ci-dessous.

En 2002, deux avions commerciaux se présentent face à face à la même altitude au-dessus du lac de Constance, à une frontière entre deux régions de contrôle, l'une suisse, l'autre allemande. Il fait nuit ; le contrôleur a été laissé seul à son pupitre, le trafic étant prévu limité. En fait, en plus de ces deux avions, un autre avion (non programmé) demande à atterrir sur un terrain du secteur. Le contrôleur ne parvient pas à prendre contact par téléphone avec la tour de contrôle de sa destination (en raison de travaux de maintenance dans les locaux du contrôle, on a coupé le téléphone sans l'en avertir). Il tarde un peu à prendre une décision pour séparer les deux avions en conflit de trajectoire et donne finalement au premier avion l'ordre de descendre. Cet ordre lui arrive à l'instant où le système embarqué anticollision (le T-CAS décrit ci-dessus) lui suggère de monter. Au même instant, le T-CAS du second avion lui suggère de descendre. C'est normal, les deux T-CAS, appareils identiques, sont cohérents : ils suggèrent à un avion de descendre, à l'autre de monter.

Les deux avions, le premier suivant l'ordre du contrôleur, opposé au T-CAS, le second suivant l'ordre du T-CAS, se mettent à descendre. Et se percutent face à face. Pour la petite histoire, un Russe perdit sa femme et ses deux enfants dans l'accident. Fou de douleur, il vint en Suisse assassiner le contrôleur, qu'il jugeait responsable (en fait, sa responsabilité n'était que partielle).

Au tournant du millénaire, on a commencé à travailler sur un T-CAS amélioré dit « ADS-B » (Automatic Dependent Surveillance-Broadcast), qui envoie des informations sur les trajectoires des avions par l'intermédiaire d'un satellite. La position GPS de chaque avion ainsi que ses paramètres de vol (altitude, route) sont envoyés vers tous les autres avions, qui disposent ainsi de tous les éléments pour éviter la collision.

Collisions entre avions au sol

Les collisions au sol entre avions sont fréquentes. En général, elles se traduisent uniquement par des dégâts matériels. Les collisions évoquées ci-dessous, la première ayant conduit à l'accident le plus meurtrier de l'histoire de l'aviation commerciale, font exception à la règle.

On est en 1977, en période de vacances. Une alerte à la bombe sur le terrain de Las Palmas aux îles Canaries a contraint des dizaines de gros-porteurs à se dérouter sur le terrain voisin de Ténériffe, mal équipé pour un tel trafic. De plus, de mauvaises conditions météorologiques (brouillard) bloquent tous ces avions au sol depuis plusieurs heures. Les équipages attendent avec impatience que le brouillard se dissipe. Dès que les premiers signes d'amélioration météorologique apparaissent, les premières autorisations de départ sont données. La visibilité au sol est encore très réduite – une centaine de mètres –, mais suffisante pour les décollages. Deux Boeing 747 sont autorisés à rouler, à quelques minutes d'intervalle. Ils doivent remonter en partie la piste en service, puis la libérer en allant se placer sur un chemin de roulement parallèle avant de revenir s'y aligner pour décoller. Le premier roule, remonte la piste et revient s'y aligner. Le second roule, puis remonte la piste en guettant dans le brouillard la bretelle qui lui permettra de dégager cette piste. Le premier demande à décoller. La tour lui communique ses paramètres de départ et lui demande d'attendre, mais avec une phraséologie incertaine. Le commandant de bord affiche la poussée de décollage. Le copilote se permet d'émettre un doute sur l'autorisation, mais il n'est pas entendu. Le commandant de bord lance l'avion dans la course au décollage avec à peine plus de 100 mètres de visibilité. Pendant ce temps, le second 747 commence à dégager la piste, mais pas assez vite. La collision est effroyable. Les deux avions sont littéralement pulvérisés. Il y aura 600 morts. (voir aussi *Facteurs humains*).

En 2001 à Milan, un autre accident se produisit entre un MD-87 au décollage dans le brouillard (encore…) et un Cessna Citation-II privé qui traversait la piste. À l'origine, un marquage défectueux des chemins de roulement (*taxiways*), et des panneaux de signalisation non réglementaires. Avec, en plus, une phraséologie très approximative, tant de la part de la tour de contrôle que de celle du pilote du Citation. Les deux avions se sont percutés de plein fouet et furent entièrement détruits – l'épave du MD-87 terminant sa course dans un hangar de marchandises. Il n'y eut aucun survivant. Cet accident a mis en évidence la ressemblance entre les chiffres 5 et 6 peints au sol avec un pochoir non réglementaire. Or le Citation avait emprunté un taxiway dont le numéro ne différait du bon *taxiway* que par un numéro : un 5 à la place d'un 6.

Afin de limiter les risques de collisions entre avions au sol, de nombreux aérodromes se sont équipés, au début des années 2000, de radars spéciaux de suivi de la circulation sur les pistes et chemins de roulement. Cette procédure n'étant pas immédiatement applicable, il est à prévoir qu'il y aura encore des collisions entre avions au sol.

Collisions entre avions en vol et le sol

Chaque année, de nombreux avions percutent le sol. Ces accidents sont généralement dus à de mauvaises conditions météorologiques (brouillard ou nuit), à des procédures mal appliquées ou encore à une mauvaise gestion des trajectoires en approche. Parmi ces collisions air-sol, nombre d'entre elles correspondent uniquement à une mauvaise gestion de la trajectoire, l'avion lui-même étant en parfait état de vol. On appelle ces collisions CFIT (Controlled Flight Into Terrain), pour bien souligner que l'avion est en état de vol et reste contrôlable jusqu'au bout.

Divers systèmes ont été développés pour limiter ce risque de collision :

– Le GPWS (Ground Proximity Warning System) est un système embarqué qui, en mesurant la hauteur au-dessus du sol, informe le pilote, par voie vocale, de la présence d'une pente de descente excessive (signal « *Sink rate* ») ou de la proximité immédiate du sol (signal « Terrain, terrain »), émettant même une ultime suggestion de manœuvre (signal « Terrain, terrain, *pull-up* ! »). Hélas, de nombreux accidents sont encore dus à l'inertie des pilotes devant de telles annonces. Ainsi celui d'un Boeing 727 en descente dans les nuages, en 1987, qui avait commis une erreur de route notable lors de l'arrivée sur un aérodrome qui ne disposait pas de radar de surveillance. Le GPWS avait égrené ses alarmes de proximité du sol : « Terrain, terrain » suivi de l'insistant « Terrain, terrain, *pull-up* ! ». Exaspéré, le commandant de bord eut le temps de hurler « *Shut-up* ! »

(« Ta gueule ! » en français) à l'adresse de cet importun GPWS, avant de s'écraser sur une colline, tuant les 148 occupants de l'appareil.

– Un GPWS amélioré, l'EGPWS (E comme Enhanced) tient compte *a priori* du relief autour de la position de l'avion (connue au travers du système de navigation FMS – Flight Management System) et de l'altitude actuelle de l'avion pour déclencher l'alerte.

– Un système a été mis en place à la fin du XXe siècle dans les salles de contrôle des aérodromes (services d'approche et tour de contrôle). Ce système, nommé MSAW (Minimum Safe Altitude Warning), est informé en permanence de l'altitude des avions évoluant dans la zone d'aérodrome (par leur transpondeur – voir *Radar*), et compare cette altitude à l'altitude de sécurité dans la maille géographique dans laquelle se trouve l'avion – dont la position est connue par le radar (voir *Altimétrie*).

Si un avion est trop bas pour sa position géographique, une sirène se déclenche dans les salles de contrôle, et les contrôleurs peuvent immédiatement donner l'ordre à l'avion en danger de remonter.

Collisions entre avions au sol et obstacles

Pour finir, voici une anecdote qui se déroule sur un terrain militaire. Il fait beau. Des avions volent, d'autres roulent sur les taxiways. Tous sont branchés sur la fréquence de la tour. On entend un dialogue :

– *LA TOUR* : Alfa Charlie, faites attention : il y a une vache à vos onze heures.

– *UN AVION* : La tour, de Alfa Charlie, je ne vois rien, je suis à 2 000 pieds.

Tous les avions s'esclaffent sur la fréquence.

– *UN AUTRE AVION* : La tour, de Alfa Delta, je viens de heurter une vache sur ma gauche, taxiway Roméo.

Moralité : il faut faire attention aux indicatifs radio.

Comet

L'histoire du Comet est une histoire triste. Mais l'histoire de l'aviation n'est pas faite que d'histoires gaies.

En 1950 – on venait à peine de sortir de la guerre –, les réacteurs s'imposaient dans le monde de l'aéronautique militaire. Les chasseurs à réaction se multipliaient et chacun sentait bien que le monde de l'aviation commerciale allait bientôt avoir son tour. L'aviation commerciale, à cette époque, utilisait nombre d'avions hérités de la guerre encore équipés de moteurs à pistons.

Les Britanniques furent les premiers à franchir le cap. Ils étudièrent et construisirent un quadriréacteur de transport commercial moyen-courrier, le De Havilland Comet. Avec ses quatre réacteurs noyés dans l'emplanture de l'aile – ce qui posa problème pour la certification américaine, la FAA n'acceptant pas ce concept –, son nez de forme révolutionnaire sans décrochement au niveau du pare-brise (nez qui sera repris plus tard sous licence sur la Caravelle), il avait fière allure. Après deux à trois ans d'essais intensifs, le Comet prenait son essor commercial et de nombreuses compagnies (dont Air France et une autre compagnie française, UAT) l'achetaient.

Hélas, peu de temps après, les ennuis commençaient. Une technique de décollage mal adaptée était à l'origine des premiers incidents. Si le pilote tirait trop sur la profondeur pour la rotation, une forte traînée limitait l'accélération et la queue touchait le sol, ce qui aggravait le problème. Les servocommandes n'étaient pas équipées de retour de sensation (*feed-back*), ce qui rendait le pilotage délicat (voir *Gouvernes*).

Lors d'un des premiers décollages commerciaux, à la rotation (c'était à Rome, fin 1952), l'avion sous forte assiette subissait un fort *buffeting*. Si fort que le commandant de bord décida d'interrompre le décollage, bien qu'à une vitesse excessive. Il faisait nuit. L'avion plongea vers le sol dans le noir et se disloqua. Le train fut arraché, l'aile gauche coupée en deux. Par chance, il n'y eut pas d'incendie et les passagers, dont certains furent blessés, survécurent.

Les accidents relatés ci-dessous sont dus à des explosions de la cabine passagers consécutives à un défaut de résistance structural des encadrements de hublots sous pressurisation.

En mai 1953, en montée après un départ de Calcutta vers Delhi, au passage des 10 000 pieds, un Comet explosa en vol. On retrouva au sol le fuselage séparé des ailes, en position dos. Le temps était ce jour-là chargé de nombreux orages et l'accident était alors attribué dans un premier temps à une très forte turbulence rencontrée en vol, qui aurait créé une violente abattée (*pitch-down*) et une rupture des ailes.

Au tout début de 1954, un Comet venait de décoller de Rome vers Londres. Le temps était également très chargé. En croisière au niveau de vol FL 200 (20 000 pieds, soit environ 6 000 mètres), l'avion explosa dans une boule de feu. Les morceaux tombèrent en mer, certains enflammés. Suite à cette seconde explosion, le Comet fut immédiatement interdit de vol.

Une longue enquête commença alors, avec la reconstruction de l'avion dans un hangar à l'aide des débris retrouvés de l'épave. On mit sous pression un autre fuselage dans un bassin d'eau, jusqu'à le faire exploser. La cause des accidents fut identifiée : une rupture du fuselage sous les efforts alternés (montée-descente) de la pressurisation, au droit d'un hublot – les hublots du Comet étaient rectangulaires et fragilisés de ce fait. Les calculs initiaux avaient été insuffisants du fait du manque d'expérience dans la construction de ce type d'avion nouveau et de l'absence d'essais de fatigue. Depuis, ces essais sont effectués systématiquement sur les nouveaux avions. On sacrifie une cellule qui subit des cycles – jusqu'à 300 000 cycles pour un avion qui en accumulera 100 000 au long de sa vie.

Le Comet fut donc recalculé et conduisit au Comet 4C, enfin fiable, qui n'eut pourtant aucun succès commercial à cause de la mauvaise réputation de l'avion. De plus, le Boeing 707 et le DC-8 long-courriers étaient apparus dans l'intervalle aux États-Unis, et la Caravelle moyen-courrier volait en France. Tous ces avions profitaient de l'expérience malheureuse du Comet.

L'aventure des Comet était terminée. La dernière série fut transformée en avions radars pour la Royal Air Force, sous le nom de Nimrod,

Le Comet

à la fin des années 1970. Les Nimrod ont été et restent chargés d'alerte radar avancée (AEW, terme anglo-saxon pour « Airborne Early Warning »).

Commandes de vol

Le terme « commandes de vol » regroupe l'ensemble des dispositifs qui permettent à un pilote de faire évoluer sa machine.

Pour faire évoluer un avion en vol, le pilote dispose de commandes dans son cockpit. On ne parlera pas des commandes qui servent à gérer les moteurs (commandes de manettes des gaz et manettes associées, de mélange, de pas d'hélice, etc.), bien qu'elles servent également à agir sur la trajectoire de l'avion. On ne parlera ici que des commandes de vol, qui servent essentiellement à modifier aérodynamiquement les mouvements de l'avion.

Si on considère un mobile en mouvement stabilisé et si on veut modifier ce mouvement, il faudrait pouvoir lui appliquer trois forces et trois moments. Si on voulait gérer parfaitement la trajectoire d'un avion en vol, il faudrait à chaque instant pouvoir lui appliquer :

– une force Fx qui puisse le pousser vers l'avant ou vers l'arrière (donc le faire accélérer ou décélérer) ;

– une force Fy qui puisse le pousser vers la gauche ou vers la droite ;

– une force Fz qui puisse le pousser vers le haut ou vers le bas ;

– un moment (rotation) Mx qui puisse le faire tourner vers la droite ou vers la gauche dans un mouvement de roulis ;

– un moment My qui puisse lui faire lever ou baisser le nez dans un mouvement de tangage ;

– un moment Mz qui puisse lui faire tourner le nez vers la gauche ou vers la droite dans un mouvement de lacet.

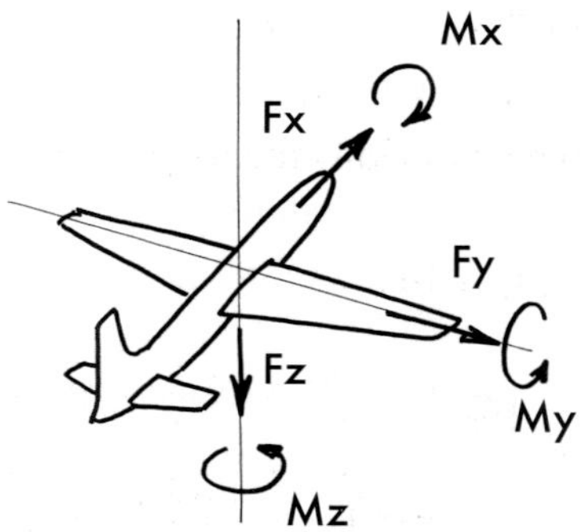

En fait, les commandes mises actuellement à la disposition du pilote ne permettent pas tous ces mouvements. Seuls trois d'entre eux sont possibles : les trois rotations. Le pilote dispose en effet classiquement de commandes pour provoquer :

– du roulis (en appliquant un moment Mx au manche en gauchissement, gauche-droite) ;

– du tangage (en appliquant un moment My au manche en profondeur, avant-arrière) ;

– du lacet (en appliquant un moment Mz au palonnier, gauche-droite).

Les commandes de vol ne permettent pas au pilote d'appliquer l'une des trois translations avant-arrière, gauche-droite ou haut-bas. Sauf peut-être la première, mais en agissant sur les moteurs et les aérofreins, qui ne sont pas des commandes de vol classiques.

La manière dont le mouvement est transmis, aérodynamiquement, à l'avion est analysée plus loin (voir *Gouvernes*).

Pour créer les trois moments, le pilote d'un avion classique dispose de deux commandes principales : le manche et le palonnier (l'être humain n'ayant pour agir que ses mains et ses pieds, il ne pouvait y en avoir davantage).

Le manche, qui agit en roulis et tangage, a revêtu au cours des âges des formes diverses :

– un « manche à balai », simple levier vertical qui continue à équiper les avions d'armes et les avions légers ;

– un volant de pilotage (*control wheel*) sur les avions commerciaux. Sur l'Armagnac, premier avion intercontinental français d'après guerre, le manche s'était transformé en deux leviers verticaux situés de part et d'autre des genoux du pilote ; sur le Concorde, le manche avait l'aspect d'un guidon de bicyclette, avec les cornes recourbées vers le bas.

Le palonnier a toujours conservé l'allure de pédales au plancher.

Les commandes de vol sont un des éléments vitaux de l'avion. C'est pour cela qu'il est demandé aux pilotes d'en vérifier le plein débattement avant le vol, pour éviter, par exemple, de décoller avec des gouvernes bloquées, par des éclisses ou par un système de blocage interne, au parking – ces dispositifs étant conçus pour empêcher les gouvernes de battre au vent.

En revanche, on ne demande pas au pilote de vérifier si les actions sur les commandes se traduisent par les bons mouvements des gouvernes, c'est-à-dire de vérifier que :

– en poussant sur le manche, on abaisse la gouverne de profondeur ;

– en tournant le manche vers la gauche, on abaisse l'aileron droit (et on relève le gauche) ;

– en poussant du pied le palonnier gauche, on braque la direction vers la gauche.

On ne demande pas ces vérifications au pilote pour la simple raison que si les gouvernes allaient du bon côté au vol précédent, il n'y a pas de raison que cela ait changé entre deux vols.

Cela est vrai, mais seulement pour un avion qui a volé récemment. Pour un avion qui sort d'un chantier important, il est essentiel de vérifier non seulement le libre débattement des commandes de vol, mais aussi le sens du déplacement des gouvernes.

En 2001, une chaîne de montage avait été mise en place à Ankara pour l'assemblage d'une série de biturbopropulseurs CASA C-235. À la suite d'une erreur de montage, les câbles de commande du gauchissement avaient été inversés sur un des avions : en tournant le volant à gauche, c'est l'aileron gauche qui s'abaissait. À cette faute des personnels de la chaîne de montage s'ajouta une faute de l'équipage chargé du premier vol (beaucoup d'accidents sont dus à une pluralité de causes) : avant le départ, l'équipage effectua un débattement des commandes, mais sans vérifier le sens de mouvement des ailerons, pourtant visibles du poste de pilotage. Au décollage, à une vingtaine de mètres de hauteur, une petite turbulence inclina légèrement l'avion sur la droite. En voulant contrer ce roulis vers la gauche, le pilote aggrava l'inclinaison à droite : mettant le manche en butée à gauche, il envoya les ailerons en butée pour un roulis à droite. L'avion percuta le sol avec une inclinaison latérale de 60 degrés, tuant ses trois occupants.

Quid de l'action directe sur les forces Fx, Fy et Fz ? Il sera possible dans l'avenir, avec les commandes de vol électriques, d'avoir une action à la fois sur les trois forces et les trois moments grâce à l'aide de gouvernes nouvelles.

Commandes de vol électriques

Dans la véritable révolution technologique qui a bouleversé l'aviation commerciale au cours du dernier quart du XXe siècle, les commandes de vol électriques occupent une place essentielle.

Les commandes de vol électriques (CDVE), ou *fly-by-wire* (pilotage par fil électrique), devraient plutôt s'appeler « commandes de vol à transmission électrique ». Car ce qui les différencie des commandes de vol classiques, c'est uniquement leur moyen de transmission de l'ordre de pilotage entre les commandes en cockpit et les gouvernes.

Le principe de base des CDVE est le suivant : le pilote (ou le pilote automatique si c'est lui qui pilote l'avion) envoie ses ordres de pilotage sous forme de signaux électriques à un calculateur numérique. Ce calculateur analyse les ordres et les retransmet vers les gouvernes, toujours sous forme de signaux électriques, après les avoir éventuellement améliorés. Au niveau des gouvernes, des servomoteurs agissent sur les vérins hydrauliques qui déplacent les gouvernes.

Les calculateurs numériques modernes ont de telles performances que n'importe quel ordre peut être transmis instantanément, sans possibilité d'erreur. Les seules précautions à prendre sont de pouvoir disposer, pour d'évidentes questions de sécurité, d'une bonne redondance, permettant de se protéger contre la panne d'un composant.

Sur l'Airbus A320, qui est un modèle du genre, ayant été le premier avion commercial CDVE à voler, on trouve :

– cinq calculateurs de CDVE conçus et construits par deux constructeurs différents (trois calculateurs pour le premier, deux pour le second), pour éviter d'éventuels bogues dans les programmes ;

– deux fournisseurs différents de petit matériel informatique (relais, microprocesseurs, etc.) ;

– cinq faisceaux différents de câbles électriques vers les gouvernes, logés dans différentes parties des ailes et du fuselage.

De plus, toutes les gouvernes (en fait, tous les axes de pilotage) sont alimentées par tous les calculateurs, si bien que même avec trois ou quatre calculateurs en panne (probabilité très faible), l'avion reste pilotable. Enfin, les protections contre les interférences radioélectriques et le foudroiement répondent à des normes dix fois plus strictes que celles qui régissent les avions à commandes classiques (voir *Foudre*).

AVANTAGES DES CDVE

Outre un allégement notable de la structure de l'avion, les CDVE apportent des avantages décisifs par rapport aux commandes classiques.

D'abord, pour une évolution donnée, le pilote n'a plus à doser son effort. Il a seulement, en quelque sorte, à indiquer son intention au calculateur, qui envoie aux gouvernes un ordre de déplacement correspondant aux conditions du moment. Ainsi, tirer sur le manche, c'est vouloir instaurer un facteur de charge. Avec les CDVE, on obtient le même facteur de charge pour le même déplacement du manche, que l'on soit à grande vitesse ou en approche finale. Ce qui n'est pas le cas d'un avion à commandes classiques, où l'efficacité de la gouverne, à action donnée sur la commande, croît avec la vitesse.

Par ailleurs, les CDVE permettent une protection automatique du domaine de vol : si l'inclinaison latérale maximale autorisée est 65 degrés, les CDVE n'inclineront pas l'avion au-delà, même sur une sollicitation du pilote. De même, le facteur de charge ne pourra dépasser la fourchette réglementaire (de – 1 à + 2,5). En piqué, même si le pilote continue à pousser sur le manche, l'avion ne dépassera pas la vitesse maximale autorisée. Et l'avion ne décrochera pas, même si le pilote garde le manche en butée arrière : dans ce cas, la gouverne de profondeur reviendra au neutre, voire ira à piquer pour maintenir l'avion en deçà de l'incidence de décrochage.

Lors de l'accident de l'A320 à Habsheim en 1988, lorsque le commandant de bord a voulu faire une démonstration de passage à basse vitesse en meeting et a tiré sur le manche pour éviter des arbres (!), un avion classique aurait décroché et aurait tué tous les occupants. L'A320 s'est maintenu grâce aux CDVE en deçà du décrochage. L'avion a touché les arbres et s'est posé dans le bois, mais il n'y a eu que trois victimes – il aurait pu y en avoir bien davantage.

En résumé, il y a une protection automatique du domaine de vol, duquel le pilote ne peut sortir, même par maladresse.

MINIMANCHE

Les ordres transmis aux calculateurs sont des signaux électriques et non plus des forces qui agissent sur des timoneries. De ce fait, la présence dans le cockpit d'un manche de grande taille ne s'impose plus. On peut mettre à disposition des pilotes des minimanches (*side sticks* en anglais, car on les place sur les côtés des sièges, côté extérieur du cockpit).

Les minimanches, s'ils sont indépendants (comme sur l'A320) peuvent poser des problèmes de priorité en cas d'ordres contraires. Les solutions choisies, retenues après de longues discussions en certification, ne donnent pas toujours satisfaction à tout le monde.

On notera qu'avec les CDVE, il est tout à fait possible de conserver des manches classiques, comme sur le Boeing 777 ou le Mirage 2000.

De même, certains avions équipés de CDVE ont la possibilité de revenir à des commandes directes classiques en cas d'urgence ; c'était le cas du Concorde, premier avion civil à commandes de vol électriques, qui avait conservé la possibilité d'un retour en manuel en cas de panne des CDVE.

C'est aussi le cas sur le Boeing 777, mais pour une raison différente : Boeing a toujours été moins téméraire qu'Airbus dans les innovations. Pour les CDVE, le constructeur a envisagé le cas d'une demande en urgence du pilote, pour laquelle un retour aux commandes directes (non électriques) pouvait être souhaitable, ce qu'illustre l'accident relaté ci-dessous.

DE LA FIABILITÉ DES CDVE

On a débattu pendant une ou deux décennies de la fiabilité des CDVE au regard de celle des commandes de vol classiques. Comme d'habitude, une large partie des pilotes se méfiait de la nouveauté. De plus, l'aspect ténu d'un fil électrique à côté d'un câble de gouvernes classique apportait de l'eau à leur moulin. Il a fallu, au cours des années 1980, s'appliquer à démontrer que la fiabilité des commandes restait intacte dans la mutation. Deux accidents ont démontré la force des nouveaux concepts.

Le premier accident aurait pu être évité avec les CDVE. En 1974, un DC-10 décollait de Paris avec 346 personnes à bord, équipage compris. La porte de soute inférieure latérale arrière avait été mal fermée. Le problème était connu : un autre DC-10 avait déjà eu des problèmes en vol avec cette porte ; par chance, il avait pu atterrir sans faire de victimes. Laxisme des autorités américaines (FAA), inertie du constructeur (McDonnell-Douglas) ? Rien n'avait été fait pour améliorer la fermeture de la porte et son contrôle. En montée au-dessus de la forêt d'Ermenonville au nord de Paris, la pression interne de l'avion devint supérieure à la pression extérieure et la porte de soute fut expulsée, entraînant l'affaissement du plancher de la partie arrière de la cabine passagers. Plusieurs passagers furent aussitôt éjectés à travers le trou ouvert dans le fuselage, tandis que des câbles de gouvernes, justement installés sous le plancher effondré, se bloquaient, empêchant les pilotes d'agir sur la gouverne de profondeur. L'avion s'écrasa, tuant tous ses occupants.

On a montré après coup que les pilotes auraient pu retrouver une efficacité partielle de profondeur en agissant sur le plan horizontal réglable (PHR) de la profondeur, mû électriquement. Si l'avion avait été équipé de CDVE, il aurait conservé la totalité de ses commandes de vol.

Tout comme le premier, ce second accident (qui se termine toutefois bien), survenu vers la fin des années 1970, n'aurait pas pu se produire avec les CDVE. L'avion, un Airbus A300 équipé de commandes classiques à câbles, était en descente vers son terrain de destination quand le pilote a ressenti de violents à-coups dans la profondeur, des coups de boutoir faisant tour à tour monter et descendre le nez de l'avion de façon aléatoire. Le temps était calme, cela ne pouvait être dû à de la turbulence. Le pilote demanda une priorité à l'atterrissage, qui lui fut aussitôt accordée. Après une vingtaine de minutes pendant lesquelles les à-coups se poursuivaient, l'avion atterrissait sans dommages. Les mécaniciens de piste se précipitaient pour tenter de trouver la cause de ces mouvements violents et erratiques. En ouvrant les portes de la soute, dans laquelle cheminent les câbles allant à la gouverne de profondeur, ils découvrirent deux molosses qui leur sautèrent à la gorge, donnant du même coup la réponse : ces chiens avaient été enfermés dans des cages pour le voyage en soute, comme cela se fait toujours. Ils avaient réussi à se libérer et s'étaient attaqués au revêtement intérieur des cloisons, attaquant de leurs crocs les câbles de la gouverne de profondeur et imprimant ainsi les à-coups ressentis par le pilote.

Concorde

J'ai peu volé sur le Concorde. Essentiellement lors de sa mise en ligne, sur Washington et New York, avec des équipages d'Air France, vers la fin des années 1970.

Dans les toutes premières ébauches du Concorde (dont le nom était alors « Super Caravelle »), au tout début des années 1960, les idées les plus folles avaient été avancées. Ainsi, on avait envisagé de supprimer les hublots des passagers afin de renforcer la résistance de la structure. Et de remplacer la vue du monde extérieur par des images projetées sur des écrans de télévision individuels. On ne l'a pas fait, mais les hublots sont restés d'une taille particulièrement réduite. On avait aussi envisagé de tourner les sièges vers l'arrière pour limiter les effets de la décélération à l'atterrissage (et mieux protéger les passagers en cas de *crash*), ce qui n'aurait pas été gênant pour les passagers en l'absence de hublots. Pour permettre des vols long-courriers directs sur l'Amérique du Sud, on avait même envisagé un ravitaillement en vol ; on y a renoncé et les vols Paris-Rio des premiers temps (rapidement supprimés faute de passagers en nombre suffisant) ont dû faire escale à Dakar. Parmi les idées les plus extravagantes qui avaient été avancées, il y avait aussi la propulsion nucléaire et le décollage vertical. En France, on n'a jamais manqué d'idées…

La première présentation de l'avion au sol, à Toulouse, donna lieu à une cérémonie de grande envergure. L'avion fut tiré hors du hangar par un tracteur flambant neuf. Le projet étant franco-britannique, le hangar et les tribunes étaient pavoisés aux couleurs des deux pays. La façade du hangar affichait, à son fronton, l'Union Jack à gauche et le drapeau français à droite. Avec, entre les deux, le mot « CONCORDE » en grosses lettres.

Un photographe britannique a réussi à prendre une photo de l'avion franchissant les portes, avec un cadrage légèrement décentré sur la gauche. Remplaçant la coopération franco-britannique par une prééminence exclusive des Britanniques, on ne voyait que le drapeau anglais, et le dernier E de « CONCORDE » était masqué : on lisait donc seulement « CONCORD ». Cette photo a fait la une de tous les journaux britanniques. C'est tout juste si, dans cette même presse, l'événement ne fut pas rapporté s'être déroulé à Farnborough…

L'avion, muni d'une aile semi-delta (« gothique », diront les puristes), se présenta à l'atterrissage avec un fort angle de cabré, bien supérieur à celui des avions à aile classique. Au CEV, nous avions l'habitude de ces angles élevés : le Mirage IV atterrissait dans cette attitude. De plus, le Mirage IV était piloté par un seul homme, qui avait exactement devant lui un important montant du pare-brise qui le forçait à pencher la tête à gauche et à droite pour voir la piste à l'atterrissage. Le Concorde se présentait exactement dans la même attitude que le Mirage IV, mais sans montant dans l'axe visuel du pilote aux commandes.

Cette configuration aurait excessivement perturbé les habitudes des pilotes de ligne. Pour accepter de certifier l'avion, l'aviation civile avait exigé une pointe avant basculante pour améliorer la visibilité lors des décollages et atterrissages. Cela avait coûté une fortune en recherche et mise au point, et fait perdre en charge utile une dizaine de sièges. Mais les pilotes de ligne n'avaient pas eu à changer leurs habitudes…

Se rappelle-t-on que le premier prototype était aux couleurs françaises, le deuxième aux couleurs britanniques ? Le premier était immatriculé F-WTSS (F, marque de la France, W signe des prototypes, et TSS pour transport supersonique). Le deuxième portait les lettres G-WSST (G pour Grande-Bretagne, SST pour SuperSonic Transport).

Premier projet international d'envergure, le Concorde a nécessité des efforts particuliers – surtout parce que, sur les deux pays partenaires, il y avait la Grande-Bretagne… Un gros effort a dû être fait dans le domaine des unités. La Grande-Bretagne commençait à peine à adopter le système métrique (en fait, le système international SI), et le risque était grand de confusions et d'incompatibilités entre des pièces en provenance des deux côtés de la Manche. Dans ce domaine, tout s'est bien passé. Mieux que cela ne se passait pour d'autres projets aux États-Unis (le seul pays à ne pas appliquer le système international – voir *Unités*). C'est en effet aux États-Unis qu'à la fin du XXe siècle – plus de trente ans après le Concorde – un vaisseau spatial a été envoyé vers la planète Mars, et a manqué son atterrissage parce que, sur les différentes parties sous-traitantes du projet, certaines avaient travaillé en centimètres, d'autres en pouces…

Dans le domaine de la certification, des problèmes auraient pu se poser, les règles françaises de la DGAC (Direction générale de l'aviation civile) étant en partie différentes des règles britanniques de la CAA (Civil Aviation Authority). Ce n'est en effet qu'au milieu des années 1990 que les règles furent unifiées au sein des JAA (Joint Aviation Authorities) pour l'Europe.

Par chance, il n'existait à l'époque aucun règlement pour les avions de transport supersoniques. Et pour cause, il n'y avait pas encore d'avions de transport commerciaux supersoniques. Le règlement de certification fut donc élaboré conjointement par la France et la Grande-Bretagne (avec les Américains en observateurs) à mesure que se déroulaient les opérations de certification, dont les essais en vol de l'avion. Schématiquement, quand il était question de réglementer une certaine qualité de vol, on l'évaluait d'abord. Puis, si elle donnait satisfaction, on la rendait réglementaire. Cela peut sembler puéril. Mais comment, autrement, élaborer un règlement pour quelque chose qui n'existe pas encore ?

À la fin des essais et de la certification du Concorde, le règlement SST (pour SuperSonic Transport) était achevé.

De l'avis général, en France et en Grande-Bretagne, on considérait que l'avion n'était pas spécialement bruyant. D'ailleurs, à Roissy, lorsque le Concorde d'Air France décollait pour New York chaque jour à 11 heures précises, on ne s'arrêtait « presque pas » de travailler. Seulement deux minutes, pendant lesquelles on ne s'entendait plus parler. Mais nul ne s'en plaignait, l'avion étant une gloire nationale.

À New York, les habitants des environs de l'aérodrome John-Fitzgerald-Kennedy n'avaient, eux, pas de raison de cacher leur mécontentement. Malgré une procédure prévoyant un virage à 80 pieds de hauteur aussitôt après le décollage, le départ vers Paris, qui avait lieu dans la soirée, posait problème. Même en décollant vers le sud-est (ce qui était en général le cas), le Concorde devait survoler une zone côtière avant d'arriver au-dessus de l'océan. Et cette zone côtière était résidentielle. Tous les matins, des réclamations des résidents parvenaient à l'aérodrome et étaient retransmises au service d'escale d'Air France. Dans la journée, la position des habitations d'où venaient les plaintes était soigneusement reportée sur une carte des environs, à côté des positions des réclamations précédentes. Chaque point portait mention de la date de la plainte. Avant chaque départ, l'équipage venait consulter cette carte et l'itinéraire de départ du jour était légèrement infléchi vers la droite ou vers la gauche pour éviter les zones les plus sensibles.

Le Concorde a été utilisé pour des opérations assez curieuses : des observations d'éclipses de Soleil. On sait que, lors d'une éclipse de Soleil, l'ombre de la Lune sur la Terre parcourt une partie de la surface terrestre à grande vitesse. Une vitesse compatible avec celle du Concorde. Deux « suivis » de cette ombre ont été faits avec le Concorde, au cours desquelles des spectateurs privilégiés ont pu observer l'éclipse pendant plusieurs dizaines de minutes, alors qu'on ne peut l'observer au sol que quelques dizaines de secondes. Le premier suivi fut effectué sur un des prototypes avec une équipe d'astronomes, dans les années 1970. Le second fut réalisé avec des passagers payants, sur un avion d'Air France, au tournant du millénaire.

Que se passe-t-il si, en cours d'arrondi, on place brutalement le manche du Concorde en butée avant ? Réponse : Le bord de fuite de l'aile étant à proximité immédiate du sol, le braquage des élevons vers le bas emprisonne brutalement sous l'aile un important coussin d'air qui fait que l'avion se pose en douceur. Bien entendu, il faut exécuter la manœuvre à une hauteur bien précise – et surtout pas trop haut. Le Concorde étant désormais au musée de l'Air, on ne risque pas, avec ce type d'information, de tenter un pilote de ligne, qui risquerait de rater l'opération.

Quand le Concorde est arrivé à Air France, la compagnie (alors compagnie nationale) s'est trouvée confortée dans l'idée qu'elle était la meilleure du monde (une idée toujours vivace en son sein). Certains avaient même envisagé de débaptiser le lieu de son siège social, qui était alors le square Max-Hymans à Paris, pour l'appeler « square Max-Immense » (nul n'est obligé de croire à cette histoire...).

Quand, en 2000, le Concorde connut son unique accident mortel et fut arrêté de vol pendant un an, ce fut la consternation. Mais l'avion était un gouffre financier. Il fut retiré définitivement du service en juin 2003, peu après sa remise en service.

On a tout dit sur l'accident du Concorde d'Air France : comment, ayant roulé sur une pièce non homologuée perdue par un DC-10 en début de roulage au décollage, un pneu a éclaté ; comment un débris est venu heurter l'intrados de l'aile, et comment une onde de choc à l'intérieur du carburant a provoqué une fuite à l'arrière du réservoir ; comment le carburant s'est alors échappé avec un fort débit et s'est enflammé sur les parties chaudes du réacteur. L'avion s'est écrasé comme une torche à quelques kilomètres de la piste. Il aurait presque pu tenter un atterrissage en catastrophe sur une piste du Bourget, mais le feu et la perte de poussée étaient trop importants. Ce que l'on sait moins, c'est que ce jour-là, le président de la République française Jacques Chirac revenait de voyage dans un Boeing 747 d'Air France. Son avion attendait, pour traverser la piste, le décollage du Concorde. L'avion en flammes est passé devant le nez de l'avion présidentiel, à quelques centaines de mètres seulement…

Le Concorde peut être mis en parallèle avec son concurrent soviétique, le Tupolev Tu-144. Les deux avions se ressemblaient beaucoup (voir ci-contre). Au point que certains ont émis l'idée que le « Concordski » était une copie du Concorde. En fait, l'histoire de l'aviation a montré à différentes reprises que, pour atteindre un but donné à un certain moment de l'évolution de la technique, la solution était presque la même pour tout le monde.

Le Tu-144 n'a pas eu le succès commercial du Concorde – dans la mesure où l'on peut parler de succès commercial pour le Concorde, l'avion ayant seulement volé sous les couleurs de deux compagnies. Il reste que le Tu-144 n'a jamais été utilisé en transport régulier de passagers. Le premier prototype du Tu-144 s'est écrasé au terme d'une présentation en vol au Salon du Bourget en 1973. Tout près de l'endroit où s'est écrasé le Concorde d'Air France une trentaine d'années plus tard. Curieusement, le Tu-144 a survécu au Concorde. En 2004, un prototype de l'avion a volé, sous double pavillon russe et américain, pour mettre au point certains problèmes de transport supersonique civil qui intéressaient la NASA, la FAA et Boeing.

Concorde

Tu-144

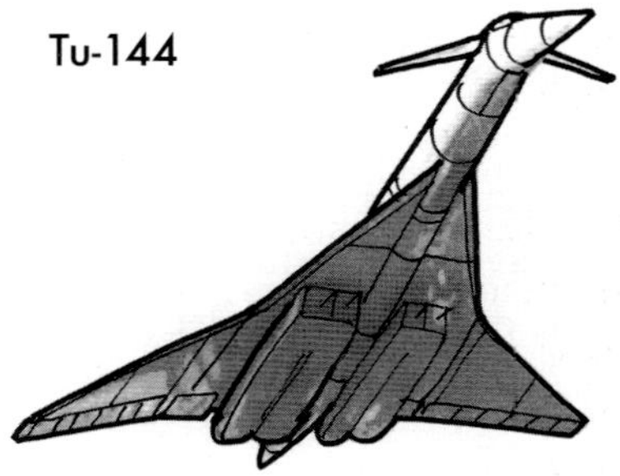

Contrôle radar

Le contrôle aérien (ou ATC, Air Traffic Control) a pour mission de contrôler le trafic aérien des avions commerciaux. Il assure également, sur demande, le contrôle des avions privés, voire celui des avions militaires qui acceptent de s'y soumettre. Mais l'aviation militaire préfère conserver sa liberté d'action – indispensable sur le plan opérationnel – dans des zones qui lui sont réservées.

Il y a en fait trois circulations aériennes, la circulation aérienne générale (CAG), dont il est question ici, la circulation opérationnelle militaire (COM) et la circulation essais-réception (CER), ces trois circulations occupant des espaces différents, sauf cas d'intercontrôle coordonné.

Pour les besoins du contrôle, les responsables de la circulation aérienne générale doivent suivre en permanence les avions qui sont sous leur contrôle. Le moyen universellement utilisé pour cela est le radar (acronyme de RAdio Detecting And Ranging), qui était initialement, dans les années 1940, un moyen exclusivement militaire, et qui a joué un rôle essentiel dans la bataille d'Angleterre. Les contrôleurs suivent donc les avions au radar, leur donnant des autorisations ou des ordres pour assurer un bon écoulement du trafic (voir *Radar*).

Identification radar

Un radar qui « voit » un avion le présente au contrôleur sous forme d'un écho radar sur un écran (« scope »). Cet écho ressemble à une petite tache qui se déplace, comme l'avion dont elle est l'image.

Le problème de cet écho, dit « écho primaire », est qu'il a la même allure (ou presque) pour tous les avions. Si bien qu'un contrôleur qui a une vingtaine d'avions à coordonner aurait des difficultés à le faire si les vingt échos restaient identiques. Il faut impérativement identifier chaque écho, lui attribuer le nom de l'avion auquel il correspond.

Identification par évolution

Le procédé utilisé au tout début du contrôle radar était celui de l'évolution commandée. Le contrôleur demandait à l'avion qui venait de prendre contact avec lui de faire un virage de 30 degrés à droite, puis de 30 degrés à gauche. Il pouvait alors savoir quel était l'écho correspondant à l'avion : celui qui suivait ses ordres.

Identification par transpondeur

Pratiquement en même temps que le radar, dans les années 1940, est apparu un système permettant d'identifier les avions. Ce système, appelé IFF (pour Identification Friend or Foe, c'est-à-dire « identification ami ou ennemi »), était en soi tout un programme. Équipant les avions alliés, l'IFF « éclairé » par un radar renvoyait un signal codé qui apposait un second signal à côté de l'écho de l'avion sur l'écran du contrôleur. Une sorte de « signature ». Ce système a par la suite été adopté par l'aviation civile. Il a évolué pour devenir le « radar secondaire » ou, plus communément, le « transpondeur ». Lorsque le pilote d'un avion commercial met en route son transpondeur, en y affichant le code demandé par le contrôleur, son écho sur le radar de ce dernier est affublé d'un signe particulier permettant de l'identifier.

Pendant la guerre, pour ne pas dévoiler le terme « IFF », les alliés lui avaient donné un nom-code, « perroquet ». Le dialogue entre contrôleur et pilote était parfois un peu surréaliste. Quand le contrôleur disait « *strangle parrot* », il ne demandait pas qu'on étrangle un volatile mais qu'on coupe l'IFF.

Étiquette radar

L'usage du transpondeur est devenu systématique dans le contrôle aérien, au point que les rares avions qui n'en sont pas équipés (parmi les avions privés, par exemple) sont interdits des espaces à grande circulation, comme les zones terminales des grands aérodromes.

Toute autorisation initiale de vol commercial donnée avant le décollage comporte systématiquement un code transpondeur, à afficher dès le décollage. À ce propos, l'autorisation du contrôle, en anglais *clearance*, a curieusement été traduite, en terminologie officielle française, par le mot « clairance ».

Le transpondeur ne transmet pas seulement au contrôleur l'identification de l'avion, mais aussi d'autres informations, comme l'altitude. Sur l'écran radar apparaît, à côté de l'écho primaire de l'avion (lequel tend même à disparaître, n'étant plus indispensable) une « étiquette » qui comporte, outre le nom de l'avion, appelé « identifiant » (*call sign* en anglais), toutes les informations qui peuvent être utiles au contrôleur pour assurer dans de meilleures conditions sa tâche de contrôle : destination, altitude, vitesse, autonomie restante, etc.

Code de détresse

Le contrôleur aérien ayant en permanence sur son écran radar des informations sur chaque avion sans avoir besoin d'échanges radio avec lui, on a imaginé de faire envoyer par l'avion au contrôleur des signaux en dehors des communications radio. Ces signaux codés, connus par cœur des pilotes et des contrôleurs, correspondent à deux situations particulières : la détresse, signalant qu'un avion a de sérieux problèmes, et l'action illicite, dans laquelle le pilote n'est plus maître de sa trajectoire.

ÉCHO PRIMAIRE SANS TRANSPONDEUR

Sur les écrans des radars des contrôleurs de la circulation aérienne – les « aiguilleurs du ciel » – il est devenu extrêmement difficile de suivre l'écho primaire d'un avion sans transpondeur qui se déplace dans un espace de trafic dense. Le 11 septembre 2001, le jour noir des attentats sur le World Trade Center de New York, les terroristes avaient coupé le transpondeur dès qu'ils s'étaient rendus maîtres des cockpits, et les contrôleurs n'avaient pas pu les suivre. Un seul pilote, pendant quelques minutes, avait pu afficher le code « détournement » : l'avion fut rapidement identifié – avant d'être de nouveau perdu lorsque le terroriste à bord coupa finalement le transpondeur.

Copertino (Joseph de)

On dit parfois que, dans un avion en perdition qui a tout essayé pour s'en sortir, le pilote ne sait plus à quel saint se vouer. Cela n'est guère surprenant, car la plupart des pilotes ne savent pas quel est leur saint patron. Cet article se propose de faire le point sur la question.

Contrairement à ce que certains prétendent, le saint patron des aviateurs n'est pas une sainte (Notre-Dame-de-Lorette), mais bien un saint, saint Joseph de Copertino. Pourquoi saint Joseph de Copertino a-t-il été choisi comme patron des aviateurs ? La brève biographie qui suit permet de le comprendre sans peine.

Joseph de Copertino vivait en Italie méridionale au XVIIe siècle. Entré à 22 ans dans le couvent de son village natal, il fut ordonné à 25 ans, n'ayant pas montré pour autant de qualités particulières au début de sa vie monastique. À l'âge de 27 ans, alors qu'il assistait à la messe, il poussa un grand cri et s'éleva dans les airs, devant les fidèles ébahis, puis enthousiastes. Pendant les quelque trente ans qui ont suivi et jusqu'à sa mort, le bon saint Joseph entrait régulièrement en extase et s'élevait au-dessus de ses compatriotes. Il ressortait de ces extases un peu gêné, parfois en larmes quand ses supérieurs, perturbés par ces exhibitions, le renvoyaient dans sa cellule. On dit qu'il vécut ainsi plus de cent lévitations, à la suite d'une lecture de l'Évangile, de la vue d'une statue de la Vierge Marie, ou à l'écoute d'un simple chant d'oiseau.

Je ne sais pas avec certitude qui a eu l'idée de choisir saint Joseph de Copertino comme patron des aviateurs. Je crois que c'est le poète Blaise Cendrars dans *L'Homme foudroyé*. Quoi qu'il en soit, cette idée est bienvenue. Avoir eu toute ma vie pour veiller sur moi un petit saint de province voletant parmi les vieilles pierres et les chants d'oiseaux me remplit d'aise. Merci, bon saint Joseph, de m'avoir permis d'arriver au bout de cette vie à bon (aéro) port.

Courant-jet (*jet-stream*)

Les courants-jets sont des écoulements d'air extrêmement rapides qui circulent en haute atmosphère aux latitudes tempérées. Les Anglo-Saxons les nomment « *jet-streams* ». Ce terme évoque un fleuve au débit rapide. Il correspond bien aux sortes de méandres que parcourt le jet dans le ciel.

Le courant-jet a une largeur de quelques centaines de kilomètres, et une épaisseur de quelques kilomètres. Sa longueur peut atteindre des milliers de kilomètres dans ses ondulations. On peut se le représenter comme une sorte de long tuyau aplati qui serpente en altitude parallèlement à la surface terrestre.

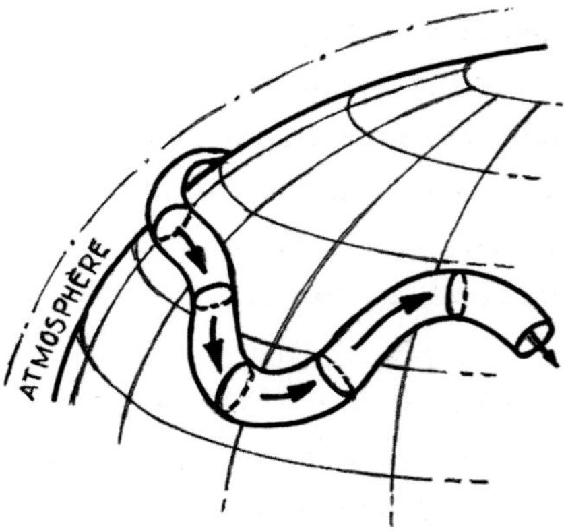

Un courant-jet de l'hémisphère Nord

Les courants-jets ne dépassent pas 40 000 pieds (15 000 mètres) en altitude. Leur direction moyenne est ouest-est, ce qui les rend particulièrement pénalisants sur les routes Asie-Europe par le Proche-Orient, ou Afrique centrale et Europe, régions où on les rencontre le plus fréquemment.

Au cœur du courant-jet, le vent peut atteindre des vitesses très importantes, jusqu'à 400 km/h. Ce qui crée, à la frontière du jet, des gradients de vent (zones de variation rapide de la force du vent), sièges d'importantes turbulences (voir *Turbulence*).

Courses

On connaît les courses de chevaux, les courses de bicyclettes ou les courses de voitures. On connaît moins les courses d'avions.

De telles courses sont pourtant organisées aux États-Unis. Cela se passe dans divers états du sud du pays, du Nevada à l'Arizona. Dans ces courses, on ne se contente pas de chronométrer les avions sur un circuit. En fait, il ne s'agit pas de courses contre la montre, mais de courses en ligne.

Sur un aérodrome isolé en rase campagne qui ressemble à un champ de foire, la foule se réunit au son des fanfares, sous les drapeaux qui claquent au vent. Le Coca-Cola et la bière coulent à flots, et les stands de *hot dogs* ne désemplissent pas. Dans une aire réservée, on prépare les avions. Ce ne sont pas les avions de tout le monde, mais des « *racers* » gonflés à bloc, en général des survivants de la Seconde Guerre mondiale dont on a trafiqué les moteurs pour les rendre surpuissants et rogné les ailes pour les rendre plus rapides. Quand l'heure du début des hostilités arrive, les trompettes sonnent comme au temps des tournois et les avions s'alignent pour décoller. Ils sont cinq ou six, qui s'élancent l'un après l'autre puis se regroupent en vol à distance du terrain. Et enfin s'élancent pour passer ensemble la ligne de départ. Dans le vrombissement de leurs moteurs déchaînés, ils tournent sur un circuit balisé par de hauts pylônes peints en rouge et blanc. Ils foncent à plus de 700 km/h, tournant autour des poteaux, se dépassant en s'évitant de justesse.

Je n'ai jamais assisté à un tel spectacle, mais il paraît que c'est impressionnant.

Coussin d'air

J'ai eu l'occasion d'effectuer un vol assez rare dans la carrière d'un pilote d'essai. C'était un vol d'essai sur une machine imprévue : un véhicule à coussin d'air.

On connaît le principe du coussin d'air : des compresseurs envoient sous le véhicule de l'air à haute pression. Des « jupes » qui entourent la base du véhicule empêchent l'air de s'échapper trop vite par les côtés. Si bien que l'air sous pression, plus ou moins maintenu sous le véhicule, le soutient en l'air.

La question qui se pose est de savoir si un tel véhicule, qui se déplace à environ un mètre du sol, a droit au nom d'« avion ». Réponse : sûrement pas. Mais il a sa place dans le présent ouvrage, comme le montre l'histoire qui suit, preuve de l'indécision des services officiels à propos de ces machines.

Le SEDAM S-500 était un gros véhicule maritime à coussin d'air conçu par la société Bertin et Cie pour faire traverser la Manche à des centaines de passagers et leurs voitures. Il était équipé de cinq moteurs, deux turbines à axe vertical pour la sustentation (alimentation du coussin d'air) et trois turbopropulseurs situés sur des mâts, fixes en position (toujours tournés vers l'avant) pour la propulsion. Des dérives aériennes situées derrière les turbopropulseurs permettaient un contrôle en direction, mais il n'y avait bien entendu pas de dérive marine (quille), le véhicule ne touchant pas l'eau en croisière normale. Il faut préciser que, en cas de problème, l'appareil pouvait se poser sur l'eau et flotter. Pour l'embarquement et le débarquement, il remontait un plan incliné (ou une plage de sable) sur son coussin d'air, puis réduisait les turbines verticales, ce qui le faisait « atterrir ». L'appareil n'avait pas un excellent contrôle en direction. Si, à grande vitesse, on braquait à fond les dérives (ce qui se faisait au palonnier, comme sur un avion), l'ensemble de l'appareil tournait, mais la trajectoire restait inchangée pendant un certain temps. De même, en cas de panne d'un moteur extérieur, par mauvais temps, le maintien de l'appareil « en vol » pouvait poser des problèmes.

C'est ici que commence mon histoire. C'était au début d'un mois d'août, dans les années 1970. Il y avait du gros temps sur la Manche et un SEDAM S-500 avait eu une panne d'un des moteurs de propulsion pendant une traversée. Le commandant de bord avait eu du mal à contrôler sa machine, avait amerri et avait terminé la traversée à flot. Ce qui avait pris du temps et indisposé les passagers, pris du mal de mer. L'appareil était exploité par la SNCF et les équipages appartenaient à la marine marchande. On avait en fait le choix entre des pilotes et des capitaines au long cours vu la nature hybride du véhicule (« Je suis oiseau, voyez mes ailes, je suis souris, vive les rats », disait la chauve-souris du bon monsieur de la Fontaine). On avait, arbitrairement, choisi des capitaines au long cours.

Le contretemps de ce mois d'août avait irrité la direction de la SNCF, qui avait plus ou moins accusé le capitaine d'incompétence. Ce à quoi la marine marchande avait rétorqué que le matériel n'était pas adéquat. Et, de fait – autre conséquence de l'ambiguïté de la machine –, le véhicule n'avait pas été certifié avec les règles rigoureuses d'un avion, mais seulement contrôlé par le bureau Véritas, qui s'occupe plus de sécurité que de qualité de vol. Le ministère des Transports, un peu embarrassé, s'était tourné vers des experts avec qui il avait l'habitude de travailler : ceux du Centre d'essais en vol, le CEV. Le directeur du CEV avait reçu l'appel, était venu jeter un coup d'œil chez les pilotes. J'étais là, le directeur m'avait demandé de me débrouiller avec ce problème et de lui faire un rapport. Je suis donc parti pour Boulogne-sur-mer, à bord d'un Cessna-310. Je me suis fait présenter cette grosse machine, puis j'ai demandé à me faire lâcher dessus. Je l'ai pilotée pendant plus de quatre heures en conditions normales (pas de panne, mer calme), en mer et sur la plage. Le lendemain, je suis retourné à Boulogne pour étudier les cas de panne. La mer était agitée, tout était parfait pour l'essai. J'ai effectué de nombreuses pannes simulées, dans différentes configurations de vent et de vitesse. Les essais étaient concluants.

Cyclones

On appelle « cyclone tropical » un phénomène tourbillonnaire de grande échelle et de forte puissance, qui balaye périodiquement les régions tropicales en y causant d'importants dégâts. Certains préfèrent les désigner par le terme plus général de « tempête tropicale », encore que cette appellation soit plutôt réservée à des cyclones en voie de résorption.

Bien que les chiffres soient souvent rébarbatifs, on ne peut donner une idée de l'importance d'un cyclone sans indiquer quelques valeurs numériques. Le cyclone est un système tourbillonnaire d'un diamètre de 300 à 500 kilomètres, composé de nuages très actifs (cumulonimbus) montant jusqu'à 18 000 mètres. Cette masse nuageuse est compacte, sauf en son centre, qui est dit « œil du cyclone », d'un diamètre de 20 à 35 kilomètres, où le ciel est dégagé et le vent calme.

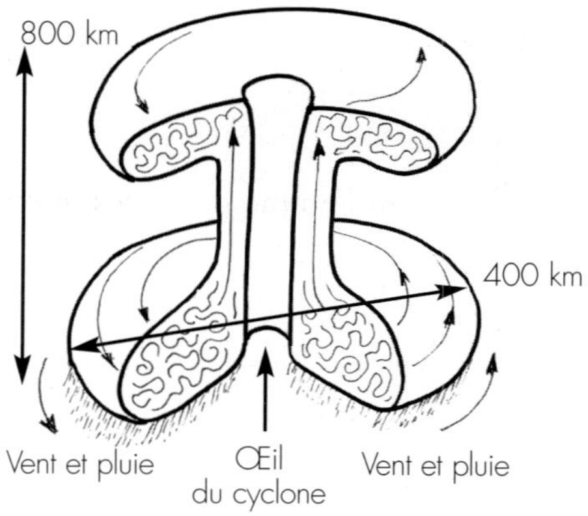

Les cyclones sont le siège :

– de fortes dépressions : la pression y descend souvent en dessous de 900 hectopascals (pour une pression moyenne ordinaire de 1 013), jusqu'à 882 à Cuba en 2005 ;

– de vents violents pouvant dépasser 300 km/h, soufflant dans le sens des aiguilles d'une montre dans l'hémisphère Sud, dans l'autre sens dans l'hémisphère Nord ;

– de fortes précipitations : on a relevé près de 2 mètres de précipitations en vingt-quatre heures (soit 2 000 litres ou 2 tonnes d'eau par mètre carré) lors du passage d'un cyclone.

Au voisinage des côtes, les cyclones peuvent provoquer des marées meurtrières. Il y a eu plusieurs dizaines de milliers de morts au Bangladesh à plusieurs reprises au cours du XXe siècle. Il y en a eu plusieurs milliers en Louisiane et dans ses environs en 2005, dans un pays pourtant moderne qui semblait à l'abri de telles catastrophes.

Quelques remarques amusantes à propos des cyclones...

Il y a une incroyable parenté de forme entre un cyclone et une galaxie spirale (photos page suivante).

Cyclone

Galaxie

Les cyclones n'ont qu'un œil, les cyclopes également.

Les cyclones prennent naissance dans les zones maritimes chaudes voisines des tropiques, puis ils dérivent, d'abord vers l'ouest, puis vers les pôles.

La vitesse de déplacement des cyclones est de l'ordre de 30 km/h. Lorsqu'ils atteignent les côtes, les cyclones s'affaiblissent progressivement et finissent par disparaître.

Les cyclones peuvent être regroupés en différentes familles, comme le montre la carte ci-dessous.

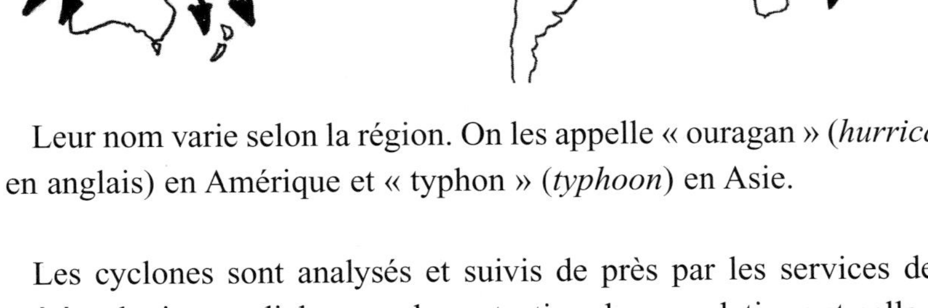

Leur nom varie selon la région. On les appelle « ouragan » (*hurricane* en anglais) en Amérique et « typhon » (*typhoon*) en Asie.

Les cyclones sont analysés et suivis de près par les services de la météorologie mondiale, pour la protection des populations et celle des avions commerciaux (une protection essentiellement passive car la seule défense est de se mettre à l'abri). Les cyclones et leurs déplacements sont portés sur les cartes de protection météorologique aéronautiques.

Chaque cyclone, à sa naissance, reçoit un nom, qui est en fait un prénom. Il y a quelques décennies, ce prénom était féminin. Certaines associations de défense des femmes y ont vu une agression sexiste : le pouvoir destructeur n'est pas le propre du sexe féminin. Depuis, un cyclone sur deux porte un prénom masculin. La première lettre du prénom est A en début d'année, puis les noms suivent l'alphabet. En 1998, le cyclone qui a fait 30 000 morts au Nicaragua s'appelait Mitch.

On relève une cinquantaine de cyclones chaque année dans le monde. La majorité d'entre eux (70 %) concernent l'hémisphère Nord, et plus d'un tiers touchent l'Asie du Sud-Est (zones 1 et 2 de la carte).

D comme...

Décollage

Le décollage est la phase de transition qui fait passer l'avion de l'état de véhicule terrestre à celui de véhicule volant. À un certain moment, dans la course au décollage, les gouvernes deviennent actives : le pilote peut, en tirant sur son manche, soulever le nez de l'avion. Le reste suit, et l'avion se retrouve en l'air.

On pourrait croire que tous les avions utilisent la même technique de décollage. Il n'en est rien. Sur les avions légers et sur les avions d'armes, lorsque la vitesse de décollage approche, le pilote « soulève » le nez de l'avion en tirant sur son manche, et le place à une hauteur définie, à l'assiette de décollage. Il attend que l'avion décolle, sans manœuvre complémentaire.

Il y avait en France dans les années 1960 un avion de chasse un peu particulier : le F-84F. Sur cet avion, si le pilote tardait un peu à tirer sur le manche dans la course au décollage, l'avion ne voulait plus décoller, le calage négatif de l'aile ayant tendance, avec la vitesse, à le plaquer au sol.

La bonne technique consistait alors à pousser dans un premier temps à fond sur le manche. Cela avait pour effet d'écraser l'amortisseur de la roulette avant. On mettait ensuite le manche à fond en arrière. Sous l'effet combiné de la libération de l'amortisseur et de la gouverne de profondeur, le nez acceptait de se soulever.

Sur les avions commerciaux multimoteurs, la technique est plus complexe. On définit, en fonction de la masse de l'avion, de la piste et de la configuration de décollage (si plusieurs sont possibles), trois vitesses : V1, VR et V2. À V1, le pilote décide de la poursuite du décollage ou de son arrêt, s'il y a eu problème avant d'atteindre cette vitesse (c'est la vitesse de décision). À VR, le pilote tire sur le manche de façon continue, avec une cadence définie. À V2, l'avion décolle de lui-même.

La vitesse V1 est une vitesse extrêmement importante au décollage : si une panne risquant de compromettre la sécurité du vol survient avant V1 (panne d'un moteur, feu ou autre panne grave), le commandant de bord doit impérativement décider d'interrompre le décollage et doit effectuer une procédure dite « accélération-arrêt ». L'avion doit, dans ce cas, être arrêté par tous les moyens disponibles : freins de roues, aérofreins, réversion des moteurs, voire parachute frein si l'avion en est équipé. Si la panne, quelle qu'elle soit, survient après V1, il faut poursuivre le décollage quoi qu'il arrive, une interruption tardive de décollage pouvant conduire à une catastrophe plus grave encore.

Les vitesses associées au décollage sont très importantes et doivent être calculées avec soin avant chaque décollage.

En juillet 1992, un Lockheed-1011 TriStar décolle de New York-JFK. L'avion est plein (12 membres d'équipage et 280 passagers), la masse au décollage est maximale. La piste est longue (4 400 mètres) et les vitesses V1, VR, V2 ont été normalement calculées. Le copilote est aux commandes (dans l'aviation commerciale, les étapes sont « partagées » entre le commandant de bord et le copilote, afin que les copilotes soient régulièrement entraînés, le commandant de bord gardant ses prérogatives et responsabilités). Le début du décollage se déroule normalement. Juste après la rotation, l'avion atteignant la hauteur de 16 pieds (5-6 mètres), le vibreur de manche (*stick shaker*) est activé, indiquant une vitesse voisine de celle du décrochage, alors que le vol est normal. Il s'agit en fait d'une fausse alarme. Le copilote a la sensation que l'avion ne vole pas correctement, qu'il y a un problème grave. En fait, la sensation est purement psychologique, due à la présence de la fausse alarme. L'avion amorce une redescente sous l'action du copilote, qui relâche la pression sur le manche.

Le commandant de bord reprend les commandes. N'ayant qu'une fraction de seconde pour décider, sentant l'enfoncement (dû au copilote), sentant vibrer le *stick shaker* (défectueux), il décide de retoucher, la piste étant longue. Décision qu'il ne fallait pas prendre… À l'approche de la fin de piste, l'avion sort dans l'herbe vers la gauche. Le train avant s'efface et un incendie se déclare. Les coupe-feu sont actionnés, une évacuation est lancée. Par chance, tout le monde sort indemne par les toboggans. Malgré une arrivée rapide des pompiers (dans les 2 minutes), l'avion brûle entièrement.

Les avions commerciaux modernes ont des poussées maximales au décollage largement surdimensionnées pour cette opération. De ce fait, il est admis que, pour économiser les moteurs, qui travaillent dans des conditions limites quand ils sont à pleine poussée, on puisse décoller à poussée réduite. Une poussée qui permet toutefois de décoller en toute sécurité compte tenu de la longueur de piste disponible.

Pour faciliter le décollage, on utilise des dispositifs que l'on nomme parfois « hypersustentateurs » (becs et volets) qui, comme leur nom l'indique, aident l'avion à se sustenter, à se soulever. Un décollage n'est possible que si ces dispositifs sont sortis. Si ce n'est pas le cas, lors de la mise en poussée de décollage, les constructeurs ont prévu de faire retentir une alarme. Tous les ans, des avions commerciaux connaissent de graves problèmes au décollage parce que leurs pilotes n'ont pas tenu compte à temps de cette alarme, qui retentit très tôt, dès le début de la course au décollage.

Ainsi, en 1999, un Boeing 737 tenta de décoller de l'aéroport secondaire de Buenos Aires. Par suite de circonstances malheureuses (trafic perturbé, attente, ruptures de rythme), une check-list fut oubliée avant le décollage, celle dans laquelle la configuration de décollage devait être préparée et vérifiée. Au début de la course au décollage, l'alarme configuration retentit. Au lieu d'arrêter l'avion sans réfléchir, l'équipage vérifia la poussée des moteurs, puis la position du compensateur. Au moment où on allait vérifier la position des becs et volets, qui n'étaient pas correctement sortis, les vitesses V1, VR et V2 étaient dépassées. L'équipage tenta malgré tout d'interrompre le décollage, mais c'était trop tard. L'avion sortit de la piste, traversa une route, percuta des obstacles ; de nombreux occupants furent tués, ainsi que des automobilistes dans leur voiture.

Décrochage

Les avions doivent se déplacer pour rester en l'air. Si on réduit trop la vitesse d'un avion en vol, on voit apparaître à partir d'un certain moment des vibrations caractéristiques (*buffeting* ; on a conservé le mot anglais en le transformant parfois en « buffet' », ce qui ne vaut guère mieux). Sur les avions classiques, en réduction de vitesse, ce *buffeting* est suivi de près par une abattée plus ou moins franche du nez de l'avion.

La procédure à appliquer pour sortir du décrochage est de placer le manche en secteur avant (de « rendre la main ») et de remettre de la poussée (avancée des manettes des gaz).

L'aérodynamique enseigne que le décrochage, à configuration donnée, ne se produit pas à une « vitesse » donnée, mais à une certaine « incidence » définie. On continue à parler en « vitesses » (vitesses conventionnelles indiquées et non vitesses propres – voir *Vitesse*), parce que les avions modernes n'ont en général pas d'information d'incidence en planche de bord – bien que la mesure de l'incidence soit disponible dans les ordinateurs de bord – et ont conservé les anémomètres classiques.

Le décrochage risque d'être approché lors de l'atterrissage quand il est nécessaire de réduire la vitesse. La réglementation demande que les approches finales soient conduites à une vitesse indiquée de 1,3 Vs, Vs étant la vitesse de décrochage. Cette vitesse est calculée dans les tables, à partir de la masse, donc du poids de l'avion. Si l'avion effectue des virages en approche finale, il subit des facteurs de charge (voir *Facteur de charge*), son poids apparent augmente, ainsi que sa vitesse de décrochage. Si Vs, tirée des courbes de performances du manuel de vol, est 100 nœuds, la vitesse d'approche calculée doit être 130 nœuds, la marge de sécurité à l'atterrissage étant de 30 nœuds. Mais si l'avion effectue un virage assez serré en finale, cette marge peut être ramenée à 20 nœuds, voire moins.

Les décrochages non classiques

Certains avions n'ont pas de *buffeting* naturel qui puisse prévenir le pilote de l'approche du décrochage. Ces avions peuvent de ce fait être dangereux à basse vitesse. On les équipe de dispositifs, alimentés par une sonde d'incidence, qui simulent, au niveau du manche, une sorte de « *buffeting* artificiel ». Ces dispositifs sont appelés « vibreurs de manche » (*stick shakers*). Ils évoquent pour le pilote le *buffeting* naturel des avions plus classiques.

Les avions à profondeur haute (la dérive horizontale est située au sommet de la dérive, comme sur le BAC-111 ou le Xingu) peuvent s'avérer beaucoup plus dangereux. Sur de tels avions, à l'approche du décrochage, lorsque l'incidence est élevée, le sillage de l'aile peut toucher la dérive horizontale et rendre la profondeur inefficace. L'avion s'enfonce alors dans une attitude très cabrée (*deep stall*), sans que le pilote puisse agir, sa profondeur étant masquée (voir figure ci-dessous). La solution est dans ce cas une action automatique anticipée par un pousseur de manche (*stick pusher*), qui envoie le manche en position avant quand l'incidence atteint une valeur critique avant le *deep stall*.

La figure ci-dessous représente l'avion-école brésilien Xingu (qui a été acheté par l'aéronautique navale française). Avec son plan horizontal haut, cet avion sujet au *deep stall* a été équipé d'un *stick pusher*. En

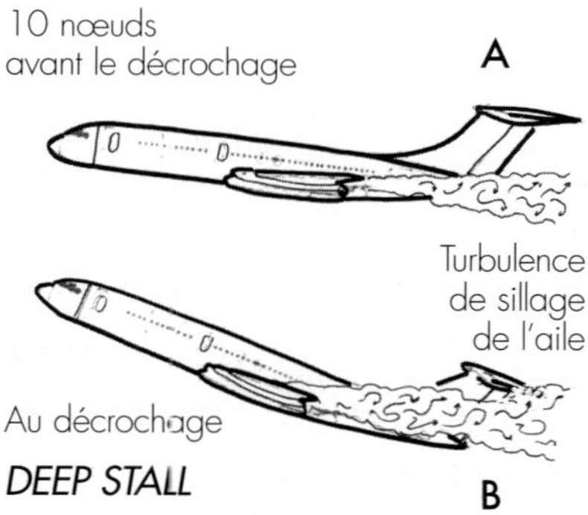

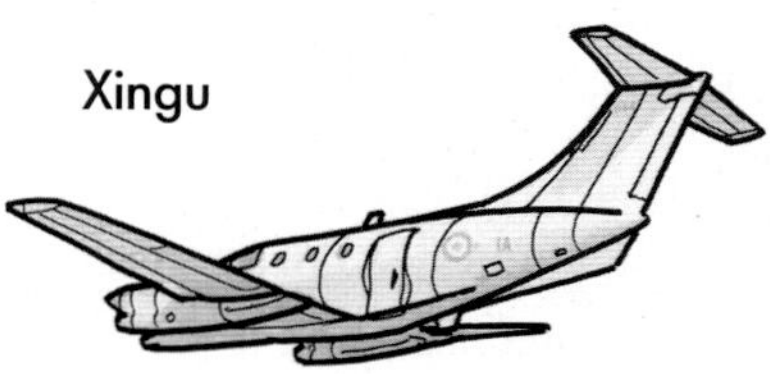

fait, l'avion est assez peu sensible au *deep stall*, sans quoi il n'aurait probablement pas été certifié comme avion-école. Lors des vols de réception, au cours desquels nous devions vérifier le *stick pusher*, il était difficile d'atteindre les conditions de décrochage propres à le déclencher. Mais c'était un avion-école, et il ne fallait prendre aucun risque.

On notera que les avions à aile delta ne décrochent pas : ils s'enfoncent seulement lorsque leur incidence atteint une valeur critique.

Protections modernes

Sur les avions équipés de commandes de vol électriques (CDVE), on peut, comme sur l'A320, avoir une protection automatique contre le décrochage. Si le pilote, à basse vitesse et à poussée réduite, tire sur le manche, la gouverne de profondeur ne lui obéit plus, et l'avion descend avec une marge raisonnable par rapport au décrochage (voir *Commandes de vol électriques*).

Démarrage

Comment démarre-t-on un moteur d'avion ? Bien que d'intérêt secondaire, cette question mérite quelques lignes de réponse.

Démarrage du moteur à explosion

Il y a peu de différence, au moins de principe, entre un moteur à pistons d'avion et un moteur de voiture. De ce fait, les démarreurs de ces avions ressemblent à ceux des voitures. Le démarrage peut se faire sur batterie ou sur groupe électrique extérieur.

En fait, les premiers avions à hélice n'avaient pas de démarreur. Pour mettre le moteur en route, le pilote s'installait dans le cockpit, branchait les contacteurs et faisait signe aux mécaniciens sol, le pouce en l'air, que le contact était mis. Un mécanicien lançait alors l'hélice à la main pendant qu'un autre retenait l'aile de l'avion ou surveillait les cales de roues. Le moteur « toussait » et le pilote l'« accrochait » à la manette des gaz.

Il y a eu, à cette époque, d'innombrables cas d'avions partant tout seuls. On a raconté l'histoire de ce pilote posé dans un champ et voyant son avion partir seul et finir dans une haie (voir *Cockpit*). Plus récemment, un pilote privé ayant demandé à son fils de tenir l'aile de son Jodel alors que lui lançait l'hélice face à un hangar a vu son avion partir seul vers la porte du hangar. Par chance, la porte était ouverte. Par malchance, elle ne l'était pas complètement, et seul le fuselage est passé, laissant les deux ailes sur le parking.

Démarrage du moteur à réaction

Il est possible de démarrer un réacteur avec un démarreur du même type utilisant un groupe extérieur (groupe de parc) électrique. Toutefois, le principe du réacteur étant de brasser un fort débit de fluide, deux autres types de démarreurs particuliers sont ou ont été utilisés :

– les démarreurs par groupe de parc pneumatique, pour lesquels ce dernier envoie sur demande un fort débit d'air dans le réacteur, faisant tourner l'attelage compresseur-turbine (attelage haute pression si le réacteur est double-corps – voir *Turboréacteur*). On ouvre alors le robinet de carburant et on provoque l'allumage quand la vitesse de rotation atteint une certaine valeur ;

– les démarreurs pyrotechniques : une cartouche peut produire une certaine quantité de gaz sous pression. Sur certains avions, on a utilisé des cartouches de démarrage. Les Canberra que nous avions à Brétigny démarraient ainsi : le mécanicien sol insérait une grosse cartouche (5 centimètres de diamètre, 25 centimètres de long) dans un orifice situé sur le côté du réacteur. La percussion se faisait du cockpit. Puis on ouvrait le robinet de carburant et l'allumage. Cela marchait à peu près un coup sur deux. Il fallait en moyenne trois cartouches pour démarrer les deux réacteurs. Ce système présentait au moins l'avantage d'être complètement autonome et de pouvoir assurer un démarrage sur n'importe quel terrain. Ce qui est utile pour un avion d'armes.

En fait, des démarrages pyrotechniques avaient déjà été tentés sur des moteurs à hélice Gnome-et-Rhône dans les années 1930. Sans beaucoup de succès.

UN DÉMARRAGE DIFFICILE

Une aventure est arrivée en 1963 à l'un de mes camarades chasseurs. Il était en déplacement sur une base italienne à la tête d'une patrouille de quatre SMB-2 (Super-Mystère). Un déplacement du week-end qui ressemblait un peu à des vacances – cela se faisait en cette époque bénie. Au moment de faire démarrer les quatre chasseurs français, les mécaniciens italiens annonçaient que leur groupe de démarrage pneumatique était en panne. Aucun moyen de secours ne pouvait être envisagé. Un T-33 étant disponible, le chef de patrouille demanda que l'on mette en route le moteur de ce T-Bird (qui, par chance, pouvait démarrer avec un groupe électrique), et qu'on le place devant un des SMB-2. Le souffle du réacteur du T-33 – des gaz brûlés et non de l'air – permit le démarrage difficile d'un premier SMB-2, lequel vint se placer devant le deuxième pour le faire démarrer à son tour… Les quatre avions purent ainsi rejoindre leur base, individuellement (la consommation du premier aurait été rédhibitoire s'il avait dû attendre le démarrage des autres), en annonçant à la tour au décollage « *pancake fuel* », qui signifie « quantité de carburant limite » – une annonce codée habituellement réservée à certaines arrivées.

DÉMARRAGE EN VOL

Il arrive que des moteurs s'arrêtent en vol et que, s'ils ne sont pas endommagés, par exemple si l'extinction est due à un oubli dans le transfert du carburant, on puisse envisager de les remettre en route : c'est le démarrage en vol. Sur certains avions, on emploie le même démarreur qu'au sol. Mais la méthode la plus courante consiste à utiliser le vent relatif dû à l'avancement de l'avion pour faire tourner les moteurs.

La procédure diffère selon qu'il s'agit d'avions à hélice ou d'avions à réaction. Sur les avions à hélice, on « dévire » l'hélice. C'est-à-dire que l'on fait prendre aux pales un calage tel que l'air incident (vent relatif) fait tourner l'hélice. On peut dire en quelque sorte qu'on « emprunte » de l'énergie au mouvement de l'avion pour faire tourner l'hélice. Quand la vitesse de rotation *ad hoc* est atteinte, on ouvre le robinet d'essence et l'allumage. Sur les avions à réaction, on n'a pas accès au calage des pales du compresseur. On utilise alors simplement l'autorotation (qui est inévitable dès que le réacteur ne fonctionne plus et s'il n'est pas bloqué), on joue sur la vitesse de l'avion pour obtenir la bonne vitesse de rotation et on ouvre le robinet de carburant et l'allumage.

Sur les avions modernes, on trouve la plupart du temps un groupe auxiliaire dit « APU » (Auxiliary Power Unit), qui peut être démarré aussi bien en vol qu'au sol, et qui fournit à la fois de l'énergie électrique et de l'énergie pneumatique en quantité suffisante pour redémarrer un moteur.

Démocratisation

La démocratisation dont il est question ici est celle du transport aérien. On a du mal à imaginer, en traversant les halls d'aéroports du début du troisième millénaire, ce qu'étaient les aéroports au lendemain de la Seconde Guerre mondiale. Et encore, dans les années 1950, l'âge d'or du transport commercial commençait déjà à toucher à sa fin.

Si on pouvait remonter au tout début de l'aviation commerciale, au début des années 1930, on serait étonné de l'ambiance de l'époque. Les passagers étaient des gens de la haute société, et les locaux d'accueil et de transit des salons de grands hôtels intercontinentaux. Lorsque le problème du poids ne se posait pas, comme sur les grands dirigeables transatlantiques, il y avait des cabines avec couchettes, une salle à manger avec vaisselle marquée au chiffre de la compagnie, un salon fumoir et un pont-promenade. Le commandant, en grand uniforme, venait se mêler aux passagers. Les zones passagers des Zeppelin ressemblaient au pont première classe du paquebot *Normandie*.

C'est pendant l'entre-deux-guerres que sont apparues les premières liaisons commerciales régulières en Europe et aux États-Unis. Air Union, pour la France, effectue la ligne Paris (Le Bourget)-Londres (Croydon) en Farman Goliath. L'avion comporte deux sièges en cockpit (pilote à gauche, mécanicien à droite – les règles de composition des équipages ne sont pas encore édictées). Les vols se font bien entendu à vue. Il n'y a pas de route aérienne définie, pas plus que de niveau de vol imposé. Les avions cheminent de repère en repère, parfois à basse altitude, sous les nuages. Lorsque la trajectoire suit une route nationale, il est conseillé aux pilotes de voler à droite de la route pour limiter le risque de collision. Les passagers disposent de sièges en rotin (pour économiser le poids au maximum), il y a une rangée de sièges de chaque côté d'une allée centrale. Il n'y a pas encore d'hôtesse de l'air, mais le confort est raffiné.

Au cours des années qui ont suivi la Seconde Guerre mondiale, le décor avait déjà un peu changé. Mais les aérogares restaient des lieux de luxe, avec des femmes semblant sortir d'un défilé de mode, couvertes de bijoux et suivies de porteurs chargés de bagages en cuir. Les hôtesses étaient toutes issues de la haute société. Il était de bon ton d'envoyer la fille de la maison parcourir le monde pendant quelques années avant de lui faire faire un riche mariage. Les vols long-courriers duraient très longtemps. Il fallait une quinzaine d'heures pour un Paris-New York, avec escale à Santa Maria, aux Açores. Les avions transatlantiques, Constellation et autres DC-7, avaient des salons-bars et des couchettes isolées par des rideaux. Le Boeing 377 Stratocruiser (dit familièrement « Fat Cat »), utilisé pour les vols transatlantiques et transpacifiques, était le modèle du genre. Un avion quadrimoteur surcompressé, avec cabines et salon, qui a volé pendant une dizaine d'années, emportant des milliers de passagers dans un confort très supérieur à celui qui est apparu plus tard.

Cette course au luxe semblait devoir se prolonger indéfiniment dans les décennies suivantes. Alors même que la guerre de 1939-1945 n'était pas terminée, une commission britannique dirigée par lord Brabazon of Tara avait imaginé l'avion commercial idéal des années 1950, un avion effectuant la traversée de l'Atlantique d'un seul coup d'aile en une douzaine d'heures, avec une clientèle très aisée. Quand la guerre s'est achevée, la société Bristol a commencé à construire une énorme machine à huit moteurs à pistons noyés dans les ailes, actionnant quatre couples d'hélices contrarotatives. Il y avait des cabines privées, une salle à manger, une salle de cinéma. Mais il avait fallu des années pour construire cette merveille, appelée « Brabazon ». Lorsque l'avion fut prêt, les turbopropulseurs avaient remplacé les moteurs à pistons, et le Comet, premier avion commercial à réaction, effectuait son premier vol. Lord Brabazon s'était trompé dans ses extrapolations. L'aviation commerciale devenait populaire et non plus réservée à une élite. Deux prototypes de l'avion avaient été construits, qui furent livrés deux ans plus tard aux ferrailleurs.

Au terme du XXe siècle, le décor a changé. On a un temps essayé de conserver un certain luxe pour les passagers de première classe : au pont supérieur des premiers Boeing 747 d'Air France, il y avait encore un bar avec steward, et un salon avec fauteuils et tables basses. On a réussi à conserver un semblant de luxe sur le Concorde, mais les sièges étaient si étroits que le caviar et le tournedos Rossini avaient peine à trouver place sur leurs tablettes. Rapidement, l'aviation commerciale s'est orientée vers une clientèle moins fortunée mais capable de remplir les cabines grâce à une baisse des tarifs. Le pont supérieur du Boeing 747, d'ailleurs rallongé sur les modèles 300 et 400, est souvent occupé par la classe touriste, et les avions se sont transformés en transports à haute capacité pour vacanciers. Le service a suivi. Sur certains avions charters, le service de repas à la place a disparu : un carton-repas est déposé sur le siège avant l'embarquement. Inutile de dire que la moitié des cartons sont ouverts et consommés pendant la mise en route et le roulage, au grand dam des hôtesses et des stewards.

Les PNC également ont changé. Les hôtesses sont entrées en compagnie pour y faire carrière. Elles se sont mariées et ont eu le droit d'avoir des enfants, ce qui n'était pas le cas des demoiselles de jadis. Les aéroports ont totalement changé d'allure, ressemblant plus à des halls de gare qu'à des salons d'hôtels de luxe. La bonne humeur des départs en vacances en famille et des voyages organisés pour retraités du troisième âge a occupé le terrain. Des avions commerciaux pourraient atteindre une capacité voisine de 1 000 sièges (en version « très haute capacité ») en 2010.

Dewoitine D-520

Le Dewoitine D-520 était un chasseur français de la Seconde Guerre mondiale. Un très bel avion à aile elliptique, comme on en fabriquait alors. Près d'un millier de ces avions sont sortis d'usine. C'est en partie à cause de cette aile elliptique qu'il y a eu tant d'accidents sur cet avion, dont on a pu dire qu'il avait tué plus de pilotes à l'entraînement qu'au combat. En effet, sous forte incidence, l'aile de l'avion décrochait brutalement sur toute son envergure, sans préavis. Et le décrochage était souvent irrécupérable si l'avion était à basse altitude.

Au début des années 1970, alors que l'on croyait tous les Dewoitine D-520 perdus, l'un d'eux, le dernier survivant, a pu être remis en état. Cet avion fut entreposé au CEV de Brétigny ; quelques pilotes d'essai ont volé dessus, le présentant de loin en loin en meeting.

Dewoitine D-520

Au cours d'un de ces meetings, un pilote de Brétigny se tua en présentant l'avion en vol. C'était à Vannes. Il venait de faire un passage à basse altitude et à grande vitesse et effectuait un virage serré au-dessus de la piste.

L'avion a décroché dans le virage et s'est écrasé en bout de piste.

Dialogue vocal pilote-avion

Le mot « dialogue » implique un échange entre deux entités. Une définition vague et large... Car un dialogue peut utiliser des supports variés (dialogue vocal de bouche à oreille, dialogue musical entre deux instruments, dialogue sur Internet...) et impliquer divers types d'interlocuteurs (des personnes, des entreprises, des machines, voire des animaux ou des extraterrestres, pour ne pas parler des carmélites…). Celui dont il est question ici est le dialogue vocal entre un pilote et son avion, mettant en jeu des mots, voire des phrases. L'origine des études et des essais réalisés dans ce domaine vient du fait que, dans un avion, la charge de travail est parfois très élevée (voir *Charge de travail*). Cela est vrai dans un avion commercial en équipage à deux pilotes, c'est encore plus vrai dans un chasseur où le pilote est seul à bord.

Les premiers chercheurs à s'être penchés sur la question sont partis de la remarque suivante : dans un avion classique, le capteur essentiel du pilote est l'œil (un pilote lit les instruments ou regarde à l'extérieur). Le moyen d'action essentiel du pilote est la main (qui agit sur un commutateur, un bouton, le manche de pilotage ou les manettes de poussée). Or, il existe d'autres capteurs et moyens d'action disponibles :

– l'oreille peut recevoir des messages de l'avion (en plus des messages du contrôle aérien, limités) ;

– la voix du pilote peut donner des instructions ou poser des questions qui, correctement transcrites, pourront être prises en charge par un calculateur associé à l'avion.

Les chercheurs se sont mis à imaginer un pilote de chasse en combat tournoyant avec un chasseur ennemi, avec l'œil fixé sur l'ennemi au travers du viseur de tir, les mains sur les commandes (la gauche sur la manette de poussée, la droite sur le manche et la commande de tir) et l'oreille tendue vers des indications variées en provenance de l'avion, éventuellement en quête de réponses à des questions qu'il aurait posées oralement. Les chercheurs donc se sont mis à étudier la possibilité pour une machine de reconnaître la voix humaine, et pour une autre de la synthétiser.

Le plus facile a été la synthèse de la parole. D'abord par juxtaposition de mots préenregistrés – une voix féminine faisant merveille dans un cockpit d'avion de chasse. Ensuite par une véritable synthèse, à base de fréquences et de spectres directement créés par l'ordinateur.

Plus difficile a été la reconnaissance vocale, sur laquelle de nombreux laboratoires internationaux travaillaient depuis des années. Divers stades étaient envisageables :

– analyse globale de mots isolés, chaque mot étant coupé en tranches, puis chaque tranche chiffrée au travers de filtres passe-bande, le tout fournissant une matrice de valeurs à comparer à des matrices analogues de mots préenregistrés par le pilote ;

– analyse numérique complète, chaque mot étant décomposé en phonèmes élémentaires, les phonèmes étant ensuite analysés par des logiciels de mots (dictionnaires), des logiciels grammaticaux, sémantiques, voire contextuels.

Après des années d'essais sur un Mirage III de Brétigny, les résultats ont été décevants sur le plan technique. Opérationnellement, la chose était déjà difficile. Le système était « monolocuteur », c'est-à-dire ne pouvait dialoguer qu'avec un seul pilote à la fois, même s'il pouvait changer de pilote d'un vol à l'autre, étant « multi-utilisateur ». Il fallait que le pilote, avant le vol, lise à l'ordinateur une liste d'une vingtaine de mots (dont : « vitesse », « altitude », « autonomie », « aérofreins », « train », etc.) pouvant ensuite être reconnus par lui.

À l'issue de ce premier « apprentissage », il fallait répéter chaque mot, et l'ordinateur annonçait ce qu'il reconnaissait en affichant son taux de reconnaissance, si bien que tout mot, même reconnu, devait être repris si le taux de reconnaissance était trop faible. Pendant le vol, on posait des questions, on donnait des ordres, on écoutait des annonces. Puis on se posait, souvent déçu par le résultat.

Les essais ont duré deux ans. J'y ai activement participé. Puis ils ont été abandonnés (provisoirement ?). Les obstacles étaient nombreux : bruit ambiant en vol, déformation variable de la voix dans le masque à oxygène, vibrations. Malgré un objectif limité (reconnaissance de mots isolés seulement), le résultat restait bien en deçà des espérances.

Sur les avions de ligne, l'utilité d'un dialogue vocal était d'emblée moindre. Dans un cockpit d'avion commercial, même avec seulement deux pilotes, la charge de travail reste limitée. On a malgré tout fait quelques investigations, sans trop y croire. Je me rappelle avoir posé la question de l'utilité de tels essais dans ce cadre. On m'avait répondu : I y a un dialogue vocal sur la Renault 25, alors pourquoi pas sur un Airbus ?

En fait, on s'est attaché à résoudre un problème technique alors que le vrai problème est sans doute physiologique. La vraie question est : Quand un pilote a un problème d'analyse et de décision sur des éléments qu'il lit et quand il doit agir avec ses mains, reste-t-il disponible pour analyser et décider sur d'autres éléments qu'il entend et donner des ordres vocaux ?

La réponse est bien entendu non. Le cerveau n'est pas compartimenté et n'est pas capable de résoudre deux problèmes à la fois. Sauf si l'un d'eux utilise la voie de l'acte réflexe. Encore que Napoléon, dit-on, pouvait dicter trois lettres en même temps et que tel champion d'échecs peut conduire dix parties à la fois. Je pense que ces êtres d'exception ne font pas tout cela à la fois, mais de façon séquentielle, s'adressant tour à tour à chaque secrétaire ou à chaque adversaire, mais avec une vitesse au-dessus de la moyenne. Le pilote d'avion n'étant pas un être d'exception, le dialogue vocal restera peut-être longtemps aux oubliettes.

Un problème analogue s'est posé pour l'utilisation du téléphone mobile par le conducteur d'une voiture. Le législateur l'a sagement interdite, même avec une configuration « mains libres ». En effet, au cours d'une conversation téléphonique, une partie du cerveau est occupée par cette conversation et n'est plus disponible pour les opérations de conduite – actions mais aussi surveillance de l'environnement.

Dissymétrie

Un avion est classiquement une machine symétrique. Si on le coupe en deux par le plan justement appelé « plan de symétrie » et si on en place une moitié contre un (grand) miroir, on retrouve l'avion entier. Cela est tellement vrai qu'il arrive que, en soufflerie, on fasse des essais sur une demi-maquette collée à la paroi de la soufflerie qui représente le plan de symétrie. Il est ensuite facile de généraliser à l'avion complet les résultats obtenus sur la demi-maquette.

On a pourtant fait voler des avions dissymétriques, dont le plus célèbre est l'avion allemand Blohm-und-Voss BV-141 – reproduit sur la figure page suivante. Conçu en 1943, ce chasseur était en concurrence avec le Focke-Wulf 189. Pénalisé à cause de sa motorisation un peu insuffisante et surtout de sa très mauvaise visibilité vers la gauche, il fut écarté au profit de son concurrent, plus classique. Personne n'a pensé à construire un BV-141-bis, symétrique du BV-141. Les deux avions auraient pu voler en patrouille avec une bonne vue globale dans toutes les directions… Quitte à être original, autant aller jusqu'au bout.

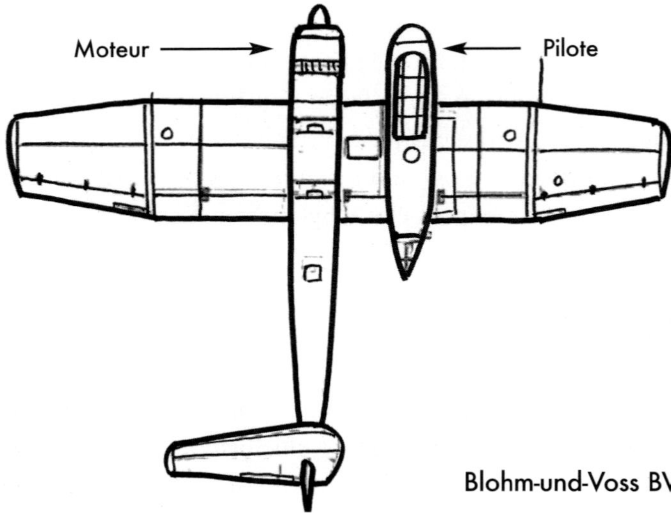

Blohm-und-Voss BV-141

L'avion le plus dissymétrique sur lequel nous avons volé en essai a été l'Aero Commander, bimoteur classique sur lequel Turboméca avait remplacé l'un des deux moteurs par un moteur de sa conception, avec hélice carénée à larges pales, à pas variable et faible diamètre (sorte d'intermédiaire entre le turboréacteur et le turbopropulseur), moteur nommé « Astafan ». L'avion fut rebaptisé pour cette raison « Astafan Commander ».

E comme…

Écrans de cockpit

On a dit précédemment qu'une des composantes de la révolution technologique de l'aviation civile, dans le dernier quart du XXe siècle, a été le « *fly-by-wire* – CDVE » (voir *Commandes de vol électriques*). Une autre composante essentielle de cette révolution a été le *glass cockpit* (tubes cathodiques de planche de bord).

Les instruments de planche de bord, dans les *cockpits*, ont longtemps été des instruments dits « électromécaniques », fonctionnant avec des aiguilles ou autres parties mobiles en métal ou en plastique actionnées par des courants électriques ou des champs magnétiques. Beaucoup d'entre eux n'avaient pour toute mobilité qu'une aiguille. C'était le cas de l'anémomètre ou de l'altimètre. Les plus complexes, comme le plateau de route, ou HSI (Horizontal Situation Indicator), arrivaient à avoir une dizaine de parties mobiles. Mais les limitations auxquelles les concepteurs d'instruments étaient soumis faisaient que ces instruments étaient peu parlants et nécessitaient un long apprentissage.

Au milieu des années 1960, la télévision s'était répandue dans le grand public. Les industriels en charge de produire des instruments aéronautiques se sont demandés si de petits tubes de télévision (tube cathodique, ou CRT en anglais, pour Cathode Ray Tube) ne pourraient pas avantageusement remplacer les instruments de bord électromécaniques. L'avantage d'un tel tube cathodique sur un instrument électromécanique est qu'il n'a aucune contrainte dans les figurations qu'il peut présenter. En effet, pourquoi limiter la figuration à un cadran et une aiguille quand on peut représenter jusqu'à une carte tout entière ?

La mise au point des premiers tubes cathodiques embarqués a pris du temps. Les contraintes du milieu aéronautique ne sont pas les mêmes que celles d'un espace domestique. Il a fallu plusieurs années pour mettre au point des tubes pouvant être installés sans risque dans un cockpit. C'est seulement au milieu des années 1970 que l'on a vu apparaître, aux essais en vol, les premiers tubes.

Les premiers instruments cathodiques reprenaient simplement et prudemment les figurations des instruments classiques. Il y avait un horizon artificiel EADI (Electronic Attitude Display Indicator) et un plateau de route EHSI (Electronic Horizontal Situation Indicator), qui ne profitaient pas à fond des avantages des tubes cathodiques. Par ailleurs, leur taille restait celle des instruments classiques, soit 12 cm environ (figure ci-contre).

C'est seulement dans les années 1980, avec l'avènement de l'Airbus A320, du Boeing 747-400 et du McDonnell Douglas MD-11 que les choses ont explosé. On a construit des tubes de grande taille (20 centimètres). L'ensemble des moyens nécessaires au pilotage a été regroupé sur deux tubes dits EFIS (Electronic Flight Instrument System).

Le tube de base, appelé PFD (Primary Flight Display, « tube principal de pilotage »), regroupait

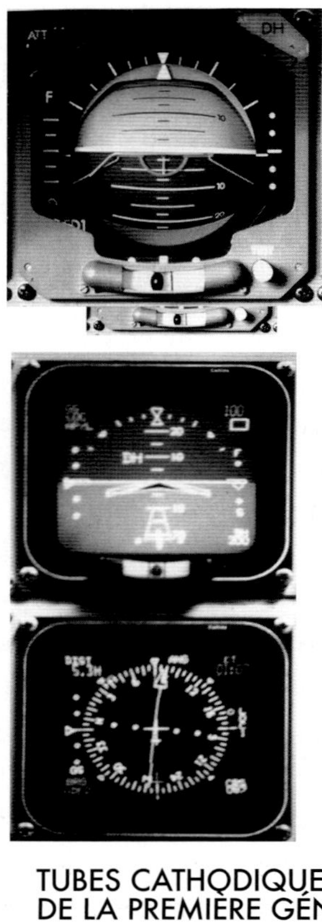

TUBES CATHODIQUES DE LA PREMIÈRE GÉNÉRATION

les instruments principaux de pilotage, répartis selon le « T » basique : anémomètre, horizon, altimètre-variomètre, informations de cap et route (voir Cockpit).

Le tube secondaire, appelé ND (Navigation Display, « tube de navigation »), comportait une carte de navigation avec la position de l'avion localisée sur elle (voir figure suivante, avec intégration dans le *glass cockpit*).

Curieusement, sans qu'il y ait eu de directive officielle, l'organisation des EFIS s'est retrouvée presque identique chez tous les constructeurs de la fin du XXe siècle. La figure ci-dessous représente les EFIS d'un avion de l'an 2000.

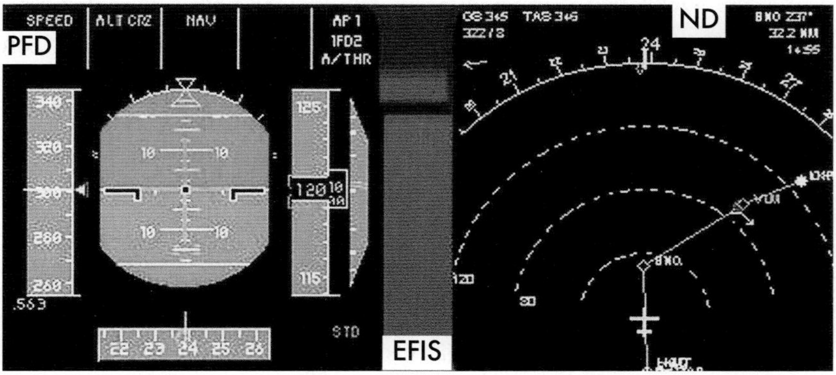

En même temps qu'ils regroupaient tous les instruments de pilotage, les tubes regroupaient toutes les informations possibles sur les systèmes avion et des recommandations pour traiter les pannes éventuelles. Deux tubes particuliers, dits ECAM (Electronic Centrallized Aircraft Monitoring) sur les Airbus, permettaient de gérer l'ensemble de l'avion (voir *Panne*).

Le passage des instruments électromécaniques aux tubes cathodiques n'a pas posé problème. La représentation d'une carte sur le ND est de toute évidence plus parlante que celle d'un fond tournant sur un HSI classique.

Le problème s'est curieusement posé pour le passage inverse.

Dans les compagnies aériennes, la carrière d'un pilote se déroule de la façon suivante : on débute comme copilote sur l'avion le moins

« coté » de la compagnie, puis on passe progressivement aux avions les plus cotés, qui sont en général les plus modernes. Ensuite, on devient commandant de bord, mais il faut reprendre le même cheminement : de l'avion le moins coté au plus coté. Une compagnie intérieure française possédait, dans les années 1980, de vieilles Caravelle et des A320 tout neufs. Des copilotes ont débuté sur l' A320, avion qui se généralisait, puis ont été proposés pour passer commandant de bord sur la Caravelle. L'apprentissage des instruments classiques posait tellement de problèmes que, après étude, on décida qu'un copilote ayant débuté sur avion *glass cockpit* ne pourrait passer commandant de bord que sur un avion *glass cockpit*.

Il y a même eu un accident en septembre 1997, qui fut attribué à ce problème. Dans une compagnie, les pilotes volaient sur A300-600, avion équipé d'EFIS. La compagnie a acheté des A300 d'occasion pour compléter momentanément sa flotte. L'A300 est identique à l'A300-600, à ceci près qu'il est équipé d'instruments classiques. La ressemblance entre les deux avions rendit le stage de transformation des pilotes sommaire et limité en durée. Mais, se retrouvant dans un environnement qu'ils ne connaissaient pas, plus difficile à interpréter, certains pilotes ont rencontré des difficultés. Ainsi, lors d'une approche par mauvais temps dans une région montagneuse d'Indonésie, avec des variantes par rapport à la procédure normale imposées par le contrôleur, des pilotes perdirent complètement leurs repères (le HSI mal connu est moins facile d'utilisation qu'une carte) et s'écrasèrent sur un sommet. Les douze membres d'équipage et les 222 passagers ont péri dans l'accident.

L'évolution suivante de la technique fut le passage du tube cathodique à l'écran plat. Cela s'est fait en deux temps. On a tout d'abord utilisé exclusivement des écrans dédiés, sur lesquels ne pouvaient apparaître que certaines informations, dans un choix limité. Tels étaient les afficheurs électromagnétiques et certains instruments de secours. Puis, on est passé aux écrans matriciels, eux-mêmes de technologie différente (allant du « nématique en hélice » au plasma), permettant, avec un encombrement et un poids moindres, les mêmes figurations que les tubes cathodiques. Les écrans matriciels sont passés dans le domaine public à la fin du XXe siècle, remplaçant les tubes cathodiques des postes de télévision et des PC (Private Computers). Ils sont arrivés dans les cockpits au début du XXIe siècle.

Éjection

Lorsqu'un avion militaire rencontre en vol de graves problèmes nécessitant son abandon, il faut procéder à une évacuation en vol (voir *Évacuation*). Le présent article est consacré uniquement aux évacuations d'avions d'armes, équipés de sièges éjectables.

Pendant la Seconde Guerre mondiale, on s'est aperçu que l'évacuation d'un avion de chasse à hautes performances pouvait présenter de sérieux risques pour le pilote. En septembre 1942, l'as allemand aux 158 victoires, Hans Joachim Marseille, se tuait en sautant de son Messerschmitt 109 au-dessus d'El-Alamein, en se heurtant à la queue de l'avion. Il fallait trouver une solution pour éloigner le pilote de l'avion à sa sortie. La solution était le siège éjectable.

Les premiers sièges éjectables sont apparus au lendemain de la guerre. Avant de les essayer en vol, on les testa d'abord sur des rampes, sortes de rails métalliques verticaux légèrement inclinés vers l'arrière sur lesquels le siège en essai s'élevait jusqu'à une hauteur d'une quinzaine de mètres.

Au début, il n'y avait sur ces sièges que du matériel de mesure. Puis, lorsque les conditions devinrent acceptables, on y plaça des hommes.

Il y a longtemps eu, à Brétigny, une rampe semblable. Je crois qu'elle a disparu seulement dans les années 1970, bien après la fin des essais sur rampe de sièges éjectables. Un de mes collègues, ingénieur navigant d'essai un peu plus ancien que moi, était allé visiter le Salon aéronautique de Farnborough – l'équivalent en Angleterre du Salon du Bourget – à la fin des années 1960. On y présentait une rampe d'éjection et on y faisait la démonstration d'un siège. On lui proposa une éjection ; il accepta comme on accepte un tour de manège. Il ne devait pas avoir la tête bien droite, comme cela est conseillé lors d'une éjection. Il s'en sortit avec une minerve au cou pendant six mois.

Pendant vingt ou trente ans, les sièges éjectables ont fonctionné avec un canon. Le pilote percutait une cartouche et le canon projetait en l'air le siège et le pilote, avec une impulsion brutale et un facteur de charge momentané de plus de 10 (voir *Facteur de charge*). Ce qui nécessitait de conserver le corps bien droit pendant l'éjection, menton rentré et regard à l'infini, afin que l'accélération soit bien supportée par la colonne vertébrale.

Il y a eu de nombreux accidents : des pilotes qui baissaient la tête pour voir ce qui se passait quand le siège ne partait pas assez vite selon eux, des pilotes pas assez reculés sur leur siège et qui se brisaient les genoux à la sortie sur l'arceau du pare-brise. Sans compter ceux qui subissaient des blessures graves au passage à travers la verrière quand celle-ci n'avait pu être larguée – plus tard, on a fabriqué des verrières frangibles au travers desquelles on pouvait s'éjecter.

J'ai longtemps volé sur de tels sièges, sur le Mystère IV et sur le Vautour. Je ne raconterai pas toutes les éjections dramatiques des premières années.

Un pilote a eu son navigateur qui s'est éjecté en Vautour, on ne sait pas pourquoi. Il est rentré seul avec l'avion. On n'a jamais retrouvé son coéquipier. Un autre s'est éjecté en Vautour à grande vitesse, de nuit, après une perte de contrôle. Il a eu les deux genoux désarticulés à l'éjection, ses pieds venant heurter ses épaules. Il s'en est sorti après des mois d'hôpital. On a ensuite attaché des sangles aux jambes, sous les genoux, pour les relier au siège et éviter ce type de désagrément. Un autre pilote de chasse qui n'avait pas pu se séparer de son siège à l'éjection dans les Landes descendit avec lui jusqu'au sol. On retrouva son corps plus de six mois plus tard dans une résidence secondaire en forêt, dans laquelle il était tombé en perçant le toit de chaume. Les hélicoptères qui le cherchaient n'avaient pas vu le trou dans le toit. Le corps du pilote, toujours sur son siège, fut retrouvé par le propriétaire des lieux au milieu de la salle de séjour, par ailleurs dévastée par les eaux. Je suis passé au travers (des éjections, pas des toits). J'ai eu de la chance.

Au milieu des années 1960, les avions de chasse – ceux de la génération de l'après-guerre – étaient nombreux et ne coûtaient presque rien à côté des avions actuels. Une cellule, un réacteur et quelques instruments élémentaires : on était loin des centrales informatisées que sont devenus les avions d'armes modernes. Si bien que la perte d'un avion ne posait pas de problème majeur.

On rapportait à l'époque cette histoire, que je crois vraie, car le pilote qui me l'a racontée a été au contact direct de l'événement et était digne de confiance. On était à la veille de l'arrêt définitif des Mystère IV. Un pilote de chasse de l'escadron qui allait disparaître avait annoncé en confidence à ses amis : « Cet après-midi, je vais m'éjecter. » Un jeu stupide. Toujours est-il que l'après-midi, alors qu'il était parti, seul, pour un vol de routine, il s'est éjecté. Il faisait beau, l'éjection avait eu lieu à altitude et à vitesse idéales, il s'en est tiré sans une égratignure. Il y avait des fous dans la chasse à l'époque.

Cette autre histoire remonte à peu près à la même époque. Une patrouille de six Mystère IV traversait l'Espagne pour se rendre à Séville. Les moyens de navigation étaient alors très rudimentaires : pas de centrale inertielle, bien sûr, et seulement un radiocompas comme moyen radioélectrique. De plus, l'autonomie des avions était très réduite. À l'arrivée dans la région de Séville, la patrouille ne disposait pas d'une autonomie suffisante. Son chef, après divers essais de contact radio infructueux et des rapprochements manqués sur la balise radiocompas, réalisa qu'il n'y avait plus aucune chance de trouver le terrain de Séville à temps. Il était monté se stabiliser au-dessus de la couche de nuages avec ses équipiers et, juste avant l'épuisement complet des réservoirs, avait commandé l'éjection en patrouille. Les six sièges éjectables sont partis ensemble et ont tous bien fonctionné. Les six pilotes se sont retrouvés ensemble au sol, pas très loin de Séville.

Une autre anecdote se passe un peu plus tard, à la fin des années 1960. Un pilote de Mirage III s'éjecta quelque part dans l'est de la France. L'éjection se passa bien, mais, au bout de son parachute, le pilote tomba… au beau milieu de la cour d'un couvent. Un couvent de nonnes trappistes pour être précis. Il fut accueilli comme un envoyé du ciel. Par la suite, les bonnes sœurs comprirent qu'il n'y avait aucun signe divin dans cette irruption dans le couvent. Toutefois, le pilote fut invité chaque année à déjeuner pour l'anniversaire de l'événement.

Cette dernière anecdote se situe en 1985, sur un chasseur biplace d'entraînement. L'avion est en approche finale. Le réacteur s'éteint brutalement alors que l'appareil se trouve à une centaine de mètres de hauteur.

Le moniteur (on parle d'« instructeurs » dans l'aviation civile et de « moniteurs » dans l'armée de l'air) ordonne à l'élève, situé en place avant, de s'éjecter.

L'avion est un delta, dont la finesse est voisine de celle d'un fer à repasser (voir *Finesse*). C'est la seule solution, l'avion n'a aucune chance d'atteindre la piste et l'élève doit partir en premier. Il hésite un peu (on le comprend) et s'exécute. Lorsque le moniteur saute à son tour, c'est trop tard : il s'élève à peine au-dessus de l'avion et retombe sur la piste encore attaché sur son siège – le parachute n'a pas eu le temps de s'ouvrir. Dans un premier temps, l'avion, qui a touché le sol aux abords du seuil de piste, est freiné ; le moniteur, toujours attaché à son siège, dépasse l'avion, avec la même vitesse initiale mais moins freiné. Quelques secondes plus tard, c'est le phénomène inverse : le moniteur et son siège commencent à être freinés alors que le fuselage de l'avion, sur la piste, glisse plus librement et les dépasse, son aile passant à quelques dizaines de centimètres d'eux. Le moniteur, rattrapé par son avion (comme cet autre, rattrapé par ses balles – voir *Suicide*) s'en est sorti avec de multiples fractures, mais vivant.

Vers la fin des années 1960, on a abandonné le canon pour la fusée. L'éjection se fit désormais avec une accélération plus faible, prolongée pendant plusieurs secondes, ce qui permettait d'appliquer des facteurs de charge moins grands. De plus, il y avait une séquence automatique de séparation du siège. Il n'y a plus guère de problème avec les sièges actuels. Au point qu'au CEV, on rééquipa dans les années 1970 les avions anciens avec des sièges modernes. Au risque d'un certain inconfort, ces sièges étant plus encombrants et laissant moins de place en cockpit sur des avions comme le Vautour ou le Mystère IV, conçus pour un siège plus étroit.

Pour faire partir un siège éjectable, il suffirait de prévoir une détente, comme celle qui actionne une arme à feu. Dans la pratique, on a dès le début imaginé des commandes permettant de sécuriser au maximum l'éjection. Il existe deux types de commandes : la commande basse et la commande haute.

La commande dite « basse » peut être constituée d'accoudoirs que le pilote relève dans un premier temps, sur lesquels il peut poser ses avant-bras. Puis le pilote agit sur une détente que la manœuvre précédente a dégagée. Les accoudoirs, relevés, permettent de maintenir les jambes regroupées à l'éjection. Sur les sièges plus modernes, des sangles maintiennent les jambes contre le siège. La commande basse est entre les jambes, le pilote doit la saisir à deux mains et la tirer vers le haut.

La commande haute est un rideau replié au sommet du siège, que le pilote tire devant son visage pour s'éjecter. Le fait de tirer actionne le canon ou la fusée. L'avantage de ce système est qu'il protège le visage à l'éjection – encore que les casques modernes soient recouverts d'un heaume qui vient par gravité recouvrir le visage à l'éjection.

Remarques sur la commande haute :

– Le terme « heaume » a été oublié pendant plus de 500 ans ; il correspondait à une des parties des armures des chevaliers du Moyen Âge. Il faut dire que les pilotes de chasse sont les chevaliers des Temps modernes.

– Il s'est produit en 1986 une éjection assez particulière. Au sein d'une patrouille d'acrobatie aérienne, lors d'une présentation « face à face », deux avions de chasse sont passés si près l'un de l'autre que celui qui passait au-dessus a touché la verrière de celui qui passait au-dessous. Il l'a touchée au point de la briser et… d'accrocher au passage la commande haute du siège. Le pilote de l'avion de dessous a été éjecté, s'en sortant sans trop de mal. Son avion a bien entendu fini dans un champ voisin.

– La commande haute du siège éjectable présentait un risque certain au sol : n'importe qui, par inadvertance, pouvait la manœuvrer et provoquer un départ intempestif du siège. C'est pourquoi il était impératif de fixer une sécurité sur le siège dès la verrière ouverte, en retour de vol.

En 1961, un Mirage III était en révision dans un hangar de l'armée de l'air. La sécurité de siège avait été mal insérée. L'un des mécaniciens sol, juché sur un escabeau, travaillait sur la banquette latérale de l'avion et s'accrocha dans la poignée haute. Le siège partit instantanément vers le toit du hangar, entraînant le mécanicien avec lui. Par chance, sa combinaison céda dans les premiers mètres de la trajectoire. Le mécanicien retomba sur le dessus de l'avion, près de la dérive, seulement blessé aux jambes. Il a eu de la chance.

Combien de temps après l'éjection faut-il que le pilote se sépare de son siège et ouvre son parachute ?

On pourrait penser : le plus tard possible. En effet, il faut que l'ensemble pilote-siège soit bien écarté de l'avion avant que s'ouvre le parachute stabilisateur du siège, puis que le pilote, une fois séparé du siège, soit assez écarté de lui pour que son propre parachute ne s'emmêle pas avec le siège. Ensuite, il faut que le pilote ait le temps de tomber en chute libre vers des altitudes plus hospitalières si l'éjection a eu lieu à haute altitude – évitant ainsi un trop long séjour au bout de son parachute dans le froid et l'air raréfié.

On pourrait répondre aussi : le plus tôt possible après l'éjection pour que le pilote ait le temps de se retrouver au bout de son parachute avant de toucher le sol si l'éjection a lieu à basse altitude.

La bonne réponse est : ni trop tôt ni trop tard. On utilise pour cela une poignée dite « chronobarométrique », qui n'autorise l'ouverture qu'en dessous d'une certaine altitude, mais procède à une séquence automatique la plus rapide possible en dessous de cette altitude. Sur les sièges modernes, dits « zéro-zéro », on peut s'éjecter au sol, à l'arrêt.

Bien entendu, la séquence est entièrement automatique, pour le cas où le pilote s'évanouirait à l'éjection. Mais il y a possibilité de surpasser volontairement l'automatisme.

Certains avions atteignant des vitesses très largement supersoniques, les Américains ont créé dans les dernières décennies du millénaire des sièges éjectables-coques. Dans un tel siège, une sorte de coque constituée de deux parties (haute et basse) se referme sur le pilote avant l'éjection, et c'est elle qui tombe ensuite en parachute, pilote à l'intérieur.

De tels sièges-coques équipaient le XB-70 lors de son accident (voir *Tourbillons d'apex*). Lorsqu'ils se sont éjectés, les pilotes du Walkyrie étaient en position trop avancée pour pouvoir le faire dans de bonnes conditions avec la coque. Il leur fallait reculer le siège auparavant. Or, dans la vrille à plat, la force centrifuge les repoussait vers l'avant. Ils eurent de grandes difficultés à reculer et fermer les coques pour l'éjection. Ces sièges ont été abandonnés.

Avec l'avènement d'avions d'armes emportant un équipage de plusieurs membres, les constructeurs américains ont imaginé de remplacer les deux ou trois sièges éjectables par une capsule éjectable. C'est l'ensemble du cockpit qui était éjecté et redescendait en parachute. Le bombardier embarqué Vigilante, à flèche variable, fut équipé d'une telle capsule.

Dans un domaine de performances situé à l'autre bout de l'échelle, j'ai assisté à Brétigny à des tentatives de mise au point de ce que l'on pourrait appeler l'« éjection du pauvre ». Un ingénieur avait imaginé, pour des avions légers, une lame d'acier courbée de plusieurs mètres de long, dont une extrémité était fixée à la base de la dérive. Cette lame, naturellement cambrée vers le haut, était repliée en force pour épouser l'arête dorsale de l'avion, puis était fixée sur le dossier du siège et maintenue sur la structure de l'avion par une goupille. Lorsqu'on faisait sauter la goupille, la lame d'acier retrouvait sa courbure naturelle, projetant le siège vers le haut (voir la figure).

L'ÉJECTION DU PAUVRE

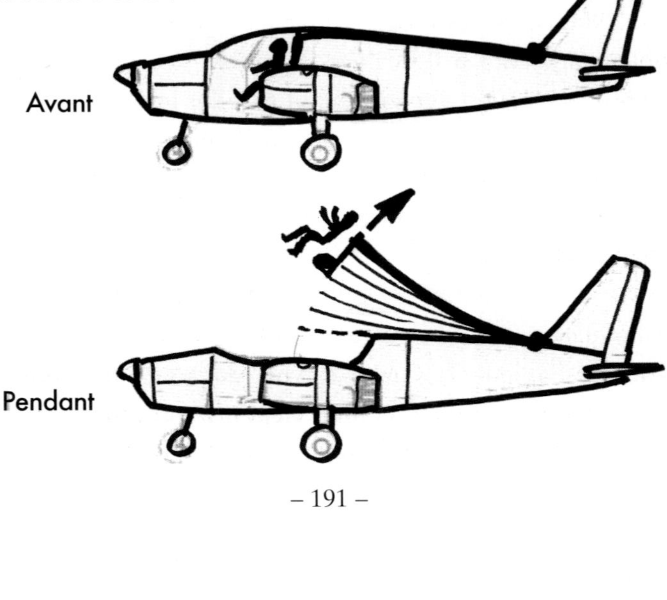

Des essais ont été conduits sur une maquette au sol. Ils n'ont pas été considérés comme satisfaisants et le projet a été abandonné.

Embarquement des passagers

Les mésaventures de l'embarquement et du débarquement des passagers, bien que marginaux sur les vols commerciaux (mais il y en a nécessairement à chaque vol) méritent un article.

Dans les premiers temps de l'aviation commerciale, les avions stationnaient sur les parkings, loin des bâtiments des aérogares. Les opérations d'embarquement et de débarquement des passagers se faisaient par des escaliers à roulettes que l'on poussait au contact de l'avion. Cela se fait encore dans certains aéroports pour des avions de taille moyenne.

À Santa Maria, aux Açores, qui était l'escale obligée de tous les avions transatlantiques à l'époque de l'hélice, il y avait des parkings de plusieurs hectares, sur lesquels stationnaient chaque jour des centaines d'avions en transit. Avec la valse des escaliers et des bus de transport.

Aujourd'hui, ces parkings sont vides et tristes. On voit encore parfois, dans les aéroports ou dans les salons de compagnies aériennes, des photos de vedettes de cinéma des années 1950 apparaissant en haut d'un escalier roulant à l'arrivée d'un vol : Charlie Chaplin, Rita Hayworth, Maurice Chevalier... Avec, bien entendu, le logo de la compagnie bien apparent sur l'escalier.

Dans les années 1960, on a inventé l'escalier intégré : l'avion disposait de son propre escalier, escamoté en vol, que l'on dépliait à l'ouverture des portes. La Caravelle fut un des pionniers dans ce domaine. Des avions court-courriers continuent à utiliser des escaliers intégrés, qui les rendent plus autonomes.

La technique généralisée maintenant porte le nom de « *finger* » ou passerelle télescopique. Les avions se placent au contact immédiat des aéroports et un couloir télescopique vient « livrer » ou « aspirer » les passagers, qui ne voient plus l'extérieur de l'avion sur lequel ils volent, ni son modèle, ni les couleurs de la compagnie. Ce qui est bien pratique pour certaines compagnies qui affrètent sans vouloir l'avouer des avions de compagnies parfois moins recommandables (voir *Billet d'avion*).

Lorsque les passagers sont à bord de l'avion et que les portes sont fermées, il faut, pour dégager l'avion de l'aérogare, le « repousser » à l'aide d'un tracteur. Cette opération appelée « *push back* » ne présente en principe aucune difficulté… sauf le jour où les personnels qui l'ont en charge sont en grève.

C'est ce qui s'est passé en 1996 à l'aéroport de Rome-Fiumicino. Les tracteurs et les engins de repoussage étaient immobilisés, et les avions parqués face aux terminaux ne pouvaient pas partir. L'équipage d'un Boeing 737 britannique, pris en otage comme les autres, avait en vain tenté de négocier. L'avion n'étant pas bloqué par des engins au sol, le commandant de bord obtint des mécaniciens sol de la compagnie qu'ils tentent de pousser l'avion à la main. Mais, même à une quinzaine de volontaires, ce n'était pas possible : l'avion était trop lourd. Le commandant sollicita alors les passagers : une cinquantaine d'entre eux vinrent aider les quinze membres d'équipage et les mécaniciens sol à pousser le Boeing 737. L'avion put reculer jusqu'à une position où l'on put mettre les moteurs en route.

Sur certains aéroports comme Washington International, des bus spéciaux sont équipés d'une cabine-ascenseur intégrée qui se place à la demande au niveau des portes d'avion et des portes de l'aérogare. Les avions restent sur des parkings lointains, mais les passagers ne sortent pas en plein air.

Sur les avions gros-porteurs modernes, en plus de la procédure des contrôles de sûreté volants tels que pratiqués aux États-Unis après les attentats du 11 septembre 2001, il faut couramment ouvrir l'embarquement quarante à cinquante minutes avant l'heure de départ. Ce qui pose de sérieux problèmes aux services d'escale. Sur les avions de la toute dernière génération, comme l'A380, qui peuvent transporter plus de 800 passagers, le problème du temps d'embarquement se pose avec une acuité nouvelle.

Enquêtes – accidents

Lorsqu'un accident aérien se produit, deux enquêtes sont diligentées, qui ont des buts assez distincts :

– l'enquête technique a pour but d'identifier toutes les causes possibles de l'accident pour éviter qu'un accident identique puisse se reproduire ;

– l'enquête judiciaire a pour but de déterminer les responsabilités, civiles et/ou pénales, des différentes parties prenantes dans l'accident.

L'enquête technique, dont l'organisation et les procédures sont définies par un texte de l'Organisation de l'aviation civile internationale (annexe 13 de la convention de Chicago), est conduite par un organisme qui dépend de l'autorité aéronautique civile du pays où s'est produit l'accident. Par exemple, pour les grands pays aéronautiques : le BEA (Bureau enquêtes-analyses) en France, l'AAIB (Air Accident Investigation Branch) au Royaume-Uni, le NTSB (National Transportation Safety Board) aux États-Unis.

Une enquête technique peut déboucher sur :

– des recommandations (à l'attention des compagnies aériennes, des constructeurs, des organismes de contrôle aérien, des aéroports). Ainsi, après un accident lié à une mauvaise récupération de décrochage à basse altitude, il a été recommandé aux compagnies aériennes utilisant l'avion de procéder à un entraînement spécial des équipages à cette situation lors des réentraînements périodiques au simulateur ;

– des exigences de modification de certains matériels ou procédures. Ainsi, après l'accident d'un A320 d'Air Inter dans les Vosges en 1992, le BEA a demandé à Airbus de modifier la présentation d'un bouton de commande sur la planche de bord de l'avion. Il s'agissait du bouton d'affichage de la pente ou de la vitesse verticale de descente, soupçonné d'être la cause de l'accident. On notera dans ce cas qu'il n'était pas certain que cet élément ait été effectivement à l'origine de l'accident. Mais c'était une des hypothèses retenues par la commission d'enquête technique, et la modification demandée allait de toute manière dans le sens d'une meilleure sécurité.

Après l'accident du Concorde à Roissy en juillet 2000, l'avion fut ainsi arrêté de vol pendant plus d'un an. Aux États-Unis, à la suite d'un accident dû au givrage d'un ATR-42, le NTSB a interdit de vol tous les ATR-42 relevant de son autorité jusqu'à ce qu'une solution appropriée soit trouvée pour empêcher le givrage mis en cause.

Je ne peux m'empêcher d'évoquer à ce propos d'autres accidents dont le NTSB a eu à traiter. À deux reprises, au cours des années 1990, à Pittsburgh et à Colorado Springs, un Boeing 737 s'est précipité vers le sol en approche finale, tuant tous les occupants. Dans chaque cas, le NTSB a refusé de conclure, attribuant l'accident à une possible turbulence, et les Boeing 737 ont continué à voler. Quand le troisième accident s'est produit, plus d'un an après le premier, le NTSB a enfin trouvé la cause (un problème de rupture dans la chaîne de profondeur) et a exigé une modification technique sur l'avion. Par chance (!) cette modification était prête chez Boeing et les 737 n'ont pas eu à être arrêtés de vol. J'oubliais de rappeler que l'ATR-42 était un avion européen et le Boeing 737 un avion américain !

L'enquête judiciaire est diligentée par un tribunal, qui recourt à des experts pour définir les responsabilités civiles ou pénales des intervenants dans un accident. Le tribunal s'entoure d'experts judiciaires, les parties, d'experts privés. (Même s'il n'y a pas d'expert judiciaire nommé sur une affaire, la présence d'un expert privé peut être requise pour aider à la détermination des causes de l'accident et des préjudices associés.)

Un débat contradictoire s'instaure. Dans certains pays, les experts privés sont invités à venir témoigner à la barre.

Après un accident, il importe que l'épave de l'avion accidenté soit sécurisée, c'est-à-dire que les autorités empêchent que des personnes non habilitées puissent s'en approcher. Il est évident que, aussitôt après l'accident, on cherche à sortir les victimes des débris de l'avion, les survivants comme les morts. Mais lorsque cette pénible opération est achevée, il faut tenter de conserver l'épave intacte pour les besoins de l'enquête. Cela n'est pas évident. Il y a parfois des amateurs de souvenirs, des badauds aux intentions malsaines qui viennent fouiller l'épave pour montrer ensuite à leurs amis qu'ils y étaient.

C'est ainsi que, dans l'accident du Boeing 747 cargo de la compagnie El-Al, qui percuta un immeuble d'Amsterdam peu après son décollage, on n'a jamais retrouvé le CVR (une des deux boîtes noires), alors que la zone où se trouvait l'épave était limitée. Mais, dans l'heure suivant l'accident, de nombreux habitants du quartier ramassaient déjà des morceaux.

Il y a aussi les pilleurs d'épaves, plus nombreux qu'on ne l'imagine quand l'épave est dans une zone retirée. Ainsi, quand le Boeing 727 qui effectuait en 1998 le vol Bogota-Quito s'est écrasé en montagne, des paysans du coin ont eu le temps de dépouiller toutes les victimes de leurs portefeuilles et de leurs bijoux avant que les premières équipes de secours n'arrivent sur les lieux.

On a expliqué plus haut (voir *Boîtes noires*) qu'il y avait deux boîtes noires par avion. Ces deux enregistreurs sont parfois munis d'équipements complémentaires :

– le FDR, enregistreur de paramètres, doit impérativement, sous peine de laisser perdre des informations essentielles, être confié pour lecture à un organisme compétent, du type BEA ou NTSB. Et ce, que l'information enregistrée soit analogique (modèles anciens) ou numérique (DFDR modernes) ;

– le CVR (enregistreur des voix et bruits en cockpit) ne livre ses secrets que dans sa version originale. Une transcription écrite, sans le ton des voix et sans les bruits, est insuffisante, comme l'est *a fortiori* une traduction. Pour ne pas parler des versions expurgées, où un premier enquêteur s'arroge le droit de décider de ce qui est important et de ce qui ne l'est pas. Or, même les sujets « hors travail aérien » relevés sur un enregistrement peuvent être utiles dans la recherche de la vérité.

Il est de notoriété publique que, dans une enquête judiciaire, il y a autant d'opinions que d'experts questionnés. Bien que cela frise un peu la caricature, il faut reconnaître que cela arrive souvent, même dans les accidents d'avions. On peut comprendre ces divergences de vues quand deux experts sont diligentés par les avocats de deux parties opposées, dans un débat judiciaire. Mais cela arrive également dans des enquêtes, techniques ou judiciaires, pour lesquelles des experts sont censés travailler ensemble.

On signalera, à titre d'information, qu'il n'existe aucun diplôme officiel d'expert. Un expert judiciaire est désigné par la cour au seul vu de son expérience. Un expert privé est choisi au seul vu de ses résultats dans des affaires antérieures.

Il n'est pas rare qu'une enquête judiciaire sur un accident aérien dure plus de dix ans (celle du mont Sainte-Odile en est un exemple). C'est pourquoi on demande à l'enquête technique, la première à être effectuée, essentiellement factuelle, d'être rapide et de donner la liste de toutes les causes potentielles, sans pour autant décider celle qui est à retenir. Ainsi, si une modification technique doit avoir lieu, cela sera possible sans attendre, pour éviter des accidents ultérieurs.

En 1972, un DC-10 qui effectuait le vol Detroit-New York connut de graves problèmes : explosion, décompression, perte d'efficacité des gouvernes de direction et de profondeur, alarme feu moteur. Un déroutement en urgence permit de sauver la quasi-totalité des occupants. La cause de l'accident était la perte en vol d'une large porte de soute, qui avait mal été vérifiée avant le départ. On découvrit vite que la signalisation de fermeture de cette porte était insuffisante. Mais on ne prit pas de décision immédiate de modification de ce système de signalisation.

Deux ans plus tard, la même porte se séparait en vol d'un autre DC-10, au-dessus d'Ermenonville, après un décollage de Paris. Cette fois, il n'y eut aucun survivant (voir *Commandes de vol électriques*).

En cas de perte de vie humaine, diverses conventions internationales (Montréal, Varsovie) ainsi que des règles européennes ont tenté de fixer des barèmes. Pour un décès survenu dans le transport commercial, les proches de la victime reçoivent en moyenne 100 000 euros au titre du préjudice moral (avec une tendance au déplafonnement) et un capital destiné à assurer leur survie. Pour un décès survenu dans un transport privé ou non commercial, les sommes forfaitaires sont en constante évolution.

Bien entendu, la décision de justice peut largement modifier ces valeurs. Au cours des dix dernières années, des ayant droit de victimes de certains accidents en transport régulier ont parfois été indemnisés à hauteur de plusieurs centaines de milliers, voire de millions, d'euros.

Le niveau de l'indemnisation dépend de la situation de famille de la victime et vise à assurer la poursuite de la vie de ses ayant droit dans les mêmes conditions matérielles qu'avant l'accident (la veuve d'un ouvrier percevra une indemnisation moindre que celle d'un chef d'entreprise).

Si on en croit certaines sources, la grande majorité des accidents aériens est due à des erreurs humaines. Et l'interprétation commune de cette assertion est que la majorité des accidents aériens est due à des erreurs de pilotage. En fait, les analyses d'accidents un peu plus poussées montrent que, malgré une amélioration certaine de la technologie des avions, un certain nombre d'accidents restent dus à des défaillances de matériel (panne de moteur, etc.). S'il y a défaillance humaine, elle trouve parfois son origine dans la calle d'un opérateur en chaîne de montage (voir *Commandes de vol*) ou d'un contrôleur de la circulation aérienne (rarement officiellement mis en cause dans les accidents). Des erreurs humaines qui n'ont rien à voir avec les pilotes. Il y a souvent des défauts de conception des avions, que les experts répugnent à mettre en évidence, car ils mettent en cause la responsabilité des autorités de certification qui ont laissé passer un défaut. Une analyse plus poussée des causes d'accidents montre que la part à attribuer aux pilotes est bien plus restreinte qu'on ne croit. De plus, ceux-ci perdent souvent la vie dans l'accident et ne sont donc plus là pour se défendre.

Pour conclure sur ce point, on pourrait, en philosophant quelque peu, dire que, du fait que les machines sont l'œuvre des hommes et qu'elles n'ont pas encore la faculté de se reproduire par elles-mêmes, tout accident a une origine humaine, même si la machine est en cause. C'est à ce titre que la grande majorité des accidents est due à des erreurs humaines.

Entraînement

La pratique de tout métier comporte des phases d'entraînement. Plus le métier est difficile, plus l'entraînement est long et détaillé.

Au début de la carrière de pilote de ligne (pour ne parler que de la ligne), il y a un premier entraînement au cours duquel le futur pilote apprend les principes, puis les manœuvres basiques du pilotage : le décollage, l'atterrissage et les évolutions élémentaires. En ajoutant à cet entraînement l'apprentissage théorique et l'apprentissage pratique, il faut compter environ deux à trois ans de préparation en début de carrière.

Il y a ensuite l'apprentissage du métier de pilote de ligne, dont la durée dépend de l'expérience antérieure. Il est bien entendu plus long pour un pilote *ab initio* que pour un ancien pilote militaire, par exemple.

Par la suite, l'entraînement fait partie de la vie des pilotes. Il ne cesse jamais. En dehors des stages d'information sur les matériels et règlements nouveaux, il y a des entraînements périodiques systématiques au vol, sans et avec pannes simulées. Il existe des entraînements à l'évacuation des avions, à la survie en mer, à l'extinction des feux de nature différente.

Périodiquement, lors du changement de machine – un pilote de ligne n'est qualifié que sur un avion à la fois –, il y a des stages d'apprentissage du nouvel avion, sous forme de cours théoriques et de pratique au simulateur de vol. Tous ces entraînements sont régulièrement suivis de tests de contrôle par des examinateurs agréés par l'autorité aéronautique.

Équipage

L'équipage est constitué de l'ensemble des professionnels participant à la conduite d'un vol.

Sur un avion léger ou sur un avion de chasse, l'équipage est réduit au seul pilote. Sur des vols plus complexes, on rencontre plusieurs membres d'équipage de différentes spécialités.

Sur un vol d'essai, il y a un équipage d'essai, constitué de pilotes d'essai, d'ingénieurs navigants d'essai, d'expérimentateurs et, éventuellement, de mécaniciens navigants d'essai. En fait, sur certains gros avions sur lesquels sont conduits des essais indépendants de la conduite directe du vol, il peut y avoir des membres d'équipage seulement chargés de la conduite de l'appareil, sans être concernés par les essais :

mécaniciens navigants, par exemple. Des mécaniciens navigants d'essai sont requis seulement sur les avions sur lesquels il y a effectivement des essais moteurs.

Sur un vol commercial, il y a l'équipage technique (qui pilote et commande l'avion), constitué de pilotes et autres spécialités (voir *Équipage de conduite*), tous dits « PNT » (personnels navigants techniques). Il y a aussi les stewards et hôtesses de l'air, les « PNC » (personnel navigant commercial), chargés de la sécurité des passagers et du service commercial en cabine.

Sur un vol militaire, il peut y avoir un seul pilote, ou un pilote et un opérateur systèmes, ou encore un équipage plus complet dans les avions plus gros, de transport par exemple.

L'aviation est une distraction, et aussi un métier. Même lorsqu'elle est pratiquée pour le plaisir, l'aviation est soigneusement encadrée. On ne peut pas laisser voler un pilote sans précautions, tant sont grands les risques à bord d'un avion, non seulement pour le pilote lui-même, mais aussi pour les personnes qu'il peut transporter. Et également pour les personnes et les biens au sol.

Même pour un pilote amateur (on préfère dire un « pilote privé »), on exige une licence (dite à juste titre « licence de pilote privé »), qui est obtenue après un examen au sol détaillé et des épreuves en vol.

Pour les navigants professionnels, la réglementation est bien entendu plus stricte. Qu'il s'agisse des personnels de conduite, des personnels des essais en vol ou des PNC, cette réglementation impose que tous les personnels fassent les études appropriées et accèdent à des brevets de haut niveau. De plus, elle exige des examens médicaux approfondis (physiques et mentaux) réguliers, des contrôles de connaissances au sol et en vol, tant en début de carrière que lors de stages périodiques intensifs.

En France, cette réglementation, qui n'était que française à la fin du XXe siècle, est devenue européenne avec l'intégration de la France dans les JAA (Joint Aviation Authorities) – devenues ensuite EASA (Agence européenne pour la sécurité aérienne) – dont le siège est à Amsterdam (où j'ai été un temps intégré au service des examens et licences européens).

Pour les pilotes, la réglementation impose non seulement de passer des examens, mais également d'avoir été formés dans des écoles (sol et vol) agréées.

La notion de « brevet » correspond à un niveau de connaissances, alors que celle de « licence » correspond au droit d'exercer les fonctions auxquelles le brevet donne accès – le brevet est acquis une fois pour toutes, la licence doit être renouvelée tous les ans, parfois deux fois par an.

Équipage de conduite

Dans l'aviation commerciale, l'équipage de conduite d'un aéronef, le personnel navigant technique (PNT), est défini de façon stricte, en fonction de règles de base.

On définit quatre tâches qui doivent être accomplies en permanence à bord des avions commerciaux :

– la tâche pilotage, qui consiste à gérer la trajectoire de l'avion à court et à moyen termes (décollage, montée, approche...) ;

– la tâche mécanique, qui consiste à gérer les différents ensembles techniques de l'avion (moteurs, systèmes électrique et hydraulique...) ;

– la tâche navigation, qui consiste à gérer l'itinéraire du vol à moyen et à long terme ;

– la tâche radiocommunications, qui consiste à assurer les communications radio avec les organismes du contrôle aérien au sol.

Chacune de ces quatre tâches doit être assurée par un professionnel disposant de la licence adéquate, qui est dit « titulaire » de cette tâche. De plus, il doit y avoir dans l'équipage un membre désigné pour l'assurer en cas de défaillance de son titulaire, qui est dit « remplaçant ».

À bord d'un avion commercial, un des membres porte le titre de commandant de bord, et est responsable du vol et de l'avion. Il prend toutes les décisions utiles à la bonne conduite du vol dans le cadre des règles d'emploi définies. Le commandant de bord est un des pilotes, traditionnellement installé dans le siège gauche. Sur les hélicoptères, le commandant de bord est en place droite. On notera – bien qu'on sorte ici de l'aviation commerciale – que sur certains avions de l'aéronautique navale (comme sur les avions de reconnaissance maritime Atlantic), le commandant n'est pas un pilote, mais l'officier le plus gradé installé derrière, au milieu des équipements électroniques de recherche. Sur d'autres avions de l'armée de l'air, c'est le navigateur qui peut être commandant de bord (on dit « commandant d'avion ») s'il est le plus gradé.

Il est à remarquer que, en cas de problème grave en vol, les services au sol ne prennent jamais de décision. Les différents services de la compagnie peuvent être interrogés par le commandant de bord sur telle ou telle question. Ils donnent tout renseignement utile, mais se refusent toujours à indiquer la décision finale à prendre, celle-ci restant un lourd privilège pour le commandant de bord. Le commandant, seul maître à bord, est remplacé par le second pilote dans la fonction commandement en cas de défaillance.

Il y aurait bien des anecdotes à raconter au sujet des responsabilités du commandant de bord. Un jour, je décollais d'un aérodrome africain un lendemain de coup d'État dans le pays, avec à bord le médecin personnel (un Européen) du président déchu. Quittant l'espace aérien de ce pays, je reçus l'ordre de revenir me poser, le médecin étant soupçonné d'avoir emporté avec lui une partie du trésor de l'État. J'étais en vol en espace international. Il n'y avait pas de moyen pouvant me forcer physiquement à revenir atterrir. Le médecin, accompagné de sa femme, me suppliait de ne pas obtempérer, craignant le pire pour lui et sa famille. J'ai rapidement établi un contact radio avec des responsables de la compagnie qui, malgré des intérêts importants en jeu (personnel au sol dans ce pays et intérêts commerciaux) ne m'ont dicté aucune action. J'ai dû dialoguer directement avec le Quai d'Orsay, vite venu sur la fréquence, qui a négocié avec les nouveaux maîtres du pays une solution acceptable pour tous : atterrissage dans un pays tiers, remise du médecin et de sa femme à l'ambassadeur de France au pied de l'avion. Cette solution fut appliquée, au grand soulagement de tous.

Lorsqu'un nouvel avion commercial est certifié, son certificat de navigabilité (CDN) porte mention de l'équipage minimal de conduite.

Dans la définition de cet équipage apparaissent les noms des titulaires et des remplaçants des quatre tâches de base de la conduite du vol de l'avion.

Les premiers avions commerciaux de l'après-guerre, mal équipés, nécessitaient la présence d'au moins un spécialiste par tâche. Ainsi, le Douglas DC-3 (également connu, en version militaire, sous le nom de C-47 Dakota), comme celui que nous avions au CEV de Brétigny en un exemplaire unique, avait un équipage de cinq membres dans son utilisation en compagnie commerciale.

Il y avait à bord :

– pour la tâche pilotage, un pilote secondé par un deuxième pilote ;
– pour la tâche mécanique, un mécanicien secondé par un pilote ;
– pour la tâche navigation, un navigateur secondé par le radio ;
– pour la tâche radiocommunications, un radio secondé par le navigateur.

Tout cela pour un avion capable de transporter seulement quelques dizaines de passagers, un luxe qui paraît maintenant exorbitant.

Puis les premiers automatismes sont apparus, à la fin des années 1950, sous forme de postes radio à quartz, dont le réglage en fréquence se faisait simplement, sans la longue recherche de jadis, en tournant le bouton d'un condensateur récalcitrant. N'importe qui pouvait désormais afficher la fréquence d'une tour de contrôle ou d'une balise radio-compas. Le radio n'était plus indispensable. Le navigateur assumait la tâche radiocommunication, et une place était libérée pour les passagers ou le fret. Les radios laissés pour compte se reconvertissaient en navigateurs.

À la fin des années 1960, ce sont les systèmes de navigation qui ont fait un bond en avant avec les centrales inertielles. Il suffisait d'afficher les coordonnées de la destination et le système donnait route et distance vers ce point (voir *Inertie*). Le navigateur n'était plus indispensable. Plus de visée astronomique au travers de l'astrodôme, plus de vent par trois dérives. Les pilotes pouvaient afficher seuls les balises VOR (VHF Omnidirectionnel Radio Range) et DME (Distance Measuring Equipment) et gérer seuls la navigation inertielle. Une nouvelle place était libérée pour les passagers ou le fret. Les navigateurs laissés pour compte se reconvertissaient en mécaniciens.

À la fin des années 1970, les automatismes faisaient irruption dans la gestion des systèmes avion. Avec l'informatique numérique (pour ne pas dire « digitale », comme nos collègues anglo-saxons), avec la miniaturisation des calculateurs et les progrès des écrans cathodiques, il devenait possible non seulement de surveiller automatiquement et en permanence le circuit hydraulique ou les moteurs, mais en plus d'aider les pilotes à traiter les pannes (voir *Panne*). Le mécanicien navigant n'était plus indispensable. Une nouvelle place pouvait être libérée pour les passagers ou le fret.

Mais un problème imprévu se posa. Autant il avait été facile de transformer les radios laissés pour compte en navigateurs, puis les navigateurs laissés pour compte en mécaniciens, autant il était difficile de transformer en pilotes les mécaniciens laissés pour compte. On ne fabrique pas facilement un pilote à partir d'un autre spécialiste de 30 ou 40 ans. Les syndicats se sont mobilisés ; au lieu de s'attaquer au reclassement des mécaniciens navigants, ils se sont attaqués à l'équipage à deux sur le plan technique. Il a fallu près de dix ans pour que le conflit s'apaise, avec le reclassement d'un maximum de mécaniciens et l'acceptation (sans plus de réserve) de l'équipage à deux par les syndicats de pilotes (voir *Équipage à deux pilotes*).

Quid de l'équipage à un seul pilote ? Bien entendu, la question peut être soulevée et je félicite le lecteur perspicace qui se la sera posée. Le problème change ici de dimension. En effet, cet équipage à deux pilotes respecte les principes de base énoncés plus haut : quatre tâches, avec pour chacune un titulaire et un remplaçant. Avec deux pilotes, chacun a deux tâches en propre et est remplaçant pour les deux autres. Si bien que, en cas d'indisponibilité d'un des deux pilotes en vol, le seul pilote survivant peut continuer à gérer le vol, quitte à le réduire (quand on parle d'indisponibilité d'un pilote, on n'envisage pas seulement sa mort, mais aussi un possible malaise le rendant inopérant, si bien que le terme « survivant » employé ici est un peu excessif). On comprend que cette redondance exigée par les règlements ne pourrait être respectée avec un équipage réduit à un seul pilote. C'est pour cela que, dans l'aviation commerciale, l'équipage à un seul pilote n'est pas à l'ordre du jour.

Même à deux pilotes, il arrive que, en cas de « perte » d'un pilote en vol, le survivant ne puisse sauver l'avion. Sur un Lockheed Electra, en

1966, le commandant de bord pilotait l'avion en approche finale. À basse hauteur, il eut une crise cardiaque. Le copilote n'eut pas le temps de reprendre les commandes et l'avion percuta une colline située dans l'axe de piste, tout près du seuil. Il n'y eut que 15 survivants sur les 98 occupants.

Certains réfléchissent à un avion commercial sans pilote. Il y a eu, au début du XXIe siècle, des symposiums pour analyser la faisabilité d'un tel avion. Avec la redondance des moyens de pilotage automatique embarqués, avec les équipements extrêmement performants et hautement fiables des aéroports, la chose est techniquement envisageable. Il m'est arrivé, lors de certains vols commerciaux de grande amplitude, de brancher le pilote automatique deux minutes après le décollage et de le débrancher seulement après un atterrissage automatique à l'arrivée. Seul le décollage n'était pas automatisé au tournant du millénaire.

Certains avancent que l'avion sans pilote serait techniquement réalisable en 2020. Techniquement. Car on peut se demander si des passagers accepteraient d'embarquer dans un tel avion aussi facilement qu'ils ont accepté en l'an 2000 d'embarquer sur des rames de métro sans conducteur.

Équipage à deux pilotes

L'avènement de l'équipage à deux pilotes a été en France tout une aventure, du fait de l'opposition des syndicats de pilotes et de mécaniciens navigants, qui avaient choisi de l'attaquer sur le plan technique.

C'est la société Airbus qui a eu la lourde tâche de préparer le terrain dans ce domaine. Pour ne pas présenter *ab initio* un nouvel avion PEQ-2 (c'est-à-dire à équipage à deux), Airbus a, dans un premier temps, modifié un avion existant pour le faire passer d'un équipage à trois à un équipage à deux. C'est un A300 qui, pour ce faire, a été transformé en A300-FFCC (Forward Facing Crew Cockpit – Airbus a toujours préféré l'anglais au français pour sa documentation, ses labels dans les cockpits, les ordres d'essais, briefings et débriefings, au point que j'ai assisté à des débriefings en anglais entre des pilotes et ingénieurs tous français). Suprême habileté : pour éviter une crise à l'arrivée de cet avion dans une compagnie française, l'A300-FFCC était destiné à une seule compagnie, étrangère bien entendu, la compagnie indonésienne Garuda.

On a commencé à développer un système de surveillance et de gestion des systèmes et d'aide à la gestion des pannes, nommé ECAM (Electronic Centralized Aircraft Monitoring, qui se traduit en « calculateur centralisé de gestion des systèmes avion »). On a ensuite regroupé tous les instruments de contrôle des circuits ainsi que tous les moyens d'action sur ces circuits sur des panneaux accessibles aux deux pilotes sans effort particulier. Il a fallu inventer un code couleur et un nouveau principe, dit « pousse-bouton » (*push-button* en langage Airbus) pour simplifier les analyses et décisions des pilotes en cas d'anomalie.

L'ECAM est analysé plus loin (*Panne*). Le principe « pousse-bouton » consiste (de façon schématique) à illuminer, en cas de panne, les boutons que les pilotes doivent presser pour traiter la panne. On a ensuite, dans un simulateur d'essai, simulé toutes les pannes possibles, en vérifiant que les deux pilotes, voire un seul, étaient capables de les gérer seuls. C'est seulement à ce stade que l'on a pu certifier l'A300-FFCC et l'exporter, puis que l'on a pu envisager de concevoir, réaliser et certifier un avion à équipage à deux pilotes pour le marché français. J'ai activement participé à la validation du projet A300-FFCC, puis à sa certification pour livraison à Garuda. Mais c'est au stade suivant que j'ai dû m'investir à fond.

Conforté par les résultats de l'A300-FFCC, Airbus s'est lancé dans le projet suivant, celui de l'Airbus A310, un avion entièrement nouveau, conçu basiquement pour un équipage de deux pilotes. La conception de cet avion a été très voisine de celle de l'A300-FFCC pour ce qui est du cockpit. Le calculateur ECAM a été finalisé, et la planche de bord équipée de tubes cathodiques (petits écrans de télévision couleur), dans la mouvance qui se matérialisait peu à peu chez tous les constructeurs.

Six tubes cathodiques ont été installés en planche de bord : deux pour la gestion des systèmes, justement nommés « tubes ECAM », au centre, et deux fois deux (deux à gauche, deux à droite) pour le pilotage et le suivi du vol, nommés EFIS (Electronic Flight Instrument System – voir *Écran de cockpit*). Pour la certification française, on a commencé par recréer, dans un simulateur d'essai, toutes les pannes imaginables. Et on a démontré que l'équipage à deux pilotes pouvait être informé de ces pannes et les gérer sans problème. Puis, pour montrer que cette gestion des pannes pouvait s'intégrer dans la conduite complète d'un vol, avec gestion d'une trajectoire commerciale, trafic radio, contraintes du contrôle aérien et problèmes commerciaux, on a effectué des vols complets au simulateur d'essai.

Dans ces vols simulés, les pilotes d'essai aux commandes ignoraient bien entendu tout des difficultés qu'ils allaient rencontrer, difficultés organisées par des officiels de la DGAC, chargée de la certification, et des pilotes et ingénieurs du CEV tenus à la confidentialité.

La réticence des syndicats de pilotes étant nettement perceptible, on a préféré pousser la certification plus loin, afin d'armer les compagnies françaises clientes de l'A310 contre les critiques à l'arrivée en ligne de l'avion. On a démontré que la charge de travail dans le cockpit de l'A310 était raisonnablement acceptable dans les pires configurations de vol. Comme il n'existait pas à l'époque de mesure objective validée de la charge de travail, on a mis au point une mesure mi-objective, mi-subjective (voir *Charge de travail*).

Après mise au point d'une méthode de certification de la charge de travail, des équipages cobayes ont été choisis et formés, mêlant pilotes d'essai du CEV et pilotes de ligne détachés à la DGAC.

Pendant un mois, ces pilotes ont effectué des dizaines d'étapes européennes, de Londres à Rome, d'Amsterdam à Francfort. En vol fictif au simulateur, puis en vol réel, à la cadence de quatre étapes consécutives tous les deux jours, avec repos réglementaire et mise en place par des lignes régulières avec pannes simulées, tant avant le vol qu'en cours de vol, et préparées à leur insu. Pendant les vols, les pilotes cobayes donnaient sur demande leur évaluation subjective de leur charge de travail, qui était corrélativement mesurée par les appareils physiologiques dont on les avait équipés. Pour tous les vols, il y avait en plus en cockpit un pilote d'essai Airbus pour la sécurité ultime (l'avion n'ayant pas encore été certifié) – qui n'a jamais eu à intervenir – et un officiel de la DGAC.

Les pannes allaient de pannes simples à des pannes aussi graves que la perte d'un moteur, la panne de l'ECAM (rendant obligatoires une surveillance et une gestion technique classiques de l'avion) et l'indisponibilité du commandant de bord à mi-vol. Avec interdiction dans ces cas de demander de l'aide au contrôleur de la circulation aérienne. Il m'est arrivé, au cours de cette campagne, d'avoir à atterrir à Francfort, seul pilote aux commandes (l'autre pilote étant fictivement rendu indisponible), avec une panne (provoquée) du pilote automatique, avec 100 mètres de plafond (réels) et deux circuits d'attente.

Au terme de ce long processus, l'A310 a été certifié et livré aux compagnies françaises puis étrangères. Les syndicats de pilotes ont fini par accepter l'avion et ses deux pilotes, après un baroud d'honneur dans lequel ils ont imposé aux premiers A310 d'Air France un panneau d'instruments limité et complètement inutile en place arrière pour un mécanicien navigant-spectateur, qui a duré quelques mois. La certification étrangère de l'A310 n'a posé aucun problème. La FAA américaine avait déjà certifié le DC-9, les Boeing 737, 757 et 767 à deux pilotes. Il y a eu ensuite la certification française de l'A320, qui a suivi le même processus, et la certification française des avions américains Boeing 747-400 et MD-11, premiers long-courriers à équipage à deux, sur lesquels j'ai obtenu d'effectuer des vols analogues. J'ai ainsi effectué un vol d'essai Seattle-Hawaï-Seattle avec pannes en Boeing 747-400, et un vol Londres-Pôle Nord-Yuma (Arizona) dans le même style en MD-11. Ces deux vols avec seulement deux pilotes aux commandes.

Comme il a été dit plus haut, un équipage à deux pilotes doit pouvoir assurer les quatre tâches avec, pour chacune, un titulaire et un remplaçant.

Pour que tous les pilotes (commandants de bord et copilotes) puissent piloter l'avion chacun son tour, la répartition des tâches n'a pas été gelée une fois pour toutes. On a décidé qu'il y aurait dans chaque vol un pilote en fonction (PF) et un pilote non en fonction (PNF), alternativement le commandant de bord et le copilote ; que le PF assurerait en titulaire les tâches pilotage et navigation, le PNF les tâches communications et mécanique ; que chaque pilote serait remplaçant dans les tâches où il n'était pas titulaire. Le commandant de bord restant toujours commandant de bord, sauf, comme expliqué précédemment, en cas d'indisponibilité, où il est remplacé par le copilote.

Combien y a-t-il de pilotes dans un avion défini pour un équipage à deux pilotes ? Voilà une bonne question. La réponse est : de deux à quatre, voire cinq pilotes. En effet, sur un tel avion, deux pilotes constituent l'équipage minimal de conduite. Pour des vols très longs pouvant dépasser quinze voire dix-huit heures (comme sur l'A340-500), il n'est pas question de laisser seulement deux pilotes en cockpit (encore que, pour les besoins de la certification, de tels vols aient pu avoir lieu avec seulement deux pilotes, dans des avions artificiellement pénalisés par des pannes). Pour les vols longs, il y a à bord plusieurs pilotes, dont certains se reposent, dans des cabines isolées et confortables, pendant que les autres travaillent.

Sur un vol de treize-quatorze heures (vols Europe-Extrême Orient), il y a en général quatre pilotes, répartis comme suit : deux équipages complets comprenant un commandant de bord et un copilote chacun qui se partagent le vol en permutant à mi-parcours (c'est le cas à British Airways), ou bien un commandant de bord et trois copilotes (c'est le cas à Air France) ; dans ce cas, le commandant de bord est dans son siège au départ et à l'arrivée.

En cours de vol, pendant quelques heures, il y a en place gauche un copilote très confirmé, capable de prendre des décisions urgentes, si l'on n'a pas le temps de réveiller le commandant de bord : essentiellement de décider une descente d'urgence en cas de dépressurisation.

Autre question : un équipage à deux pilotes est-il plus sûr qu'un équipage à deux pilotes plus un mécanicien navigant ? Voilà encore une bonne question. Le niveau de sécurité dans un cockpit ne croît pas avec le nombre de professionnels qui y opèrent. On se rappelle l'accident du TriStar en Floride (voir *Altimétrie*) : il y avait en cockpit, en plus de l'équipage de conduite classique, un technicien de la compagnie, donc quatre professionnels qualifiés. À la suite d'un problème de train d'atterrissage, les quatre professionnels se sont occupés de ce problème, délaissant la conduite du vol : l'avion s'est posé dans les marécages des Everglades.

Mais, si le niveau de sécurité dans un cockpit ne croît pas avec le nombre de professionnels qui y opèrent, il est incontestable qu'une troisième paire d'yeux peut dans certains cas être fort utile. Surtout dans les phases de vol surchargées comme le décollage ou l'atterrissage. On a pu mettre en évidence, dans certains accidents, que la présence d'un troisième homme aurait pu – peut-être – éviter un drame.

L'équipage minimal de conduite de deux pilotes doit être considéré comme une solution acceptable compte tenu des progrès en informatique appliquée aux avions commerciaux. Ce n'est peut-être pas un optimum dans tous les cas.

Espace

J'ai côtoyé l'espace de près, si j'ose dire. Parce que les sélections pour les premiers spationautes français ont été faites au sein du CEV et qu'elles ont commencé peu après mon premier départ (pour une parenthèse de quatre ans), en 1973. Quand je suis revenu au CEV ensuite, j'ai été employé sur des programmes chargés et il n'était plus temps pour moi de tenter l'aventure.

J'ai un peu travaillé pour l'espace sur les avions « Zéro g » (voir *Facteur de charge*). J'ai eu l'occasion de passer un certain temps à la Cité des étoiles de Moscou et de faire diverses séances sur des simulateurs de vol de véhicules et stations russes. J'ai également mené, au profit du CNES (Centre national d'études spatiales), une étude sur la formation des spationautes européens.

Au passage, le mot « spationaute » désigne les navigateurs spatiaux en France. Le mot « cosmonaute » est réservé aux navigateurs russes, et le mot « astronaute » est réservé aux Américains. Ce qui fait que Jean-Loup Chrétien est à la fois le premier spationaute français et le premier cosmonaute français, et que l'on a pu présenter Patrick Baudry, deuxième Français à aller dans l'espace, comme le premier astronaute français.

En 2003, les Chinois ont envoyé leur premier homme dans l'espace avec une fusée de leur fabrication. Ils ont décidé de définir un nouveau nom pour cette nouvelle fonction : « taïkonaute ».

Dans l'espace, il faut continuer à vivre. Pour cela, il faut se nourrir et accomplir certaines fonctions physiologiques d'élimination des déchets. Du fait de l'apesanteur, toutes ces opérations ne sont pas simples. Pour s'alimenter, il faut utiliser des tubes distribuant la nourriture sous forme liquide ou pâteuse, tubes que l'on presse directement dans la bouche. Pour les autres fonctions, on a trouvé d'autres solutions, trop difficiles à expliquer ici (se reporter aux ouvrages spécialisés).

Les tout premiers hommes à aller dans l'espace étaient, il faut bien le dire, de simples « sacs de sable » (expression utilisée dans l'aviation pour ceux qui sont dans un cockpit sans avoir accès aux commandes de vol). Gagarine, le premier cosmonaute, était enfermé dans une boule d'acier, avec un tout petit hublot, et sans le moindre moyen d'action. Puis il a été possible, pour les spationautes, d'avoir certaines possibilités d'action sur leur vaisseau. On a alors choisi pour l'espace des pilotes d'essai. Lors de son deuxième retour sur terre, Jean-Loup Chrétien a eu à orienter manuellement (par des jets de gaz) le vaisseau russe dont le système d'orientation automatique était défaillant. Mais les scientifiques ont vite fait leur apparition, la complexité de certaines expériences nécessitant leur présence. Actuellement, les équipages comportent aussi bien des pilotes (en particulier dans la navette spatiale américaine, où ils sont indispensables pour le retour) que des scientifiques.

Chaque fois qu'un vol est décidé, deux équipages complets sont désignés pour ce vol, formant deux équipes indissociables, un premier équipage en titre, un second en remplacement (doublure). Les deux équipages subissent, pendant six à dix mois, le même entraînement, mais séparément. Lors des déplacements d'un centre d'entraînement à l'autre, ils voyagent par des moyens différents. Si l'un des membres de l'équipage en titre rencontre des problèmes avant le départ, l'ensemble de l'équipage est remplacé par le second équipage. Chaque spationaute a le droit d'emporter avec lui une certaine quantité d'affaires personnelles (définie en poids). Beaucoup emportent dans le lot un appareil photo. Mais il n'y a guère de temps de libre, entre les tâches prévues au programme du vol (expériences et travaux divers), les exercices physiques, les repas et le repos. Quand un spationaute dispose de quelques minutes pour prendre des photos, il faut encore, pour que les photos soient réussies, qu'il fasse jour dessous et que les régions survolées soient dignes d'intérêt – la Terre est recouverte en majeure partie de surfaces inondées.

Pour les vols de longue durée, chaque spationaute se réserve, pour son équilibre psychologique, un petit coin privé. Il semble que cela soit indispensable pour éviter des troubles de comportement.

Bien des jeunes se demandent ce qu'il faut faire pour devenir spationaute. La réponse n'est pas simple, car il n'y a pas de filière définie. Une seule chose est certaine, il faut de préférence s'orienter vers la recherche, que ce soit dans l'une des branches de la physique ou dans la mouvance biologie-médecine. Et il faut être excellent dans la voie choisie. Puis guetter l'occasion, qui a de fortes chances de se présenter un jour.

Il y a eu relativement peu d'accidents liés aux vols spatiaux, si l'on tient compte du nombre de vols qu'il y a eu au total. Des cosmonautes russes ont été confrontés à un problème de parachute à la rentrée. Des astronautes américains ont brûlé dans leur capsule, alors ventilée à l'oxygène pur, au pas de tir. Et deux navettes américaines ont explosé, l'une au départ, l'autre en cours de rentrée. Ce qui ne fait pas un fort pourcentage de victimes parmi les centaines de spationautes qui sont partis.

Essais en vol

J'aimerais parler un peu des essais en vol, ne serait-ce que pour dissiper quelques fausses idées. Faire des essais en vol est un métier extraordinaire, si exceptionnel par lui-même qu'il n'est pas nécessaire d'en rajouter.

Si certains vols d'essai permettent d'ouvrir une partie du domaine de vol sur un prototype, nombre d'entre eux ne sont que des vols de développement de systèmes : vols de développement d'un radar air-air, d'un système de suivi de terrain automatique, d'un dispositif de largage de charges à basse hauteur... Des vols moins glorieux, mais pas moins intéressants. Il y a également des vols de recherche, tels les vols de simulation d'apesanteur ou les vols d'étude du dialogue homme-machine. Et il y a les vols de réception d'un avion sorti de chaîne ou d'un avion ayant subi d'importantes réparations. Il y a aussi les vols de certification, dont il a été question plus haut. À ce propos, je ne puis m'empêcher de rappeler la définition du parfait pilote d'essai chargé de la certification d'un avion nouveau : ce doit être un pilote d'une habileté moyenne, de façon à ce qu'il ne trouve pas trop faciles des tâches que le pilote moyen pourrait trouver ensuite difficiles. Avec une telle définition, je pense avoir été un bon pilote de certification.

Au cours des vols d'essai d'avions commerciaux, l'appareil est équipé de très nombreux capteurs et systèmes de mesure. L'intérieur de la cabine (future cabine passagers) est occupé par des postes de travail réservés aux ingénieurs, avec enregistreurs de paramètres en temps réel, écran de télévision reproduisant le cockpit en direct, calculateurs et moyens divers de liaison avec les ingénieurs au sol.

Une autre idée reçue sur les pilotes d'essai est qu'ils s'en vont faire un vol spectaculaire et concluent à leur retour, devant une galerie d'admirateurs, que « l'avion est bon » ou que « l'avion est mauvais », puis s'en vont. En fait, le travail commence dans la discrétion : après tout vol d'essai, le bon pilote d'essai se plonge dans ses notes et rédige un rapport détaillé, intelligible et constructif. Le bon pilote d'essai passe plus de temps à écrire qu'à piloter.

Évacuation

L'évacuation est l'opération qui consiste à quitter un avion en situation d'urgence. On peut appliquer ce terme aux évacuations en vol aussi bien qu'aux évacuations au sol.

Évacuation volontaire en vol

L'évacuation volontaire en vol est une opération qui concerne uniquement les avions militaires et les avions en essai. Les avions d'armes mono- ou biplaces sont souvent équipés de sièges éjectables. L'évacuation consiste pour eux en une manœuvre du ou des sièges éjectables (voir *Éjection*).

Je n'ai jamais eu à m'éjecter dans ces conditions.

D'autres avions militaires sont parfois équipés de parachutes, comme les anciens chasseurs non équipés de sièges éjectables ou les avions de transport opérant en zone hostile. J'ai eu plusieurs collègues dont les avions T-6 ont été abattus pendant la guerre d'Algérie et qui s'en sont sortis en sautant en parachute (des T-6, avions d'entraînement, avaient été armés pour être utilisés en appui feu en Algérie).

Lors d'essais dangereux sur certains avions ordinairement non équipés de parachutes, il arrivait que tout l'équipage en soit pourvu. Ce fut le cas de vols de recherche et d'analyse de la foudre conduits dans les années 1970 sur un Transall à Brétigny, vols auxquels j'ai quelquefois participé (voir *Foudre*).

Évacuation involontaire en vol

Il y a eu des cas isolés d'évacuation en vol sans parachute qui se sont bien terminés. Cela fut le cas en 1944 dans un bombardier anglais en opérations sur la Norvège occupée. Ce bombardier avait été touché par la *Flak* allemande (défense anti-aérienne que nous nommions DCA, Défense contre avions). L'avion prit feu et tout l'équipage sauta en parachute, sauf le mitrailleur de queue, qui avait posé son parachute hors de portée, dans la zone en feu. Tombant avec l'avion en flammes, il choisit de sauter dans le vide. Il tomba donc dans le vide, de nuit. Première chance, il portait une combinaison de vol ample, comme on en faisait à l'époque, ce qui freina un peu sa chute. Seconde chance, c'était l'hiver et, à l'arrivée au sol, les branches étagées d'un grand sapin puis une abondante couche de neige fraîche amortirent sa chute. Il survécut. Les Allemands qui l'ont capturé ne voulaient pas croire son histoire, jusqu'à ce qu'ils retrouvent le parachute brûlé dans l'épave carbonisée de l'avion (voir aussi *Parachutes*).

Une histoire un peu analogue s'est produite en janvier 1972 sur un DC-9 yougoslave qui allait de Copenhague à Zagreb. Une explosion à bord avait provoqué un large trou dans la cloison du fuselage alors que l'avion survolait à 33 000 pieds (10 000 mètres) la Tchécoslovaquie (à l'époque, la Yougoslavie et la Tchécoslovaquie n'étaient pas encore divisées). Une hôtesse fut aspirée par le trou. Tombant dans le vide, elle perdit connaissance en atteignant la vitesse de 200 km/h et, comme le mitrailleur précédent, fut freinée par un arbre, puis par l'épaisse couche de neige. Elle s'en sortit avec quelques fractures et commotions et plusieurs mois d'hôpital.

Il y a eu, hélas, des cas isolés d'évacuation involontaires de passagers qui se sont mal terminées. Lors de pertes accidentelles de hublots cabine par exemple : l'aspiration dans ce cas est tellement forte que les passagers proches du hublot sont aspirés à l'extérieur – sauf si leur ceinture est attachée, raison de plus pour conserver sa ceinture attachée en vol.

Il y a également eu des ruptures partielles du fuselage dans lesquelles une portion notable de la paroi (allant jusqu'à plusieurs mètres carrés) était arrachée. Dans ce cas, plusieurs passagers étaient aspirés avec leur siège. Cela fut le cas pour neuf passagers d'un Boeing 747 au-dessus de Hawaii en février 1989.

Au cours d'un accident analogue, un passager, attaché à son siège, avait pu échapper à l'aspiration. Il avait même réussi à agripper une hôtesse que le courant d'air emportait et à la maintenir à bord.

Évacuation au sol

Quand un avion, accidenté lors de l'atterrissage, est partiellement détruit ou en feu, il faut l'évacuer au plus vite : c'est l'évacuation au sol. Dans un avion commercial, des issues de secours sont prévues à cet effet. Toutes les sorties, normales ou de secours, sont équipées de toboggans – la hauteur des issues étant relativement haute sur les avions modernes, cela permet une arrivée au sol en douceur.

Lors de la certification d'un nouvel avion commercial, la réglementation impose de vérifier que tous les passagers puissent évacuer l'avion en moins de quatre-vingt-dix secondes par les issues de secours du même côté et de nuit, avec les éclairages de secours disponibles, dans une situation de crash. Pour effectuer cette démonstration, le constructeur demande des volontaires parmi ses employés, s'assurant d'un échantillonnage moyen réglementaire de femmes, enfants et personnes âgées. Puis, il procède à une évacuation réelle dans un hangar. Des représentants des organismes de certification chronomètrent l'évacuation. (Les volontaires sont en général dédommagés par des primes spéciales ou des jours de repos, car l'évacuation n'est pas sans risque.) Pour l'A380, cette évacuation eut lieu à Hambourg le 26 mars 2006. Dans l'obscurité d'un hangar, 873 personnes ont évacué l'appareil en quatre-vingt secondes par les toboggans, dont certains mesuraient plus de 8 mètres de haut.

Bien que la plupart des évacuations au sol se passent bien, il y a des cas pour lesquels le déroulement des opérations n'est pas celui qui était prévu. Je ne parlerai pas ici des évacuations catastrophiques, dans lesquelles des passagers perdent la vie. Je me contenterai de citer trois anecdotes moins dramatiques.

La première s'est passée au cours d'un vol « *hadj* » retour (on appelle ainsi les vols qui emmènent les pèlerins musulmans à La Mecque et les en ramènent). Ces pèlerins sont parfois des paysans africains qui vivent loin de toute civilisation et pour qui le village entier se cotise pendant des années pour avoir un *hadj* en son sein. Ces passagers ignorent tout du monde moderne, y compris des avions (j'ai ainsi surpris un jour un passager de vol *hadj* qui allumait son réchaud à charbon de bois dans l'avion pour préparer son thé). Au départ de Djedda (l'aéroport voisin de La Mecque), tous ces pèlerins rapportent avec eux des sacs pleins de cailloux et autres souvenirs de la Terre sainte, qu'il n'est pas question de mettre en soute tant ils représentent un trésor pour eux. Lors d'un vol retour donc, un avion fit une sortie de piste. Une sortie sans gravité, mais qui nécessita une évacuation pour parer à tout risque en cas d'incendie. On déploya les toboggans et les pèlerins entamèrent l'évacuation. Mais chacun voulait emporter son sac. Cela est terminé par un amoncellement de corps en *djellaba*, de sacs éventrés et de cailloux – sans compter les plaies et bosses – au pied des toboggans.

La deuxième anecdote ressemble étrangement à la première, à ceci près qu'il ne s'agit pas de pèlerins mais d'hommes d'affaires occidentaux, et que les cailloux saints sont remplacés par des bouteilles de whisky achetées hors taxes à l'étranger. Pour sauver les quelques centimes gagnés sur les bouteilles, certains passagers avaient sauté avec dans le toboggan. Les bouteilles avaient éclaté, et les passagers s'étaient blessé aux mains. Une belle chute pour une vilaine histoire. Tout compte fait, je préfère la première.

La troisième histoire se passe en France, sur un avion d'Air Inter. C'était une veille de vacances sur un vol Paris-province. Il y avait parmi les passagers de nombreux enfants qui avaient terminé leur année scolaire. À l'arrivée, l'avion, là encore, sortit de la piste sans dégâts particuliers. Pour éviter tout risque, on procéda à une évacuation, qui s'est bien passée. Pour les enfants, c'était le début des vacances. Au terme de l'évacuation, tous se sont précipités vers l'avion immobilisé en criant « encore, encore ! ». Le toboggan était leur premier jeu d'été.

Il y a une autre histoire d'évacuation au sol un peu particulière. Un avion léger, un D-140 équipé de skis, est au décollage d'un glacier. Pour ce type de décollage (voir *Glaciers et montagne*), on met le moteur en route sur le névé tout au bord du début du glacier, puis on s'avance vers la pente et on lance l'avion à la puissance de décollage. Ce jour-là, un moniteur s'apprête à enseigner la technique à un élève. Mais la neige est lourde et l'avion a du mal à avancer malgré ses 180 CV. Le moniteur décide d'interrompre le décollage au moment exact où l'avion aborde la pente. Malgré la lourdeur de la neige, l'avion commence à descendre. Le moniteur ordonne à son élève de sauter pour arrêter la machine. Les deux pilotes sautent, se jettent sur les roues équipées de skis, mais ne parviennent pas à arrêter l'appareil, qui prend de la vitesse et va s'écraser en bas du glacier, à 600 mètres en contrebas. L'histoire ne dit pas comment les deux pilotes sont redescendus dans la vallée.

F comme...

Facteur de charge

Un avion en vol (et davantage un avion d'armes qu'un avion commercial) est soumis à diverses accélérations :

– accélérations longitudinales, qui correspondent à des accélérations avant-arrière ou arrière-avant, et qui sont subies lors du décollage et juste après l'atterrissage (et également en cas de crash) ;

– accélérations transversales gauche-droite ou droite-gauche, moins importantes ;

– accélérations normales (perpendiculaires au plancher de l'avion), que pilotes et passagers ressentent dans le sens tête-pieds ou pieds-tête. Ces dernières sont les plus importantes et c'est surtout d'elles qu'il est question ici.

L'unité d'accélération est le m/s/s (mètre par seconde par seconde). L'accélération de la pesanteur, dans laquelle nous vivons sur Terre, et qui est appelée « g », a pour valeur 9,81 m/s/s, arrondis à 10 m/s/s.

Pour éviter de formuler toujours des m/s/s, on préfère rapporter les accélérations subies en vol à l'accélération de la pesanteur. On définit ainsi le facteur de charge n qui est égal à : accélération subie divisée par accélération de la pesanteur. Cette formulation fait que n est un nombre sans dimension. On dit par exemple qu'on subit un facteur de charge de 2 quand on subit une accélération de 20 m/s/s. Du moins, on devrait le dire. Car beaucoup, et en particulier certains journalistes, parlent d'un facteur de charge de « 2 g ».

LES EFFETS DU FACTEUR DE CHARGE NORMAL (n)

Le facteur de charge normal (n) produit l'effet suivant : tous les objets à bord (et en particulier le corps humain) sont plus lourds si n est supérieur à 1, et, inversement, tous les objets à bord sont moins lourds si n est inférieur à 1. Sous un facteur de charge n de + 4 (rencontré seulement sur avion d'armes), un pilote de 75 kg en pèse momentanément 300. Le poids de ses bras est multiplié par quatre, ce qui fait qu'il a du mal à les soulever. S'il baisse la tête, il doit faire un effort pour la redresser. Son sang pèse également quatre fois plus. Ce qui fait que son cœur a du mal à envoyer le sang vers son cerveau. Sous facteur de charge supérieur, le cerveau peut n'être plus irrigué, les yeux ne fonctionnent plus. C'est le « voile noir ». Le pilote ne voit plus rien, il n'y voit que du noir. Heureusement, le processus n'est pas irréversible. De retour à $n = 1$, tout rentre dans l'ordre. Pour empêcher le sang de s'accumuler aux points bas (dans les jambes), on fait porter aux pilotes de chasse et aux pilotes d'essai des combinaisons ou des pantalons que l'on appelle « anti-g » qui, sous accélération, gonflent des poches d'air, lesquelles écrasent les cuisses et les mollets et refoulent le sang vers le haut du corps.

Sous un facteur de charge de – 1 (seulement sur avion d'armes), un pilote de 75 kg pèse momentanément – 75 kg. Cela n'est pas trop gênant, sauf que le pilote a tendance à aller au plafond de son habitacle. Il a intérêt à être bien attaché. Tout ce qui est dans la cabine vole vers le plafond : crayons perdus, mouchoirs abandonnés, et aussi (et surtout) poussière. Car il est difficile de bien nettoyer les avions sous les sièges éjectables. Sous des facteurs de charge encore plus négatifs, le sang peut venir s'accumuler dans le cerveau et les yeux « voient rouge ». C'est le « voile rouge » qui, comme le voile noir, disparaît quand on revient à l'accélération naturelle.

Nous subissions souvent, en essai, des facteurs de charge entre – 2 et + 8. Mes proches me font l'amitié de me dire que je n'en ai personnellement pas gardé de séquelles.

À l'époque des premiers sièges éjectables, dans lesquels le départ du siège était provoqué par un canon (voir *Éjection*), les facteurs de charge subis à l'éjection étaient extrêmement élevés (de l'ordre de 10 à 20) et ont provoqué de nombreux accidents.

Dans l'aviation commerciale, le domaine autorisé de facteurs de charge va de – 1 à + 2,5. Valeurs extrêmes peu perturbatrices : on peut parfois, exceptionnellement, en turbulence, « décoller » un peu du siège. Mais on ne va jamais au plafond. En général. Encore qu'il y ait parfois des turbulences imprévisibles, les « turbulences en ciel clair » (CAT, Clear Air Turbulences en anglais). Il arrive que, dans ces turbulences, un steward soit envoyé au plafond. Mais cela reste exceptionnel (voir *Turbulence*).

Il reste qu'il est vivement conseillé, lorsqu'on est passager, de toujours conserver sa ceinture attachée en vol.

J'ai tout de même eu à effectuer une expertise sur un avion d'affaires (triréacteur, dix places) qui a subi une turbulence suivie d'un pompage piloté (voir *Flutter et pompage piloté*) conduisant à des facteurs de charge compris entre – 2 et + 4,5. Les passagers (des officiels VIP) n'étaient, bien entendu, pas attachés – les conseils de sécurité ne sont pas faits pour les personnes importantes, c'est bien connu. Sept ont péri dans les oscillations violentes et alternées. Les pilotes, attachés, sont restés indemnes et ont posé l'avion.

Il n'y aurait pas eu de victime si tous les passagers avaient conservé leur ceinture attachée, comme cela est conseillé même lorsque le signal est éteint.

Apesanteur

Il ressort de l'analyse précédente que, entre les facteurs de charge positifs où l'on pèse sur ses pieds (son poids normal à $n = 1$, davantage à $n > 1$, et moins à $n < 1$) et les facteurs de charge négatifs où l'on s'envole au plafond, il y a un point où l'on ne pèse plus rien, ni vers le bas ni vers le haut.

C'est l'apesanteur, où $n = 0$. L'apesanteur ne peut être rencontrée de façon durable que dans l'espace, où tout donne l'impression de flotter en liberté. On peut toutefois s'en approcher, voire la réaliser sur Terre pendant quelques secondes.

Si on ne peut pas réduire de façon durable l'apesanteur sur Terre, on peut s'en approcher dans une piscine. En effet, on sait depuis Archimède que tout liquide exerce sur un corps immergé une poussée vers le haut. Ce corps immergé pèse donc moins que son poids naturel ; il subit un facteur de charge compris entre 1 et 0. Depuis les tout débuts de l'exploration spatiale, des essais sont conduits dans des piscines spécialement aménagées. Les premiers spationautes ont fait leurs premiers pas dans une piscine avant de faire les suivants dans l'espace. Les spationautes actuels y répètent les expériences qu'ils auront à effectuer au cours de leurs vols. Les piscines des centres spatiaux sont suffisamment vastes pour contenir les vaisseaux spatiaux entiers. Comme les parois de ces piscines sont transparentes pour mieux surveiller les séances d'essai, les répétitions des vols spatiaux offrent un spectacle inoubliable.

On peut également réaliser artificiellement l'apesanteur en vol, dans un avion spécialement aménagé, pendant trente à quarante-cinq secondes. Pour cela, il faut inscrire l'avion dans une trajectoire parabolique dans laquelle il est en vol balistique (il ne vole plus, il tombe comme une pierre lancée en l'air). J'ai eu l'occasion à plusieurs reprises d'effectuer de tels vols. D'abord au CEV de Brétigny, sur une Caravelle (la n° 234) spécialement équipée, dans laquelle des chercheurs venaient réaliser des expériences dans les années 1980 et où les spationautes venaient se préparer au vol spatial.

Ensuite au CEV d'Istres, sur un Airbus A300 (le n° 3), où j'ai dû innover (il n'y avait jamais eu de tels vols sur Airbus). Après m'être assuré que les moteurs – ce n'était pas évident *a priori* – ne s'éteignaient pas à $n = 0$, j'ai répété puis exécuté plusieurs vols vers 2 000 mètres d'altitude, près de la piste (on ne sait jamais, je voulais pouvoir me poser en vol plané, moteurs éteints). Le but de ces vols était de déployer en apesanteur une structure tubulaire montée sur ressorts et comprimée par une sangle. La libération pyrotechnique de la sangle entraînait le déploiement de la structure, qui mesurait plusieurs mètres une fois dépliée. Cette structure devait être déployée dans l'espace sur un vaisseau Soyouz par un spationaute français (mon collègue Jean-Loup Chrétien, qui était le seul Français dans cette fonction à l'époque). Les

Russes (les Soviétiques d'alors) avaient exigé une démonstration sur Terre avant l'expérience en vraie grandeur, pour ne pas prendre de risques. Nous avons réussi après deux vols d'entraînement et au bout de cinq tentatives en essai réel.

En pesanteur normale, la structure, fixée sur la cloison latérale de la cabine passagers (débarrassée de ses sièges) ne se déployait pas une fois libérée : elle retombait mollement au sol. Il fallait vraiment être à zéro g (avec une précision de ± 0,1 %) pour obtenir le déploiement complet. Aucun accéléromètre n'était assez précis. J'avais utilisé un subterfuge en suspendant par un fil une pomme au-dessus de la planche de bord, reposant dessus au repos. Pour obtenir une apesanteur parfaite, il me fallait maintenir la pomme, flottant dans l'air, à hauteur de mes yeux. Pour la petite histoire, lorsque la tentative de déploiement dans l'espace a eu lieu, la structure est restée bloquée. Pour la libérer, le cosmonaute, en sortie extravéhiculaire, a dû… lui donner un coup de pied. Elle s'est aussitôt déployée.

S'il n'est pas possible de simuler l'apesanteur au sol, il est en revanche facile de simuler les fortes accélérations positives. Il suffit de faire tourner une capsule autour d'un solide pivot central dans un hangar équipé à cette fin. La capsule elle-même est libre de s'incliner en rotation sous l'action de la force centrifuge, si bien que le pilote installé dans la capsule ne reçoit normalement que des accélérations tête-pieds (on peut en fait lui faire subir des accélérations dans tous les sens, mais cela se fait seulement pour des entraînements spécifiques).

Le facteur de charge longitudinal n_X

Comme on l'a dit plus haut, le facteur de charge longitudinal n_X ne se manifeste en général qu'au décollage ou à l'atterrissage. Au décollage, les valeurs de n_X (qui a tendance à plaquer le corps humain sur le dossier du siège) sont toujours faibles et sans conséquence. À l'atterrissage, il n'en va pas de même. Si, dans un atterrissage normal, les valeurs de n_X (qui a tendance à pousser le corps humain vers l'avant) restent toujours faibles, il peut y avoir des conséquences graves en cas de crash. Dans ce cas, le corps, s'il n'est pas retenu par une ceinture, peut être projeté violemment vers l'avant, ce qui peut entraîner des blessures graves. Un facteur de charge longitudinal n_X de 4 (voire davantage) peut être atteint. Une ceinture retient facilement le corps humain à des valeurs de n_X faibles (voir *Ceinture de sécurité*). On notera par ailleurs que la ceinture ne retient que le bas du corps. Dans un choc particulièrement violent, la tête pourrait aller heurter le dossier du siège de devant, entraînant des blessures graves. C'est pourquoi, en cas de crash prévu, le PNC recommande de prendre une position particulière, avec la tête entre les bras croisés contre le siège de devant. On notera également que les valeurs extrêmes de n_X citées ci-dessus et rencontrées en cas de crash sont les mêmes que celles que l'on peut rencontrer dans un accident de voiture en choc frontal.

Dans un avion commercial, un passager de 75 kg ayant un jeune enfant sur les genoux attaché à sa propre ceinture l'écrasera, en cas de *crash*, entre lui et sa ceinture, avec une force correspondant à 300 kg lors de la décélération à $n_X = 4$. C'est pourquoi il ne faut jamais attacher un enfant dans sa propre ceinture en avion, mais dans une ceinture spéciale fixée sur la première et extérieure à celle-ci.

Pourquoi ne pas utiliser des *airbags* ? demanderont certains. On a répondu à cette judicieuse question dans l'article *Airbag*.

Une mention particulière doit être faite pour les pilotes de l'aéronautique navale, qui subissent des facteurs de charge n_X supérieurs à 10 lors du catapultage et, surtout, lors de l'accrochage de la crosse sur le brin à l'appontage (la crosse d'appontage est un crochet que l'avion traîne derrière lui quand il touche le pont du porte-avions et qui vient s'accrocher dans des câbles disposés en travers). Ils sont bien entendu attachés pour cette valeur de n_X.

Un accident faillit tourner au tragique à cause du facteur de charge longitudinal n_X. Le jour de l'accident du *Walkyrie*, l'avion, privé de dérives, partit en vrille à plat. Ce qui eut pour effet, sous l'action de la force centrifuge, de soumettre les pilotes à un facteur de charge n_X qui les projeta vers l'avant. Ils eurent toutes les peines du monde à refermer leurs coques pour s'éjecter et furent gravement blessés aux bras à l'éjection (voir *Éjection* et *Tourbillons d'apex*).

Facteurs humains

Le terme « facteurs humains » regroupe tous les comportements des hommes dans leurs rapports entre eux. On a constaté que l'être humain n'avait pas toujours le comportement qui convient dans ses échanges avec ses semblables. Il y a les égocentriques, pour qui seule leur propre personne compte, les autoritaires, qui ont toujours raison et ne tiennent pas compte de l'opinion des autres ; il y a les moutons, qui suivent sans réfléchir, et les timides, qui n'osent pas.

Les analyses d'accidents d'avion ont démontré que de nombreux accidents attribués à des erreurs en cockpit étaient davantage liés à des anomalies de comportement de l'équipage qu'à des erreurs individuelles des pilotes. Cette prise de conscience a conduit, au milieu des années 1990, à :

– demander à toutes les compagnies aériennes mondiales (il s'agissait d'une démarche prise dans le cadre de l'OACI – Organisation de l'aviation civile internationale) d'organiser des conférences sur les facteurs humains, en attirant l'attention des pilotes sur certains accidents dus à des comportements non standard et en expliquant comment ces accidents auraient pu être évités ;

– mettre au programme des examens théoriques des licences de pilote (et en particulier de celle de pilote de ligne) un certificat de facteurs humains.

De nombreux accidents sont dus à un comportement anormal de pilote en cockpits, à commencer par celui qui causa le plus de victimes, l'accident de Ténériffe (voir *Collision*). Le commandant de bord était un des plus anciens de la compagnie, instructeur et cadre de surcroît. Tout le monde filait doux devant lui. Et il était pressé. Le copilote était très qualifié mais jeune, et n'osait pas contredire son supérieur hiérarchique. Quand l'avion fut aligné pour le décollage, il y avait un doute sérieux sur la présence d'un autre avion sur la piste, devant, dans le brouillard. Le commandant de bord avança pourtant les manettes des gaz. Le copilote lui fit poliment remarquer qu'il n'avait pas encore demandé la clairance, obligatoire avant le décollage. Irrité, le commandant de bord recula les manettes.

Le copilote demanda alors la clairance, qui n'est pas une autorisation de décollage, mais une description de la trajectoire après décollage. Cette clairance fut communiquée par la tour de contrôle. Le commandant de bord avança de nouveau les manettes. Le copilote fit alors la remarque que la piste n'était probablement pas encore dégagée devant et que l'autorisation de décollage manquait encore. C'était sa deuxième intervention et il l'avait faite le plus discrètement possible. Son commandant de bord était vraiment un grand chef... Si grand que cette fois, il avait décidé de ne pas entendre. Il n'allait pas se faire interrompre deux fois de suite par un jeune blanc-bec. Il afficha la poussée de décollage, prit de la vitesse et alla percuter l'autre avion. La piste n'était effectivement pas dégagée...

En 1997, un ATR-42 se présenta à l'atterrissage sur la piste relativement courte du terrain de Florence en Italie, au terme d'une approche finale difficile car « mal pavée », comme on dit dans l'argot du métier, une approche finale encombrée de collines, obligeant à une descente sous forte pente. Le copilote était à la veille de son lâcher en ligne dans la compagnie. L'instructeur, en place droite, avait été quelques années plus tôt l'élève du copilote, qui était alors instructeur dans un centre de formation national. Cette situation peut paraître aberrante, mais un pilote qui entre en compagnie doit partir du bas de l'échelle, quelle que soit son expérience. On appelle cela le respect de la « liste de séniorité ». Il reste que tous les ingrédients sont réunis pour un problème de facteurs humains. En finale, le copilote annonce à deux reprises qu'il se trouve trop haut et qu'il serait sage de « remettre les gaz » pour un autre tour de piste. Le commandant de bord instructeur, convaincu des grandes qualités manœuvrières de son ancien instructeur, lui dit : « Avec ton expérience, tu dois pouvoir y arriver. » Mais ils n'y arrivent pas. L'avion sort en fin de piste, tombe dans un fossé (qui n'aurait pas dû être là – il y a toujours plusieurs causes à un accident). L'instructeur est tué, son copilote est gravement blessé.

En 1999, sur un terrain anglais, un Boeing 747 cargo est prêt pour le décollage. Le commandant de bord est à la veille de sa retraite, autoritaire et cassant. Le copilote est jeune… Le décor est planté pour un problème humain. Lors des vols précédents, on a signalé des dérives de l'horizon artificiel de la place gauche, qui s'incline peu à peu, de façon insidieuse, par rapport à l'horizontale. Les mécaniciens sol n'ont rien trouvé d'anormal dans leur analyse de panne. Peu après le décollage, une alarme signale un écart entre les deux horizons artificiels des pilotes. L'écart n'est pas très important (normal au début d'une dérive). Le commandant décide de ne pas en tenir compte et se concentre sur la trajectoire de sortie. Le copilote se permet une remarque, mais le commandant de bord lui répond vertement de s'occuper de ses affaires. En l'occurrence, il s'agit des affaires de tout l'équipage. L'horizon de gauche est de plus en plus faux, ce dont on peut se rendre compte en observant l'horizon de secours, au centre de la planche de bord (figure ci-dessous). Le commandant de bord maintient les ailes à ce qu'il croit être l'horizontale. L'alarme retentit de nouveau. Le mécanicien navigant tente une remarque : en vain. Le copilote, terrifié, voit sur son propre horizon l'avion passer sur la tranche, mais n'ose pas intervenir. L'avion finit par passer « trois quarts dos », son nez s'enfonce et il percute le sol après deux minutes de vol, à 3 kilomètres de la tour de contrôle (des débris sont projetés dans l'enceinte de l'aérodrome dans l'explosion qui suit).

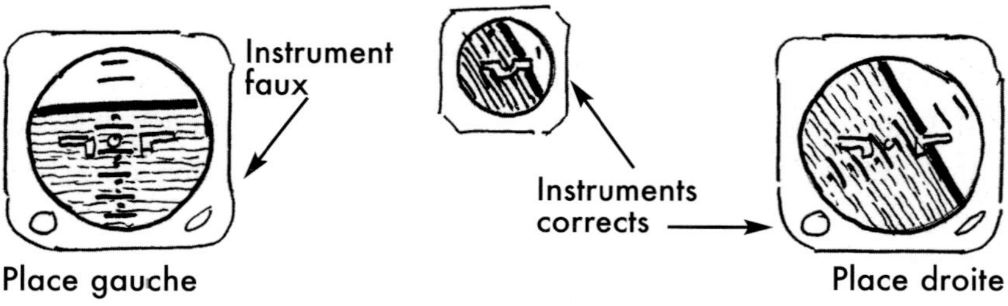

Un Transall en tour de piste, avec un équipage à l'entraînement, connut lui aussi de sérieux déboires. Lors de la première finale, le copilote sous-lieutenant annonça vers 300 pieds (100 mètres) que le train n'était pas encore sorti. Le commandant de bord, colonel, répondit : « Oui, je sais » et sortit le train d'atterrissage. À l'approche suivante, le copilote ne dit rien, puisque le commandant « sait » et aimait sortir le train au dernier moment.

L'avion se posa sur le ventre...

Femmes en aviation

Si la présence d'une femme aux commandes d'un avion est devenue naturelle, il n'en a pas toujours été ainsi. Le long cheminement des femmes vers les cockpits mériterait un livre entier, qui n'a pas encore été écrit. En attendant, on peut citer quelques noms et quelques exploits.

L'Américaine Bessie Coleman, qui ajoutait à son handicap d'être femme celui d'être noire, refusée dans les écoles de son pays, est venue passer son brevet de pilote en France en 1921.

La Française Adrienne Bolland fut la première femme à traverser la Cordillère des Andes en 1922 aux commandes d'un Caudron G-3 équipé d'un moteur de 80 CV, tête à l'air (il n'y avait pas de verrière à l'époque sur les avions) et sans oxygène à quelque 5 000 mètres d'altitude.

L'Américaine Amelia Earhart fut la première femme pilote sur autogyre – une sorte d'hélicoptère dont le rotor tourne sous l'action du vent relatif. Elle traversa les États-Unis sur ce type de machine et fut aussi pilote de ligne. Elle traversa seule l'Atlantique en 1932, puis le Pacifique en 1935, où elle disparut lors d'une autre tentative en 1937.

Enfin, la Française Maryse Bastié, brevetée en 1925, a battu de nombreux records de distance, durée et vitesse entre 1928 et 1936. Elle fut tuée dans l'accident du Noratlas à Lyon en 1952 (voir *Alcool au volant* – mais ce n'était pas elle qui était ivre).

Il faudrait également citer les noms de toutes les autres, Maryse Hilsz, Hélène Boucher, Amy Johnson, Vera von Bissing ou Liesel Bach, pour ne parler que des plus connues.

Femmes pilotes de guerre

Durant la Seconde Guerre mondiale, si elles ne participaient pas directement aux combats, de nombreuses femmes ont convoyé des avions entre les États-Unis et l'Europe, dans le cadre du « Ferry Command ». Constituées en unité militaire – mais sans avoir elles-mêmes le statut militaire –, elles ont convoyé en quelques années plus de 12 000 avions de 77 types différents. Trente-huit d'entre elles y ont laissé la vie.

En France, dans l'armée de l'air, on a vu apparaître les premières femmes pilotes d'hélicoptère et de transport au milieu des années 1980. La première femme pilote de chasse a été brevetée à la toute fin des années 1990.

Femmes pilotes de ligne

L'intégration des femmes dans la ligne ne s'est pas faite sans heurt. Les premières femmes pilotes de ligne et mécaniciens navigants ont été brevetées au milieu des années 1960. Au milieu des années 1980, la compagnie intérieure française Air Inter annonça fièrement, avant un embarquement, que le vol était le premier vol commercial avec un équipage complet (commandant de bord, copilote, mécanicien navigant) entièrement féminin. Certains passagers hommes refusèrent d'embarquer. Il y a partout des imbéciles. Il est évident que les femmes sont capables de piloter un avion aussi bien que les hommes.

J'ai pourtant eu l'exemple d'une frêle jeune femme qui était entrée en compagnie, nantie de tous ses brevets, et qui devait être lâchée comme copilote sur un Boeing 747-200. Je lui avais fait faire un vol d'entraînement à la panne de moteur au décollage, en réduisant le moteur extérieur critique (selon la règle en vigueur pour l'entraînement). Malgré toute sa bonne volonté, avec sa petite taille, elle eut du mal à contrer l'embardée provoquée par les autres moteurs à pleine poussée. On préféra la lâcher sur un autre type d'avion. Heureusement, les monstres comme le 747-200 disparaissent et sont remplacés par des avions aux commandes de vol enfin accessibles à tous.

Femmes pilotes d'essai

La première femme pilote d'essai en France fut Adrienne Bolland, chez le constructeur Caudron. Mais la plus célèbre restera sans doute Jacqueline Auriol. Passionnée d'aviation, elle fut victime en 1949 (sans être aux commandes) d'un grave accident d'avion qui la meurtrit et la défigura. Après d'innombrables opérations, elle fut acceptée au CEV où elle devint pilote d'essai à plein-temps. Lâchée sur avion à réaction, elle battit de nombreux records entre 1951 et 1964 sur différents Mirage III. Il existait à l'époque en aviation, comme il en existe encore en sport, les notions de record masculin et de record féminin ; pendant des années, Jacqueline Auriol fut en concurrence avec l'américaine Jacqueline Cochran. Jusqu'à ce que le record féminin soit supprimé. Jacqueline Auriol était la belle-fille du président de la République de l'époque, Vincent Auriol.

À propos de l'infériorité des femmes devant les hommes dans le domaine musculaire (un des rares domaines où cette infériorité est statistiquement incontestable), on ne peut s'empêcher d'évoquer l'accident de l'ATR-42 d'Agadir, analysé plus loin (voir *Suicide*). C'était en 1994. Le commandant de bord, un homme, avait décidé de se suicider. Mais, au lieu de procéder à cet acte définitif seul dans son coin, il avait décidé d'entraîner dans la mort avec lui l'équipage et les passagers d'un vol commercial. Au point qu'on devrait parler ici de meurtre plutôt que de suicide. En montée depuis Agadir, au passage des 3 000 mètres, il poussa soudain sur son manche. Son copilote, une jeune femme, le questionna : « Que faites-vous, commandant ? », peut-on entendre sur l'enregistrement du CVR. Puis, inquiète devant le piqué prononcé que prenait l'avion, elle tenta de tirer sur son propre manche pour contrer son commandant. En vain : elle n'était pas de force. Ses dernières paroles, alors que l'avion piquait à la verticale et qu'elle continuait à tirer de toutes ses forces, furent : « Je vous en supplie, commandant, ne faites pas ça ! »

Il y avait dans cette compagnie d'autres femmes pilotes. L'une d'elles, commandant de bord, rentrait chez elle en passager sur cet avion. Elle a péri avec tous les autres occupants.

Si les femmes ont mis du temps à percer dans l'aviation, leur nom est apparu très tôt sur les avions. Pendant la guerre, les pilotes militaires avaient pris l'habitude de peindre sur leur fuselage le nom d'une femme aimée. Charles « Chuck » Yeager avait donné à son Mustang, engagé dans les opérations de 1939-1945, le nom de sa femme, Glennis, l'appelant même *Glamorous Glennis* (« la merveilleuse Glennis »). En 1947, il récidivait en donnant ce même nom au Bell XS-1, sur lequel il franchit le premier le mur du son. Le pilote qui largua la première bombe atomique sur Hiroshima le 9 août 1945 avait donné à son B-29 le nom de sa mère, *Enola Gay*.

Feu à bord

Le feu est une des pires catastrophes qui puissent arriver à bord d'un avion. On connaît hélas de nombreux accidents dus au feu qui se sont terminés par la perte corps et biens d'avions commerciaux.

Feu moteur

Les feux moteurs se produisent souvent au décollage, qui est la phase dans laquelle les moteurs sont le plus sollicités. Ces feux détectés par des thermocouples sont en général assez facilement éteints par une bouteille d'extincteur à base de fréon installée près du moteur. Si une première bouteille ne suffit pas, une seconde est en réserve. Ces bouteilles sont déclenchées depuis le cockpit.

Feu en cabine

Des feux se déclenchent parfois en cabine, dans les aires de service, où se trouvent des équipements électriques (fours, etc.) Ils sont combattus par le PNC, avec des extincteurs spécifiques selon la nature du feu. Les PNC suivent tous les ans plusieurs stages au cours desquels des extinctions de feux, en vraie grandeur, sont organisées.

La fumée est parfois une conséquence aggravante du feu. On a vu en 1973 un Boeing 707 dans lequel le feu s'était déclenché à l'arrière être envahi par une fumée mortelle remontant vers le cockpit. Cette fumée était dégagée par des revêtements en matière plastique qui tapissaient la cabine passagers. L'avion, tentant un atterrissage d'urgence à Orly, n'avait pu atteindre la piste et s'était posé en rase campagne à une dizaine de kilomètres de l'aérodrome. Les seuls survivants furent la douzaine de personnes réfugiées dans le cockpit, pilotes, PNC et passagers refluant de l'arrière. Tous, intoxiqués par les fumées, moururent dans les six mois suivants (voir *Fumeurs*). Depuis, de sérieuses améliorations ont été apportées aux revêtements des cabines. Les risques ont sensiblement diminué.

Feu en soute

Les feux en soute sont peut-être les plus dangereux parce qu'il est impossible de les combattre de front. Ces feux sont détectés par des mesures optiques : on mesure la transparence de l'air. S'il y a feu, il y a fumée, l'air est moins transparent et l'alarme est donnée. On peut alors, depuis le cockpit, libérer en soute un gaz extincteur. Mais, même si ce gaz éteint le feu, la fumée subsiste encore pendant un certain temps. Les pilotes ne peuvent savoir avec certitude si le feu est éteint ou pas. Or il n'y a en général qu'une bouteille de réserve si la première n'a pas été efficace. Faut-il alors la déclencher rapidement ou la conserver en attendant la suite des événements ? J'ai eu un jour une alarme de cette sorte en DC-8 au-dessus du Sahara. J'ai déclenché ma première bouteille et j'ai attendu pour la seconde. Par chance, l'alarme s'est éteinte dans les dix minutes. Le début d'incendie avait été éteint du premier coup.

Fumée en cockpit

Il arrive parfois que des fumées se dégagent dans le cockpit. Ces fumées, d'origine indéterminée, peut-être électrique, proviennent souvent de la soute aux équipements située sous les pieds des pilotes. Les exemples rencontrés avec de telles fumées montrent que, souvent, elles sont le signe d'un feu violent, qui peut embraser le cockpit ou l'avion entier en quelques dizaines de minutes, voire quelques minutes. Dans une telle situation, il faut atterrir le plus vite possible.

Même en réagissant très vite, certains feux se développent à une telle vitesse qu'il est impossible de s'en sortir. En 1996, un DC-9 décollait de Miami pour Atlanta. Le commandant de bord était une jeune femme, particulièrement remarquée dans sa compagnie pour ses qualités manœuvrières de pilote et son esprit de décision au poste de commandant de bord. Cinq minutes après le décollage, alors que l'avion passait 3 000 mètres en montée, des fumées remontaient dans le cockpit, en même temps que différents circuits électriques donnaient des signes de défaillance. Le commandant de bord fit demi-tour sans hésiter, demandant une priorité à l'atterrissage. Le contrôle fit aussitôt dégager les autres avions et proposa la piste la plus proche pour l'atterrissage.

Malgré le faible éloignement, le temps manqua, l'équipage ouvrit les fenêtres pour tenter d'évacuer la fumée. En vain. L'avion s'écrasa quelques minutes plus tard dans les marais voisins des Everglades, tuant tous ses occupants. Il faut dire qu'il y avait en soute des bouteilles d'oxygène, le carburant idéal pour attiser un feu (la réglementation n'interdit pas le transport de toutes les matières dangereuses, elle se contente d'en limiter les quantités à bord des avions).

Il y a d'autres cas de feu à bord pour lesquels le temps était suffisant pour sauver l'avion et où l'accident survint tout de même par manque d'esprit de décision du commandant de bord. En 1998, un MD-11 décollait de New York pour un vol vers Genève. Lourd de carburant, bien entendu. Alors qu'il atteignait son premier niveau de vol de croisière à 33 000 pieds (10 000 mètres), des fumées apparurent en cockpit. Le commandant décida sagement de faire demi-tour. Le contrôleur régional, particulièrement efficace, lui proposa immédiatement un déroutement vers Halifax, terrain le plus favorable à cet instant, et proposa une descente libre, tous les autres avions étant immédiatement écartés.

Le commandant de bord hésita : un calcul lui montrait qu'il était trop lourd pour atterrir aussi tôt. On explique ailleurs (voir *Masse*) que la limitation de masse à l'atterrissage peut ne pas être respectée sans grand risque. Entre le risque évident que le feu faisait courir à l'avion et le strict respect d'une réglementation non essentielle, le commandant de bord choisit la seconde solution. Il limita sa descente, demandant à effectuer un large circuit pour vidanger du carburant. Pendant ce temps, le feu gagnait à bord. L'avion finit par se disloquer en vol à un moment où il aurait pu être rendu en sécurité au sol. Certains ont imputé cet accident, dû à une rigueur excessive à un moment inopportun, à des causes culturelles : dans le pays de la compagnie, l'idée de désobéir à une règle ne vient à l'esprit de personne, quelles que soient les conditions et au risque de laisser mourir plus de 200 personnes. Après une enquête approfondie qui dura plus de quatre ans, on découvrit que l'origine de l'incendie était l'inflammation par un arc électrique d'un revêtement isolant pourtant conforme aux normes de l'époque. Normes qui ont dû, à la suite de cet accident, être révisées pour l'ensemble de la flotte mondiale.

Feux d'origine électrique

De nombreux accidents sont dus à des feux d'origine électrique. Il y a des dizaines de kilomètres de fils électriques dans les avions commerciaux, et un mauvais contact peut provoquer un arc électrique et un incendie. Les circuits sont heureusement protégés par des conjoncteurs-disjoncteurs (*breakers*), systèmes qui coupent le circuit en cas de surtension avant que le feu ne se déclenche. Cette précaution n'est parfois pas suffisante, à cause de l'inconscience de certains navigants. Un jour, un steward vint m'expliquer qu'il y aurait du retard dans le service des repas parce qu'un disjoncteur sautait sans cesse sur un four et qu'il avait fallu le coincer avec une allumette…

L'histoire suivante s'est moins bien terminée. Il s'agit d'un DC-9 qui effectuait un vol intérieur américain en 1983, avec à son bord 5 membres d'équipage et 41 passagers. Au début du vol, en croisière au niveau de vol FL 330 (10 000 mètres), les disjoncteurs des toilettes arrière se mettent à sauter, ce qui est le signe d'une anomalie électrique dans les circuits des toilettes. Les pilotes les renfoncent plusieurs fois sans succès, ce qui est un comportement irresponsable. En fait, il s'agit d'un court-circuit dans le moteur de la chasse d'eau, mais on ne le sait pas à ce moment-là.

Un peu plus tard, un steward signale une fumée venant de la toilette incriminée. En accord avec les pilotes, il attaque les fumées aux extincteurs et tout semble rentrer dans l'ordre. Sauf que les *breakers* continuent de sauter chaque fois qu'on les enclenche. Les fumées reprennent de plus belle et il faut regrouper les passagers, heureusement peu nombreux, à l'avant de la cabine. Les pilotes n'interrompent pas le vol pour autant. Jusqu'à ce que le copilote aille voir sur place, avec masque et lunettes. Il touche la porte des toilettes, brûlante. En même temps, plusieurs barres de distribution électriques deviennent inutilisables. Les pilotes perdent de nombreux instruments et décident (enfin…) de ne plus tenter de renfoncer les disjoncteurs et de se dérouter vers un terrain situé sur la route. L'atterrissage se passe bien, mais c'est la panique à bord. On parvient à évacuer plusieurs passagers par les portes et les issues d'aile. Mais il reste 23 passagers dans l'incendie qui se déclare et embrase l'avion au sol.

FEU À L'ATTERRISSAGE

De nombreux accidents, dans l'aviation commerciale, se terminent par un feu lorsque l'avion touche le sol en catastrophe, à cause du carburant qui se répand depuis les réservoirs crevés sur des parties chaudes. Le salut est dans la rapidité de l'évacuation. Le PNC est spécialement entraîné à ces évacuations qui, en conditions normales, durent moins de deux minutes sur un avion gros-porteur.

Feux de position

Tout le monde sait que les avions ont, comme les voitures, des feux de position qui doivent être allumés pour tous les vols, de jour comme de nuit. Ce que l'on sait moins, c'est que les avions ont un feu blanc à l'arrière, un feu rouge à gauche et un vert à droite. Mnémotechniquement, c'est facile (sauf pour les Anglais) : le feu vert est à droite, sens normal de la conduite, le feu rouge à gauche. Les feux doivent être visibles dans des angles très précis : entre l'avant et 110° droite pour le feu vert, l'avant et 110° gauche pour le feu rouge, et 70° de part et d'autre de l'arrière pour le feu blanc. Les couleurs verte et rouge sont définies par leur gamme de longueur d'onde (ce ne sont ni n'importe quel vert ni n'importe quel rouge).

J'ai eu à utiliser ces notions dans une enquête sur un accident récent. Un avion léger était allé se perdre en mer, de nuit, après un passage sur la côte au voisinage d'un village. J'interrogeai un paysan, qui voulait se rendre intéressant en rapportant qu'il avait vu passer l'avion à très basse hauteur au-dessus de sa grange. Son témoignage ne collait pas avec les autres informations connues. Il avait, disait-il, vu passer l'avion de la gauche vers la droite, si bas qu'on voyait parfaitement ses feux. Quand je lui ai demandé la couleur du feu qu'il avait vu, il a déclaré, après une légère hésitation, que le feu était rouge. Or, quand on voit passer un avion devant soi, de la gauche vers la droite, le feu ne peut être que vert. À moins que l'avion ne vole en marche arrière, ce qui est plus rare que de rencontrer un faux témoin. Ou un daltonien.

En plus des feux de position, il y a sur les avions d'autres éclairages. On trouve, d'une façon moins réglementée, des flashs blancs en différentes positions sur l'avion. Ces flashs se voient à des kilomètres de distance, même de jour, et constituent un moyen d'anticollision très efficace. Pour ces flashs, il existe un code lorsque l'avion est au sol : lorsqu'ils sont en fonctionnement, cela signifie que les moteurs tournent ou qu'ils sont sur le point de tourner.

Des éclairages de l'empennage vertical aident à l'anticollision au sol et permettent d'illuminer le logo de la compagnie à des fins publicitaires.

Il y a enfin les phares de roulage et d'atterrissage. On notera que, pour des raisons de discrétion, les avions d'armes atterrissent toujours phares éteints, tandis que les avions commerciaux atterrissent phares allumés.

Fils du capitaine (Le)

Pouchkine a écrit en 1836 un roman qu'il a appelé *La Fille du capitaine*. Un équipage russe a écrit une page de l'aviation commerciale, bien moins glorieuse, qui aurait pu s'appeler *Le Fils du capitaine* ou, plus exactement *Eldar, le fils du commandant.*

L'avion, un Airbus A310, biréacteur long-courrier, effectuait un vol transcontinental au travers de la Sibérie, de nuit, sans repère visuel, comme cela se fait souvent dans ces régions. Le commandant de bord, qui a sa famille à bord, invite ses deux enfants (sa fille Yana, 13 ans, et son fils Eldar, 15 ans) à venir visiter le cockpit. Cela se faisait beaucoup à la fin du XXe siècle ; c'est un peu tombé en désuétude après les attentats du 11 septembre 2001. Un autre commandant de bord, ami du commandant en poste, se trouve également dans le cockpit, où l'on se retrouve donc à cinq : l'équipage nominal, commandant de bord et copilote, les deux enfants et le commandant invité. Le commandant de bord est pilote en fonction (voir *Équipage à deux pilotes*), c'est-à-dire qu'il est chargé des tâches de pilotage et de navigation. Ces tâches sont en fait exécutées, en croisière, par des automatismes (pilote automatique et système de gestion du vol). Le commandant de bord n'a qu'à surveiller ces automatismes, ce qui ne représente pas une charge de travail excessive. Le copilote est PNF (pilote non en fonction) ; il est chargé des radiocommunications avec les organismes de contrôle au sol et de la surveillance des systèmes avion. Il a reculé son siège pour être plus à l'aise et a une liasse de documents posée sur les genoux. Le commandant de bord montre à ses enfants les différents équipements du cockpit. Puis il se lève et installe sa fille sur son siège, mais cela n'intéresse pas la fillette. Il installe alors son fils sur le siège gauche, lequel a l'air plus intéressé. Son père lui explique alors le fonctionnement de l'avion. Il fait virer l'avion à gauche puis à droite – en agissant sur la mollette de virage – et fait poser à l'enfant les mains sur le manche pour lui montrer que celui-ci suit les ordres du pilote automatique. Puis, le commandant de bord se retourne pour discuter avec son collègue. Le garçon, dans le siège gauche, a toujours les mains sur le manche. Sans s'en rendre compte, il appuie un peu sur la corne droite du manche. La pression est transmise aux gouvernes de l'avion (car le pilote automatique peut être surpassé sans se débrayer par un ordre limité provenant du manche). Et l'avion s'incline lentement vers la droite... À partir d'une certaine inclinaison, le pilote automatique, qui tente de maintenir l'altitude, met l'avion en position très cabrée. Aux alentours de 60 degrés d'inclinaison, le pilote automatique se débraye et l'avion décroche. Le copilote ne parvient pas à avancer son siège. Il n'a pas accès aux commandes de vol. Le commandant de bord parvient à reprendre sa place, mais, dans la bousculade, il appuie sur le palonnier droit et l'avion se met en vrille. Il parvient finalement à sortir de vrille, mais l'avion s'engage dans une vrille secondaire. Et s'écrase au sol, tuant équipage et passagers.

Il n'y a guère de commentaire à ajouter à cette triste affaire. Sur un autre type d'avion, avec d'autres commandes de vol et une conception différente des automatismes, l'issue aurait pu être différente. Sans possibilité de surpassement du pilote automatique, c'est-à-dire si celui-ci s'était débrayé dès qu'une pression était appliquée sur le manche, l'avion n'aurait pas pu se mettre en position inusuelle. Mais c'est un autre débat.

Finesse

Le mot « finesse » est un terme général descriptif d'une certaine élégance, d'une certaine classe. On entend dire qu'un avion est « fin » quand il a des formes élancées.

Dans l'aviation, en particulier en mécanique du vol, le terme « finesse » a une acception plus mathématique. De façon chiffrée, et par définition, c'est le rapport du coefficient de portance au coefficient de traînée. On écrit : f = Cz/Cx.

Dans la pratique, la finesse représente autre chose : c'est le rapport de la distance que peut parcourir un avion (moteurs coupés) à sa hauteur de départ. Ainsi, si un avion est lâché à 1 000 mètres au-dessus du sol, moteurs coupés (à la bonne vitesse de vol plané), et s'il peut parcourir une distance de 10 kilomètres avant d'arriver au sol, on dit qu'il a une « finesse de 10 ».

Les planeurs les plus modernes ont des finesses de 40 à 50, atteignant 70 dans les cas extrêmes. Le Mirage III avait une finesse de l'ordre de 5 (certains comparaient, avec une certaine exagération, cette finesse à celle d'un fer à repasser). Les avions commerciaux ont une finesse de l'ordre de 20 (18 pour la Caravelle, 22 pour le Boeing 747).

Flutter et pompage piloté

Le mot anglais *flutter* correspond au mot français « flottement ». Le mot anglais est le plus couramment usité.

La définition du *flutter* pourrait être : couplage aérodynamique entre deux phénomènes vibratoires qui, étant de même fréquence et en phase, entraînent une rupture explosive de la structure.

Cette définition mérite une analyse plus détaillée. Un avion est une structure qui, en dépit des apparences, n'est pas rigide. Les ailes, mais aussi le fuselage et la queue, subissent en vol des déformations, en flexion ou en torsion. Ainsi, le fuselage du Concorde se déformait de façon impressionnante en vol. Installé à l'arrière, on voyait le long tuyau du fuselage onduler, si bien que, quoique l'avion ait toujours été

« monoclasse » en utilisation commerciale, on avait installé des cloisons de loin en loin pour tronçonner le fuselage afin de ne pas donner aux passagers une impression de fragilité.

Le *flutter* le plus classique concerne la flexion et la torsion des ailes de l'avion. On en décrit ci-dessous le mécanisme plus en détail.

Sur une sollicitation quelconque (turbulence, par exemple), une aile peut subir un train d'oscillations en flexion. C'est-à-dire que les ailes de l'avion peuvent alternativement monter et descendre par rapport au fuselage, comme chez un oiseau qui bat des ailes. Ces oscillations ont une certaine fréquence, fonction de la nature de la structure et de la vitesse de vol, et sont en général rapidement amorties.

De même, sur une sollicitation quelconque, une aile peut subir un train d'oscillations en torsion. C'est-à-dire que les ailes de l'avion peuvent alternativement aller à des calages à piquer et à cabrer par rapport au fuselage, à partir de leur position normale. Comme précédemment, ces oscillations ont une certaine fréquence, fonction de la nature de la structure et de la vitesse de vol. De même, elles sont en général rapidement amorties.

Si, dans des conditions particulières, les deux phénomènes oscillatoires ont la même fréquence et sont en phase, en sorte que l'aile, montante, est au calage maximal à cabrer (ce qui la pousse à monter davantage) et que la même aile, descendante, est au calage maximal à piquer (ce qui la pousse à descendre davantage), le mouvement n'est plus amorti. Il diverge rapidement jusqu'à la rupture (voir figure ci-dessous).

AIRCRAFT-PILOT COUPLING

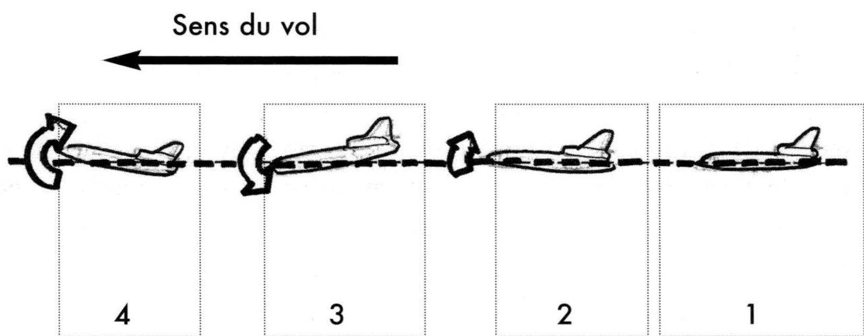

Des *flutters* sont fréquemment apparus sur les premiers avions à réaction à hautes performances. Le caractère explosif du phénomène a parfois fait croire à des explosions de nature indéterminée (un des premiers chasseurs allemands à réaction explosa ainsi devant Hitler lors d'une présentation – le chancelier du *Reich* cria aussitôt à l'attentat). En France, un des premiers Mirage F1 fut détruit dans un *flutter* lors d'un essai en vol dans les années 1960. Un Falcon 10 explosa dans un *flutter* de fuselage – couplage d'un mode de torsion et de flexion latérale, également en essai en vol dans les années 1970. Auparavant, dans les années 1950, les accidents dus au *flutter* étaient plus fréquents. Tels ceux ayant détruit les prototypes du VG-90 ou du Voltigeur.

Pour éviter le *flutter* sur les avions commerciaux, on approche le phénomène lors des essais. En général, les fréquences des deux oscillations sont très différentes, tout en se rapprochant l'une de l'autre lorsque l'avion atteint de très grandes vitesses. Le but des essais est de conduire l'avion à sa vitesse maximale, d'y déclencher des oscillations de façon artificielle, et de vérifier que les fréquences des oscillations sont encore très éloignées l'une de l'autre alors qu'on est en limite de domaine. Ces essais sont bien entendu précédés de calculs que le vol vient seulement confirmer.

Pompage piloté

Bien qu'il ne s'agisse pas à proprement parler de *flutter*, le pompage piloté (autrefois nommé PIO, Pilot Induced Oscillations – « oscillations induites par le pilote ») procède du même principe. À ceci près que l'origine d'une des deux oscillations n'est pas matérielle mais humaine. Cette « excitation » humaine des oscillations est totalement involontaire : il s'agit en fait d'un acte réflexe ; au point que le pompage piloté est désormais dénommé non plus PIO (qui sous-entendait une responsabilité du pilote), mais APC (Aircraft-Pilot Coupling – « couplage entre avion et pilote »).

Analyse du phénomène

On a remarqué qu'en réponse à un départ de l'avion en piqué ou cabré, un pilote mettait un certain temps avant de réagir. Ce temps de réponse est d'environ une seconde. Le mécanisme du pompage piloté est le suivant : dans certaines conditions, par exemple à la suite d'une turbulence, un avion (en général de taille réduite et à hautes performances) subit des trains d'oscillations longitudinales à une certaine fréquence, fonction de la nature de la structure et de la vitesse de vol. Si cette fréquence correspond à une période de deux secondes (1+1), si le pilote réagit en décidant de pousser sur son manche quand le nez monte (ce qui est une réaction saine), il ne poussera sur le manche, du fait de son temps de réponse d'une seconde, qu'au moment (3 sur la figure) où le nez de l'avion redescendra dans son oscillation naturelle. Le pilote amplifie donc inconsciemment l'oscillation au lieu de l'amortir. L'avion peut alors entrer en oscillations entretenues de forte amplitude, avec des facteurs de charge importants.

On a déjà signalé l'accident d'un avion ayant fait subir à ses passagers des facteurs de charge si importants que plusieurs d'entre eux furent tués. (voir *Ceinture de sécurité* et *Facteur de charge*). En 1999, une importante délégation d'État comportant des ministres et de hautes autorités se rendait d'une capitale européenne à une capitale voisine. À l'arrivée étaient prévus tapis rouge, fanfare et voitures officielles. Le vol était programmé dans un triréacteur d'affaires, avion de liaison officiel du gouvernement. Cet avion, pouvant emporter une vingtaine de passagers, avait une taille relativement petite et de hautes performances. Les conditions idéales pour provoquer du pompage piloté. Pour éviter ces oscillations, le constructeur avait prévu d'importants dispositifs électroniques d'amortissement. Le jour du vol, en descente vers sa destination, l'avion subit diverses pannes, qui rendirent les amortissements inefficaces. Suite à une forte turbulence et malgré les saines réactions du pilote, l'avion entra dans de violentes oscillations longitudinales. Les facteurs de charge extrêmes atteints dépassaient + 4 et – 3. Plusieurs passagers, violemment projetés alternativement au plafond et sur le plancher de la cabine, décédaient sur le coup. Les pilotes, attachés, parvinrent à poser l'avion à destination. Où l'on avait à peine eu le temps d'enlever les tapis rouges et de remplacer les voitures officielles par des ambulances.

Football

A priori, le football n'a pas sa place dans un ouvrage sur l'aviation. C'est vrai, de prime abord. Mais si on s'intéresse aux petites histoires qui tournent autour de l'aviation, on peut trouver des anecdotes curieuses. En voici deux.

La première histoire est liée au football dans la mesure où l'avion en cause transportait une équipe de football – d'autres accidents ont ainsi décimé tout une équipe. En octobre 1972, à la fin de l'hiver (on est dans l'hémisphère Sud), un biturbopropulseur Fairchild FH-227 – un avion dérivé du Fokker F27 – transporte une équipe uruguayenne complète, entraîneurs, amis et familles, de Montevideo (Uruguay) à Santiago du Chili. Pour ce voyage, il faut traverser la Cordillère des Andes, entièrement recouverte de neige à cette époque. À cause du mauvais temps, à cause aussi d'erreurs de navigation, l'avion heurte une crête. Par chance, il n'est pas complètement disloqué. Il perd les ailes et la queue, mais le fuselage glisse sur des pentes enneigées, comme un bobsleigh, sur plusieurs centaines de mètres avant de s'immobiliser. Il y a sur le coup une trentaine de survivants parmi les 45 occupants. Certains succombent à leurs blessures (il n'y a ni médecin ni pharmacie à bord), une dizaine d'autres meurent dans une avalanche qui tombe sur le fuselage qui leur sert de refuge. Les recherches n'aboutissent à rien. Les survivants (16 en tout) ne seront retrouvés que plus de deux mois après l'accident. Il aura fallu qu'ils se nourrissent des corps gelés des morts, cuits au soleil sur le fuselage de l'avion, et que deux d'entre eux parviennent dans une vallée habitée après avoir franchi un sommet de 4 600 mètres d'altitude, sans aucun moyen d'escalade.

La seconde histoire connut une issue moins dramatique (faisant tout de même dix victimes). Un Boeing 737 des lignes intérieures brésiliennes transporte des passagers entre Marabà et Belem, en septembre 1989 (Marabà se situe à peu près en bordure sud de l'impénétrable forêt amazonienne ; Belem est en bordure nord, au bord de l'Atlantique). Le vol, qui doit durer seulement quarante minutes, doit suivre une route orientée au 27°, entièrement au-dessus de la forêt vierge. C'est l'après-midi. Il fait beau, seuls quelques nuages encombrent le ciel. Au

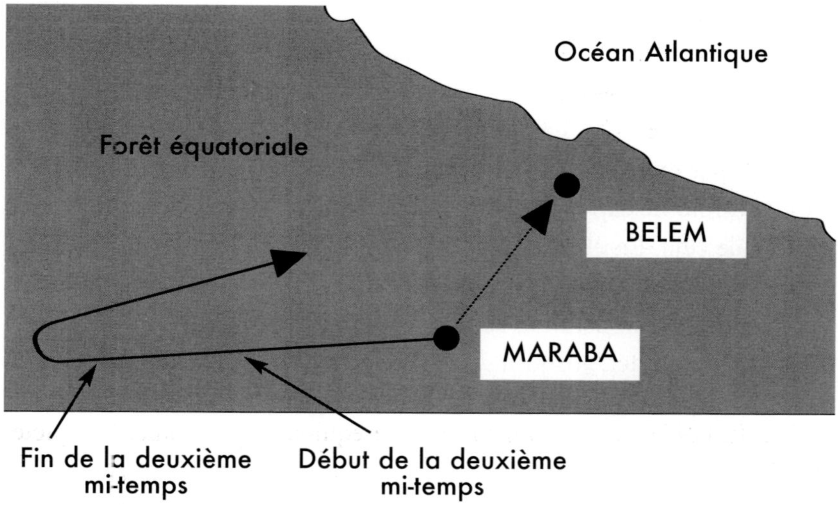

moment du décollage, les passagers sont tristes : l'équipe nationale de football du Brésil vient tout juste de débuter son match contre le Chili, match de qualification pour la Coupe du monde 1990. L'équipe gagnante sera qualifiée pour le Mundial en Italie. Et les passagers ne vont pas pouvoir suivre le match à la télévision. Par chance, les deux pilotes, passionnés de football (qui ne l'est pas au Brésil ?), suivent le match à la radio, en tenant les passagers informés de ses péripéties. L'avion est asservi au pilote automatique en mode tenue de cap, avec le cap 027° affiché. Un quart d'heure avant l'arrivée prévue, c'est la mi-temps et le Brésil mène 1 à 0. C'est l'euphorie à bord. La seconde mi-temps commence au moment où l'avion aurait dû toucher des roues à Belem. Mais personne ne s'en soucie. Il doit y avoir du vent contraire. Les pilotes se disent que, de toute manière, on ne peut pas rater l'océan Atlantique. Trois quarts d'heure plus tard, le match s'achève, le Brésil a gagné. Il y a presque une heure qu'on devrait être posé à Belem. L'équipage se décide à analyser la situation et découvre que le cap affiché au pilote automatique est 270° au lieu de 027°. Pendant une heure trente, l'avion a filé plein ouest au lieu de voler nord-nord-est. Il est maintenant en pleine forêt amazonienne et le carburant restant à bord ne lui permet pas d'espérer rejoindre la côte ou tout terrain utilisable. On prend aussitôt le cap vers Belem, aux alentours de 70° (voir carte ci-dessus). Mais il n'y a pas de miracle. Les moteurs tombent en panne sèche au-dessus de la forêt. L'avion se pose dans les arbres. Il y a à bord une trentaine de survivants sur la quarantaine d'occupants. Seulement dix morts, c'est malgré tout un miracle. Le second miracle est que l'épave est retrouvée en quarante-huit heures, grâce à sa balise de détresse, par des sauveteurs surpris de la trouver là.

Cette erreur de cap peut paraître aberrante. Elle ne l'est peut-être pas autant que cela. En effet, sur les afficheurs de cap, on ne peut pas noter en entier tous les caps, même de 10 degrés en 10 degrés. Il n'y aurait pas la place (ou la lisibilité serait réduite) pour afficher 360° – 010° – 020° – 030° – etc., jusqu'à 240° – 250° – 260° – 270° – 280°, etc. De ce fait, on note les valeurs des caps seulement en dizaines de degrés (24 au lieu de 240°, 27 au lieu de 270°, et on relève seulement les valeurs de 30 degrés en 30 degrés. Ainsi ne sont notées que les valeurs 36 (pour 360°), puis 03 (pour 030°), et plus loin 24 (pour 240°), 27 (pour 270°), etc.

Pour afficher le cap 027°, il faut afficher une valeur entre 36 et 03, voisine de 03, en s'aidant des divisions intermédiaires. Dans l'exemple de l'accident ci-dessus, l'équipage, distrait, avait affiché directement 27, c'est-à-dire en fait 270°…

J'ai eu à enquêter sur un accident dû à la même cause, au Népal cette fois. Pour atterrir sur le terrain où s'était produit l'accident, il fallait descendre dans une vallée orientée 022°-202°, soit nord-nord-est-sud-sud-ouest. La vallée était dégagée à une extrémité, mais terminée par

ROSE DES CAPS CLASSIQUE

de hautes montagnes à l'autre extrémité. Dans sa descente, le pilote avait voulu afficher 022°, qu'il aurait dû placer juste à droite du repère noté 02. Il avait en fait affiché le repère 22, correspondant à 220°, soit une erreur de quelque 180°. Et il s'était écrasé avec ses passagers sur le relief.

La question qu'on est en droit de se poser quand on analyse ces deux accidents est la suivante : s'agit-il de fautes exclusivement de pilotage ? Ou bien, même si on reconnaît qu'il y a eu erreur de la part des pilotes, n'y a-t-il pas également un défaut de conception ? L'erreur humaine est-elle ici la seule à retenir ? Oui, mais on peut reprendre une remarque déjà avancée plus haut qui consiste à dire que, du fait que les machines sont l'œuvre des hommes et qu'elles n'ont pas encore la faculté de se reproduire par elles-mêmes, les anomalies, même si la machine est en cause, sont souvent d'origine humaine.

Foudre

La foudre est un phénomène de décharge électrique entre différentes parties de l'air atmosphérique dans des conditions particulières de surcharge en gouttelettes d'eau et cristaux de glace dans et au voisinage des nuages.

Le phénomène « foudre »

Les minuscules cristaux de glace des nuages de type orageux (cumulonimbus, nuages à fort développement vertical) sont porteurs d'une charge électrique positive, alors que les gouttelettes d'eau sont chargées négativement. Bien que les mécanismes de transfert au sein du nuage soient encore mal compris, il arrive un moment où la différence de potentiel entre deux parties du nuage (ou entre le nuage et le sol) est suffisamment grande pour qu'une décharge électrique se produise. À partir de certaines conditions critiques (en différence de potentiel et distance), il y a ionisation rapide de l'air entre le nuage et le sol, puis décharge électrique dans le canal conducteur créé par l'ionisation. Un arc électrique s'établit, pendant un bref instant, dans ce conducteur, arc dont l'intensité peut atteindre plusieurs dizaines de milliers d'ampères, et la puissance, plusieurs millions de mégawatts. Cette énergie peut provoquer des dégâts importants, tant sur les structures matérielles que sur les personnes atteintes. Les manifestations associées à la décharge électrique sont l'éclair, émission d'énergie lumineuse associée aux quelques milliers de degrés centigrades, qui provoquent l'apparition d'un plasma lumineux, et le tonnerre, onde de choc liée à l'élévation locale de pression.

Le foudroiement aéronautique

Un aéronef est un ensemble généralement métallique qui se déplace au sein de la masse d'air. Bien que l'on s'attache à débarrasser au maximum la peau de l'aéronef de charges statiques, celui-ci n'est pas un objet neutre et a tendance à servir, sinon de terminal à un arc électrique, du moins de conducteur intermédiaire entre le nuage et le sol, sur la trajectoire de la décharge électrique.

Les dégâts pouvant être occasionnés aux aéronefs en vol ont des degrés de gravité divers. Si l'aéronef a un revêtement parfaitement conducteur, les dégâts peuvent être minimes, les charges électriques se contentant de s'écouler sur la peau métallique et s'évacuant sans laisser de trace. L'intérieur de l'aéronef se comporte alors comme une cage de Faraday et se trouve naturellement bien protégé. Dans le cas de décharges particulièrement fortes, il peut y avoir des dégâts importants allant de la destruction d'appareils radio à des destructions mécaniques beaucoup plus graves, accompagnées ou non d'incendies.

Des études systématiques ont été entreprises çà et là pour déterminer les risques que le foudroiement pouvait causer aux aéronefs en vol. En France, des études particulièrement approfondies ont été menées dans les années 1970, à la veille de la mise en service du premier avion commercial à CDVE, en l'occurrence l'Airbus A320. Un avion d'essai (Transall spécialement équipé – voir *Transall*) a volé pendant plus d'un an au CEV de Brétigny, équipé de multiples instruments de mesure et de capteurs externes, en traversant systématiquement des zones à risques et en subissant des milliers de foudroiements. Les résultats de ces essais ont permis de définir les protections dont devaient être entourées les CDVE. Il reste que la connaissance des problèmes de foudroiement n'est pas encore complète. Il se produit assez souvent, dans l'aéronautique commerciale, des foudroiements qui, en règle générale, n'ont pas de conséquence dramatique. Une antenne est arrachée, un bord d'attaque est endommagé. L'avion se pose le plus souvent sans problème.

Dans l'aviation de chasse, il n'est est pas toujours de même. Dans les années 1970, un Mirage III a été foudroyé en vol. Le radôme de nez a été arraché, avec le radar qu'il contenait. Plus grave, la décharge a atteint le sommet du siège éjectable, percutant le dispositif pyrotechnique d'éjection. Le siège éjectable est parti sans attendre, emportant le pilote avec lui, lequel s'est retrouvé au bout de son parachute sans avoir rien compris. Il est arrivé au sol sans dommages, seulement un peu étonné (au sens premier du terme : frappé par le tonnerre).

On parle parfois de « foudre négative » et de « foudre positive ». Dans le cas de la « foudre négative », cas le plus courant, le flux d'électrons descend vers le sol. Dans le cas de la « foudre positive », ce flux est dirigé vers le haut, et la foudre peut alors être considérée comme un flux descendant de particules positives. Cette dernière est plus intense et plus pénalisante que la première. Selon les statistiques mondiales, un avion est foudroyé toutes les deux mille heures de vol. C'est dire que le phénomène est courant et quotidien pour l'ensemble de la flotte mondiale.

On parle parfois de « foudre en boule ». Celle-ci aurait été observée dans de nombreux cas. Il s'agirait d'une sorte de boule de la taille d'un ballon de football, très lumineuse, aux mouvements désordonnés, rebondissant sur les obstacles en les endommageant. Les scientifiques qui étudient le foudroiement restent réservés sur la réalité du phénomène.

Fouga Magister

Le Fouga Magister a marqué son époque. Sorti au début des années 1950, il a été le premier avion-école à réaction du début de l'aviation militaire, en France et dans le monde entier. Jusque-là, les jeunes élèves pilotes apprenaient à piloter sur des monomoteurs classiques biplaces légers, dont l'archétype était le North American T-6.

Le Fouga Magister a été mon vrai avion de début. Petit biréacteur biplace en tandem, il avait été construit par Fouga, constructeur pratiquement inconnu, et tirait son nom (CM-170) de MM. Castel et Mauboussin, les deux ingénieurs qui l'avaient conçu. Ses deux réacteurs étaient des Turboméca Marboré-2, d'un maître-couple si réduit qu'ils tournaient à 22 600 tours par minute (ce qui est extrêmement élevé pour un réacteur : les réacteurs de l'époque, ceux des Ouragan et autres Mystère IV, tournaient autour de 8 400 tours minute).

Quand, en 1955, les premiers Fouga sont arrivés à l'École de l'air de Salon-de-Provence, puis quand, en 1957, nous avons été les premiers au monde à apprendre le pilotage sur cette petite merveille, nous n'étions pas peu fiers. J'ai tout appris du pilotage sur cet avion : les décollages et atterrissages, la voltige, le vol sans visibilité, le vol en patrouille, la navigation. En double, puis en solo.

Les avions dormaient dans un hangar et notre première tâche du matin (notre dernière le soir) était de les sortir (les rentrer) à la main. Quel spectacle de les voir bien alignés sur le parking, leur métal brillant au soleil, leur empennage papillon nous faisant discrètement le signe de la victoire…

De mes vols de l'époque, j'ai retenu les vrilles que nous initialisions en « déclenché » par une forte pression sur le palonnier, en virage serré, dans le sens opposé à celui du virage. L'avion semblait exploser, tournoyait violemment dans tous les sens avant de s'établir en vrille stabilisée. D'où il était facile de sortir à volonté, manche en léger piqué, palonnier contraire au sens de la rotation. Il n'y avait aucun risque de ne pas sortir de la vrille (voir *Vrille*).

Il n'y a jamais eu de problème dans ces vrilles jusqu'au jour où, bien plus tard – nous étions au CEV, dans les années 1970 –, un de mes amis, pilote d'essai de ma génération, instructeur à l'école des pilotes d'essai à Istres (l'EPNER, École du personnel navigant d'essais et de réception), faisait une démonstration de vrille à un pilote étranger. Il avait mis le Fouga Magister en vrille à 25 000 pieds et avait entamé la procédure de sortie de vrille vers 18 000 pieds, après quelques tours bien stabilisés. Il n'avait pas réussi à en sortir. Vers 5 000 pieds, il avait dû faire sauter son élève et sauter à sa suite (l'avion n'avait pas de sièges éjectables). J'avais été sérieusement refroidi *a posteriori*.

Il y a eu peu d'accidents dans ma promotion. Seulement des approches manquées, dans lesquelles un pilote fraîchement lâché arrivait en finale avec les aérofreins sortis et pas assez de poussée aux moteurs. Approche trop plate, réaction tardive. L'avion se posait un peu trop court dans l'herbe avant la piste.

Il y a eu une version « marine » du Fouga, le CM-175, avec verrière coulissante, train renforcé, crosse d'appontage et périscope modifié (le périscope, qui permet au moniteur en place arrière de « voir devant », existe sur les deux versions). On l'avait baptisé *Esquif*. Après quelque temps, on a trouvé ce nom un peu léger et on l'a rebaptisé *Zéphyr*.

Freinage

Lorsqu'un avion atterrit, il a une vitesse relativement élevée, qu'il faut réduire le plus rapidement possible. Il existe pour cela différents moyens.

Les freins de roue

Tous les avions sont équipés de freins de roues. Ce sont généralement des freins à disques, actionnés par une pression hydraulique.

Les freins sont activés depuis le poste de pilotage par des pédales situées en haut des palonniers (qui servent à braquer la gouverne de direction). On utilise le plus souvent les pédales de frein de façon symétrique, par une pression égale des deux côtés. Le contrôle de la direction au roulage se fait à l'aide d'un petit volant latéral semblable à un volant de voiture.

Les anciens avions d'armes (dans la série des Dassault, jusqu'au Mirage III inclus) n'avaient pas de volant : on dirigeait l'avion par des actions différentielles gauche-droite sur les freins. Pour actionner les freins, certains avions anciens utilisaient une pression d'air, qui plaquait les disques de frein sur les roues par l'intermédiaire de vessies. C'était le cas du Vampire anglais. On envoyait la pression en appuyant sur une sorte de frein de bicyclette en tête de manche. La répartition du freinage entre gauche et droite se faisait par la position du palonnier. Sur certains avions comme le Vautour monotrace, le freinage se faisait de la même façon, mais était toujours symétrique. Au roulage, le diabolo avant était orienté par des « pédalettes » situées en haut des palonniers.

Antipatinage

Un freinage trop énergique peut entraîner le blocage et l'éclatement des roues de l'avion. Si, pour une raison ou une autre, les freins bloquent les roues, les roues bloquées frottent sans tourner, puis éclatent. Dans ce cas, la procédure pour éviter l'éclatement est de relâcher les freins, puis de reprendre le freinage. On a utilisé très tôt sur les avions des dispositifs antiblocage (dits « antipatinage ») relâchant automatiquement la pression sur les freins en cas de tendance au blocage.

Aquaplaning

Un autre phénomène intéressant est l'*aquaplaning*, lequel un avion atterrissant sur une surface recouverte de quelques centimètres d'eau, peut, tout en se déplaçant à grande vitesse (plus de 100 km/h), voir ses roues cesser de tourner, sans frottement sur le sol et sans action du pilote.

La couche d'eau entre la roue et le sol empêche le frottement. L'avion surfe littéralement sur l'eau au lieu de rouler. Le freinage est, dans ces conditions, totalement inefficace.

Essais de freins

Lors de la certification d'un nouvel avion, il est demandé au constructeur une application totale des freins à grande vitesse, pour vérifier leur efficacité maximale (sans antipatinage). Un essai spécifique est réalisé, de préférence sur une piste secondaire. Généralement, au cours de cet essai (partiellement destructif), les roues éclatent, les freins sont portés à haute température (ils rougissent) et se bloquent. Il faut des heures pour récupérer l'avion et le remettre en état de vol.

Le freinage automatique

Sur les avions de la dernière génération, un calculateur permet de connaître la pression à envoyer aux freins pour un freinage optimal, sans action du pilote aux pédales. Ce freinage automatique dit « *autobrake* » offre même une possibilité de choix de faible à extrême, proposant généralement trois valeurs : *low*, *medium*, *high*. Pour un atterrissage normal en freinage automatique, le mode *low* est en général suffisant. On peut utiliser le mode *medium* sur une piste mouillée ou sur terrain court. Au décollage, on peut sélectionner le mode *high*, qui est mis en attente. Si une procédure d'arrêt est décidée en cours de décollage (avant V1, voir *Décollage*), le freinage devient effectif avec une efficacité maximale afin de limiter la distance de l'accélération à l'arrêt.

Lorsqu'on utilise le freinage automatique, une simple pression, même légère, sur les pédales de frein fait revenir le freinage en mode normal. En quelque sorte, un freinage manuel… aux pieds.

La réversion

Il faut mentionner, parmi les moyens de ralentissement d'un avion à l'atterrissage, la poussée des moteurs en réversion (voir *Inversion de poussée*). Pour les avions commerciaux, cette poussée en réversion n'est pas prise en compte pour le calcul des distances à l'atterrissage, ce qui donne une sécurité supplémentaire à l'atterrissage étant donné l'efficacité de ce moyen de ralentissement.

Autres moyens d'arrêt

Les avions d'armes utilisent des moyens d'arrêt spécifiques :

– le parachute-frein, efficace à grande vitesse. Le Mystère 20, avion civil conçu par le constructeur d'avions de chasse Dassault, était curieusement équipé d'un parachute-frein pour les atterrissages extrêmes (il n'a pratiquement jamais servi, sauf aux essais) ;

– la barrière d'arrêt, en fin de piste, utilisée dans le cas où l'avion ne parvient pas à s'arrêter avant (voir *Barrière d'arrêt*) ;

– le câble au sol et la crosse avion, surtout utilisés dans l'aéronautique navale, en particulier sur les porte-avions.

Au début des années 1960, les cadres d'une grande compagnie aérienne européenne avaient imaginé une curieuse procédure. Pour tenter de dissiper le brouillard, ils demandaient à leurs pilotes d'accomplir, avant le décollage, un aller-retour complet en roulant sur la piste, avec les réacteurs réglés à forte puissance. Ils étaient fiers de leur trouvaille, car cela fonctionnait bien. Sous la double action du souffle et de l'apport de chaleur, l'air devenait transparent sur la piste, au moins le temps du décollage. Le problème, c'est que cette technique avait l'inconvénient de passablement faire chauffer les freins… Et ce qui devait arriver arriva. En 1963, après que cette procédure a été appliquée, un bloc de freins d'une Caravelle de la compagnie explosa peu après le décollage ; l'avion s'écrasa au sol, tuant tous ses occupants.

Fumeurs

Le moyen le plus rapide de mettre le feu dans un avion est de bien le fermer, d'y placer des éléments combustibles (sièges en tissu, par exemple), d'y faire si possible circuler de l'oxygène et de permettre aux passagers d'allumer leur briquet en toute liberté. Pendant des années, les avions commerciaux ont ainsi été des torches potentielles parfaites. Au point que l'on peut s'étonner qu'il n'y ait pas eu davantage d'incendies à bord.

En 1973, un feu se déclara ainsi, à cause d'un mégot de cigarette mal éteint, dans les toilettes arrière d'un Boeing 707. L'avion, qui assurait le vol Sao Paulo-Rio-Paris, venait juste de passer les côtes françaises. Le PNC tenta d'éteindre l'incendie, qui se propageait vers l'avant ; en vain.

Le revêtement synthétique des sièges et de l'ensemble de la cabine passagers dégageait en brûlant une abondante fumée toxique. Certains passagers furent asphyxiés sur leur siège, d'autres refluèrent vers l'avant pour tenter d'échapper aux fumées. L'avion fut contraint de se poser en catastrophe avant d'avoir atteint Orly (voir *Feu à bord*).

Au début des années 1990, suite à d'autres accidents, certaines compagnies ont courageusement interdit l'accès des avions court- et moyen-courriers aux fumeurs. Cette décision n'était pas facile, car la clientèle « fumeurs » risquait de s'envoler vers des compagnies concurrentes. C'est l'effet inverse qui s'est produit : la qualité du voyage aérien devenait bien meilleure sur ces avions non-fumeurs. Au point que le mouvement s'est peu à peu généralisé aux vols long-courriers. Au tournant du millénaire, la sécurité a fait un grand pas dans ce domaine.

Il ne reste plus qu'à rappeler aux passagers qu'il est interdit de fumer même dans les toilettes, et que le fait de détériorer les détecteurs de fumée est passible de poursuites. Quand j'étais au collège, les mauvais élèves allaient déjà fumer en cachette dans les toilettes.

G *comme...*

Galland (Adolf)

Le général Adolf Galland était le chef d'état-major de la Luftwaffe à la fin de la Seconde Guerre mondiale. Crédité de plus de cent victoires aériennes, il avait commencé sa carrière en Espagne pendant la guerre civile. Engagé dans la bataille d'Angleterre, il avait répondu de façon impertinente à Gœring, qui lui demandait de quoi avait besoin la Luftwaffe pour vaincre la Royal Air Force : « D'une escadrille de Spitfire. »

Lorsque la firme Messerschmitt sortit le chasseur biréacteur Me-262 en août 1944, le général Galland forma une escadrille d'une quinzaine de ces chasseurs, qui remporta plusieurs victoires en combat aérien. Mais, sous les bombardements alliés, l'avion n'eut pas le temps d'être construit en nombre avant la fin de la guerre, essentiellement à cause du manque de moteurs Junkers.

Je n'ai aucun lien de parenté avec le général Galland, bien que, dans mes débuts dans l'armée de l'air, dix ans seulement après la fin de la guerre, certains fissent mine de le croire. D'ailleurs, ils écrivaient mon nom avec deux L, ajoutant parfois, finement : « Deux L, c'est tout de même mieux pour un pilote ! »

Géométrie plane

Avec l'automatisation de la plupart des opérations à bord des avions commerciaux modernes, certains se demandent si les études approfondies que l'on demande aux futurs pilotes de ligne sont justifiées. Le débat, intéressant, a été remis au premier plan de l'actualité dans les années 1980, lorsque l'Europe aéronautique s'est constituée dans le cadre des JAA (Joint Aviation Authorities), devenues plus tard EASA. Il fallait mettre sur pied des licences européennes communes, et la question se posait de définir le niveau de ces futures licences. Les licences européennes furent fixées à un niveau relativement élevé, pour une raison simple : on ne sait pas à quelles techniques les pilotes entrant dans la carrière seront confrontés dans l'avenir. Il faut donc impérativement leur demander de justifier à l'entrée d'un niveau élevé.

Dans l'anecdote qui suit, les connaissances dont avait besoin l'équipage étaient limitées : il suffisait de connaître un théorème élémentaire de géométrie plane qui dit que la médiatrice de toute corde d'un cercle passe par son centre. Mais commençons par le commencement... Un pilote convoyait, à la fin des années 1970, un petit monomoteur Cessna 188 de la Californie vers l'Australie. L'étape qu'il se proposait de franchir cette nuit de décembre (en plein été donc dans ce coin du monde) devait le conduire d'une île du Pacifique Sud vers une autre, sur une distance de 1 500 milles nautiques (près de 3 000 kilomètres). L'avion avait une autonomie totale de quinze heures et devait voler à moins de 200 nœuds (350 km/h). Compte tenu des vents, le vol devait durer une dizaine d'heures. Après sept heures de vol, le pilote réalise qu'une panne instrumentale lui a fait suivre une mauvaise route et qu'il est perdu très loin au sud de la Nouvelle-Calédonie. Sans moyen de déterminer sa position avec précision, le seul instrument dont il dispose est un compas de secours, lui donnant seulement un cap. Il appelle à l'aide en émettant le signal conventionnel « mayday » (voir *Urgence et détresse*) sur deux fréquences de secours : une en VHF (ondes courtes, dont la portée est limitée), une autre en HF (ondes plus longues, à plus longue portée). L'équipage d'un DC-10 d'une compagnie du Pacifique Sud, qui effectuait un vol régulier des îles Fidji vers la Nouvelle-Zélande et qui veillait comme il se doit les fréquences de secours, entend l'appel en HF, mais pas en VHF. La portée de la VHF, en conditions de vol, étant de l'ordre de 250 milles nautiques (environ 450 kilomètres), cela voulait dire que le DC-10 était à plus de 250 milles du Cessna. La localisation approximative du Cessna le mettait nettement en dehors de la route du DC-10, mais il n'y avait pas d'autre moyen de secours dans la zone. Le DC-10 avait beaucoup de carburant à bord et les passagers, consultés par le commandant de bord, étaient tous d'accord pour aller au secours du Cessna. Il mit donc le cap sur la zone approximative de l'avion en perdition, lui demandant de faire du surplace en tournant en rond et de continuer à émettre en continu sur VHF. À un certain moment (point A de la figure), le DC-10 reçut les appels du Cessna sur VHF. Il releva sa propre position à cet instant et continua tout droit. Il perdit les signaux au point B. Il manœuvra alors pour revenir sur la zone, après un éloignement qui devait l'amener sur la médiatrice de AB. Établi sur cette ligne, il entendit de nouveau les appels sur VHF au point C, pour les reperdre à nouveau au point D. Le Cessna ne pouvait se trouver qu'au point O, milieu de CD. Le DC-10 n'eut pas besoin d'aller jusqu'au point D : le Cessna le vit passer au-dessus de lui et se signala. Localisé, le pilote du Cessna n'eut plus qu'à prendre le cap calculé par le DC-10, le conduisant au terrain le plus proche, à trois heures de vol. Il lui restait moins d'une heure d'autonomie à l'atterrissage.

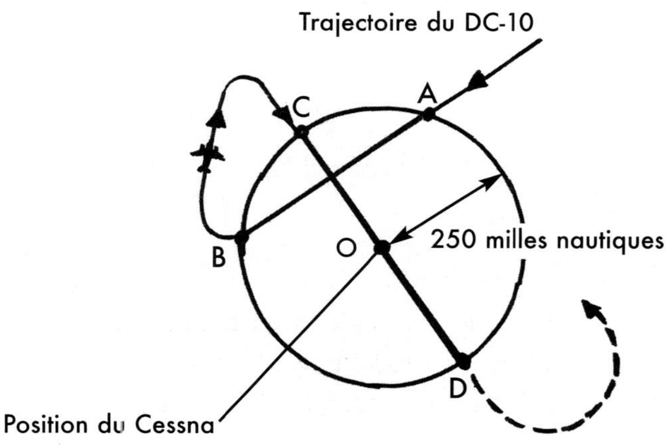

Gigognes et composites

Les ensembles gigognes sont composés d'une série d'objets semblables mais de taille échelonnée qui s'emboîtent les uns dans les autres. Telles sont les poupées russes ou certaines tables basses.

Le principe de l'utilisation d'aéronefs gigognes est le suivant : quand un aéronef a terminé son décollage et sa montée initiale (lesquels nécessitent, même pour un avion long-courrier, un pourcentage important du carburant embarqué), il doit continuer à transporter les réservoirs vides et la structure portante associée pendant tout le restant du vol, ce transport d'une charge morte pénalisant le vol.

Sur les avions d'armes, on a envisagé de placer des réservoirs supplémentaires externes qui pourraient être largués une fois vides – en opérations réelles seulement, bien entendu. Mais le principe d'un véritable avion gigogne a été aussi imaginé dès les années 1930 : la firme anglaise Short construisit un avion composite appelé Mayo (du nom de l'ingénieur à l'origine du projet). Ce composite comportait un hydravion de grande taille nommé Maia (« avion-mère », du nom de la déesse-mère de la mythologie) qui assurait le décollage, la montée et le début de la croisière, et un hydravion plus petit, le Mercury, qui était installé sur le précédent et qui n'emportait qu'une quantité de carburant limitée et la charge utile. Le Maia décollait avec le Mercury sur lui, atteignait la fin de son autonomie utilisable, larguait son hôte et revenait se poser. Le Mercury disposait alors d'un maximum de carburant pour la fin du vol, sans la servitude des réservoirs vides. Ce projet, trop complexe, n'eut pas de suites.

Short Mayo

Un autre projet opérationnel de monoréacteur F-84 emporté sous un B-36 n'eut lui non plus aucune suite (voir *Porte-avions*). En revanche, de nombreux prototypes ont été emportés sur des avions plus gros avant d'être largués en altitude pour éviter les servitudes du décollage.

Ce fut le cas, en France, de la série des avions Leduc sur un Languedoc (figure ci-dessous), aux États-Unis du Skyrocket dans les premiers passages du mur du son sous un Boeing P-B2B, puis du X-15 hypersonique sous un B-52. Sans parler des précurseurs de la navette spatiale, les Lifting Bodies, également emportés par des B-52.

Lors d'un des derniers Salons du Bourget du XXe siècle, la navette spatiale fit un tour d'honneur de Paris sur le dos de son Boeing 747 porteur.

Leduc 021 sur son Languedoc

La conquête spatiale n'a été possible que grâce à des fusées gigognes. Toutes les fusées spatiales ont comporté deux, voire plusieurs étages, pour les raisons exposées ci-dessus. La navette spatiale américaine – comme l'a été la navette russe *Bourane* restée à l'état de projet – n'est que le dernier étage d'une fusée gigogne qui s'est débarrassée en montée de ses premiers étages quand ceux-ci ont cessé d'être utiles.

Givrage

Le givrage représente un danger majeur pour l'aviation. Le dépôt de glace peut avoir deux conséquences importantes sur un avion :

– Sur les ailes ou sur les hélices, il peut déformer le profil et donc les qualités aérodynamiques de l'appareil, ce qui bien entendu a des retombées sur les performances et les qualités de vol de l'avion.

– Où qu'il se dépose par ailleurs, il provoque une augmentation du poids de l'avion, ce qui est préjudiciable aux performances.

On rencontre le givrage dans des conditions très diverses : essentiellement dans les nuages très actifs (type cumulonimbus), mais aussi dans des nuages stratiformes ou dans des brouillards givrants.

Le givrage revêt différentes formes : certains, opaques et friables, sont pratiquement sans danger ; d'autres, transparents, compacts et adhérant solidement aux surfaces contaminées, comme le verglas, peuvent être très dangereux.

Givrage des instruments

Le givrage peut affecter également les instruments de bord, avec des conséquences qui peuvent être dramatiques. C'est pour cela que les capteurs externes des instruments de planche de bord sont soigneusement chauffés pour être dégivrés en vol.

Au début des années 1980, un accident spectaculaire s'est produit au décollage de l'aérodrome Washington-National. Un Boeing 737 avait une de ses prises de pression extérieures givrée, ce qui faussait les indications des instruments moteurs. En affichant la poussée de décollage, les pilotes, croyant avoir atteint une valeur limite sur les moteurs, tentèrent le décollage avec une poussée insuffisante. Ils arrachèrent l'avion du sol en fin de piste, mais celui-ci, incapable de voler avec sa vitesse trop faible, alla s'écraser sur un pont de pierre de la rivière Potomac qu'il percuta par son travers. De nombreux passagers qui avaient survécu à l'impact se retrouvèrent dans l'eau du fleuve. Mais c'était l'hiver et le Potomac charriait des blocs de glace. La plupart des survivants moururent de froid ou se noyèrent, malgré l'aide des passants, dont l'un avait plongé du haut du pont pour tenter de les sauver, filmés par les caméras de télévision, qui étaient arrivées sur les lieux aussi vite que les premiers secours.

Il existe deux techniques différentes de lutte contre le givrage.

La première, dite antigivrage, est une technique préventive. En cas de risque de givrage, les avions au sol sont recouverts de bâches. Ensuite, en vol, les parties sensibles comme les capteurs instrumentaux et les bords d'attaque des ailes sont chauffés pour empêcher le givre de se déposer, par résistances électriques ou par circulation d'air chaud.

La seconde, dite dégivrage, est une technique curative. Elle consiste à asperger de liquides dégivrants la surface des avions avant le décollage, sous des portiques conçus à cet effet. Si le givrage se produit en vol, on peut ainsi provoquer des déformations cycliques des profils, projeter des liquides dégivrants, ou encore chauffer les zones sensibles pour faire fondre le givre.

Accidents dus au givrage

L'histoire de l'aviation est émaillée d'accidents dus au givrage.

En 1991, un DC-9 effectuait un vol Buffalo-Cleveland-Indianapolis en transport de courrier, avec deux pilotes à bord. L'atterrissage à Cleveland eut lieu à l'heure prévue. Les conditions hivernales étant propices au givrage (température de – 5 °C, point de rosée de – 7 °C), les systèmes de dégivrage furent utilisés en approche, sans problème. L'escale à Cleveland dura trente-cinq minutes, le temps du chargement et déchargement du courrier. L'équipage resta dans le cockpit. Pendant l'escale, une neige sèche tombait continuellement. L'équipage remit les moteurs en route, sans contrôler l'état des surfaces. Il y avait sur les ailes une couche de glace de 0,5 millimètre d'épaisseur, difficile à détecter. Au décollage, les performances aérodynamiques de l'aile étaient dégradées. L'avion décolla dans l'effet de sol, mais, vers 100 pieds, hors effet de sol, entra dans le décrochage. Il y eut un fort roulis, l'avion prit une forte assiette tout en s'enfonçant. Puis, il y eut un pompage réacteur. L'aile toucha le sol, l'avion passa sur le dos et prit feu. Les deux pilotes furent tués…

La même année, un MD-81 décolla de Stockholm avec sept membres d'équipage et 122 passagers. L'avion avait passé la nuit au parking, avec une température légèrement en dessous de 0 °C. Le carburant restant dans les ailes étant froid, la pluie légère mais continue avait formé sur l'extrados (le dessus) de l'aile une couche de glace non détectée à la préparation du vol. Au roulage, le commandant de bord évita pourtant la projection de *slush* (neige fondue qui stagne sur les pistes) sur l'intrados des ailes et dans les moteurs. Peu après le décollage, de fortes détonations furent perçues au niveau des moteurs, de fortes vibrations empêchant la lecture des instruments. Quelques secondes plus tard, les deux moteurs s'éteignaient. Des passagers virent des blocs de glace s'arracher des ailes et aller vers les moteurs. Le commandant de bord descendit en vol plané. Vers 800 pieds, il sortit de la couche nuageuse et choisit un champ pour se poser, train et volets sortis. Il heurta la cime des arbres et le fuselage se coupa en trois à l'impact. L'avion était à 17 kilomètres de la piste de décollage. On dénombra 43 passagers blessés, dont deux grièvement atteints.

On est parfois conduit, dans les essais en vol, à étudier le comportement d'un avion ayant subi un givrage important. Pour ce faire, comme cela s'est produit dans les années 1990 sur ATR-42, après des critiques plus ou moins fondées du NTSB américain (voir *Enquêtes – accidents*), les équipages d'essai de l'aérospatiale ont été conduits à faire voler l'avion avec, collées aux bords d'attaque des ailes, des formes de polystyrène recopiant la forme des accumulations de givre supposées.

Ces vols ont failli mal se terminer. Non pas parce que l'avion ne pouvait pas voler avec le givrage étudié, mais parce qu'il y avait eu confusion entre différentes formes et qu'un décollage avait été entrepris avec des paramètres de décollage correspondant à une forme autre que celle qui avait été effectivement installée.

L'avion en essai s'est écrasé au décollage. Les deux pilotes d'essai à bord s'en sont sortis avec des égratignures.

Glaciers et montagne

Dès les années 1950, des pilotes se sont intéressés à l'aviation en montagne. On a commencé par décoller et atterrir sur des altiports sommairement aménagés, puis on est allé directement sur les glaciers.

La particularité du décollage sur un altiport ou sur un glacier est qu'il est toujours effectué en descente, vers le bas de la piste ou l'aval du glacier, alors que l'atterrissage doit être effectué dans l'autre sens. Le décollage est en général assez facile. L'avion décolle rapidement et s'élève vite par rapport au terrain environnant. En cas de panne moteur, pas question de revenir se poser, il faut descendre chercher un terrain dans la vallée. L'atterrissage est plus difficile. D'abord parce que l'angle de descente relatif par rapport à la surface n'est pas facile à évaluer, ensuite parce qu'il faut conserver de la puissance au moteur pour continuer à monter si l'atterrissage tend à s'achever avant le méplat, en haut de la pente.

J'ai fait mes premières armes sur altiport à Courchevel, sur un Piper PA-18. Plus tard, j'ai aidé à la certification montagne du De Havilland Canada DHC-7, un quadrimoteur STOL (voir *ADAC*).

Accidents sur des glaciers

Il y a eu depuis 1945 plusieurs accidents d'avions commerciaux sur des glaciers. En voici un, assez extraordinaire... En novembre 1950, un Constellation d'Air India baptisé *Malabar Princess*, qui effectuait le vol Bombay-Genève-Londres, était en descente sur Genève. L'avion se signalait pour la dernière fois au contrôle de Grenoble peu avant l'impact. Il était alors à 9 kilomètres du survol du mont Blanc, à une altitude de 15 000 pieds (4 600 mètres) alors que l'altitude de sécurité est de 18 000 pieds (5 800 mètres). Il disparaissait des écrans radar et percutait les pentes enneigées à 200 mètres des sommets. Il n'y eut aucun survivant. L'avion, éclaté à l'impact, fut totalement détruit. L'épave ne fut localisée que deux jours plus tard à cause des mauvaises conditions météorologiques. De nombreux corps ne furent pas retrouvés. En 2004 – plus de cinquante ans après –, des corps gelés, intacts, ont été retrouvés, durant l'été, au bas du glacier des Bossons.

Touch-and-go

En principe, on ne peut pas décoller d'un altiport dans le sens de la montée. Un pilote d'essai de Brétigny en Breguet 941 a pourtant réussi, lors d'une approche sur l'altiport de Courchevel, à toucher des roues puis à remettre les gaz dans la foulée (ce que l'on appelle « *touch and go* »). Ce n'était pas prévu sur l'ordre d'essai et on ne l'a pas félicité. Il reste qu'il a ainsi démontré les extraordinaires capacités de cet avion.

Global Positioning System (GPS)

Le GPS (Global Positioning System – dit également NAVSTAR) est un système mondial de navigation qui a fait son apparition dans les années 1970 et dont l'usage s'est depuis répandu dans le monde entier.

Le principe est le suivant : deux sphères se coupent (peuvent se couper) suivant un cercle. Une troisième sphère coupe ce cercle selon deux points, ce qui fait que trois sphères se coupent selon deux points. Le GPS est un système de localisation basé sur la mesure de distance : on mesure la distance (par la mesure du temps mis par un signal, qui se déplace à la vitesse de la lumière) entre un avion et trois satellites dont on connaît parfaitement la position à un instant donné. Le mobile (ici un avion) se situe à l'intersection des trois sphères, dont les centres respectifs sont les satellites et les rayons les distances respectives mesurées. Une mesure sur un quatrième satellite permet d'affiner le calcul.

Six plans orbitaux inclinés à 55 degrés sur l'équateur terrestre portent chacun trois satellites régulièrement espacés. Le système complet comporte donc 18 satellites, dont les orbites circulaires sont parcourues en douze heures. Chaque satellite comporte une horloge atomique et est contrôlé par un module central situé aux États-Unis. Chacun envoie, de façon continue, vers la Terre, des informations sur sa position et l'heure à laquelle il émet un signal. Puis, les temps de transfert du signal sont mesurés et une triangulation automatique permet de localiser le mobile demandeur.

L'utilisation d'un tel système entièrement automatique ne pose aucun problème. La précision nominale est remarquable : quelques mètres. Le problème est que le GPS appartient au ministère de la Défense américain, qui se réserve la possibilité de modifier la précision de la localisation libre à sa convenance. En période de tension internationale, des erreurs artificielles importantes peuvent être insérées dans la chaîne de mesure, que seuls les utilisateurs habilités (forces armées américaines et alliées) peuvent éliminer par décodage. De ce fait, le GPS, qui permettrait une circulation du trafic commercial international parfaitement sûre, ne peut pas être agréé par l'OACI. Au tournant du troisième millénaire, les systèmes optimisés de navigation utilisaient encore pour leur recalage des DME (Distance Measuring Equipment).

La solution pour l'aviation civile réside dans un système analogue au GPS, mais indépendant de toute autorité militaire. Un tel système dit « Galileo » a été adopté en 2004. Cofinancé par l'Union européenne et l'Agence spatiale européenne (ESA), Galileo comportera 30 satellites. Le premier a été lancé en début 2006. L'ensemble devrait être opérationnel à la fin de la décennie. Bien entendu, les États-Unis se sont démarqués du projet Galileo. Ils auraient préféré que l'aviation civile internationale utilise le GPS, sur lequel ils entendent conserver un contrôle absolu.

Gouvernes

Les gouvernes sont des surfaces mobiles situées au bord de fuite des ailes et de l'empennage de l'avion et qui lui permettent d'évoluer.

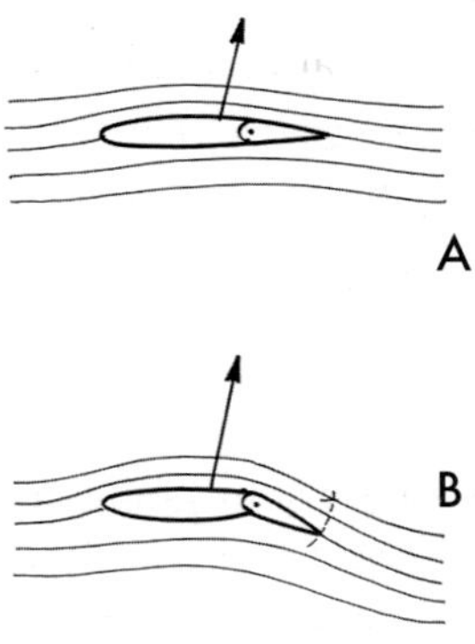

Les gouvernes sont en général des portions de surfaces de l'avion, qui se déplacent en déformant le profil des surfaces auxquelles elles sont associées. La figure ci-contre représente une des surfaces de l'avion pourvue d'une gouverne sur son bord de fuite. En A, la gouverne est au neutre. La surface a une portance de base, ici vers le haut, la concavité de l'écoulement étant vers le bas. Si le pilote veut faire augmenter la portance de cette surface, il braque la gouverne vers le bas, comme indiqué en B. Cela provoque une augmentation de la courbure des filets d'air, donc une augmentation de la portance de la surface.

GOUVERNES CLASSIQUES

Sur un avion classique, les gouvernes sont actionnées par les commandes de vol (voir *Commandes de vol*) ; elles permettent à l'avion de tourner autour de ses trois axes :

– les ailerons, qui travaillent de façon dissymétrique à l'extrémité du bord de fuite des ailes (c'est-à-dire que lorsque l'un d'eux est braqué vers le haut, l'autre est braqué vers le bas), font tourner l'avion autour de l'axe de roulis et permettent essentiellement à l'avion de s'incliner à gauche ou à droite et de se mettre en virage ;

– la profondeur, au bord de fuite de l'empennage horizontal, provoque le tangage et permet à l'avion de cabrer et de piquer autour de l'axe de tangage, et donc de monter et descendre ;

– la direction, au bord de fuite de la dérive verticale, permet de faire tourner l'avion autour de son axe de lacet. On s'en sert pour aider à effectuer des virages symétriques ou pour contrer une panne de moteur d'aile.

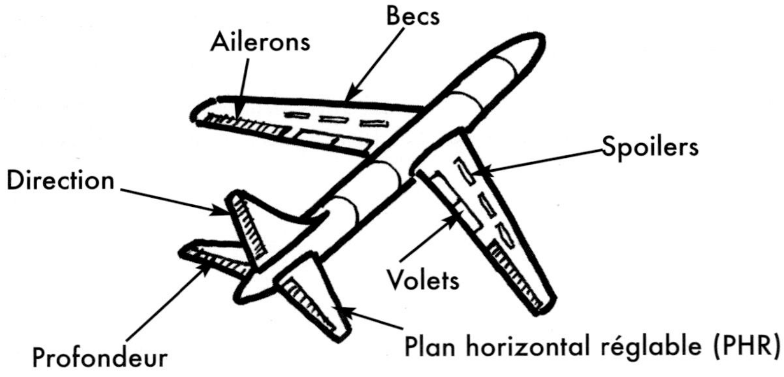

Compensateurs

On peut compter au nombre des gouvernes les compensateurs, qui sont en général des petites surfaces situées au bord de fuite des gouvernes.

Les compensateurs d'évolution (*servo-tabs*) aident le pilote à déplacer les gouvernes, en diminuant l'effort qui serait à appliquer dans le cockpit pour un déplacement direct de la gouverne. Le principe est le suivant : pour braquer une (grande) gouverne de l'avion vers le haut, par exemple, le pilote braque vers le bas une petite gouverne située au bord de fuite de la grande gouverne à braquer. Ce braquage force la grande gouverne à se braquer vers le haut. Le premier avion commercial à réaction long-courrier, le Boeing 707, qui aurait été justiciable de servocommandes, n'en était pas équipé. Il utilisait des *servo-tabs*.

Les compensateurs de régime permettent de ne plus avoir besoin d'agir sur les gouvernes pour maintenir un régime de vol stabilisé que l'on veut prolonger. Quand ils sont correctement réglés, il n'y a plus d'effort résiduel sur la gouverne pour le vol choisi. Ces compensateurs sont en général réglables depuis le poste de pilotage, par le pilote ou par le pilote automatique – on parle dans ce cas d'« autotrim ».

Sur les avions récents, en profondeur, c'est l'ensemble de la surface de l'empennage qui joue le rôle de compensateur de régime. On l'appelle PHR (plan horizontal réglable) ou THS (Trimmable Horizontal Stabilizer). Un PHR fut à l'origine d'un accident dramatique d'un MD-83 à Los Angeles. La vis sans fin (non doublée) qui commandait le PHR avait grippé et s'était rompue. Le PHR était parti en butée et l'avion, incontrôlable, s'était écrasé dans l'océan. L'enquête montra que la vis de commande devait être graissée toutes les six cents heures de vol. Pour des raisons d'économie, ce délai avait été repoussé à deux mille cinq cents heures par la compagnie. C'était un délai trop long. Tous les occupants de l'avion sont morts pour cause d'économie.

Gouvernes particulières

Aérofreins

Les aérofreins sont des surfaces que l'on peut dresser en travers de l'écoulement et qui freinent l'avion en vol. Ces surfaces sont en général spécifiques de la fonction « aérofrein », comme sur le T-33. Sur d'autres avions, les spoilers (voir plus loin) peuvent être utilisés à cette fin. Sur certains avions comme le DC-7, cet effet était obtenu par la sortie du train principal, qui pouvait être sorti seul (sans le train avant) à n'importe quelle vitesse. Sur le DC-8, l'effet « aérofrein » est obtenu par la réversion des moteurs (réacteurs).

Spoilers

Les spoilers sont des petites surfaces situées sur l'extrados (le dessus) de l'aile et qui peuvent se soulever. Lorsqu'on les braque sur une aile, on freine l'aile tout en l'abaissant. D'où leur usage en vol : en utilisation dissymétrique (sur une seule aile), ils aident au virage en abaissant et en freinant l'aile intérieure au virage ; en utilisation symétrique (sortie simultanée des *spoilers* des deux ailes), ils ont un effet « aérofrein » et aident à plaquer l'avion au sol à l'atterrissage.

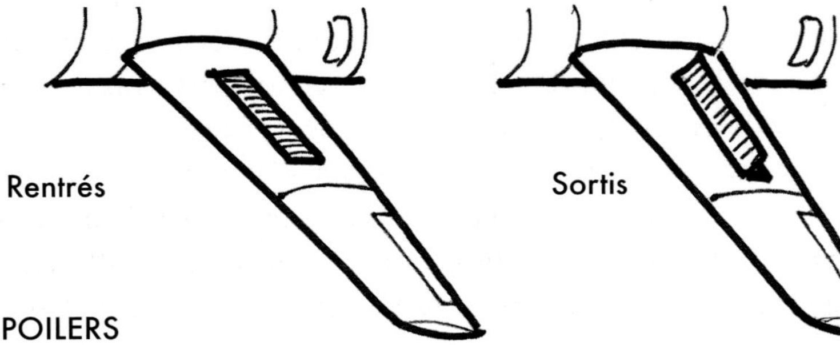

SPOILERS

Becs et volets

Situés sur le bord d'attaque (becs) ou sur le bord de fuite de l'aile (volets), ces surfaces inclinables permettent d'augmenter la courbure du profil de l'aile, donc favorisent les basses vitesses. On leur donne parfois le nom d'« hypersustentateurs ».

Ils sont parfois agrémentés de fentes, qui redonnent de l'énergie à l'écoulement d'extrados en empruntant de l'air sous pression à l'intrados.

Sur certains avions, les becs ne sont pas commandés par le pilote, mais sortent automatiquement par effet de succion aérodynamique.

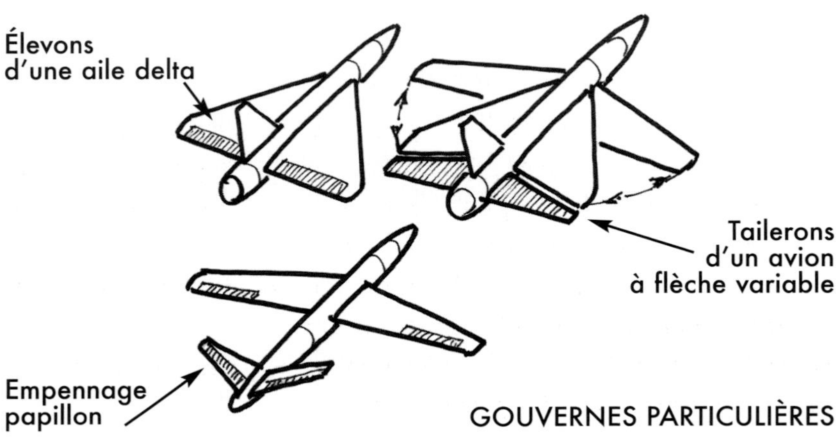

GOUVERNES PARTICULIÈRES

Les avions à aile delta n'ont pas la séparation classique aile/empennage. Ce sont les mêmes gouvernes, dites « élevons », situées sur le bord de fuite de l'aile, qui jouent le rôle d'ailerons en travaillant en dissymétrique, celui de profondeur en travaillant en symétrique.

Les avions à flèche variable comme le Mirage G-8, un de mes avions favoris, ont bien une aile et un empennage horizontal. Mais lorsque l'aile est repliée vers l'arrière (flèche maximale), son bord de fuite touche l'empennage. Il ne peut donc y avoir d'ailerons. Les seules gouvernes sont situées sur l'empennage horizontal et fonctionnent comme les élevons des deltas. Sur cet avion, on les appelle « tailerons ».

Les avions à empennage papillon comme le Fouga Magister ont un empennage mi-profondeur mi-direction, avec ses deux plans à 45 degrés. Les gouvernes qui y sont installées jouent le rôle de direction en travaillant en dissymétrique, celui de profondeur en travaillant en symétrique.

Sur les avions anciens en stationnement, pour éviter qu'elles claquent au vent et se détériorent, les gouvernes étaient solidarisées avec les surfaces fixes au parking, par des éclisses (sortes de pinces bloquant la gouverne sur une position neutre). Des accidents sont survenus sur des avions décollant sans que les éclisses aient été retirées. Par la suite, on a fixé des flammes de tissu rouge aux éclisses, ce qui les rendait visibles de loin, même de la tour de contrôle. Puis on a conçu des avions sur lesquels un levier en cockpit bloquait en même temps les manettes des gaz et les gouvernes. On ne pouvait plus décoller gouvernes bloquées. Le Breguet Deux-Ponts et le Nord 262 étaient, parmi d'autres, ainsi équipés.

Gouvernes et servocommandes

Certains avions de grande taille et/ou à hautes performances ont des gouvernes qui sont soumises à de telles forces que le pilote ne pourrait les déplacer seul en agissant sur une timonerie uniquement mécanique. Sur ces avions (la plupart des avions d'armes et des avions commerciaux actuels), le pilote agit sur le tiroir d'un vérin, lequel permet à une pression hydraulique de déplacer le vérin, qui déplace à son tour la gouverne. Si bien que la force à fournir par le pilote est très limitée, tout en permettant de déplacer des gouvernes très chargées.

Vol sans gouverne

Les gouvernes sont *a priori* indispensables pour diriger un avion dans les airs. Pourtant, des avions se sont retrouvés avec une perte partielle, voire totale, de gouvernes.

On a dit plus haut que, sur les avions récents, des spoilers étaient disposés sur l'extrados de l'aile, que l'on sort pour aider les ailerons en virage, en aidant à abaisser et freiner l'aile intérieure au virage. Cela est tellement vrai que les spoilers deviennent presque indispensables pour le virage, comme le montre cet incident. En 1993, un A320 s'est retrouvé en vol avec quatre des cinq spoilers droits bloqués en position rentrée (après une erreur de remontage des services de maintenance). En configuration d'atterrissage, l'avion ne pouvait pratiquement plus tourner à droite (malgré un plein débattement du manche et l'aide de la direction).

L'atterrissage n'a pu avoir lieu (sans conséquences graves) qu'après un circuit d'attente inversé (à gauche au lieu d'à droite) et une présentation de l'avion en finale par le contrôleur radar en léger virage continu à gauche.

En 1989, un DC-10 subit une explosion de son réacteur central. Les débris d'un disque du compresseur vinrent percuter différentes parties situées à l'arrière de l'avion, qui perdit rapidement tous ses circuits hydrauliques, donc toutes ses servocommandes. Le manche et les palonniers étaient brutalement devenus inopérants. Un instructeur qui voyageait en passager sur ce vol eut l'idée d'utiliser les réacteurs pour tenter de diriger l'avion : en poussant le moteur du côté opposé au virage désiré et en réduisant le moteur intérieur au virage pour faire tourner l'avion, et en poussant ou en réduisant symétriquement les moteurs pour le faire monter ou descendre.

Cette méthode a permis de dérouter l'avion vers un terrain militaire dégagé. Mais le pilotage manquait de précision et l'atterrissage se termina en catastrophe. L'avion, trop rapide et avec un taux de descente excessif, percuta violemment le sol et se désintégra. Si les pilotes survécurent dans le cockpit, il y eut de nombreuses victimes. Il reste que l'on compta 184 survivants, alors que tous les occupants auraient pu périr dans l'appareil incontrôlé.

Les gouvernes sont des parties vitales de l'avion, et leur dysfonctionnement peut avoir des conséquences dramatiques.

En 1995, un Boeing 747 japonais effectuait le vol Tokyo-Haneda-Osaka, un vol de trente cinq minutes avec une altitude de vol limitée à 24 000 pieds (environ 8 000 mètres). Une violente explosion survint en vol, et les pilotes se retrouvaient à mal contrôler l'avion aux ailerons. En fait, ils avaient perdu la dérive et une partie de l'arrière de l'avion. Le plafond s'effondra sur les derniers rangs de passagers. Les pilotes se retrouvaient à mal contrôler l'altitude, à tenir un cap. Des fuites touchèrent les quatre circuits hydrauliques de l'avion, et les servocommandes ne répondirent plus. C'était une lutte sans espoir. Les pilotes n'ont pas compris la cause de leurs ennuis. Les passagers, eux, ont vite compris qu'ils allaient mourir, et beaucoup écrivirent des lettres d'adieu. Après plus d'une demi-heure de tentatives désespérées, à la sortie des volets, l'avion piqua à la verticale et s'écrasa dans les montagnes. Il y eut, contre toute logique, quatre survivants : une fillette de 12 ans, une mère et sa fille, et une hôtesse. Toutes les quatre étaient assises au fond de la cabine (voir *Place du mort*). La cause de l'accident serait une mauvaise réparation suite à un atterrissage dur. Avec 520 tués, c'est, au tournant du millénaire, l'accident le plus grave de l'aviation civile sur un seul avion.

Gyroscope

Le gyroscope a été une grande découverte pour l'aviation, où il a été introduit au milieu du XXe siècle. Le gyroscope est une sorte de toupie qui tourne très vite sur elle-même, sa rotation ayant été à l'origine assurée par des moyens pneumatiques, plus tard par des moyens électriques. Suspendu « à la cardan », donc pouvant prendre toutes les positions dans l'espace, le gyroscope peut avoir en fait un, deux ou trois degrés de liberté.

Il a deux propriétés essentielles : la fixité dans l'espace et la précession. Il a été utilisé dans divers instruments, puis a été à l'origine de l'essor des plates-formes inertielles.

Le gyroscope a permis la conception et la réalisation de divers instruments :

– l'indicateur de virage, ou « aiguille », construit autour d'un gyromètre ;
– le compas gyromagnétique, gyroscope à deux degrés de liberté, permettant de stabiliser la rose du compas magnétique, naturellement instable ;
– l'horizon artificiel, gyroscope à trois degrés de liberté, équipé de dispositifs érecteurs pour le recaler en permanence sur la verticale du lieu.

On peut dire que le gyroscope, ne serait-ce que par la réalisation de ces trois instruments, est à la base de l'aviation moderne et du vol aux instruments.

Le compas magnétique ne fonctionne plus à haute latitude – à des latitudes supérieures à 75° nord dans l'Atlantique –, l'intensité de la composante horizontale du champ magnétique terrestre y étant inférieure à 6 microteslas (le tesla est l'unité officielle du champ magnétique). Lors des premiers vols polaires, on a choisi, en l'absence de nord magnétique exploitable, un nord arbitraire dit « nord-grille » et on a utilisé les compas gyromagnétiques en directionnel pur, c'est-à-dire sans recalage magnétique, conservant une direction fixe dans l'espace. Sans entrer dans le détail des principes de la navigation gyroscopique, on peut dire que le principe de base consiste à appliquer au gyroscope des corrections appropriées, dont la principale est la correction de précession astronomique. Cette correction est de 15°/h x sin L vers la gauche dans l'hémisphère Nord, où L est la latitude moyenne de vol (15°/h est la vitesse de rotation de la Terre, qu'il convient de corriger). Dans les régions polaires, cette correction est voisine de 15°/h vers la gauche. En appliquant cette correction ainsi que d'autres moins importantes, on va tout droit en conservant un « cap gyro » constant.

L'anecdote qui suit remonte à 1978. À cette époque, les avions commerciaux intercontinentaux étaient déjà équipés de centrales inertielles. Certaines compagnies, dont la compagnie d'Extrême-Orient dont il est question ici, mettaient encore en ligne des machines relativement anciennes, comme ce Boeing 707 qui n'avait pour tout moyen de navigation que des compas gyroscopiques et un sextant. Ce 707 devait décoller de Londres pour rallier Séoul, avec une escale technique de ravitaillement à Anchorage en Alaska – à l'époque, l'URSS n'acceptait pas le survol de la Sibérie, et la route la plus courte entre l'Europe et l'Extrême-Orient passait par l'océan Arctique, avec escale intermédiaire obligatoire. Le vol devait durer huit heures. Dès son arrivée en croisière, l'équipage avait suivi sa route jusqu'à l'Islande sans difficulté, les moyens radioélectriques étant suffisamment nombreux. Puis, ces moyens disparaissant et le compas magnétique devenant inutilisable, on avait branché le pilote automatique en mode « tenue de cap », le cap de référence étant un cap gyroscopique auquel avaient été appliquées les corrections nécessaires. Le vol pouvait avoir lieu à cap gyro constant. Après six heures de vol dans ces conditions, pendant lesquelles l'attention avait été – c'est le moins qu'on puisse dire – relâchée, l'équipage cherchait à capturer la fréquence de la balise d'Anchorage, dans une vague clarté qui durait depuis le départ, comme cela se passe en certaines saisons à ces latitudes. Pas de balise, mais une patrouille de chasseurs soviétiques qui le forçaient à atterrir sur un lac gelé.

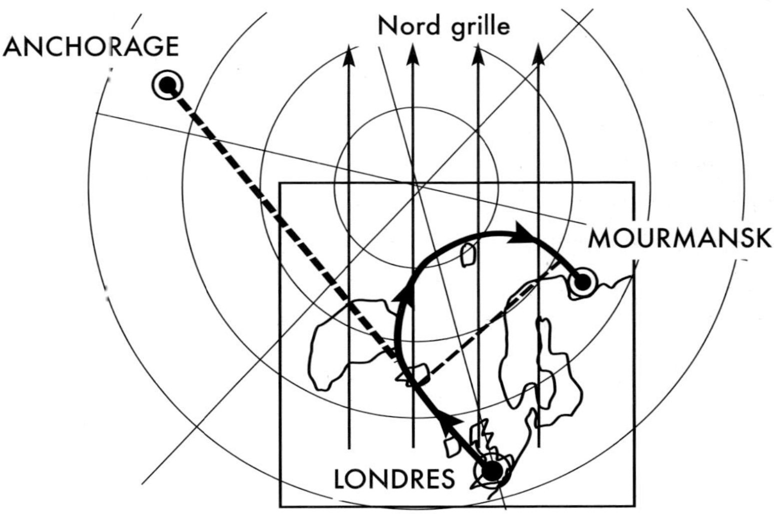

C'était près de Mourmansk, à l'est de la Finlande, en territoire soviétique. Que s'était-il passé ? Tout simplement une erreur d'affichage. L'équipage avait affiché une correction de précession astronomique de 15°/h vers la droite au lieu de la gauche. Si bien que, à cap gyro constant, au lieu d'aller tout droit, l'avion tournait de 30° (soit 2 x 15) vers la droite toutes les heures. En six heures, il avait tourné de 30 x 6 = 180° vers la droite. Parti au cap vrai 330°, il arrivait, après un large demi-tour, au cap 190° (du fait de la convergence des méridiens à haute latitude – voir figure page précédente), sur le nord-ouest de l'URSS. On croit rêver. Tout est pourtant authentique dans cette histoire. On peut voir sur la figure le demi-cercle parcouru, d'un rayon de 750 milles nautiques, soit une longueur de 2 400 milles nautiques (4 500 kilomètres). Ce qui correspond bien à six heures de vol à la vitesse de 400 nœuds (toutes les valeurs sont arrondies pour rendre l'explication plus claire). Détail intéressant de l'histoire, le pilote de chasse russe chargé de l'interception avait volontairement mal exécuté l'ordre reçu : au lieu d'abattre l'avion, il l'avait seulement contraint à se poser sur un lac gelé. Il y eut (seulement) deux victimes à bord…

Quelle différence y a-t-il entre un concepteur de gyroscopes classique et un autre qui est adepte du spiritisme ? Réponse : tous deux utilisent des tables tournantes : l'adepte du spiritisme pour demander aux esprits dans l'au-delà de l'informer sur la qualité du gyroscope qu'il développe, le concepteur classique de gyroscopes pour déterminer le seuil de sensibilité du gyroscope en cours de développement. En effet, la qualité première d'un gyroscope est de détecter les mouvements de rotation les plus faibles possible. Pour cela, dans les centres de recherche et de production, on monte les gyroscopes sur des tables que l'on fait tourner à des vitesses très réduites mesurées avec précision. Les meilleurs gyroscopes actuels parviennent à détecter des vitesses de rotation de seulement quelques degrés par heure, ce qui est remarquable.

H comme…

Hélicoptères

Dans le présent ouvrage, il est davantage question d'avions que d'hélicoptères. Bien que pilote d'avion, j'étais souvent invité, au CEV de Brétigny, à participer à des vols d'essai d'hélicoptères, ce qui m'a valu de côtoyer les hélicoptères des années 1970 à 1990.

Sur un hélicoptère, une grande hélice située au-dessus de la cabine tire la machine vers le haut. En jouant sur la puissance des moteurs – lesquels ont été tour à tour des moteurs à pistons et des turbines –, on fait monter ou descendre l'hélicoptère.

Ici se pose un problème de principe : lorsque le rotor – la grande hélice – tourne, le reste de la machine a tendance à tourner en sens inverse. Pour éviter ce désagrément, on a trouvé différentes solutions : la solution classique consiste à utiliser un rotor de queue qui tend à contrer le couple du rotor principal, comme sur l'Alouette de la figure ci-dessous. Ou bien on utilise deux rotors principaux contrarotatifs, coaxiaux ou en tandem – comme sur le Vertol de la figure. Pour des

Vertol birotor

Alouette 2

hélicoptères plus importants, on peut même utiliser plusieurs rotors principaux. Les Russes s'en sont fait une spécialité dans les années 1970.

Le grand Jules Verne avait imaginé à la fin du XIXe siècle un vaisseau aérien qui ressemblait à un navire et qui se sustentait dans les airs au moyen d'une série de rotors – lesquels ressemblaient à de petites hélices installées au sommet de mâts verticaux. Le roman s'intitulait *Robur le conquérant* et une illustration montrait deux aéronautes en ciré se tenant debout sur le pont de la machine, qui volait vraisemblablement dans les nuages, et surveillant la manœuvre. On notera que les hélices étaient doubles et contrarotatives. Jules Verne avait pensé à tout.

Pour un pilote d'avion, le pilotage courant d'un hélicoptère ne présente pas de difficulté majeure. Le manche et le palonnier ont les mêmes fonctions que sur avion : provoquer des rotations autour des axes de roulis, de lacet ou de tangage.

La différence réside dans le mode d'action : au lieu d'agir sur des gouvernes, le pilote agit sur des pas du rotor principal en roulis et en tangage, et sur des pas du rotor de queue en lacet.

De plus, un levier commande un mouvement qui n'existe pas sur les avions : le déplacement vertical.

Hippodrome

Il peut sembler surprenant de trouver, dans un ouvrage sur l'aviation, un mot qui semble sortir tout droit d'une chronique hippique. De fait, les seuls chevaux que l'on rencontre en aviation sont les chevaux-vapeur des moteurs à pistons anciens. Lesquels étaient particulièrement nombreux sous les capots des derniers avions à hélices. Et également les chevaux de bois, figures dans lesquelles les premiers avions se retournaient au terme d'un atterrissage manqué.

On pourrait trouver un début d'explication de cet aspect hippique dans le fait que l'aviation de chasse est issue de la cavalerie (les premiers pilotes de chasse de la guerre de 1914-1918 étaient des officiers de cavalerie). On prétend d'ailleurs que si on monte encore dans les avions de chasse par une échelle située à gauche de la carlingue, c'est parce que, pour monter sur un cheval, on utilise toujours l'étrier de gauche, pour ne pas être gêné par le sabre, porté au flanc gauche.

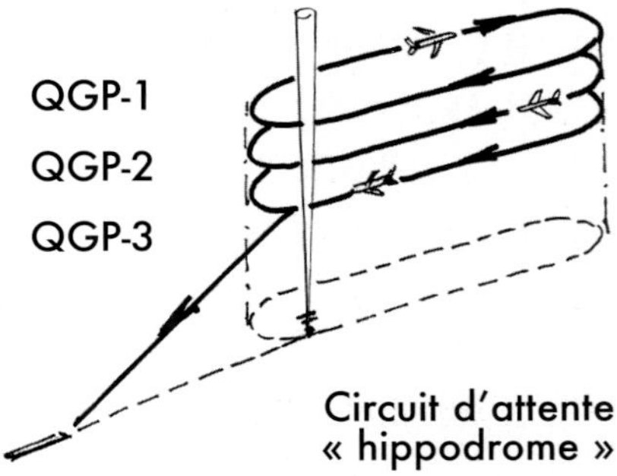

Circuit d'attente « hippodrome »

En fait, si l'hippodrome existe aujourd'hui en aviation, il faut aller le chercher dans les procédures d'arrivée des vols aux instruments (IFR, Instrument Flying Rules). Lorsqu'un avion veut se poser sur un aérodrome en IFR avec un trafic important à l'arrivée, le contrôleur d'approche (ATC, Air Traffic Controller) peut lui demander d'attendre quelque temps avant de se présenter en approche finale. Cette attente se passe dans un circuit qui a la forme d'un hippodrome, un rectangle terminé par deux demi-cercles. Il y a en fait une série d'hippodromes espacés verticalement de 1 000 pieds en 1 000 pieds (environ 300 mètres). Un seul avion à la fois circule dans chacun des hippodromes de la pile, chacun descendant d'un cran lorsque le niveau inférieur se libère. Chaque avion est tour à tour « QGP-3 » (voir *Codes*), puis 2, puis 1 quand vient son tour d'atterrir, en général à partir d'une balise à axe vertical (*fix*). L'approche finale suit le plus souvent un axe à trois dimensions radiobalisé ILS (Instrument Landing System), axé avec la piste et le dernier bras de l'hippodrome.

Il existe également des hippodromes d'attente « en ligne », pour le cas où ceux prévus à l'arrivée sont déjà pleins. Il arrive parfois, au terme d'un vol Paris-Washington, par temps de brouillard, d'avoir à attendre sur plusieurs circuits d'attente en ligne (à raison souvent d'une demi-heure sur chacun) avant d'être admis sur celui de Washington, où on attend encore souvent plusieurs dizaines de minutes avant d'atterrir. Il faut dire que, lorsqu'il fait mauvais sur cette côte des États-Unis, des centaines d'avions attendent de se poser, avec des cadences d'atterrissage forcément réduites.

Il vaut mieux, dans ce cas, prévoir suffisamment de carburant pour l'attente à l'arrivée.

Hydraulique

L'hydraulique est un système de transmission d'énergie extrêmement souple (on peut aisément atteindre n'importe quel point avec des tuyauteries) et puissant (on peut transmettre des pressions très élevées). De ce fait, ce système est très utilisé dans les avions, pour différentes servitudes : manœuvre du train d'atterrissage (sortie-rentrée), freinage, servocommandes et diverses opérations.

Le schéma d'un circuit hydraulique est simple : un réservoir stocke une quantité raisonnable de liquide hydraulique, une pompe met ce liquide sous pression, et des vannes le dirigent vers les servitudes utilisatrices.

Sur les gros avions, le circuit est doublé ou triplé (habituellement, on attribue une couleur distincte aux différents circuits). Les pompes sont actionnées par les réacteurs, par des générateurs auxiliaires ou toute autre source d'énergie.

Sur les avions légers, on trouve le plus souvent un seul circuit hydraulique. Que se passe-t-il alors en cas de fuite importante du réservoir ? En 1974, un avion léger quadriplace sortait d'usine. Après les vérifications au sol, qui n'avaient donné lieu à aucun commentaire particulier, un équipage d'essai constitué d'un pilote et d'un ingénieur procéda à un contrôle en vol. Au cours du vol, lors d'une vérification du système de sortie et de rentrée du train d'atterrissage, celui-ci resta bloqué en position intermédiaire. L'équipage songea tout d'abord à une panne de la pompe hydraulique, ce qui n'est pas dramatique : une pompe manuelle permet d'envoyer du liquide sous pression dans les vérins et de compléter la sortie et le verrouillage bas du train. Cela prend seulement un peu plus de temps qu'avec la pompe normale, car il faut pomper par de nombreux allers-retours sur le levier de la pompe à main. Mais cette fois, même la pompe manuelle était inefficace. Il fallut se rendre à l'évidence, la panne était plus grave. En fait, comme on le découvrira plus tard, le réservoir hydraulique avait été mal monté et la totalité du liquide avait disparu. Quel que soit le moyen de mise en pression utilisé, on ne peut pas envoyer du liquide sous pression dans les vérins s'il n'y a plus de liquide. Que faire ? C'est un ingénieur au sol qui eut la bonne idée (non prévue dans les procédures de secours) : s'il n'y avait à bord ni bouteille d'eau ni autre réserve, peut-être l'équipage pouvait-il trouver du liquide… en lui-même. En clair, les deux occupants pouvaient faire pipi dans le réservoir hydraulique. Passé le premier moment d'étonnement (il y a de quoi !), on comprit que cette idée n'était pas aussi stupide qu'il y paraissait à première vue. Les deux membres d'équipage se concertèrent, et, sans autre solution, se mirent en demeure de remplir le réservoir, du moins de l'alimenter en liquide. Après quelques acrobaties (car l'accès du réservoir n'a pas été prévu pour ce mode de remplissage), le pilote et son ingénieur parvinrent à tirer d'eux-mêmes juste ce qu'il fallait pour sortir et verrouiller le train.

Hydravions

L'histoire des hydravions a débuté lorsqu'on a entrepris les vols transocéaniques réguliers, les vols transatlantiques. On imaginait alors qu'en cas de panne au-dessus de l'océan (les pannes étaient alors fréquentes), on pouvait toujours se poser sur l'eau et attendre qu'un navire vienne au secours de l'appareil en difficulté.

Cette vision ne valait qu'en théorie : un hydravion est un très mauvais navire, et la moindre houle peut le faire couler.

Il existe en fait deux types d'hydravions : les hydravions à flotteurs, qui sont des avions classiques sur lesquels on a remplacé les roues par des flotteurs, et les hydravions à coque, dont l'ensemble du fuselage est caréné et qui ne peut se poser que sur l'eau : tels étaient les hydravions de l'Aéropostale. Certains hydravions à coque sont équipés de roues rétractables, ce qui leur permet de rouler à terre, parfois en remontant des plans

Hydravion à coque

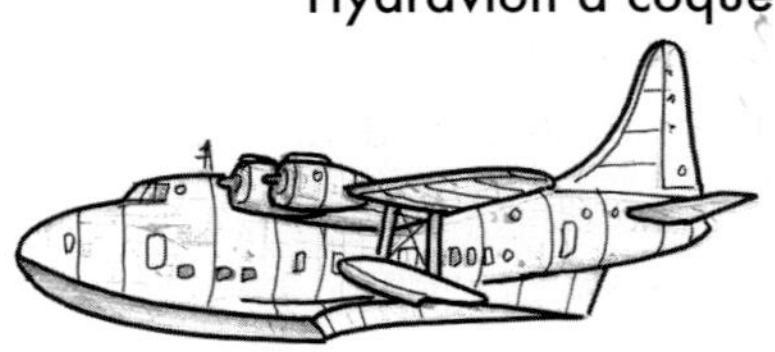

Hydravion à flotteurs

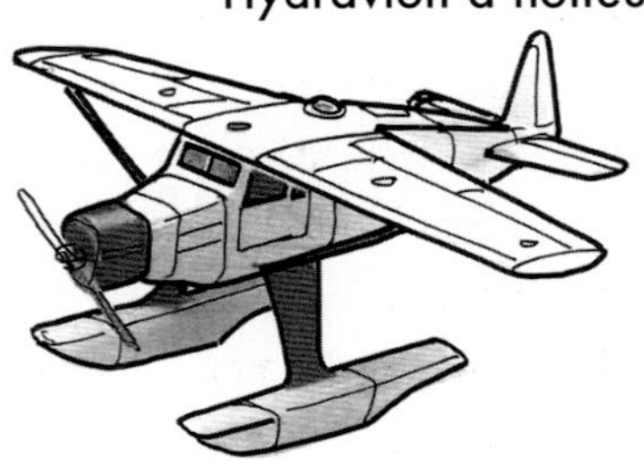

inclinés à demi immergés après leur amerrissage (voir *Avions amphibies*).

En 1947, le milliardaire américain Howard Hughes, passionné d'aviation, conçut et réalisa le plus gros hydravion du monde, le HK-1, baptisé *Spruce Goose* (« L'oie en sapin »). C'est aussi l'hydravion qui vola le moins haut et le moins longtemps : avec son concepteur aux commandes (Hughes était aussi pilote), il s'est élevé, pour son unique vol, au large de Long Beach (Californie) à 20 mètres au-dessus de l'eau sur une distance de 1 500 mètres. Il était trop lourd. Il n'a jamais revolé. L'opération avait coûté 25 millions de dollars.

I comme…

Icare

Il est difficile d'écrire un ouvrage sur l'aviation sans évoquer Icare.

Dans la mythologie, Icare était le fils de Dédale, descendant d'une famille royale grecque. Dédale était un artisan, au sens noble du terme. Il excellait dans toutes les disciplines manuelles. Architecte, sculpteur, il était également versé dans les arts mécaniques, alliant le génie esthétique à l'ingéniosité technique.

Dédale avait construit en Crète, où il avait été contraint de s'exiler à la suite d'une sombre histoire de rivalité d'artistes, le célèbre labyrinthe, le palais prison du terrible Minotaure, mi-homme, mi-taureau. C'est Dédale qui inspira à Ariane, la fille du roi Minos, la fameuse ruse (le fil d'Ariane) qui permit à Thésée, après s'être défait du monstre, de retrouver son chemin vers la sortie du labyrinthe.

Grâce à un autre stratagème, Dédale put s'échapper du palais où, pour le punir d'une autre faute (Dédale n'était décidément pas clair), Minos l'avait fait enfermer en compagnie de son fils Icare : Dédale confectionna pour lui-même et pour son fils des ailes qu'il attacha avec de la cire. Tous deux s'envolèrent. Dédale put ainsi s'échapper en Sicile. Icare, enivré par le vol, monta si haut qu'il s'approcha du Soleil ; la cire qui maintenait ses ailes fondit et il s'abîma dans les flots.

L'aviation était née, sous le double signe de l'audace et de l'échec potentiel.

Indicatif

L'indicatif d'un avion (*call sign* en anglais) est le nom par lequel les autres organismes participant à la circulation aérienne – en particulier les contrôleurs sol – appellent l'avion.

Les avions d'armes ont généralement comme indicatif le nom code de leur escadron suivi du numéro individuel du pilote. Par exemple : *Milan 10* ou *Naja 21*. Pour une patrouille, on utilise une couleur suivie du numéro de position de l'avion dans la patrouille. Par exemple : *Naja jaune* leader pour le chef de patrouille, ou *Naja jaune deux* pour le premier ailier. D'où le rappel à l'ordre du leader à son ailier qui ne tient pas bien la formation : « *Jaune deux*, cessez de faire la mayonnaise ! » On a parfois des jeux de mots simples dans la chasse...

Les avions commerciaux ont un indicatif de cinq lettres ou chiffres, dont le premier ou les deux premiers indiquent le nom du pays d'immatriculation de l'avion. Par exemple, F-BTSC est un avion français, G-TIGK un avion anglais, 5Y-BEN un avion kenyan : F pour France, G pour Grande-Bretagne, et on est ensuite limité par l'alphabet, qui comprend moins de lettres que de pays dans le monde. Les Américains utilisent des numéros d'immatriculation commençant par N et comportant plusieurs chiffres, comme N-14053.

Généralement, on appelle les avions de transport commercial régulier par le nom de leur compagnie suivi du numéro de vol : « *Air France 5044* » était en 1995 le vol Paris-Florence de 15 h 25. Certaines compagnies utilisent un nom code : *Dynasty 642* est un vol de la compagnie China Airlines ; *Clipper* était le nom code de la Pan American Airways (PAA), dite « PanAm ».

Inertie

La « plate-forme inertielle » a fait son apparition dans l'aviation au cours des années 1960. Elle a provoqué un bond en avant dans la technologie des avions, tant militaires que commerciaux.

L'inertie utilise deux propriétés fondamentales très différentes, encore que la seconde soit dérivée de la première : l'horizontalité, et les éléments de calcul de la position. (On revient plus loin sur ces deux propriétés.)

Technologie

À l'origine, une plate-forme inertielle est une vraie plate-forme, suspendue « à la cardan » (c'est-à-dire qui peut prendre sans difficulté et sans frottement toutes les attitudes dans l'espace). Cette plate-forme est effectivement maintenue à l'horizontale. Sur la plate-forme sont installés deux gyroscopes et trois accéléromètres, ainsi que des moteurs qui permettent un recalage de la plate-forme (figure ci-dessous). Ces différents composants ont fait des progrès spectaculaires au cours des dernières décennies. La plate-forme elle-même a complètement changé d'allure au début des années 1980 : elle n'est désormais plus libre et suspendue, mais fixée sur la structure de l'avion ; elle est dite « à éléments liés » (*strap-down* en anglais). Schématiquement, les mouvements relatifs qu'elle avait auparavant par rapport à l'avion sont devenus virtuels et sont suivis par un calculateur numérique à hautes performances.

PLATE-FORME INERTIELLE

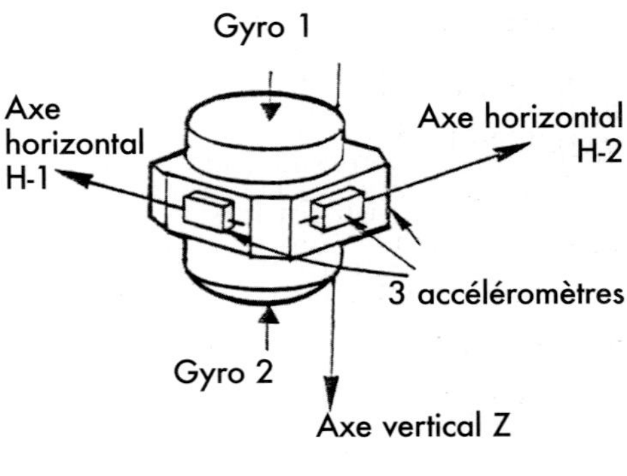

Pour des raisons de sécurité évidentes, on ne peut pas confier l'avion à un seul système inertiel, quelles que soient ses redondances internes. C'est pourquoi les inerties sont généralement triplées : en cas de différence entre elles, on considère que les deux inerties qui restent en accord donnent la bonne information.

Propriétés

La plate-forme inertielle a donc deux propriétés fondamentales : l'horizontalité et le suivi de la navigation estimée.

La première propriété consiste en la fourniture d'une référence de verticale (donc de plan horizontal) parfaitement stable. Sur les avions modernes, cette référence est utilisée pour les horizons artificiels, sur les PFD (Primary Flight Displays), mais aussi dans de nombreux sous-ensembles.

On peut même dire que cette fonction est la fonction principale de l'inertie sur les avions actuels.

La seconde propriété consiste à fournir aux FMS (Flight Management Systems, qui gèrent la navigation) des informations d'estime utiles (voir *Navigation*).

Imaginons que l'on ait calé, sur l'une des premières plates-formes inertielles, l'un des accéléromètres sur le nord. On sait que la vitesse est la dérivée (par rapport au temps) de la distance, et l'accélération la dérivée (par rapport au temps) de la vitesse. Si on fait le chemin inverse, la vitesse est l'intégration de l'accélération, et la distance parcourue l'intégration de la vitesse (l'intégration étant l'opération inverse de la dérivation).

On conçoit donc qu'il est possible, par double intégration des informations fournies par l'accéléromètre orienté au nord, d'obtenir le déplacement nord-sud (déplacement en latitude) effectué par l'avion depuis son départ. En faisant de même avec un accéléromètre orienté ouest-est, on peut de même obtenir chaque instant le déplacement en longitude depuis le départ. (On pourrait imaginer qu'en faisant de même avec un accéléromètre vertical, on pourrait avoir l'altitude, mais cela n'est pas possible, pour des raisons mathématiques qu'il serait trop long d'expliquer ici.)

Bien entendu, sur les centrales modernes, cela ne se passe pas exactement ainsi. Il reste qu'il est possible de connaître à chaque instant la position géographique estimée de l'avion, avec une excellente précision (on arrive à une erreur de l'ordre de seulement quelques centaines de mètres après une dizaine d'heures de vol pour un ensemble de trois inerties).

Les systèmes de navigation inertielle des années 1970-1980 ne se contentaient pas de fournir la position géographique à chaque instant. On y entrait avant le départ l'ensemble de l'itinéraire, point par point ;

on avait ainsi à chaque instant du vol : distance et temps vers le prochain point, vent, vitesse-sol, heure estimée d'arrivée, écart latéral par rapport à la route prévue, cap à prendre pour rejoindre la route, etc. De plus, le pilote automatique pouvait être couplé au système de navigation inertielle, et on effectuait la plus grande partie d'une traversée océanique sans intervenir pendant des heures. Avec, à l'arrivée d'un vol Paris-Washington, une erreur de seulement 1 ou 2 milles nautiques (4 kilomètres, précision de l'époque). À partir du milieu des années 1980, la navigation a changé de problématique (voir *Navigation*).

Les trois positions données par les trois centrales inertielles ne sont pas rigoureusement confondues. Pour déterminer la PPP (position la plus probable), le calculateur prend le centre de gravité du triangle formé par les trois positions. Pour ceux qui ont des notions plus avancées en géométrie plane, il prend le barycentre du triangle, chaque sommet étant affecté d'un coefficient dépendant de sa proximité par rapport aux autres. Quand une position s'écarte des deux autres, le coefficient qui lui est attribué diminue (tout comme la confiance que l'on peut avoir dans la plate-forme correspondante). Quand une des trois positions s'en va vers l'infini, son coefficient tend vers zéro. Et la PPP tend vers le milieu du segment formé par les deux positions crédibles.

Alignement au départ

Avant le départ d'un vol, il faut entrer les coordonnées du point de départ dans la centrale (coordonnées précises : celles de l'aérodrome ne suffisent pas, il faut aussi celles du parking). Ces coordonnées sont nécessaires à la fois pour l'alignement (calage initial) de la plate-forme et pour le calculateur de navigation. Pour les besoins de la navigation (si celle-ci est gérée par la seule inertie, comme dans les années 1970-1980), il faut aussi entrer dans les calculateurs de navigation tous les points successifs du voyage.

Au tout début des INS (Inertial Navigation Systems), un constructeur eut une idée pour réduire la lourdeur de l'insertion dans les trois calculateurs (un par plate-forme) et des 20 ou 30 points de navigation. L'idée consistait à pouvoir entrer tous les points de navigation dans les trois centrales par « multi-adressage » en les entrant manuellement dans une seule d'entre elles. En fait, c'était stupide : en cas d'erreur sur les coordonnées d'un point, cette erreur se retrouvait sur les trois centrales, et la redondance qu'apportait le nombre 3 disparaissait. Je me suis battu dès mon arrivée au CEV, à la fin des années 1960, contre cette aberration. J'ai écrit plusieurs rapports mettant en garde contre ce multi-adressage qui, pour enlever une charge de travail minime aux équipages, faisait disparaître la redondance de l'ensemble. Je n'ai pas été écouté. Puis est arrivé l'accident d'Anchorage (voir plus loin)...

Au début des années 1980, un long-courrier décolla, en fin d'après-midi, de la côte Ouest des États-Unis pour rallier Mexico. Le vol était, comme il convient, prévu en navigation inertielle. Le pilote aux commandes avait procédé à l'alignement des centrales inertielles et avait entré (en multi-adressage, donc) les coordonnées des points de report du vol. Après vingt minutes de vol, une vieille dame interroge une hôtesse : « Êtes-vous bien sûre que nous allons à Mexico ? » L'hôtesse la rassure : « Mais oui, madame. Ne vous inquiétez pas, vous êtes sur le bon avion. » Cinq minutes plus tard, la dame insiste : « Mademoiselle, je vous assure que nous ne sommes pas sur la route de Mexico. Allez prévenir le commandant ! » L'hôtesse sourit et la rassure du mieux qu'elle peut. Un peu plus tard, apportant un café aux pilotes, elle raconte l'inquiétude de la vieille dame, charmante au demeurant, mais l'air un peu dérangé. Le commandant, amusé, invite la passagère dans le cockpit pour la rassurer définitivement. La vieille dame y pénètre donc et le commandant lui demande la cause de son inquiétude. Elle répond : « Je vais souvent à Mexico et c'est la première fois que je vois le Soleil se coucher sur la gauche de l'appareil... » Il faut se rendre à l'évidence : l'avion est bien en route vers le nord. Le pilote s'est trompé dans l'introduction des données dans la centrale inertielle. L'histoire ne raconte pas le commentaire du commandant.

En 1983, un Boeing 747 était programmé pour un vol allant d'Anchorage (Alaska) à Séoul (Corée du Sud). Cette route sensiblement orientée au sud-ouest survole l'océan Pacifique au-dessus des eaux internationales. Elle longe également, avec quelques centaines de kilomètres d'écart, les eaux territoriales de l'ex-URSS. L'avion est équipé de trois systèmes de navigation inertielle. Il n'existe aucun moyen de navigation radioélectrique pour les trois quarts du trajet ni de couverture radar en route à la disposition des contrôleurs américains (après la perte de contact, au départ de l'Alaska) et japonais (à l'approche des côtes du Japon). Il n'y a pas encore de GPS. Suite à une erreur à l'initialisation des centrales inertielles, les trois calculateurs « se sont crus » à une position différente de la position réelle de l'avion. L'erreur la plus probable est une erreur d'insertion de la longitude de 10 degrés (soit 460 milles nautiques ou 850 kilomètres à la latitude moyenne du vol) ; en effet, une erreur sur la latitude aurait empêché l'alignement. Cette erreur correspond au trajet réellement suivi par l'avion. Pendant toute la suite du vol, les calculateurs inertiels ont indiqué au pilote qu'il était plus à l'est que sa position réelle (d'une valeur de 850 kilomètres au départ, en diminution ensuite). Ce qui fait que le pilote automatique, couplé à l'inertie, a amené et guidé l'avion sur une trajectoire trop à l'ouest de 850 kilomètres environ, au-dessus du territoire soviétique (eaux territoriales, puis Kamchatka et Sakhaline). Sans moyen de recalage radioélectrique, l'équipage ne pouvait déceler son erreur. Les positions qu'il annonçait au contrôle correspondaient bien à celles de la route normale mais étaient erronées, et l'avion resta pendant des heures en territoire soviétique. Après une première interception manquée, les chasseurs russes parvinrent à intercepter le Boeing 747 au moment où il approchait de zones stratégiques et l'abattirent. L'équipage du 747 venait de réaliser son erreur, avait viré sur sa gauche et atteignait tout juste les eaux internationales (voir figure ci-dessous). Il y eut près de 300 victimes.

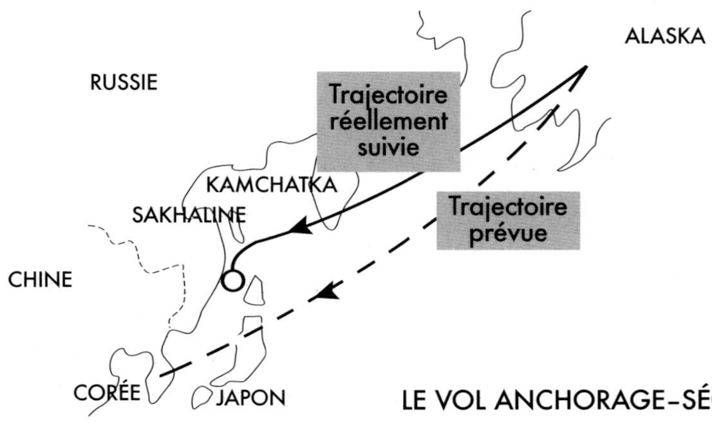

LE VOL ANCHORAGE-SÉOUL

Instrument Landing System (ILS)

L'ILS (Instrument Landing System) est un système sol (émetteur) et bord (récepteur) radioélectrique qui permet une approche finale radioguidée sur une piste. Avec l'énorme avantage de pouvoir faire conduire l'approche finale (jusqu'au sol avec certaines précautions) par un directeur de vol ou pilote automatique.

On ne donnera pas ici la description technologique de l'appareil. On précisera seulement qu'il fournit à l'avion en finale ses écarts angulaires par rapport à l'axe horizontal d'approche (axe de piste dit « *localizer* ») et par rapport à l'axe de descente d'approche (*glide path*).

L'équipement au sol est composé d'antennes (antennes *loc* en fin de piste, antennes *glide* en bord de piste). L'équipement de bord comprend deux aiguilles, une verticale (*loc*) et une horizontale (*glide*) donnant, par rapport au zéro, la position de l'axe d'approche. Quand l'avion est sur cet axe, les aiguilles sont en croix.

L'ILS a été défini au lendemain de la Seconde Guerre mondiale par l'OACI comme système standard d'approche sol et bord jusqu'en 1980, date à laquelle devait être défini un nouveau système plus performant. L'arrivée du MLS (Microwave Landing System), dans les années 1980, n'a pas répondu aux espoirs qu'on avait mis en lui, et l'ILS est resté au début du troisième millénaire le standard OACI.

Intercontrôle (*cross-check*)

Malgré une certaine répugnance à utiliser les termes anglo-saxons, il faut reconnaître qu'il est parfois difficile de les éviter en aviation. Surtout quand le terme français correspondant est peu usité, ou moins précis que le terme anglais. Ce qui est le cas pour *cross-check*, que je me résoudrai à appeler ci-dessous « intercontrôle », avec une certaine approximation.

On appelle « intercontrôle » la propriété que présente un équipage de s'autocontrôler : chaque annonce ou action d'un membre d'équipage est contrôlée par un autre membre d'équipage. L'intercontrôle a toujours existé. C'est une façon élégante et efficace, dès que l'on est au moins deux à accomplir ensemble une tâche complexe, pour éviter les erreurs.

En aviation, où les erreurs peuvent avoir des conséquences dramatiques, l'intercontrôle revêt une importance particulière. Un membre d'équipage, avant d'effectuer une action importante, doit s'assurer de sa vérification par un autre membre d'équipage. Il est arrivé, en cas de panne au décollage d'un des deux moteurs de l'avion, que l'un des navigants, par excès de précipitation, coupe le moteur restant utilisable, parce qu'il n'a pas fait vérifier le bien-fondé de son geste par un autre navigant.

La phraséologie est essentielle au sein d'un équipage. Dans les mêmes situations, les mêmes mots doivent être échangés. Ainsi, si un équipage est fatigué après plusieurs étapes et de nombreuses heures de vol, un défaut dans la phraséologie alerte immédiatement l'autre pilote : quelque chose est anormal, on n'a pas entendu la litanie habituelle.

Chaque compagnie a sa propre phraséologie. Mais, quelle qu'elle soit, elle doit être rigoureusement respectée. La phraséologie procède de l'intercontrôle. Ainsi, dans telle compagnie, le pilote qui sort le train d'atterrissage annonce, en baissant le levier de train : « Train sorti ». L'autre pilote attend la fin de l'opération et confirme, après avoir vérifié les voyants de train : « Train sorti, trois vertes ». Le jour où la réponse est : « Train sorti, vérifié », le premier pilote doit réagir : la réponse n'étant pas standard, l'autre pilote n'est plus disponible à 100 %, il faut redoubler d'attention.

Certaines compagnies sont favorables à une phraséologie simplifiée. Telle compagnie intérieure française prônait un temps une réponse unique dans presque tous les cas : « Vérifié ». Cette réponse était la même si le pilote annonçait « Vitesse 140 nœuds » ou « Vitesse 160 nœuds ». Il vaut mieux des réponses modulées, qui permettent de mieux effectuer l'intercontrôle.

À l'échange : « Vitesse 140 nœuds » – « Vérifié », on peut préférer : « Vitesse 140 nœuds » – « 140 nœuds vérifiés ». En fait, la réponse unique

« Vérifié » était l'invention d'un chef pilote en mal de nouveauté, qui voulait laisser sa marque derrière lui. Elle ne lui a pas survécu.

Il est une compagnie qui a, dans ce domaine, battu un record. Dans ses cockpits, l'intercontrôle était muet. On considérait que, si à une demande d'un pilote l'autre ne répondait pas, c'est qu'il était d'accord. Les responsables de cette (grande) compagnie n'avaient pas songé qu'un pilote endormi serait toujours d'accord.

Dans certaines régions du globe peu fréquentées par l'aviation commerciale (comme le Sahara), les contrôleurs de la circulation aérienne ne disposaient pas, à la fin du XXe siècle, des moyens propres à effectuer un contrôle sûr. Pour éviter des collisions, les avions commerciaux qui fréquentaient ces régions écoutaient tous une même fréquence (126,9 MHz). Sur cette fréquence, tous les avions diffusaient de loin en loin des messages de position et tous assuraient ainsi leur sécurité en intercontrôle.

Interférences

Nous baignons en permanence dans des ondes électromagnétiques, de la lumière à la téléphonie hertzienne en passant par les ondes de télévision, les émissions radio et le rayonnement infrarouge terrestre. Les avions modernes, qui sont équipés de très nombreux systèmes électroniques, peuvent *a priori* être vulnérables à toutes ces ondes. Il est évident que tout est fait pour protéger les avions. Il reste que des anomalies peuvent survenir, car rien n'est parfait dans les réalisations humaines. Dans les années 1970, un Jaguar britannique survolant une antenne radio à fort rayonnement passa sur le dos avant que son pilote ait eu le temps de réagir.

Depuis, les protections ont évolué. Il reste que, sur les avions commerciaux modernes, où l'électronique est omniprésente, il est explicitement demandé aux passagers, au départ de chaque vol, de ne pas utiliser leurs appareils électroniques personnels, au moins au décollage et à l'atterrissage.

Invader

Cet article aurait plutôt dû s'appeler « B-26 », car c'est sous ce nom que l'avion dont il est question ici est connu dans l'armée de l'air. Mais ce n'est pas son vrai nom.

Le « B-26 » Invader utilisé en Algérie

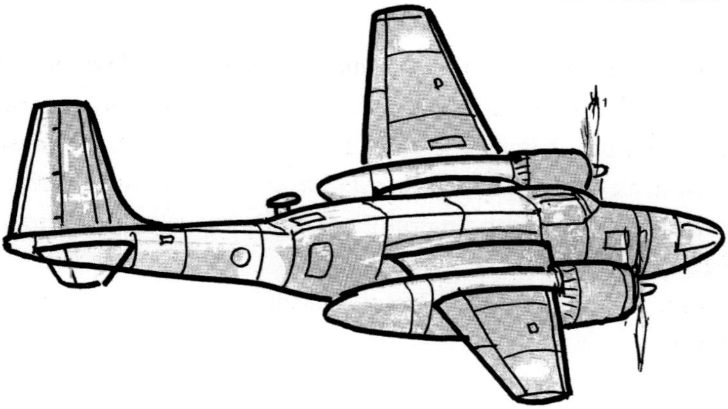

Après la Seconde Guerre mondiale, les Américains donnaient à leurs avions d'armes des noms codes chiffrés selon une nomenclature stricte :

A, F ou P pour les chasseurs (A-37 Dragonfly, F-86 Sabre, P-47 Thunderbolt), B pour les bombardiers (Bombers – B-29 Superfortress), C pour les transports (Cargos – C-47 Dakota), T pour les avions d'entraînement (Trainers – T-6 Harvard). Vers la même époque étaient sortis un chasseur lourd, le Douglas A-26, de son petit nom Invader, et un bombardier léger, le Martin B-26, de son petit nom Marauder. L'A-26 fut utilisé en France après la guerre comme bombardier.

On lui donna donc ce nom de B-26 bien que ce fût déjà celui du Marauder. En fait, d'autres avions auraient peut-être été mieux adaptés aux besoins de l'armée de l'air, mais les Américains ne voulaient pas livrer à leur allié français des avions d'armes destinés à être utilisés dans les guerres coloniales d'Indochine puis d'Algérie. Alors les Français ont utilisé ce qu'ils avaient déjà à leur disposition : des avions-écoles T-6 en appui feu, des chasseurs embarqués Corsair, des bombardiers légers B-26, des chasseurs lourds Skyraider. J'ai personnellement volé en Algérie sur le B-26.

On ne fait pas neuf mois de guerre, une guerre qui fut pudiquement appelée « opérations de maintien de l'ordre », sans en rapporter quelques anecdotes. J'étais basé sur la côte constantinoise à Annaba (Bône à l'époque).

Nos B-26 servaient au combat direct contre les rebelles en appui feu de troupes au sol, en protection de convois, en éclairage des barrages électrifiés étirés le long des frontières tunisienne et marocaine à l'aide de fusées éclairantes parachutées (les « lucioles ») lors d'engagements de nuit. J'ai rarement eu d'engagement violent, sauf une fois, dans les Aurès, d'où j'ai ramené un avion criblé de balles, l'une d'elles encastrée dans le bloc de manettes des gaz. Au début de cet engagement, le chef de patrouille, sentant le risque, avait prétexté une faible pression d'huile. Il avait décidé de rentrer à la base en abandonnant ses deux ailiers au combat. Du mot « patrouille », il n'avait retenu que les deux dernières syllabes...

Lors d'un engagement auquel participaient plusieurs avions de différents types, nous avons vu un pilote de T-6 se faire abattre. Il a sauté en parachute, puis fut récupéré par les hélicoptères engagés dans l'opération.

Un autre, en effectuant une ressource à facteur de charge excessif, en passe de tir, en B-26, a perdu une aile. Il est mort avec tout son équipage.

Plus tard, quand la guerre d'Algérie s'est achevée, le CEV a récupéré certains B-26 pour les utiliser en bancs d'essai. L'un d'eux vit sa soute à bombes transformée en cabine passagers.

J'ai convoyé le dernier B-26 français au musée de l'Aéronautique au début des années 1970. À l'époque, le musée n'avait pas encore fait mouvement vers Le Bourget, et j'ai posé l'avion à Villacoublay, où le musée de l'Air avait ses réserves.

Inversion de poussée

Après un atterrissage, un avion doit décélérer le plus rapidement possible et s'arrêter avant la fin de la piste. Pour ce faire, le pilote dispose des freins de roues, actionnés par les pédales du palonnier ou par un dispositif de freinage automatique (voir *Freinage*). Sur les avions commerciaux, il existe un autre moyen de ralentir l'avion : l'inversion de poussée.

On a eu très tôt l'idée d'aider le ralentissement de l'avion en utilisant la force tractrice des moteurs en la « retournant » de 180 degrés. Les dispositifs de ralentissement au moyen des moteurs portent le nom générique de « systèmes d'inversion de poussée », bien que ceux des réacteurs soient plus communément connus sous le nom de « *reverse* » (sans accent sur le e, car le terme est anglais).

Sur les avions à hélice, pour passer d'une hélice tractrice à une hélice que l'on pourrait dire « ralentisseuse », il ne faut pas, contrairement à ce que pourraient penser quelques-uns, faire tourner cette hélice à l'envers. Ce serait trop compliqué. On se contente en fait de changer le pas de l'hélice. Les pales, en continuant à tourner normalement, subissent une rotation de quelques degrés autour de leur axe propre, qui fait que leur portance (la force aérodynamique que l'air produit sur elles) est dirigée vers l'arrière.

Sur les avions à réaction, le principe est différent : on place dans le jet des réacteurs, normalement dirigé vers l'arrière, des surfaces qui renvoient une partie de ce jet vers l'avant, sinon totalement vers l'avant, avec une rotation de 180 degrés, du moins de façon à avoir une composante vers l'avant, après une rotation de plus de 90 degrés.

Les systèmes de réversion ne sont d'ordinaire pas conçus pour être utilisés en vol, sauf sur certains avions particuliers comme le DC-8, où ils peuvent jouer le rôle d'aérofreins. Plusieurs accidents se sont produits à la suite de passage intempestif des moteurs en réversion en vol, sur des avions où les *reverse* n'étaient pas prévus pour cela.

En 1991, un Boeing 767 de la compagnie Lauda Air décollait de Bangkok vers Vienne. Le temps était beau. Au passage des 15 000 pieds (5 000 mètres) en montée, une première alarme se manifesta, qui signalait sans plus de précision une anomalie sur la réversion du moteur n° 2. Il n'y avait pas, pour cette alarme, de procédure autre qu'une vérification après l'atterrissage. L'avion continua sa montée. Au passage des 25 000 pieds, il y eut des claquements et de fortes vibrations. L'un des moteurs venait de passer intempestivement en *reverse* : l'avion s'engagea dans un fort dérapage. Malgré une réduction immédiate des moteurs, l'avion partit en vrille sur la gauche. Vingt seconde plus tard, la dérive puis la queue s'arrachaient ; trente secondes plus tard, les ailes s'arrachaient à leur tour et l'avion explosait. Les 223 occupants furent tués.

En 1994, un bimoteur SAAB 340 fut impliqué dans un autre accident aux conséquences moins graves. L'avion était en descente par une nuit calme et claire dans l'est des États-Unis, avec deux pilotes, une hôtesse et 23 passagers à bord. Trouvant que l'appareil ne descendait pas assez vite, le commandant de bord, pris d'une inspiration subite et inexplicable, réduisit les deux turbopropulseurs et les passa calmement en réversion, ce qui est rigoureusement interdit sur cet avion. Aussitôt, les hélices partirent en survitesse à 150 %. Tout éclata dans les moteurs, les circuits électrique et hydraulique étaient perdus. L'avion descendit en vol plané vers un terrain privé situé en dessous dans une sorte de marina aérienne, en signalant l'*emergency*. Le copilote sortit le train à la main à la pompe de secours. Mais, sans références fiables, la finale fut mal gérée. L'avion était trop « long », c'est-à-dire touchait trop loin après le seuil de piste. Il y eut un premier impact à 800 mètres sur une piste de 1 500 mètres, puis un second à 1 300 mètres. L'avion sortit de la piste à 200 km/h. Des jardins, pelouses et haies furent saccagés, mais il n'y eut pas de heurt avec les maisons. L'avion finit dans des barbelés, qui causèrent des blessures aux passagers lors de l'évacuation. Passagers qui s'en sortaient finalement bien...

J *comme...*

Junkers Ju-52

Le Junkers Ju-52 était l'avion de transport de base de la Luftwaffe pendant la Seconde Guerre mondiale. Capable d'atterrir sur des routes non aménagées, il a été utilisé sur tous les fronts, de Norvège en Libye, en passant par Stalingrad, où il a activement participé au ravitaillement de l'armée allemande encerclée. Après la guerre, l'armée de l'air française a récupéré plusieurs Ju-52. L'avion a été familièrement surnommé « La Julie ». Il est resté en service pendant une vingtaine d'années.

En 1962, un musée allemand a demandé à la France de lui céder un Ju-52, car il n'en existait plus guère. Deux de ces avions ont atterri sur l'aérodrome proche du musée. Les Allemands, ravis, déclarèrent qu'un seul suffisait à combler leurs désirs. On les a vite détrompés : on leur livrait un seul Ju-52. L'autre était seulement là pour ramener en France l'équipage du premier. Ébahis, les Allemands réalisèrent que l'avion était encore en service actif en France.

L comme…

Langue

La quasi-totalité des échanges, dans l'aéronautique, se font en phonie, c'est-à-dire oralement, en langue parlée. Ce qui implique que les utilisateurs, pilotes et contrôleurs, utilisent la même langue.

Du fait de la suprématie américaine au lendemain de la Seconde Guerre mondiale et bien que trois langues aient été retenues pour l'aviation civile (l'anglais, le français et l'espagnol), seul l'anglais est de fait utilisé. L'arrivée du russe et du chinois dans les langues officielles de l'OACI n'y a rien changé.

On notera que l'anglais à utiliser dans l'aéronautique est strictement défini : les mots, la façon de les prononcer, les expressions, doivent être toujours les mêmes. Ce qui n'empêche pas certains Américains d'utiliser leur jargon personnel sans s'intéresser à la compréhension que les autres peuvent en avoir. J'ai entendu un contrôleur texan donner à un avion européen une autorisation de vol (*clearance*) d'un seul trait, dans un texan plus mâché que parlé. Le pilote, ne comprenant rien, lui a demandé à deux reprises de répéter, ce que le contrôleur a fait à deux reprises, de la même façon, sans davantage d'effort. À la troisième reprise, c'est un pilote américain, sur la fréquence, qui a lâché au contrôleur : « Comment veux-tu qu'il te comprenne, je suis de Caroline du Nord et je n'arrive pas à te comprendre moi-même ! » (En anglais, bien sûr. Le tutoiement est une traduction libre, qui vient du ton exaspéré du pilote.)

Dans la plupart des aérodromes et dans la plupart des contrôles aériens régionaux, les échanges se font entre gens du pays dans la langue véhiculaire habituelle. On entend ainsi parler, selon le lieu, français, italien, espagnol ou arabe. Cette procédure est dangereuse, car les étrangers qui ne comprennent pas la langue locale n'arrivent pas à suivre le trafic et les trajectoires des avions dont les pilotes ne parlent pas en anglais. Ce qui peut poser des problèmes évidents de sécurité.

De plus en plus, en dehors du bonjour traditionnel dans la langue du pays (*buenas tardes*, *buon giorno*, *salam aleikum* ou *guten Morgen*), les pilotes et contrôleurs essaient de parler une langue qui devrait être unique : l'anglais aéronautique.

Pour la petite histoire, si on s'intéresse à la prétendue précision de la langue anglaise, on peut citer quelques exemples :

Le contrôleur : « *You are clear down two three zero.* » Suis-je autorisé à descendre au niveau de vol 230 ou au niveau 30, « *down to three zero* » ? Ce n'est pas pareil, et cela peut être très dangereux s'il y a des sommets à 15 000 pieds (voir plus loin le récit de l'accident dû à ce type de confusion). « *Your departure slot is from two to two to two two.* » Là, c'est plus clair : mon créneau de départ est entre deux heures moins deux et deux heures deux.

La tour de contrôle (qui n'a pas bien compris et demande à un avion de répéter) : « *Clipper 212, say again.* » Et Clipper 212 répond : « *Again* » !

Précision sur l'heure : « *It is exactly five to six.* » (Il est six heures moins cinq.) À moins qu'il ne soit cinq heures vingt-six (*five two six*). Entre les deux, il y a près d'une demi-heure.

Accidents dus à une incompréhension linguistique

Plusieurs accidents se sont produits au cours de l'histoire de l'aviation qui sont dus à une mauvaise compréhension de la langue anglaise entre deux interlocuteurs.

En 1989, un Boeing 747 cargo est en approche sur Kuala Lumpur. Il fait nuit, la météo est médiocre (faible visibilité). Les moyens d'approche classiques (ILS) étant en panne, l'équipage demande une approche directe sur la piste. Il est autorisé tour à tour à 3 000 pieds, puis à 2 400 pieds.

Pour cela, le contrôleur annonce « *Clear two four zero zero* ». Mais le pilote du 747 comprend « *Clear to four zero zero* », donc qu'il est autorisé à descendre à 400 pieds au lieu de 2 400 pieds. Cela aurait dû mettre la puce à l'oreille de l'équipage : 400 pieds est une altitude en dessous de l'altitude de sécurité du secteur (voir *Altimètrie*). Mais, dans sa hâte, l'équipage ne se rend pas compte de l'énorme erreur. Seize secondes avant l'impact, sur une colline dans l'axe d'approche, le GPWS se manifeste une première fois : « *Whoop whoop, pull up !* » (voir *Collision*). L'équipage ne réagit pas. Sept secondes avant l'impact, on entend de nouveau six alarmes GPWS. L'équipage ne réagit toujours pas. L'impact a lieu sur le flanc de la colline, à 150 pieds en dessous du sommet.

On a expliqué ailleurs (voir *Collision*) comment deux avions commerciaux se sont percutés en vol parce qu'un pilote avait compris qu'il devait faire un virage de 360° (*Three six zero*) au lieu de descendre au niveau de vol 360 (*Three six zero* également). Il ne faut pas oublier par ailleurs que l'accident qui a fait le plus de morts dans l'aviation commerciale (deux Boeing 747 à Ténériffe – 600 morts) est en partie dû à une mauvaise compréhension entre un pilote et un contrôleur dans un anglais approximatif (voir *Facteurs humains* et *Collision*).

*M*comme…

Mae West

Il peut sembler surprenant de trouver, dans un ouvrage où il est essentiellement question d'aviation, le nom d'une actrice de cinéma des années 1930 (bien qu'elle ait vécu près de 90 ans, s'étant éteinte en 1980). Mae West était connue pour son outrance et ses provocations. Avec un physique agressif, nantie d'une opulente poitrine, elle était l'idole des aviateurs au cours des années 1930 et pendant la Seconde Guerre mondiale. Au point que le gilet de sauvetage que portaient les pilotes pendant les hostilités avaient été baptisé « mae west ». Le summum de la gloire pour un individu, c'est lorsque son nom devient un nom commun.

Il existait deux raisons à ce surnom : l'opulence de la poitrine de la dame, à laquelle faisait penser le gilet une fois gonflé, et la semi-homonymie de son nom avec la seconde partie du nom du gilet en anglais : *life vest*.

Bien que l'actrice ait perdu de sa renommée dans la seconde moitié du XXe siècle, on a continué, dans l'armée de l'air, à appeler le gilet de sauvetage « mae west ».

Marine

Mes rapports avec la Marine nationale – que d'aucuns continuent à appeler « la Royale » – se bornent presque exclusivement à des vols sur des avions de l'aéronautique navale – que d'aucuns appellent « aéronavale » (voir *Avions embarqués*).

J'ai eu l'occasion, au cours de ma carrière, d'embarquer sur un vrai navire de guerre. C'était en 1962, sur le croiseur *De Grasse*. Mon escadron de Vautour était engagé dans des manœuvres aéronavales en Méditerranée, et nos avions avaient été chargés d'attaquer des navires de la flotte. La Marine avait demandé à avoir, sur le navire-amiral de la flotte qui coordonnait la manœuvre, un pilote de l'armée de l'air connaissant bien les avions. Embarqué à Toulon au cours d'un hiver particulièrement rigoureux, j'étais logé dans la cabine de l'amiral, car le navire avait fait le plein de ses officiers et l'amiral n'était pas à bord. Je prenais mes repas au carré des officiers (on parle de « cercle » des officiers dans l'armée de l'air et de « carré » des officiers dans la Marine). J'ai passé des heures dans la salle des radars, dans une ambiance à la James Bond. J'ai assisté à des tirs réels de batteries sur des cibles remorquées par des Étendard, lesquels, par chance, n'ont pas été touchés. Pas plus que les cibles, d'ailleurs.

Martinet

Quand la Seconde Guerre mondiale s'est achevée, de nombreux avions allemands ont été saisis. Certains ont été mis en service dans l'armée de l'air française, alors en restructuration et en manque de moyens. Ce fut le cas du Siebel 204. Cet avion donna d'ailleurs tellement satisfaction à l'époque que sa construction fut poursuivie par une société française, la SNCAN (Société nationale de constructions aéronautiques du Nord) sous les noms de NC-701 et NC-702 selon la forme du nez – l'un avait un nez vitré et était à vocation de reconnaissance, l'autre avait un nez plein et était à vocation de transport. Quel que soit son modèle, l'avion reçut le nom français de « Martinet » (les noms d'oiseaux ont toujours été en vogue parmi les constructeurs aéronautiques français, le martinet côtoyant le vautour, l'alcyon, l'alouette, le gerfaut et bien d'autres – voir *Oiseaux*). Le Martinet est resté en service dans l'armée de l'air jusqu'au milieu des années 1960. Puis, certains exemplaires furent repris par le CEV, selon les habitudes de l'époque. On utilisait au CEV comme avions de servitude des avions ayant quitté le service actif.

Le Martinet souffrait d'un défaut de conception très particulier qui portait le nom de « surcompensation », bien connu des essais en vol et des pilotes en escadre de transport. Mais on avait omis de nous le signaler. Ce défaut lié aux cornes des gouvernes de direction (elles étaient deux, l'avion ayant deux dérives verticales), faisait que, si on les braquait trop – par exemple à la suite de la panne d'un moteur au décollage –, les gouvernes partaient en butée et il était impossible de les ramener au neutre quel que soit l'effort au palonnier. Il y avait un antidote : si on avait trop poussé le palonnier droit, qui allait se bloquer en butée maximale à droite sans qu'on puisse le ramener au neutre par un effort sur la palonnier gauche, il restait une solution. La solution, peu naturelle, était... de mettre du manche vers la droite ! On accentuait momentanément l'embarquement à droite, mais on retrouvait l'usage du palonnier.

Le dernier NC-702 Martinet volait au CEV à Cazaux lorsqu'il fut décidé de le réformer en 1971. On l'a convoyé à Brétigny en attendant de lui trouver une destination finale. C'est finalement le musée de l'Air qui en a hérité. C'est à Villacoublay, où le musée avait alors ses réserves, que j'ai posé le tout dernier Martinet, le 4 février 1972.

Masse

Le problème de la masse est essentiel dans un avion. Il y a des masses limites qu'il ne faut pas dépasser. On en dénombre trois en opération :

– la masse limite sans carburant ;
– la masse limite au décollage ;
– la masse limite à l'atterrissage.

La raison de la limitation de masse sans carburant n'est pas évidente. Elle vient du fait que, dans un avion commercial, la quasi-totalité du carburant se trouve dans les ailes. Si les réservoirs d'ailes sont vides, l'avion, dont l'essentiel du poids est dans le fuselage et dont la portance est localisée sur les ailes de part et d'autre, a tendance à se refermer comme un livre ou comme les ailes d'un papillon au repos. La définition d'une masse limite sans carburant permet d'éviter ce désagrément.

On conçoit plus aisément qu'il y ait une masse limite au décollage. Cette masse limite est liée, d'une part à une résistance structurale maximale, d'autre part aux performances dont est capable l'avion en fonction des conditions du jour (température, vent, etc.) sur la piste de départ.

En dehors des limitations opérationnelles (liées par exemple à la longueur de piste), on comprend qu'un impact sur la piste à une masse excessive puisse avoir pour conséquence de briser l'avion. D'où la définition d'une masse limite à l'atterrissage. Toutefois, il est possible de poser un avion bien au-dessus de sa masse limite, car celle-ci est calculée pour une vitesse verticale d'impact de 3 mètres/seconde. Ce qui est une vitesse verticale importante. En assurant un atterrissage en douceur – que les pilotes, dans leur jargon, appellent poétiquement « *kiss landing* » –, on peut poser un avion bien au-dessus de la masse maximale sans risque.

C'est pour avoir oublié cette règle que le commandant de bord d'un MD-11 a laissé son avion exploser en vol : il avait un feu à bord et, au lieu de se poser en urgence comme le proposait un contrôleur, il a préféré se délester pour respecter la masse limite à l'atterrissage (voir *Feu à bord*).

MD-11

Le constructeur américain Douglas a été l'un des plus prolifiques dans le domaine de l'aviation commerciale. Le premier modèle de la longue série des Douglas commerciaux a été le DC-1, sorti en 1932, suivi par les bimoteurs à pistons DC-2 et DC-3 (C-47 dans sa version militaire). Il y a même eu, pour la petite histoire, un DC-2 1/2 : il s'agissait d'un DC-2 qui avait eu une aile très endommagée, laquelle avait été remplacée par une aile disponible de DC-3 pour son rapatriement vers une station de réparation satisfaisante. Les quadrimoteurs DC-4, DC-5, DC-6 et DC-7 ont suivi, puis les avions commerciaux à réaction, le quadrimoteur DC-8, le bimoteur DC-9 et le trimoteur DC-10.

Dans les années 1970, Douglas a dû s'associer avec MacDonnell pour continuer à produire des avions commerciaux. Les derniers DC-9 ont été des MD-80, et le successeur du DC-10 a été le MD-11. Dans les année 1990, Boeing a pris le contrôle de la firme. Le MD-11 est devenu un avion Boeing.

J'ai volé sur les DC-3, DC-6, DC-7, DC-8, DC-9, DC-10, MD-80 et MD-11. J'ai suivi la certification européenne du MD-11 de bout en bout, depuis les premières liasses de documents jusqu'aux derniers vols d'essai, avec de nombreuses séances de simulateur d'essai, des réunions de Washington à Los Angeles et de Phoenix à Paris, des vols de Yuma à San Francisco et de Londres à Long Beach. Une aventure passionnante, qui mériterait un livre à elle seule.

McDonnell-Douglas MD-11

Le MD-11 était le premier avion de la série à se tourner résolument vers les techniques nouvelles de la fin du siècle, les calculateurs numériques (*digital computers*), les tubes cathodiques de planche de bord (*glass cockpit*) et les systèmes de gestion avion (permettant l'équipage à deux pilotes). Boeing venait tout juste de franchir le pas avec son 747-400, suivant Airbus avec ses A310 et A320. Sans entrer dans le détail de la conception de l'avion, on peut en donner quelques traits marquants. Il n'y avait pas de commandes de vol électriques (lesquelles ne sont apparues chez Boeing que plus tard avec le 777, longtemps après l'A320), mais un calculateur numérique, le LSAS (Longitudinal Stability Augmentation System), qui agissait sur le braquage du stabilisateur de profondeur. Ce LSAS permettait de rendre l'avion pilotable avec une stabilité longitudinale réduite et une gouverne de profondeur limitée en taille (d'où un gain en poids). Par ailleurs, l'avion ne pouvait plus décrocher ni aller en survitesse – protection du domaine de vol. Un système élaboré de surveillance des systèmes et de gestion des pannes permettait de dégager les pilotes des tâches mécaniques. Et, bien entendu, l'avion était pourvu d'un *glass cockpit*, c'est-à-dire de tubes cathodiques de planche de bord, six grands tubes alignés sur une même horizontale ne laissant plus la moindre place pour des instruments électromécaniques classiques. Le modernisme poussé à l'extrême (voir *Écrans de cockpit*).

Mécanique du vol

L'étude du vol des avions trouve ses bases physiques dans la mécanique des fluides et dans son prolongement, l'aérodynamique. La mécanique du vol vient ensuite utiliser leurs résultats pour les appliquer au vol.

Incidence, portance et vitesse

L'aérodynamique montre que, lorsqu'un courant d'air est incurvé, les pressions décroissent de la concavité vers la convexité. Le principe de l'aile est donc d'incurver le courant d'air autour d'elle (courant d'air qui, sans sa présence, serait rectiligne), de façon à créer, du fait de la courbure des filets d'air, des dépressions d'extrados (partie au-dessus de l'aile), qui « aspirent » l'aile vers le haut, et des surpressions d'intrados (partie au-dessous de l'aile), qui « poussent » l'aile vers le haut. En fait, ce qui est lié à la courbure des filets d'air et qui augmente avec elle, c'est un « coefficient de portance », nommé Cz.

La portance a pour expression : $Fz = 1/2.\ \rho.\ S.\ V^2.\ Cz$

Si on augmente la vitesse, le poids donc la portance restant les mêmes, il faut diminuer Cz, car dans l'expression précédente, la vitesse V augmente. Il faut donc également diminuer l'incidence, calage de l'aile par rapport à l'air. En revanche, si on veut diminuer la vitesse, il faut augmenter la courbure en augmentant l'incidence. Mais on ne peut pas trop augmenter l'incidence. À un certain moment, l'écoulement devient désordonné et l'aile « décroche ». Pour augmenter encore la courbure des filets d'air, on peut modifier la forme du profil en braquant les dispositifs hypersustentateurs, becs et volets.

Traînée

En configuration de vol, une aile n'est pas seulement le siège d'une portance, mais aussi celui d'une inévitable traînée. Cette force, au lieu d'être bénéfique, dirigée vers le haut pour porter l'avion, est en général pénalisante, dirigée vers l'arrière, et freine l'avion dans sa progression. L'apparition de cette force de traînée tient à deux raisons : d'une part, le fait que la force générale aérodynamique F est inclinée vers l'arrière et a donc une composante retardatrice Fx en plus de la composante portante F_z (figure ci-contre) ; d'autre part, le fait que la surface de l'aile n'est pas parfaitement lisse (des frottements s'opposent à l'avancement).

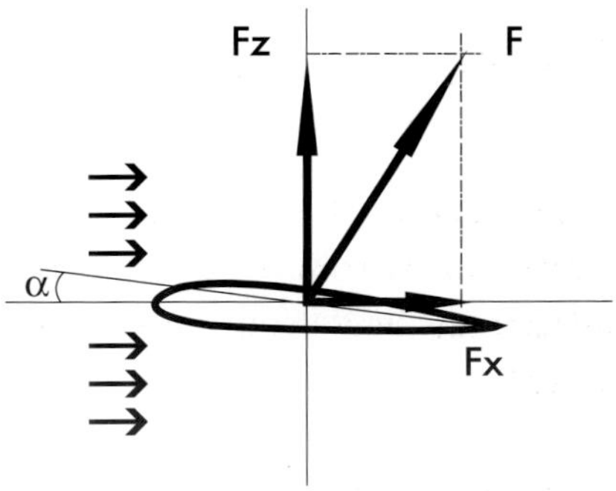

Dans certaines conditions, on peut avoir à augmenter artificiellement la traînée (pour descendre ou après le toucher des roues à l'atterrissage). Pour ce faire, on utilise des surfaces que l'on place perpendiculairement à l'écoulement : aérofreins et spoilers (voir *Gouvernes*).

Médecine aéronautique

Au cours de l'évolution, la nature a façonné les animaux en fonction du milieu auquel ils devaient s'adapter. Le guépard est taillé pour la course, la girafe a un cœur dont la puissance est adaptée à la longueur de son cou, lequel lui permet d'accéder aux feuilles des arbres. Certains poissons ont une vessie natatoire pour se positionner dans l'eau, et l'oiseau a des cavités osseuses pour l'alléger et l'aider dans son vol. Bien entendu, si ce livre était destiné à une université des États-Unis, il faudrait rappeler que l'évolution n'est qu'une théorie parmi d'autres et que la Genèse considère que toutes ces merveilles ont été créées d'un seul coup par Dieu le sixième jour (la Terre ayant été créée le 4 octobre 4004 avant J.-C. à 9 heures du matin). Quoi qu'il en soit, l'homme n'est naturellement adapté ni à la vie dans les profondeurs marines ni à la vie en altitude.

Le vol en altitude

Les problèmes essentiels que rencontrerait un homme livré à lui-même à 10 000 mètres d'altitude seraient le froid et la difficulté à respirer.

À 10 000 mètres, la température est de l'ordre de – 50 °C. Dans les avions commerciaux, le problème est simple à régler : il suffit d'envoyer dans la cabine un débit modulable d'air chaud réchauffé par des échangeurs en liaison avec les moteurs. En cas de décompression accidentelle, la cabine étant envahie par l'air extérieur, le pilote procède à une descente d'urgence jusqu'à 3 000 mètres, où la température redevient supportable. Dans un avion d'armes, en cas d'éjection à haute altitude, on compte sur les vêtements chauds pour protéger le pilote et on ne fait ouvrir le parachute que relativement bas, dans des températures plus clémentes (voir *Éjection*).

Pour respirer, l'être humain a besoin d'une certaine pression partielle d'oxygène qui est insuffisante à 10 000 mètres. On protège donc l'équipage et les passagers des avions commerciaux par un système de pressurisation (voir *Pressurisation*). En cas de décompression accidentelle, des masques à oxygène tombent à la portée des passagers, qui peuvent respirer en toute sécurité. Dans les avions d'armes, en cas d'éjection, le pilote utilise une bouteille d'oxygène de secours fixée au siège éjectable et à laquelle son masque est relié en permanence.

Le problème de la descente

Il y a dans le crâne humain des cavités osseuses, les sinus (maxillaires et frontaux), qui débouchent dans la muqueuse nasale. Dans une montée, la pression de l'air environnant diminuant (même en vol pressurisé), une partie de l'air contenu dans les sinus s'échappe. Dans la descente de fin de vol, de l'air réintègre les sinus par le processus inverse.

Si un passager est enrhumé, sa muqueuse est congestionnée et chargée. Dans la montée, l'air n'a pas de difficulté pour s'échapper. Dans la descente, par contre, l'air qui tente de pénétrer dans les sinus a du mal à se frayer un chemin. Il provoque des douleurs vives qui peuvent dans les cas extrêmes entraîner des traumatismes (infection des sinus). Un phénomène analogue – et plus fréquent – existe au niveau des oreilles. Pour limiter la douleur en descente, il faut saliver au maximum. Jadis, les hôtesses offraient des bonbons aux passagers en début de descente pour provoquer cette salivation.

Le problème de l'orientation spatiale

Un problème auquel un pilote aurait à faire face s'il devait piloter un avion sans instrument d'orientation dans les nuages ou de nuit serait de connaître sa position dans l'espace. Les pieds sur Terre, cette information est fournie par différents capteurs : les yeux, des tensions musculaires et des capteurs particuliers de l'oreille interne. En vol sans visibilité, les yeux ne sont d'aucune aide. De plus, les tensions musculaires ne sont guère utiles ; elles peuvent fournir des indications partielles par rapport à la pesanteur apparente, mais celle-ci n'est pas toujours alignée avec la verticale du lieu.

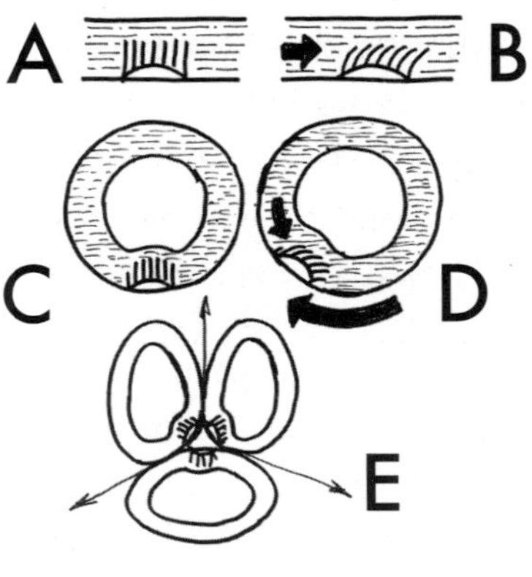

Les éléments de l'oreille interne sont plus utiles. Les canaux semi-circulaires sont des canaux toriques (forme du pneu de voiture), emplis de liquide et d'une touffe de cellules ciliées. Les cils de cette cellule, centrés au repos (A), s'inclinent lorsque le liquide qui emplit le canal se déplace (B).

Quand le tore tourne autour de son axe (grande flèche noire sur la figure), le liquide qui l'emplit a tendance à tourner, par inertie, en sens inverse et entraîne avec lui les cils (D), qui transmettent l'information au cerveau. Quand la tête du pilote se met à tourner autour de n'importe quel axe, il en est informé par trois canaux semi-circulaires situés sur un trièdre trirectangle (E), si bien que le pilote perçoit toute mise en rotation, quelle qu'elle soit.

Les secteurs otolithiques sont des surfaces recouvertes de cils au bout desquelles sont fixées de petites masses cristallines (d'où le nom : « oto » pour oreille, « lithe » pour pierre). Ces secteurs ont pour rôle d'informer le cerveau sur la verticalité du corps. Quand le corps est dans sa position normale (verticale) et au repos, les cils sont centrés (comme représenté schématiquement en F sur la figure). Quand le corps est immobile mais penché (G1), ou en position normale mais en accélération (G2), la verticale apparente est déviée et les otolithes le signalent. On notera que les otolithes seuls ne peuvent faire la différence entre une inclinaison et une accélération.

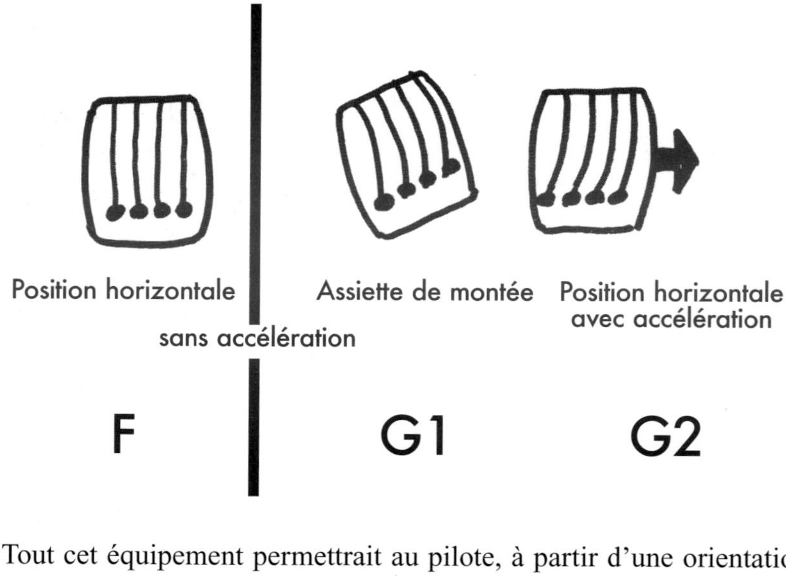

Tout cet équipement permettrait au pilote, à partir d'une orientation donnée dans l'espace, de ressentir des mises en mouvement, donc par intégration d'en déduire sa position. En fait, ce dispositif présente des faiblesses. Les canaux semi-circulaires ne décèlent les mises en rotation qu'à partir d'un certain seuil, et les otolithes ne font pas la différence entre inclinaison et accélération.

Accidents dus à des problèmes de médecine aéronautique

Plusieurs accidents sont survenus à cause de problèmes de médecine aéronautique. Le premier accident décrit ici est dû plus précisément à une désorientation spatiale.

En 1954, un Super-Constellation décollait de nuit de Shannon. Il faisait beau, mais on était en pleine nuit, une nuit noire, qui ne laissait voir au pilote aucune lumière. D'autant que le décollage avait lieu face à l'estuaire de la rivière Shannon. Le décollage se déroula parfaitement bien. Les moteurs tournaient à leur régime de décollage. Le radio devait rappeler le contrôle de Shannon quelques minutes plus tard, en sortie de zone d'aérodrome. Tout se passait bien, sauf que le pilote, qui avait jusqu'au décollage profité des feux de l'aérodrome, se trouva brutalement livré à ses seuls sens, autres que la vue. Il fut informé par ses otolithes de ce qu'il interpréta comme une montée (figure G1 précédente) alors qu'il s'agissait d'une accélération (figure G2). L'avion s'éleva à peine, monta jusqu'à 200 pieds (moins de 100 mètres) et redescendit sur une pente très douce jusqu'à venir se poser sur l'eau. Pour la petite histoire, l'alerte ne fut pas déclenchée aussitôt (tout avait été si normal, l'équipage n'avait pas lancé de signal de détresse). Les secours mirent près d'une heure à trouver l'épave. Par chance, la faible profondeur de la rivière au point d'impact et la douceur de l'impact firent qu'il y eut très peu de victimes. L'enseignement d'un accident comme celui-ci (et il y en a eu bien d'autres du même genre) est qu'il est absolument indispensable d'indiquer au pilote, par des instruments appropriés (horizon artificiel), quelle est sa position spatiale.

Et, pour des pilotes en pilotage sans visibilité, qu'il est indispensable de se fier aux instruments et non à leurs sensations, qui peuvent être fausses.

De nombreux pilotes débutants se sont tués pour n'avoir pas respecté cette règle élémentaire. Des anciens également. En janvier 2004, un Boeing 737 de la compagnie égyptienne Flash Airlines décollait de nuit de Charm el-Cheikh dans le Sinaï. Dans les minutes suivant le décollage, sans référence visuelle, l'avion s'inclina et vint percuter la mer. La commission d'enquête concluait en 2006 à une désorientation spatiale des pilotes.

Cet autre accident est dû, lui, à une hypoxie (manque d'oxygène en altitude). Cela s'est passé en 1999 sur un Learjet en montée vers 39 000 pieds (environ 12 000 mètres). L'avion avait été autorisé à monter à 39 000 pieds, mais il dépassait cette altitude. Sur une demande du contrôleur aérien, le pilote ne répondit pas. Il dépassait même 40 000 pieds et incurvait sans raison sa trajectoire vers la gauche. Malgré l'insistance du contrôleur, le pilote ne répondait toujours pas. Son transpondeur n'envoyait pas par ailleurs de signal de détresse, ce qui rendait ce comportement erratique incompréhensible. Le contrôleur décida de faire intervenir des chasseurs : trois patrouilles l'interceptèrent à tour de rôle. L'avion atteignit 48 000 pieds, une altitude jamais atteinte dans ce type d'avion. À bord, il n'y avait pas de vie apparente, les vitres étaient recouvertes de givre. Après plusieurs heures de vol, les moteurs s'éteignirent l'un après l'autre, faute de carburant. L'avion partit en spirale et s'écrasa au sol. Il y avait eu une panne de pressurisation pendant la montée. Tous les occupants, équipage et passagers, étaient morts par manque d'oxygène.

Météorologie

Il n'est pas question d'écrire ici un livre sur la météorologie. Je l'ai fait ailleurs en d'autres temps. Je ne raconterai ici que quelques souvenirs.

Quand j'ai commencé mon activité de pilote, dans l'armée de l'air puis au CEV, la diffusion de l'information par fax – et *a fortiori* par courrier électronique – n'existait pas. On en était encore au Télex, qui ne transmettait que du texte. Nous avions un « briefing météo » tous les matins. Les cartes qui nous étaient présentées avaient été tracées à la main, en couleur, par les prévisionnistes, qui reportaient station par station les observations des quelque 200 observatoires de France et des pays voisins, puis traçaient les fronts, identifiaient les masses d'air, localisaient les vents. La situation en altitude était connue uniquement par les relevés des ballons-sondes, car il n'y avait pas de satellites météorologiques. Notre prévisionniste favori, à Cognac, jetait un coup d'œil aux radars avant le briefing, mais avait du mal à identifier les nuages proches dans les échos fixes, dont il nous parlait toujours avec amertume. En effet, les radars utilisés alors étaient rudimentaires et, à proximité de la station, « voyaient » davantage les obstacles que les nuages. C'est d'ailleurs ce surnom que nous avions donné à notre météorologue : Echofix (Goscinny et Uderzo commençaient à avoir du succès en France).

Plus tard, en ligne, j'ai eu droit aux protections météorologiques complètes élaborées par les services centraux de la météorologie nationale et diffusées par télécopie. Établies à partir des observations d'un réseau d'observation mondial, terrestre et satellisé, traitées par des ordinateurs de plus en plus puissants, ces protections étaient d'une précision et d'une fiabilité extraordinaires. Nous disposions de la situation générale des fronts, des vents en altitude sur la « 300 millibars » (la carte isobare correspondant à peu près à 30 000 pieds ou 10 000 mètres, altitude moyenne des vols), ainsi que des prévisions d'atterrissage à destination et sur les terrains de dégagement. Aujourd'hui, les vents sont si bien connus qu'au terme d'un vol de douze heures il est rare que l'avance ou le retard dépasse cinq minutes. Au tournant du millénaire, les observations météorologiques sur les terrains de destination et de dégagement arrivaient directement à bord des avions par un système automatique de liaison sol-air dit « *data link* ».

Sur la figure ci-contre apparaissent les observations (METAR) et les prévisions (TAF) à Lille-Lesquin (LFLL) le 21 février, directement sorties de l'imprimante de bord. Sans entrer dans le détail du décodage du message, on peut dire qu'à 7 heures 30 UTC, le vent était calme (exactement, du 330°/3 nœuds) et la visibilité était bonne (6 kilomètres). Quelques nuages étaient prévus en fin de matinée, avec un léger renforcement du vent.

```
MTO
Ø73Ø/Ø734
LFLL
METAR
LFLL 21Ø73ØZ 33ØØ3KT
6ØØØ FEWØ33 SCTØ6Ø
Ø3/Ø2 Q1ØØ4 NOSIG=

Ø615/Ø524
LFLL
TAF COURT
LFLL 21Ø5ØØZ 21Ø615
VRBØ3KT 9999 SCTØ2Ø
SCTØ4Ø BKNØ9Ø BECMG
Ø81Ø 17Ø1ØKT TEMPO
Ø615 8ØØØ RA=

END
```

Métrologie

Ce que j'aime dans le mot « métrologie », c'est que les gens non avertis qui le lisent vite lisent « météorologie ». Il est vrai que l'œil humain devine les mots davantage qu'il ne les lit. Il reste que la métrologie existe, c'est même l'une des disciplines de base des essais en vol.

La métrologie permet, à partir des informations disponibles toujours imprécises, d'avoir accès aux valeurs vraies des paramètres, sans se contenter d'un coup d'œil approximatif. On ne peut pas procéder à des essais en vol sans effectuer des mesures. Contrairement à l'image d'Épinal du pilote d'essai qui évalue à l'aune de sa seule expérience, au terme d'observations subjectives au cours d'un vol, si l'avion est bon ou mauvais, les essais en vol sont à la base une accumulation de mesures. Et la métrologie est une science, enseignée d'ailleurs à l'EPNER (École du personnel navigant d'essais et de réception).

Mille nautique

Le mille nautique (NM, Nautical Mile) est l'une des unités anglo-saxonnes utilisées en aéronautique (voir *Unités*). C'est une unité moins farfelue que les autres unités de longueur comme le pied, le yard ou le mille terrestre (Statute Mile, SM), que l'on rencontre çà et là en aéronautique. Dès lors que les unités d'angle sont les degrés et les minutes et qu'il y a 90 degrés dans un angle droit (les grades de la Révolution française, avec des angles droits de 100 grades n'ayant jamais eu le moindre succès), le mille nautique présente une certaine utilité pratique. Dans ce cadre, le mille nautique correspond à une minute de latitude.

Un mille nautique mesure précisément 1 852 mètres ; 60 milles nautiques (60 NM ou 1° de latitude) correspondent à 111,111 kilomètres. Le mille nautique se convertit facilement en temps (les astronomes mesurent d'ailleurs les angles en unités de temps : ils écrivent 1 heure au lieu de 15°). Sur un arc de méridien : 15°, soit 15 x 60 = 900 NM, correspondent à une heure de temps-astronome ; 1°, soit 60 NM, correspond à quatre minutes de temps-astronome.

Un avion en route sud-nord à la vitesse de 300 nœuds (300 NM/heure) parcourt en une heure 5 degrés de latitude, soit la différence de latitude entre Marseille et Paris.

La minute d'équateur mesure également, en première approximation, 1 NM. En première approximation seulement, car le rayon, donc la longueur de l'équateur sont plus longs que le rayon, donc la longueur du méridien. Le rayon moyen de l'équateur est 6 378 kilomètres ; le rayon moyen du méridien est de 6 367 kilomètres (voir *Terre*).

La minute d'un parallèle est plus courte que 1 NM, les parallèles étant de plus en plus courts à mesure que l'on approche des pôles. La minute de parallèle mesure 1 NM x cos L (L étant la latitude du parallèle). Par 60° nord (îles Shetland, au nord de l'Écosse), la minute de longitude vaut 0,5 NM. À cette latitude, 15°s (soit 15 x 60 = 900 minutes de longitude) mesurent 450 NM. Un avion qui vole vers l'ouest à cette latitude à une vitesse de 480 nœuds (480 NM/h) va plus vite que le Soleil (voir *Ciel*).

Mirage III

Je pourrais écrire des pages entières sur le Mirage III, qui a été un des avions sur lesquels j'ai le plus volé.

Le Mirage III, avec son réacteur axial, son aile delta et sa cabine exiguë dans laquelle il fallait se glisser avec précaution, a été l'avion de chasse de toute une génération. Il a connu divers mésaventures qui lui ont permis de rester pendant près de trois décennies à la pointe de la technique.

J'ai volé sur presque tous les modèles de Mirage III : le Mirage III-A, le tout premier Mirage, dont deux prototypes évoluaient à Brétigny dans les années 1960 (lorsque j'y étais, ces deux-là ne volaient plus et on les utilisait en roulage pour des essais de nouveaux freins) ; le Mirage III-B d'entraînement biplace (tous les Mirage III-B du CEV étaient en fait monopilote, la place arrière étant utilisée pour les essais par un expérimentateur) ; le Mirage III-C, premier Mirage III chasseur opérationnel avec un radar air-air ; le Mirage III-E, premier Mirage III chasseur opérationnel équipé d'un radar air-air mais aussi air-sol pour le combat aérien, la découpe et le suivi de terrain (du moins à en croire le manuel de l'avion, car même avec une solide expérience, il valait mieux ne pas tenter de faire du suivi de terrain à basse altitude par mauvais temps en se fiant au radar) ; le Mirage III-R de reconnaissance, et enfin, le Mirage III-RD de reconnaissance, équipé d'une électronique plus moderne. Il y a eu également tous les Mirage III d'exportation, qui étaient les mêmes avions avec des numéros différents.

Mirage III-C

Mirage IV

Le Mirage IV est sorti des cartons de M. Marcel Dassault, mais aussi et surtout des préoccupations de grandeur française du général de Gaulle.

Lorsque celui-ci revint au pouvoir en 1958, il souhaitait que la France fût au tout premier rang des grandes nations. Il voulait en particulier la doter d'une force de frappe nucléaire à base de bombardiers équipés de la bombe H, de fusées intercontinentales basées sur Terre et de sous-marins nucléaires. On était alors au cœur des Trente Glorieuses, ces années qui ont suivi la Seconde Guerre mondiale dans une croissance généralisée où tout semblait possible. On pouvait à la fois construire le paquebot *France*, lancer les études sur le Concorde, préparer les futures fusées spatiales Ariane et initier cette force de frappe qui devait nous assurer une place dans la dissuasion sans nous réfugier derrière le bouclier américain.

Ainsi, au début des années 1960, les fusées sol-sol (SSBS – sol-sol balistique) s'installaient au plateau d'Albion, le premier sous-marin nucléaire était à flot et le Mirage IV commençait ses vols.

J'ai eu de nombreuses occasions de voler sur le Mirage IV lors de ses passages au CEV. Au cours de sa longue vie, cet avion a en effet été successivement équipé de divers matériels électroniques, que nous avions la charge de développer et d'essayer en vol.

Le Mirage IV était un bombardier biréacteur biplace, supersonique léger. Ses deux réacteurs étaient logés côte à côte dans le fuselage, ce qui pouvait laisser craindre des interférences dans leurs flux respectifs. De fait, il était interdit d'allumer les deux postcombustions (PC) ensemble. Il fallait d'abord allumer la gauche en soulevant la manette des gaz correspondante, attendre l'allumage et la stabilisation de la PC gauche, puis procéder de façon identique à droite. Quand les deux PC étaient stabilisées au ralenti, on pouvait avancer les leviers jusqu'en butée avant (dite PCPC, Postcombustion pleine charge). Bien entendu, il s'est trouvé à la fin des années 1960 à Toulouse un pilote qui, en remise des gaz après une approche, avait allumé les deux PC ensemble… et avait éteint les deux réacteurs d'un coup. Il s'était éjecté avec son expérimentateur.

Il m'est arrivé une panne relativement rare sur Mirage IV, une panne électrique totale non récupérable en vol. J'effectuais un vol en altitude quelque part au centre de la France au-dessus d'une couche de nuages continue (« huit huitièmes » ou « huit octas » dans l'argot du métier). Privé de radio, je n'avais pas beaucoup de solutions, bien que l'avion continuât à voler normalement. Que faire ? M'éjecter ? Heureusement, d'autres solutions existent tant qu'il reste un peu d'autonomie restante en carburant. Je me suis mis à parcourir des triangles équilatéraux d'une minute de côté dans le sens inverse des aiguilles d'une montre. Le contrôleur aérien qui suivait mon vol (gros avantage du CEV : nous avions un contrôleur d'essai par avion pour les essais délicats) a tout de suite compris que j'étais en panne radio totale (ni réception ni émission). Selon la procédure communément appliquée dans la chasse et aux essais en vol, il a fait décoller un Mirage III, qui est venu se mettre en patrouille – on dit qu'il est venu « rassembler » – sur moi. J'ai fait comprendre par gestes que je pouvais atterrir. Je me suis laissé glisser en place d'ailier, à sa droite (il m'était plus facile de tenir la patrouille à droite qu'à gauche, et je crois que c'est le cas pour beaucoup de pilotes). Nous sommes descendus ensemble, moi « verrouillé » à son aile en patrouille serrée. Sortie des aérofreins, sortie du train sur signes (signes convenus, manœuvre annoncée avec la main, exécutée sur hochement de la tête) ; sur le signe de mon leader occasionnel, j'ai regardé devant : la piste était là, je me suis posé. Je raconte cette séquence pour ceux qui ignorent totalement ce type de procédure. C'est une opération classique à laquelle on est entraîné dès le début des vols sur réacteur.

Mirage IV

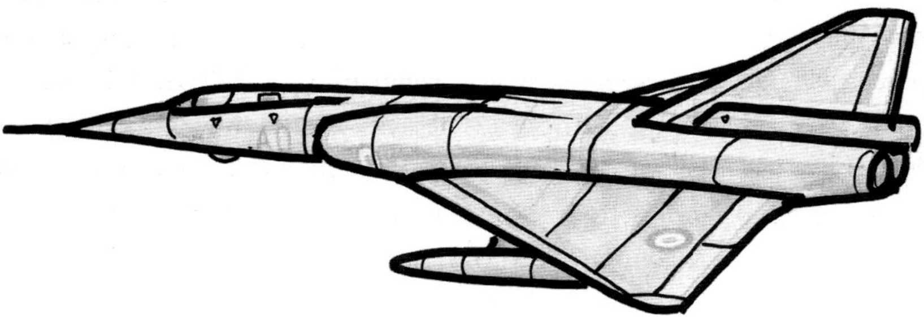

Il y aurait bien des histoires à raconter sur le Mirage IV. Comme celle de celui qui fut l'un des premiers à être en état d'alerte nucléaire, au milieu des années 1960, au tout début de la mise en service opérationnelle. À cette époque, l'ordre de décollage sur alerte était envoyé à l'avion par un système de téléaffichage. Mais celui-ci n'était pas au point. Un ordre intempestif est parti… et un avion a décollé avec la bombe. Il fut rappelé aussitôt, mais, conformément aux consignes, il a observé un silence radio total, attendant la confirmation de l'Élysée sur la fréquence confidentielle *ad hoc*. Il s'est dirigé vers le lieu prévu de ravitaillement sur C-135F. C'est seulement lorsque le pilote a découvert que la confirmation ne venait pas et que le ravitailleur n'était pas au rendez-vous qu'il a interrompu la mission. On a supprimé le téléaffichage à la suite de cette aventure.

En 1978, sur un autre Mirage IV, le parachute-frein (normalement utilisé à l'atterrissage) s'était ouvert accidentellement peu après le décollage. Croyant à une explosion des réacteurs, l'équipage s'était éjecté. Mais l'avion était en parfaite condition de vol et, une fois le parachute brûlé et arraché, avait continué tout seul, avec son pilote automatique. Il avait effectué de larges virages, à moyenne altitude, dans le ciel nocturne, autour de son terrain de départ. La région, bien que peu peuplée, comptait de nombreux villages et bourgs. On avait fait décoller deux chasseurs armés pour l'abattre ; mais pouvait-on prendre le risque de le voir tomber sur des lieux habités ? On avait finalement décidé que le mieux était… de ne rien faire. À court de carburant, l'avion avait fini par s'écraser. Par chance, dans une forêt.

Le Mirage IV n'a jamais été utilisé en opérations. Une chance, car cela aurait annoncé la fin du monde, avec le déclenchement des forces de frappe américaine, anglaise et russe. Il a seulement largué une bombe atomique en vraie grandeur à Mururoa, en Polynésie française, vers la fin des essais français nucléaires aériens. En 2000, le Mirage IV a perdu sa capacité nucléaire. Il n'était désormais plus qu'un avion de reconnaissance. Le dernier Mirage IV a accompli son dernier vol au début de l'été 2005.

Mirage G-8

Les innovations dans les techniques de vol des avions ont été multiples et variées. Et ce beaucoup plus sur les avions militaires que sur les avions civils, car les gouvernements ont souvent débloqué des crédits pour être sûrs d'avoir des matériels militaires à la pointe du progrès.

Les années 1950 ont été particulièrement prolifiques en techniques nouvelles. On a vu voler en France des avions à statoréacteur (le Griffon et les Leduc), des avions-fusées (le Trident), des avions à très grand allongement (le Hurel-Dubois), des avions sans train d'atterrissage (le Baroudeur) ou encore des avions assistés au décollage par des batteries de fusées (fusées JATO – Jet Assisted Take Off). Plus tard arriva la mode des avions à décollage vertical : Dassault fit alors voler le Mirage V, mais cela n'a pas duré très longtemps. Peu après mon arrivée au CEV, la mode était aux ailes à flèche variable. J'ai volé sur le Mirage G-01, monoréacteur monoplace. Puis, le Mirage G-8, biréacteur biplace, a été proposé par Dassault, et j'ai été désigné par le CEV comme pilote de marque de cet avion.

Le développement

Le pilote de marque d'un prototype comme le Mirage G-8 est le pilote d'essai qui suit l'avion de bout en bout, jusqu'à sa mise en service. Le Mirage G-8 n'ayant jamais été produit en série, je l'ai suivi de la planche à dessin jusqu'à son dernier vol. Quand je dis « la planche à dessin », ce n'est qu'une image. En fait, je suis intervenu au niveau de la maquette en bois grandeur nature, qui avait été installée dans un petit hangar spécial de l'usine Dassault de Saint-Cloud. À ce stade, mon rôle était d'analyser le cockpit, de critiquer les solutions proposées et de formuler, le cas échéant, de nouvelles propositions. Je n'ai pas conservé de notes de cette époque, mais je me rappelle très clairement être intervenu sur la manette de commande de la flèche de voilure et sur les manettes des gaz, dont j'ai fait modifier la cinématique pour l'allumage des postcombustions.

Mirage G-8

Les vols

Je ne décrirai pas ici cet avion. La cinématique de son aile, et en particulier son incrustation partielle dans le fuselage lors de ses manœuvres, était particulièrement soignée. Dans les entrées d'air, les noyaux de recompression (les « souris » dans la terminologie Dassault) étaient biconiques, avec angle au sommet variable pour le deuxième cône (voir *Turboréacteur*).

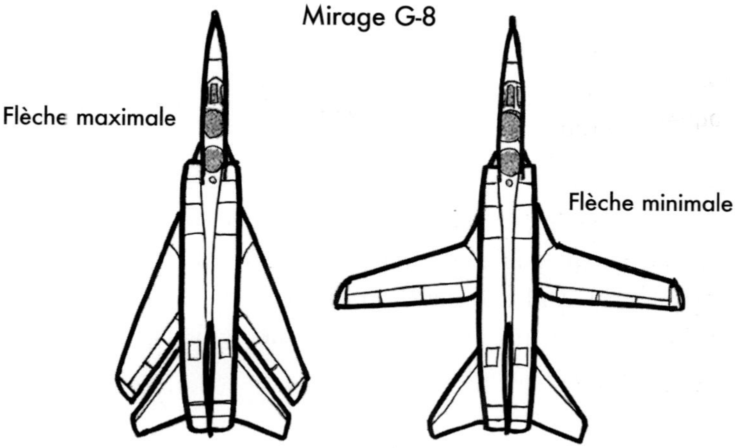

J'ai effectué sur le premier prototype de l'avion le vol n° 7, premier vol réalisé par un pilote d'essai non Dassault. Le premier avion était un vrai biplace. J'ai fait voler en place arrière plusieurs ingénieurs et expérimentateurs du CEV. Le second prototype était un monoplace : le nouveau chef d'état-major de l'armée de l'air voulait des avions monoplaces, Dassault avait suivi. En fait, on s'était contenté de peindre la verrière de la place arrière couleur métal. De loin, on ne voyait que la place avant. Un monoplace d'occurrence.

J'ai volé sur les deux avions pendant près de deux ans, de loin en loin. J'ai effectué plusieurs vols d'évaluation, de performances et de qualités de vol. Les deux vols qui m'ont le plus impressionné furent un vol à très haute altitude, en combinaison spéciale (pas spatiale mais presque), et un vol supersonique à très basse altitude (Mach 1,2 à 300 mètres) sur le golfe du Lion. Sans compter mon vol de record personnel de vitesse à Mach 2,3.

La fin

C'était un bel avion, qui décollait et se posait court, qui allait vite et haut, mais manquait de qualités sur le plan opérationnel. Il était en particulier limité en manœuvre. Il fut abandonné au bout de deux ans. Un exemplaire fut « coconné », c'est-à-dire placé dans un cocon, dans la perspective (hautement improbable) de le faire revoler un jour. Puis, il fut remis au musée de l'Air. L'autre a été découpé pour fabriquer la cellule d'un simulateur de recherche et d'essai au CEV d'Istres.

Mort des vieux avions

Comment meurent les avions dont on ne se sert plus ? Les plus chanceux finissent entiers dans un musée ou dans une collection privée. Il y en a beaucoup en France, au musée de l'Air ou chez des collectionneurs passionnés. Hélas, les Français ne sont pas conservateurs dans ce domaine. J'ai vu disparaître des avions merveilleux, qui auraient pu être sauvés au prix d'un effort dérisoire.

Pour ma part, j'ai pu en sauver deux : le dernier A-26 Invader et le dernier Martinet à voler en France. Le CEV les avait arrêtés de vol. Je les ai convoyés au musée de l'Air, à l'époque à Villacoublay, dans un hangar qui leur servait de dépôt. Ils sont maintenant au Bourget. J'ai également convoyé le dernier Meteor volant en France – un NF-13 – vers un musée en Belgique. Il y a aux États-Unis, dans le sud de l'Arizona, à Tucson (prononcer « Tusson »), une vaste plaine désertique où le climat est tellement sec que les avions y restent en parfait état. L'US Air Force y a aligné des milliers de vieux avions inutilisés. Des centaines de chaque modèle, à l'échelle américaine. Ce n'est pas un musée, mais la visite en vaut la peine.

Hélas, tous les avions n'ont pas une aussi belle fin. Il y a, sur certaines bases aériennes, des cimetières d'avions où reposent les carcasses des vieux guerriers, pêle-mêle. Comme dans des cimetières de voitures. J'ai vu – j'étais bien jeune – la carcasse de *Durandal*, un des prototypes uniques des années 1950, gisant dans le cimetière d'Istres, au sud de la base aérienne. À l'époque, des chasseurs à l'entraînement s'en servaient de cible en tir air-sol. J'en ai gardé un souvenir amer.

Quand ils ne finissent pas dans un cimetière, les vieux avions sont vendus aux ferrailleurs. Ainsi disparut en 1960 un B-26 Marauder, qui avait été sauvé pour un temps sur un parking de Salon-de-Provence, puis, à Bordeaux-Mérignac dans les années 1980, l'un des deux seuls Armagnac jamais construits, qui avait survécu une trentaine d'années à son arrêt de vol, en exposition statique.

Dans les compagnies aériennes, les vieux modèles irrécupérables sont également vendus aux ferrailleurs. Il me revient à ce propos une anecdote savoureuse. Une compagnie aérienne dont les hangars et les parkings techniques étaient à Orly-Nord arrêtait progressivement ses Caravelle III. À chaque arrêt d'un avion, à la cadence d'un tous les deux mois (les moins vieilles des Caravelle survivaient plusieurs mois aux plus vieilles, premières à être découpées), on appelait les ferrailleurs. Un jour, l'un d'eux, arrivé au hangar, demanda s'il pouvait attaquer la machine qui venait d'être réformée. Sur une réponse affirmative, il commença. Quelques heures plus tard, sortant avec ses camions chargés de ferraille, il dit au chef de hangar : « C'est curieux, d'habitude, vous enlevez les instruments de vol du cockpit avant de me livrer les avions... » Affolé, le chef de hangar sortit sur le parking. Horreur ! Les ferrailleurs s'étaient trompé d'appareil et avaient tronçonné un avion en parfait état de vol, qui devait voler encore un an.

Les plus tristes des ferraillages sont arrivés à la fin des années 1950. La compagnie Air France – comme d'autres dans le monde – recevait les tout nouveaux avions à hélice sortis d'usine, les Lockheed Super-G Constellation. Des merveilles de technique et de confort. Hélas pour ces avions, les Boeing 707, premiers avions à réaction intercontinentaux, sortaient en même temps sur le marché, rendant caduque l'utilisation en ligne des avions à hélices long-courriers. Plus personne ne voulut voler sur ces avions, devenus beaucoup trop lents. Air France a acheté des Boeing 707 et a réformé les Super-G. Certains de ces avions n'ont jamais volé en ligne. Ils ont été livrés, neufs, aux ferrailleurs.

Quand les avions réformés ne finissent pas au cimetière ou ferraillés, il arrive parfois qu'ils finissent en décoration sur le toit d'un restaurant ou d'une boîte de nuit. J'en ai vu finir ainsi. Je me demande si ce n'est pas encore plus triste.

Moteurs

Au cours des cinquante années que j'ai vécues dans l'aviation, j'ai travaillé sur de nombreux moteurs. Les plus anciens moteurs des avions que j'ai pilotés sont des moteurs à explosion, à pistons et à hélice. Des moteurs de voiture automobile, en somme, avec soupapes d'admission et d'échappement, bougies, arbre à cames, vilebrequin. Fonctionnant à l'essence, une essence particulièrement raffinée. Avec des variantes dans l'injection et la transmission, des pistons en ligne ou en étoile (dans ce cas, une analyse simple montre qu'il vaut mieux en avoir un nombre impair), des turbocompresseurs d'altitude (ou pas). Devant le moteur (parfois situé derrière), une hélice brassait l'air. Avec un calage fixe ou un calage variable, à vitesse constante ou pas, avec la position « réversion » permettant de ralentir l'avion après l'atterrissage, et la position « drapeau » minimisant la traînée moteur arrêté en vol.

Les moteurs à explosion ont été remplacés par les moteurs à réaction. Au sens large du terme, la réaction étant le principe qui consiste à envoyer vers l'arrière une masse d'air accélérée et à avancer en fonction du principe de l'action et de la réaction. Méthode qu'avait inventée dans l'eau la pieuvre il y a bien longtemps.

Parmis ces moteurs ont volé :

– le pulsoréacteur, un moteur à réaction par à-coups, en rafale : l'air était admis par une ouverture à l'avant, puis la chambre était fermée et le mélange avec le carburant était assuré. Au moment de l'allumage, la partie arrière s'ouvrait, permettant aux gaz brûlés de s'échapper en assurant la poussée, puis le cycle recommençait. Comme l'Escopette, cet engin faisait beaucoup de bruit pour une poussée réduite. Il n'a pas eu une vie bien longue ;

– le turboréacteur (GTR, Groupe turboréacteur), qui a une carrière fabuleuse depuis plus de cinquante ans et qui durera encore sans doute longtemps. Le GTR a connu plusieurs variantes : parfois extrêmement puissant avec la postcombustion (voir *Turboréacteur*), comme sur Concorde ou sur les avions militaires, ou particulièrement économique avec le double flux sur les avions commerciaux du tournant du millénaire (voir *Turboréacteur*) ;

– le turbopropulseur (GTP, Groupe turbopropulseur), sorte de réacteur qui entraîne une hélice. Le GTP poursuit une belle carrière dans les avions économiques à moyennes performances.

On notera que les moteurs à réaction utilisent comme carburant du kérosène, et non de l'essence, trop raffinée et trop chère.

On peut citer également, pour être plus complet :

– le statoréacteur, dans lequel il n'y avait pas de partie tournante. La compression était obtenue par la seule vitesse d'avancement. Ce moteur à très forte poussée, mais aussi à forte consommation, en est resté au stade des avions expérimentaux des années 1950 (Gerfaut, Griffon, Leduc) ;

– le moteur-fusée, qui n'a pas besoin d'air pour fonctionner, et qui de ce fait est parfaitement adapté à l'espace. Il a eu son heure de gloire sur des avions expérimentaux des années 1950 (Trident). Fabuleuses années 1950, où tout était possible...

J'ai volé sur des avions équipés de toutes sortes de combinaisons de moteurs, du monomoteur au quadrimoteur, avec des moteurs à pistons, des turbopropulseurs et des turboréacteurs.

J'ai également volé sur des avions à motorisation un peu particulière, comme :

– le Nord 2502 Noratlas, avec deux moteurs à pistons sur les ailes et deux réacteurs en bout d'aile ;

– le Lockheed P2V7 Neptune, avec deux moteurs à pistons sur les ailes et deux réacteurs sous les ailes ;

– l'Astafan Commander, bimoteur classique sur lequel un des moteurs à pistons avait été remplacé par un turboréacteur particulier en essai ;

– un Lockheed L-749 Constellation du CEV portant, en plus de ses quatre moteurs classiques, un turbopropulseur en essai au-dessus du fuselage.

J'ai aussi volé sur des avions sans moteur (des planeurs) et sur une machine vraiment à part, un aéroglisseur (voir *Coussin d'air*).

Panne de moteur

La panne de moteur est l'une des pannes les plus graves qui puissent survenir, surtout sur un avion bimoteur, et surtout au décollage, lorsque la poussée du moteur restant est particulièrement élevée, et donc le déséquilibre du vol particulièrement important. Si la procédure en cas de panne de moteur est correctement appliquée (voir *Panne au décollage*), tout se passe bien. Mais une erreur peut avoir des conséquences dramatiques.

Il y a eu de très nombreux accidents dus à une mauvaise gestion de la panne d'un moteur. J'ai failli avoir une telle mésaventure à Brétigny. Nous venions de décoller sur la piste 05 en Noratlas (un N-2501, sans les réacteurs d'appoint). Vers 500 mètres (1 500 pieds), au niveau du « vent arrière » qui était notre route de sortie vers le sud-ouest, le moteur gauche s'est brutalement arrêté. La procédure était alors de le couper. J'avais avec moi un jeune mécanicien navigant. Avant que j'aie eu le temps d'ouvrir la bouche, il avait, dans sa précipitation, coupé le moteur droit. Bien placé pour un atterrissage en vol plané en piste 05, j'ai aussitôt amorcé une procédure de retour, tout en commandant une remise en route du moteur droit. Qui, par chance, a bien redémarré.

D'autres erreurs de ce genre se terminent plus mal. En 1989, un Boeing 737 décolle de Londres vers Belfast. Après quinze minutes de vol, à près de 10 000 mètres, à la verticale de Birmingham, de violentes vibrations parcourent le fuselage, au point que les coffres à bagages s'ouvrent et se vident sur les passagers. Des coups sourds les accompagnent, avec des fumées en cabine. Les passagers situés au niveau du moteur gauche voient de grandes flammes en sortir. La plupart des instruments moteurs étant satisfaisants, les pilotes hésitent, puis coupent, sans véritable raison, le moteur droit, et simultanément, décident de se dérouter. Ils réduisent donc le moteur gauche, ce qui fait diminuer les vibrations et les conforte faussement dans l'idée qu'ils ont fait le bon choix. D'autant que les fumées diminuent elles aussi en cabine. Mais les passagers sont inquiets : ils savent que c'est le moteur gauche qui a des problèmes, alors que le commandant de bord, pour les rassurer, vient d'annoncer qu'il a coupé le moteur droit. C'est en finale sur le terrain de déroutement, dans les Midlands britanniques, lorsque, train sorti, les pilotes demandent de la poussée au moteur gauche, que celui-ci rend l'âme. Il est trop tard pour rallumer le moteur droit, qui n'a jamais été en panne. L'avion s'écrase sur le talus bordant une autoroute qui passe en bout de piste. Il y a 50 morts sur les 125 occupants.

Une autre aventure, qui s'est bien terminée, mérite d'être racontée. Un A320 embarque ses passagers sur un parking écarté d'Orly un jour de grève des personnels au sol, qui tentent de bloquer pistes et taxiways. L'avion parvient néanmoins à décoller. Ravi de sa manœuvre et du bon tour joué aux grévistes, le commandant de bord et prend le cap vers sa destination. Quand il atteint sa vitesse de montée, il ressent des vibrations dans tout l'avion. Un indicateur de vibrations semble lui signaler que le moteur n° 1 vibre (comme tout à bord). Il le coupe séance tenante (on peut voler sans difficulté avec un seul moteur sur un A320). L'indicateur de vibrations lui signale alors que le moteur n° 2 vibre également (comme tout à bord). Il le coupe avec la même détermination et se retrouve sans moteur, mais toujours avec les vibrations. L'analyse montrera que, dans l'excitation du départ, le train n'avait pas été rentré, ce qui faisait vibrer l'avion. Les moteurs purent être rallumés et l'avion put se poser à Orly.

Décollage d'un gros monomoteur

À la fin de la Seconde Guerre mondiale, on vit apparaître de très gros monomoteurs classiques. Ces avions avaient la particularité d'avoir à pleine puissance – et donc en particulier au décollage – un « couple de

Skyraider

renversement » particulièrement important. Ce couple est dû à la réaction sur le fuselage du couple moteur. Si le moteur tourne, vu du poste de pilotage, dans le sens inverse des aiguilles d'une montre, l'avion a tendance, par réaction, à tourner dans le sens horaire. Par ailleurs, dans le même cas de rotation, le souffle hélicoïdal de l'hélice sur la dérive (qu'il attaque par sa face gauche) a tendance à faire tourner l'avion vers la gauche. J'ai assez peu d'expérience de ces avions. Mais j'ai conservé le souvenir du Skyraider, qu'il fallait, au décollage, aligner sur la partie droite de la piste avec le stabilisateur de direction à fond à droite, et qui terminait son décollage au centre de piste voire en partie gauche.

J'eus l'occasion de faire quelques vols sur cette machine en évaluation au terme de mon séjour à l'EPNER ; cette évaluation faisait partie de l'examen de sortie. Les pilotes disaient de cet avion : « Ce n'est pas l'hélice qui tourne autour de l'avion, c'est l'avion qui tourne autour de l'hélice. »

Décollage d'un quadriréacteur sur trois moteurs

Un quadriréacteur peut sans difficulté voler avec trois moteurs. Il peut aussi décoller avec trois réacteurs. Cette procédure est autorisée pour ramener à sa base principale un avion qui a dû se dérouter.

Il y a toutefois des précautions à prendre : décoller sans passagers ; commencer la course au décollage avec une poussée réduite sur le moteur symétrique du moteur arrêté pour éviter un déséquilibre latéral, puis afficher la pleine poussée sur les trois moteurs quand la vitesse est supérieure à VMCG, vitesse minimale de contrôle au sol par les seules gouvernes aérodynamiques. Dans ces conditions, pas de problème... à condition de bien respecter la procédure.

Un DC-8 tenta un tel décollage de Kansas-City en 1995. Le terrain était enneigé, mais la piste de décollage était dégagée. Le moteur n° 1, qui avait eu des problèmes, fut arrêté, et l'équipage (deux pilotes et un mécanicien navigant) était seul à bord. La nuit allait tomber. Il fallait se dépêcher, car le terrain de destination allait bientôt fermer. (Les quatre moteurs sont numérotés de 1 à 4, de l'extrême gauche à l'extrême droite.) Conformément aux procédures de décollage avec trois moteurs, le commandant de bord avait calculé la VMCG. Mais il s'était trompé et avait calculé une vitesse inférieure de 7 km/h à la bonne vitesse. Ce qui veut dire que, s'il augmentait la poussée du moteur n° 4 (réduit au début de la course au décollage) à la vitesse qu'il avait calculée, l'avion embarquerait à gauche. Ce qui arriva (d'autant que la vitesse calculée, déjà insuffisante, n'avait même pas été respectée). Par chance, le commandant de bord parvint à arrêter l'avion sur la piste. Un deuxième décollage fut tenté. Cette fois, c'est le mécanicien navigant qui fut chargé d'avancer la manette du moteur n° 4 (procédure interdite). Il commit la même erreur qu'à la première tentative : il avança la manette trop tôt, avant la vitesse VMCG calculée et elle-même trop faible. L'avion sortit de la piste en s'arrachant du sol à vitesse insuffisante, décrocha et s'écrasa en bout de piste. Les trois occupants furent tués dans l'incendie qui s'ensuivit.

La fiabilité des réacteurs des avions commerciaux ne cessant de s'améliorer, le nombre de moteurs réglementairement nécessaires pour les longues traversées océaniques n'a cessé de diminuer – du moins en moyenne. Les premiers long-courriers intercontinentaux étaient systématiquement des quadriréacteurs (Boeing 707, DC-8). Puis, on vit apparaître les triréacteurs (DC-10, TriStar). Les règles s'assouplissant avec l'amélioration des moteurs (il fallait jadis, en cas de panne d'un moteur, avoir toujours un terrain accessible à moins de une heure trente de distance), on voit de plus en plus de biréacteurs traverser l'Atlantique (A330, Boeing 777).

Cessna 337 « *Push-pull* »

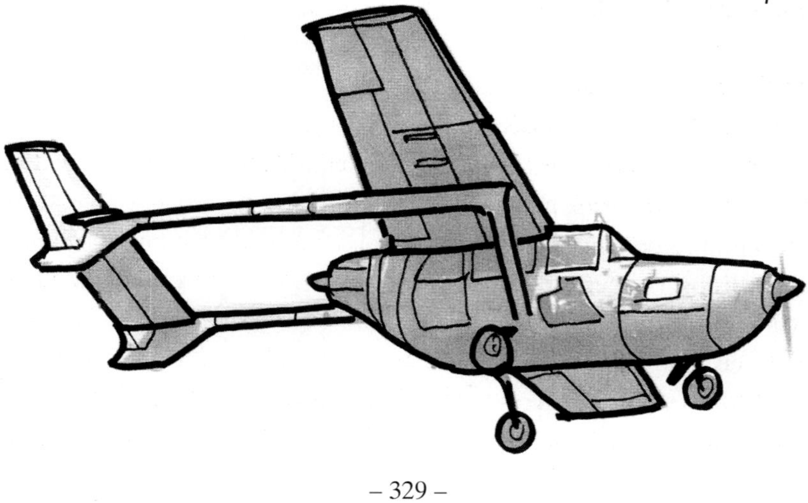

Certains avions ont volé avec une configuration de moteurs assez curieuse. Comme le Cessna-337, équipé d'un moteur « tractant » à l'avant et d'un moteur « poussant » à l'arrière. Cet avion fut justement baptisé « *Push-pull* » (« qui pousse et qui tire »).

Mur du son

La vitesse du son (aux alentours de 300 mètres par seconde ou de 1 100 km/h au niveau de la mer) est une vitesse importante pour l'aviation. D'abord, parce qu'elle a longtemps représenté une barrière infranchissable, ensuite, parce qu'elle reste une frontière entre deux types d'aviation.

Lorsqu'un avion accélère, il rencontre des difficultés croissantes à mesure qu'il se rapproche de la vitesse du son. Peut-être faut-il préciser ici ce qu'est la vitesse du son. C'est la vitesse à laquelle se développent les ondes sphériques émises par une source sonore. Si la source sonore est immobile, ces sphères restent concentriques. Si la source sonore se déplace, comme se déplace un avion à basse vitesse (A sur la figure ci-dessous), il y a une légère accumulation des sphères à l'avant de l'avion, un espacement plus grand entre leurs surfaces derrière.

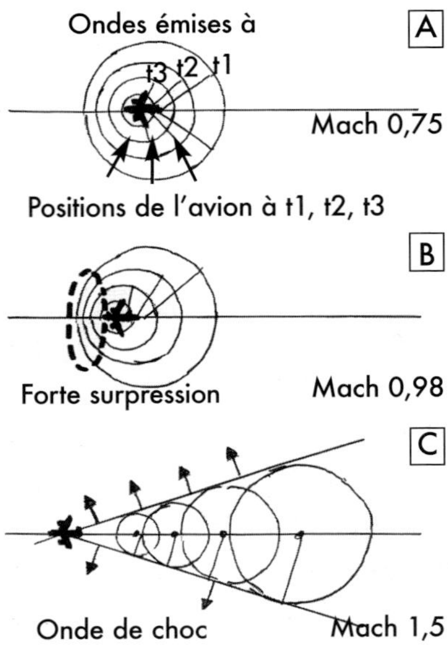

Un observateur qui voit venir l'avion vers lui entend un son qui a une longueur d'onde plus courte que celle du son normal émis par l'avion à l'arrêt. Il entend donc un son plus aigu que le son émis par l'avion (les sons aigus ont des longueurs d'onde plus courtes que les sons graves). Au contraire, quand l'avion est passé, l'observateur se retrouve derrière et entend un son plus grave. C'est ce que les scientifiques appellent l'« effet Doppler », mais que les Français préfèrent appeler l'« effet Doppler-Fizeau » (Fizeau était français, Doppler était allemand). Si l'avion accélère, s'il atteint par exemple Mach 0,98, c'est-à-dire une vitesse égale à 98 % de la vitesse du son, les ondes de pression sont tellement serrées vers l'avant (B sur la figure) qu'il y a devant lui une surpression qui le gêne pour avancer plus vite. C'est le « mur du son », qui est une résistance importante à l'avancement.

Supersonique

Si l'avion est assez fin et s'il dispose d'une réserve de poussée importante, il peut percer cette zone de surpression. Il n'y a alors plus de résistance devant lui et il atteint rapidement Mach 1,3 ou Mach 1,5. La configuration des ondes de pression (C sur la figure) est telle que l'avion est en avant de toutes les ondes qu'il a émises précédemment, qui sont enveloppées dans ce que l'on appelle « cône de Mach ». Tout observateur situé devant l'avion et en dehors du cône de Mach peut voir l'avion venir vers lui mais ne l'entend pas.

Bang sonique

Un observateur qui est atteint par la zone de surpression liée au passage de Mach 1 d'un avion la perçoit comme un bruit violent, dit « bang sonique ». À l'époque des premiers passages du mur du son (dans les années 1950), un avion qui voulait le passer dans un meeting devait effectuer un véritable plongeon depuis une très haute altitude vers la foule. La surpression du passage de Mach 1 descendait vers la foule à la vitesse du son. L'avion continuait à piquer vers la foule à une vitesse légèrement supérieure à la vitesse du son, donc un peu en avance sur son premier bang, qui le suivait. Lorsque l'avion repassait en subsonique, il émettait une seconde surpression, qui descendait vers la foule à la vitesse du son. Le second bang émis atteignait la foule avant le premier (peu avant, car l'avion n'avait guère dépassé Mach 1). Pour les spectateurs et pour les journalistes, les avions émettaient le fameux « double bang » en passant le mur du son.

Les premiers bangs soniques ont été une aubaine pour de nombreux paysans astucieux, qui les ont mis à profit pour tenter de se faire indemniser à bon compte après des sinistres. De nombreuses bergeries vétustes qui s'étaient écroulées de vieillesse ont ainsi été remboursées par l'armée de l'air à la suite de plaintes. En 1980, un paysan a même attribué l'incendie de sa grange au passage de deux F-104G allemands. Il a attaqué l'armée de l'air (française) et a gagné ! L'expert commis en appel a heureusement remis les choses au point et le jugement a été infirmé.

Dans les premières années qui ont suivi la Seconde Guerre mondiale, le mur du son paraissait, sinon infranchissable, du moins difficile à traverser. Ce sont les Américains qui l'ont franchi pour la première fois, sur un des avions-fusées conçus pour l'opération par Charles « Chuck » Yeager, au-dessus de la base d'Edwards, en Californie – la base aux immenses pistes tracées sur le lac asséché du désert Mojave, où bien d'autres exploits ont eu lieu, dont les atterrissages des premières navettes spatiales. C'était le 14 octobre 1947, Yeager était à bord de l'avion-fusée Bell XS-1. Celui-ci avait été emporté en altitude par un avion porteur B-29, puis lâché à 6 000 mètres. Les fusées l'avaient ensuite emporté jusqu'à 12 000 mètres, où il avait commencé son accélération. Pour la petite histoire, Yeager s'était cassé deux côtes la veille en tombant de cheval, mais il n'avait pas voulu se déclarer inapte au vol. Il s'était seulement muni d'un petit outil en bois pour pouvoir fermer la verrière de l'avion, ce qu'il n'arrivait pas à faire directement avec la main en raison de sa blessure.

En France, c'est le Mystère II qui franchit le premier le mur du son... aux mains d'un pilote américain, fin 1948. Vexé, le pilote d'essai de Dassault, Rozanoff, voulut être le premier Français à franchir le mur sur le Mystère IV n° 01. Il y parvint de façon spectaculaire au Salon aéronautique du Bourget de 1949, en commentant directement cette première à la foule, sa radio branchée sur les haut-parleurs du commentateur.

Traînée sonique

Lorsque le Concorde est arrivé, tout le monde se demandait comment les habitants des pays survolés allaient subir son passage au-dessus de leurs têtes. Nous avons effectué des essais longs et complexes au-dessus de la plaine de la Crau, au CEV d'Istres, sur des Mirage avec des profils de vol supersoniques parfaitement définis et des capteurs soigneusement disposés alentour. Les ingénieurs en charge des essais ont pu déterminer les risques pour les populations, essentiellement liés à des focalisations des ondes en virage. En fait, à son altitude de vol, le Concorde ne risquait pas d'être pénalisant en croisière. Le bruit du Concorde était surtout pénalisant au décollage, l'avion étant à la poussée maximale de ses quatre réacteurs, avec la postcombustion en pleine charge (voir *Bruit*). Par ailleurs, même en vol de croisière, à 20 000 mètres (vers 60 000 pieds), le Concorde n'a jamais survolé que l'océan Atlantique, ce qui a rendu caduques les études menées sur son bruit en vol supersonique.

Quid su supersonique hors de l'aviation

On a longtemps cru qu'il serait impossible de passer le mur du son autrement que dans un avion ou une fusée. En fait, un bolide terrestre – qui ressemble à un biréacteur sur roues – a atteint Mach 1,02 sur un lac desséché du désert du Nevada en 1997. Quant au passage du mur du son par un homme en chute libre, s'il n'est pas, à ma connaissance, homologué au début des années 2000, il ne devrait pas tarder à l'être, des projets étant en cours avec un saut d'un ballon à 120 000 pieds (40 kilomètres d'altitude !).

N comme…

Navigation

La navigation est essentiellement l'art de calculer la position de l'avion (de « faire le point »), afin de lui faire suivre une route déterminée. Il y a eu de tout temps deux moyens fondamentaux de navigation : l'observation et l'estime.

L'observation

La navigation observée consiste, pour le navigateur, à observer des repères pour savoir où il se trouve. Elle s'est faite de différentes façons. La navigation à vue consiste en l'observation de repères visuels. C'était la navigation pratiquée sur les premières lignes commerciales européennes en 1920 (voir *Démocratisation*). Elle continue à l'être sur les avions de tourisme. En l'absence de repères visuels, on peut relever des repères radioélectriques. On peut également pratiquer des visées sur les étoiles et faire de la navigation astronomique. La technique la plus moderne est bien entendu l'utilisation de systèmes de mesures de distance sur des satellites, le GPS et son futur concurrent, Galileo.

L'estime

Le principe de la navigation à l'estime est très différent : en l'absence totale de repères, on évalue à partir des moyens du bord le déplacement de l'avion sur la Terre de manière à estimer sa position après un certain temps. La technique ancienne de l'estime (encore pratiquée sur les avions légers) consiste à utiliser le compas et l'anémomètre, avec des corrections appropriées (dans l'argot du métier : « le cap et la montre »). La méthode moderne utilise la centrale inertielle, qui calcule les mouvements de l'avion sur la Terre avec des accéléromètres (voir *Inertie*).

La navigation hybride

La navigation *observée* atteint un optimum, au début du troisième millénaire, avec des commutations automatiques DME-DME sur les meilleurs DME autour de la position de l'avion – les systèmes satellitaires (voir *GPS*) n'offrant pas au début du XXIe siècle toutes les garanties d'utilisation pour l'aviation commerciale (propriété du ministère américain de la Défense, le GPS n'est pas homologué par l'OACI – le système Galileo le sera). La navigation observée présente l'avantage d'une très bonne précision, mais l'inconvénient de n'être utilisable que dans les régions habitées et pas dans les zones océaniques ou désertiques.

La navigation *estimée* atteint un optimum, au début du troisième millénaire, avec des ensembles de trois centrales inertielles de la toute dernière génération. Elle présente les avantages et inconvénients opposés à ceux de la navigation observée : elle a une moins bonne précision après quelques heures d'utilisation, mais elle peut être utilisée n'importe où à la surface de la Terre.

Le principe de la navigation hybride consiste à utiliser les meilleurs moyens d'observation, quand ils sont disponibles, et les meilleurs moyens d'estime quand les premiers ne sont plus accessibles. Au tournant du millénaire, les FMS (Flight Management Systems), systèmes de navigation modernes, utilisaient les DME et l'inertie pour fournir en permanence une position optimisée. La navigation future sera sans doute basée sur un système qui se contentera d'une position continue fournie par un ensemble satellitaire (Galileo).

Base de données

Pour conduire tous ses calculs, le FMS, comme tout ordinateur, a besoin d'une importante mémoire. Cette mémoire contient d'une part les logiciels de calcul, d'autre part les données de référence. Ces dernières sont regroupées dans la base de données (Data base), qui contient les informations concernant les moyens de radionavigation (coordonnées et fréquence des DME, par exemple), l'infrastructure aérienne (position des aérodromes, pistes, parkings...), les routes suivies par les avions de la compagnie qui utilisent le FMS.

Si les données relatives aux moyens de navigation et à l'infrastructure peuvent être mises à jour par des organismes spécialisés, les données propres à la compagnie doivent être mises à jour par des services internes de la compagnie. Les organismes qui mettent à jour les données relatives aux moyens de navigation et à l'infrastructure ne commettent pratiquement jamais d'erreur. Les services internes de la compagnie sont parfois moins fiables, et les conséquences d'une erreur peuvent être dramatiques.

C'est ce qui s'est passé dans les années 1960 au fin fond de l'hémisphère Sud, sur le continent antarctique. À cette époque, dans le courant de l'été austral (en janvier-février), une compagnie néo-zélandaise proposait des vols touristiques au-dessus du continent antarctique. Un DC-10 assurait ces vols, survolant les montagnes et les glaciers, les fjords et les îles habitées par les phoques et les manchots, à une altitude relativement basse (un millier de mètres) pour que les touristes puissent prendre des photos.

Le DC-10, en avance sur son temps, était équipé d'un FMS qui lui permettait de survoler avec précision des points dont on avait inséré les coordonnées. Ces coordonnées étaient introduites dans la base de données du FMS par les services informatiques de la compagnie. Chaque « point tournant » avait un nom codé : Goose, Tango, Snowy... Le vol touristique classique survolait ainsi tour à tour des points baptisés Goose, Tango ou Snowy. Les équipages effectuaient ce vol plusieurs fois par mois, toujours selon le même itinéraire.

Un jour, après avoir survolé Goose, le pilote automatique mit le cap sur Tango, comme à l'ordinaire. Le pilote fit descendre l'avion à 7 000 pieds (environ 2 000 mètres). La visibilité horizontale était mauvaise (bien que le sol, blanc, restât visible sous l'avion), mais l'altitude était largement suffisante sur cette branche peu montagneuse. Après une trentaine de minutes de vol, l'avion alla s'écraser sur le mont Erebus, un volcan qui culmine à quelque 3 500 mètres.

Que s'était-il passé ? Les ingénieurs chargés de la programmation des calculateurs de bord, à la demande de la direction, avaient changé l'itinéraire du vol et les coordonnées du point Tango. Le nouvel itinéraire survolait le mont Erebus entre Goose et Tango. L'information avait mal été diffusée, le pilote avait omis de vérifier en vol les coordonnées des points qu'il avait l'habitude de survoler. Il y eut plus de 200 morts, essentiellement parce que le pilote avait cédé à une habitude. En aviation, il faut se méfier des habitudes.

Nuages

Les nuages sont des accumulations de gouttelettes d'eau ou de petits cristaux de glace suspendus dans l'atmosphère. Il s'agit bien d'eau, sous forme liquide ou solide, et non de vapeur d'eau, comme certains l'imaginent. En effet, la vapeur d'eau est transparente. Les nuages sont donc constitués d'eau en suspension.

Classification

Luke Howard, un pharmacien anglais du début du XIXe siècle, eut le premier l'idée de classer les nuages en fonction de leur forme. En Angleterre également, avec un point de vue plus pictural, des peintres comme Turner et Constable s'attachaient à bien identifier, dans leurs tableaux, les différents nuages. Leur technique était dite « *skying* ». Il existe désormais une classification officielle, selon la nature, la forme et l'altitude des nuages.

On distingue ainsi :

– les nuages bas (entre 0 et 2 kilomètres d'altitude) : stratus informes qui deviennent brouillard en touchant le sol, et stratocumulus en couches plus ou moins formées en galets, gris ou blanchâtres, à peine décollés du sol ;

– les nuages moyens (entre 2 et 7 kilomètres d'altitude) : altostratus grisâtres à large extension couvrant souvent tout le ciel, altocumulus en bancs formés de galets blancs plus ou moins soudés, et nimbostratus gris, parfois très sombres, aux contours indéfinis, très souvent associés à des pluies allant jusqu'au sol ;

– les nuages hauts (entre 5 et 12 kilomètres d'altitude) : cirrus en forme de filaments effilochés, blancs, très au-dessus des autres nuages, cirrostratus blancs en vastes voiles, et cirrocumulus, bancs de petits galets granuleux blancs, occupant les parties supérieures du ciel.

Deux types de nuages méritent une place à part en raison de leur important développement vertical (de 0 à 12 kilomètres) : le cumulus, nuage d'un blanc éclatant en forme de chou-fleur, bien isolé, aux contours nets, et le cumulonimbus, également d'un blanc éclatant, immense, étalé à sa base en forme de gros cumulus, pourvu d'une colonne centrale verticale et d'une sorte d'enclume étalée horizontalement au sommet. Les cumulonimbus sont le siège de tous les maux que peut redouter un pilote en vol : violentes turbulences, givrage intense, tempêtes de grêle, courants ascendants en leur centre.

On rapporte qu'un pilote dont le monomoteur avait été brisé par les turbulences d'un cumulonimbus dans lequel il était entré par inadvertance et qui avait sauté en parachute est resté maintenu en l'air dans les ascendances du cœur du nuage, où il mourut de froid. Les cumulonimbus ont une durée de vie de plusieurs heures, entre leur naissance sous forme de cumulus et leur effilochement final. Ils sont si dangereux qu'il est interdit aux avions commerciaux d'y pénétrer. Pour les éviter, les avions sont équipés de radars météorologiques spécialement conçus pour les détecter (voir *Radar*). Aux alentours de l'Équateur, d'immenses cumulonimbus, dont le sommet peut atteindre dans ces zones 18 kilomètres d'altitude, forment une barrière pouvant couvrir des centaines de kilomètres d'ouest en est. C'est le FIT (front intertropical) ou ZCIT (zone de convergence intertropicale). La traversée d'un cumulonimbus peut provoquer la perte d'un avion léger, voire d'importants dégâts sur un avion plus lourd. Un Boeing 747 en panne de radar météorologique a ainsi subi d'importants dommages à la traversée du FIT (voir *Radar*).

Mouvement

Les nuages se déplacent-ils quand le vent souffle ? La réponse n'est pas simple. Le vent étant un déplacement de la masse d'air et les nuages étant composés de gouttelettes d'eau en suspension dans l'air, il semble évident que les nuages se déplacent quand le vent souffle. L'expérience que l'on peut avoir en observant le ciel confirme ce fait. Il est pourtant parfois des nuages qui sont stationnaires, même par fort vent. Cela se produit lorsqu'une masse d'air très humide franchit une colline. Du côté « au vent », l'air est soulevé, perd de la pression et, du fait de sa forte humidité, atteint rapidement son point de condensation. Des gouttelettes d'eau apparaissent en son sein, formant un nuage. Dans la redescente, côté « sous le vent », du fait de la recompression, les gouttelettes se revaporisent. Un nuage (en général cumuliforme) est établi sur la colline, immobile dans le vent. Chaque particule d'air, suivant le mouvement, se condense, puis se revaporise dans son mouvement de montée-descente. Les gouttelettes du nuage ne sont jamais les mêmes.

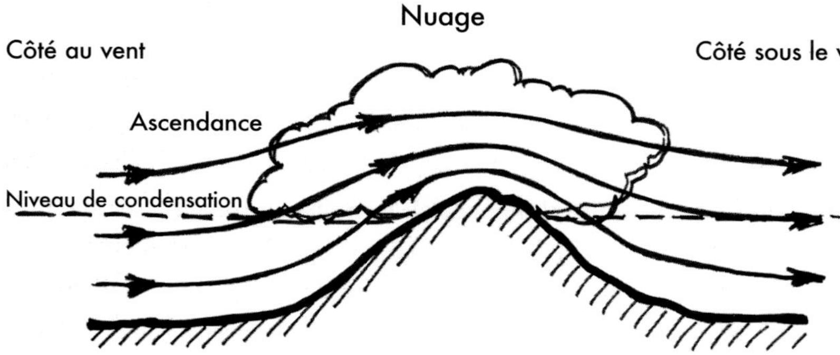

NUAGE D'ASCENDANCE OROGRAPHIQUE

O comme…

Objet volant non identifié (OVNI)

Un OVNI est un objet volant non identifié (en anglais UFO, Unidentified Flying Object, ou encore soucoupe volante, *flying saucer*). J'aurais personnellement tendance à appeler ces objets des OVENI (objet volant encore non identifié). En quarante ans, pendant les quelque 18 000 heures de vol que j'ai passées en place pilote – auxquelles il faut ajouter plus de 2 000 heures en tant que passager –, j'ai toujours identifié les objets volants que j'ai rencontrés dans le ciel. C'est dommage. Une belle histoire d'OVNI aurait fait un bel article dans cet ouvrage.

Certains ont pris les OVNI très au sérieux et ont demandé que les autorités mettent en place des commissions d'étude *ad hoc*. Plusieurs pays ont créé des commissions spécialisées dans l'analyse des phénomènes célestes non expliqués, qui n'ont jamais pu conclure de façon décisive à des visites de petits hommes verts. Les adeptes du supranaturel ont été déçus et ont soupçonné les autorités de cacher des découvertes probantes.

Oiseaux

Le regretté Chaval, auteur et dessinateur satirique, avait publié un livre délicieux dont le titre était : *Les oiseaux sont des cons*. Je n'irai pas jusqu'à dire qu'il avait raison. Il reste que, si on peut dire que le chien est le meilleur ami de l'homme, on ne peut pas dire que l'oiseau soit le meilleur ami du pilote. En effet, on dénombre chaque année dans le monde des incidents, voire des accidents, qui sont imputables à des oiseaux.

J'ai eu à enquêter sur l'accident d'un Mystère 20 au Bourget, au début des années 1990. L'avion venait de décoller, vers 18 heures, face à l'ouest, quand il entra dans une nuée d'oiseaux. Son réacteur gauche fut gravement endommagé et un début d'incendie se déclara. Le pilote a immédiatement viré à gauche, est passé en vent arrière et s'est présenté en dernier virage au seuil de la piste d'où il venait de décoller. Mais l'avion était trop gravement endommagé et s'écrasa à l'entrée de piste, à 30 degrés de l'axe d'atterrissage, tuant tous ses occupants

En 1960, un Lockheed Electra décollait de Boston, face à la mer. Peu après son décollage, alors qu'il passait la hauteur de 60 mètres (200 pieds), il traversa un vol de mouettes, et ses deux turbopropulseurs de gauche s'arrêtèrent. L'avion, avec une forte assiette, s'enfonça et percuta l'eau violemment avec sa queue. Le fuselage se brisa en deux parties. On ne retira que dix survivants des débris flottants de l'épave.

Même isolés, les gros oiseaux peuvent provoquer des dégâts très importants. En 1962, en vol de nuit, un Vickers Viscount se heurta à un vol d'oies sauvages. Une oie de 7 kilos heurta le bord d'attaque de l'empennage horizontal, qui fut arraché. Le pilote perdit le contrôle de l'avion, qui s'écrasa, tuant ses 18 occupants.

En 1995, un AWACS décollant d'un aérodrome en Alaska entra dans un vol d'oies sauvages. Les moteurs 1 et 2, touchés, devinrent rapidement le siège de pompages compresseurs, d'explosions et de feu. Le pilote mit en survitesse les moteurs 3 et 4, mais l'avion ne put malgré cela ni monter ni accélérer. Le *stick shaker* (voir *Décrochage*) se déclencha, il y eut un décrochage dissymétrique à gauche, l'aile gauche toucha le sol avec une inclinaison de 140 degrés. L'avion explosa sur une colline après quarante-deux secondes de vol. Il aurait pu y avoir moins de morts dans cet accident si le pilote avait maintenu les ailes horizontales et s'était posé droit devant, évitant le décrochage.

En 1998, au décollage d'un Boeing 747, de nuit sur un aérodrome asiatique, le moteur n° 3 explose et se détache. Le commandant de bord parvient à arrêter l'avion en bout de piste, sortant à peine dans l'herbe. L'enquête conclut à l'ingestion d'un oiseau (un hibou des marais), des débris sanguinolents ayant été trouvés dans les débris du moteur. Il restait que les dégâts étaient importants pour l'ingestion d'un oiseau, fût-il un hibou. Une enquête plus approfondie a montré que le copilote avait vu une grande forme blanche sauter devant l'avion juste avant l'impact. Le hibou des marais était en fait un gros chien blanc !

Le péril aviaire

Le péril aviaire – c'est ainsi que l'on appelle les risques que font courir les oiseaux à l'aviation – est sérieusement pris en considération par les autorités aéroportuaires. Les moyens de défense sont hélas loin d'être au point. On a essayé des détonations, qui dérangeaient plus les habitants du voisinage que les oiseaux. Actuellement, des voitures équipées de haut-parleurs parcourent les taxiways avant le décollage des avions en émettant les enregistrements de signaux de détresse d'autres oiseaux. L'aéroport du Bourget était équipé d'un tel système. Par malchance, l'avion cité en début d'article était le seul à décoller aux alentours de 18 heures, et le responsable de l'effarouchement des oiseaux s'était absenté, avec l'autorisation de ses chefs, pour convenance personnelle.

Les décharges publiques

Les aéroports sont construits loin des villes. Les décharges publiques, afin de limiter les nuisances, sont également installées loin des villes. Les décharges publiques étant fréquentées par de nombreux oiseaux – en particulier des mouettes, même au centre de la France –, toutes les conditions sont réunies pour que le péril aviaire perdure. La décharge principale de Marseille, à la fin du XXe siècle, était ainsi située à quelques kilomètres dans l'axe de la piste d'Istres.

Les constructeurs ont souvent donné à leurs avions des noms d'oiseaux. On a déjà cité l'Alcyon (martin-pêcheur), le Pétrel, l'Alouette, le Gerfaut, le Flamant, le Vautour, le Martinet ou le Goéland. Les Allemands ont eu le Storch (« cigogne ») et l'Albatross (« albatros »), les Anglo-Saxons le Goose (« oie »), le Hawkeye (« faucon »), l'Eagle (« aigle ») et le Hummingbird (« oiseau-mouche »). Et j'en passe.

Les oiseaux sont parfois pénalisants pour l'aviation, pour des raisons moins classiques que le péril aviaire. Sur les vieux avions, les charnières des gouvernes laissaient parfois apparaître des fentes importantes. À Brétigny, chaque fois que nous devions « mettre en l'air » un SO-30P Bretagne après un arrêt de quelques jours, nous devions envoyer une équipe armée d'échelles pour enlever les nids logés dans les charnières des directions.

Ouragan

L'Ouragan dont il est question ici est l'avion (pour tout autre phénomène atmosphérique, voir *Cyclones*). L'Ouragan a été le premier chasseur à réaction produit par Dassault après la Seconde Guerre mondiale. Il avait une aile droite, une entrée d'air bien ronde et des réservoirs fixes en bouts d'ailes.

L'une de ses particularités était que l'on pouvait ouvrir sa verrière, coulissante, en vol. Un des moniteurs de l'École de chasse de Meknès avait comme spécialité, en dernier virage, d'ouvrir la verrière, de décrocher son masque à oxygène et d'allumer sa pipe. C'est dans cette configuration qu'il atterrissait. Cet avion était un peu lourd, peu maniable et très stable. En revanche, on tournait le tonneau sans difficulté, sans qu'il soit nécessaire de bien le tenir nez haut au passage dos.

Ouragan

P comme…

PAF

Vers la fin du XXe siècle, on appelait PAF le paysage audiovisuel français. Pour les aviateurs, ce sigle a deux autres significations : police de l'air et des frontières et Patrouille acrobatique de France.

La police de l'air et des frontières est l'ensemble des services de police des aérodromes, chargés de contrôler les passeports et de procéder aux refoulements. Sans vouloir prendre position sur le principe des refoulements, il y aurait beaucoup à en dire, du point de vue du commandant de bord chargé du transport. Il y a bien entendu tous les cas où cela se passe bien, dans la mesure où le refoulé accepte l'opération et reste assis tranquillement sur son siège. Et puis il y a les cas où il se rebelle, crie, refuse de rester assis à la place assignée – au dernier rang – et perturbe l'embarquement des passagers (embarqués après lui), dont certains refusent de monter à bord dans ces conditions. On les comprend. Sans parler des violences de certains policiers (heureusement rares) lorsque, en désespoir de cause, on a fait sortir le refoulé récalcitrant par une passerelle à l'arrière et que ses accompagnateurs se croient hors de vue.

La Patrouille acrobatique de France est une unité de l'armée de l'air qui lui sert d'image de marque. On la voit ouvrir le défilé du 14 Juillet à Paris et participer à de nombreux meetings aériens, avec un sillage de fumées bleu blanc rouge. La Patrouille de France a été équipée de plusieurs modèles d'avions. Elle a mis en œuvre des Ouragan, puis des Mystère IV. Les avions d'armes devenant trop chers, on est passé à des avions d'entraînement : des Fouga Magister, puis des Alpha Jet.

Panne

Rien n'est parfait dans les réalisations humaines. Quel que soit le soin apporté à la fabrication d'un produit, on ne peut lui garantir une fiabilité absolue. Un jour ou l'autre, des anomalies de fonctionnement ou des pannes surviennent. Ici, le terme « panne » désigne toutes les anomalies de fonctionnement dans un avion.

Conception

En aviation, pour éviter qu'une panne ne dégénère en accident, on prend des précautions. Pour les structures, on a d'abord conçu des systèmes dans lesquels l'avion survit à une première panne : grâce aux systèmes *fail safe*, en cas de panne, l'ensemble cesse de fonctionner normalement sans entraîner de catastrophe. Puis est arrivé le concept *fail operative*, dans lequel, en cas de première panne, l'ensemble continue à fonctionner normalement. Pour les sous-ensembles, l'avènement des calculateurs numériques performants et des composants légers a permis de doubler ou tripler de nombreux éléments, ce qui permet, en cas de panne de l'un d'eux, de continuer à fonctionner normalement avec les autres. Avec trois composants, on n'a même plus besoin de savoir quel est le composant en panne : on considère que c'est celui qui n'est plus d'accord avec les deux autres.

Gestion des pannes

Malgré ces précautions, la panne survient parfois, qu'il faut traiter en vol.

Sur les avions relativement anciens (avant les années 1980), il y avait à bord des avions commerciaux un membre d'équipage à qui le traitement des pannes était dévolu : le mécanicien navigant (OMN, officier mécanicien navigant – Flight Engineer, FE en anglais). Ce technicien, qui était en temps normal chargé d'effectuer les manœuvres techniques courantes (contrôle des systèmes, gestion des moteurs, suivi de carburant, lecture des check-lists normales), était essentiellement chargé de détecter les anomalies et de traiter les pannes. En cas d'anomalie, il alertait le reste de l'équipage et traitait la panne en utilisant les check-lists réservées aux situations anormales et d'urgence (voir *Check-list Do-list*).

La gestion d'une panne comporte de nombreuses opérations, qui passent par les phases d'alerte (voir *Alarme*), d'analyse et de traitement, avec un bilan de la situation après la panne.

À la fin des années 1970, l'avènement des calculateurs numériques à hautes performances a permis de faire exécuter la surveillance des systèmes et la gestion des pannes par un ordinateur central (lequel est en général doublé pour survivre à sa propre panne). Ce calculateur central de gestion des pannes est nommé ECAM (Electronic Centralized Aircraft Monitoring) sur les Airbus – qui sont un excellent exemple en la matière.

L'ECAM fonctionne ainsi : en situation normale, il surveille tous les paramètres de tous les systèmes en faisant scintiller sur l'écran *ad hoc* ceux qui, bien qu'encore normaux, approchent la limite de leur domaine normal. Si une anomalie survient, l'ECAM alerte aussitôt les pilotes en leur présentant automatiquement le circuit en panne et, dans ce circuit, l'anomalie (en couleur ambre ou rouge selon la gravité de l'anomalie). Simultanément, il présente aux pilotes la liste des opérations correctives à effectuer (check-list secours), en éliminant de la liste les opérations dès qu'elles sont effectuées. En fin de traitement de la panne, il présente un bilan de la situation, avec éventuellement des conseils pour la fin du vol.

Cependant, toutes les pannes ne sont pas traitées par l'ECAM. Si le système est incontestablement une réussite, il a un défaut, qui est celui de tous les ordinateurs : il ne répond qu'aux seules questions pour lesquelles il a été programmé. Or, pour programmer l'ECAM, les ingénieurs ont tenu compte de toutes les pannes potentielles, sauf celles dont la probabilité d'occurrence était très faible et celles qui n'étaient pas prévisibles ou simplement pas prévues. Parmi les premières, on trouve des pannes dont on calcule d'avance qu'elles ne se produiront peut-être qu'une fois ou deux dans toute la flotte mondiale et la vie de l'avion. Parmi les secondes, il y a par exemple les courts-circuits dans des câbles électriques standard, par nature imprévisibles. Pour toutes les pannes exceptionnelles prévisibles, la programmation à l'ECAM compliquerait trop le système, dont l'un des avantages reste la simplicité. Pour les pannes imprévues, la question de les programmer ne se pose même pas.

Que faire lorsque survient une panne non traitée par le système ? Là encore, les constructeurs ne répondent pas, sauf : « se débrouiller tout seul » (en anglais : *airmanship*). Si une panne imprévue survient pour laquelle l'ECAM reste muet et pour laquelle le pilote n'a pas été entraîné, il doit chercher tout seul la solution, et ce dans un temps souvent très court. L'équipage étant limité à deux pilotes, et la panne survenant souvent en phase évolutive (décollage, atterrissage), donc chargée en travail, on comprend comment arrivent la plupart des accidents sur les avions récents.

Les avions d'armes, quant à eux, en sont restés à la check-list secours papier. En cas de panne, l'avion présente une analyse sommaire du problème : Master Warning rouge ou Master Caution ambre et nom du circuit, voire de l'élément en panne. Puis le pilote ouvre sa check-list, de petit format, qu'il extirpe de la poche de sa combinaison, et effectue les manœuvres conseillées.

Panne au décollage

Parmi les pannes potentielles, la panne d'un moteur au décollage mérite une mention particulière. Le décollage est une des phases les plus critiques du vol. En particulier à cause du risque de panne de moteur. Le moteur travaille en effet dans des conditions particulièrement dures au décollage, au voisinage de ses limites.

On ne parlera pas ici du cas des monomoteurs sur lesquels, en cas de panne au décollage, il faut se poser « droit devant ». Sur un monomoteur, il faut toujours avoir identifié le lieu où l'on va pouvoir se poser dans ce cas. Sur les avions d'armes, la panne de moteur au décollage doit être immédiatement suivie de l'éjection. Pour les avions de transport commercial, la réglementation exige un minimum de deux moteurs, avec possibilité de continuer le décollage ou d'arrêter l'avion sur la piste, dans de bonnes conditions, en cas de panne d'un moteur pendant la course au décollage.

La vitesse de décision V1

On conçoit aisément que, si la panne d'un moteur survient au tout début de la course au décollage, il sera facile d'arrêter l'avion sur la piste en toute sécurité. Par contre, si cette panne survient alors que l'avion roule très vite et approche de sa vitesse de décollage, la tentative d'arrêt peut être dangereuse (risque de sortie de piste ou de feu) : il vaut mieux alors décoller avec un moteur en panne et revenir se poser dès que possible. Pour ces raisons, l'équipage d'un avion commercial procède, avant le décollage, au calcul soigné d'une « vitesse de décision » V1. Ensuite, pendant la course au décollage, la consigne est la suivante : si la panne d'un moteur survient avant V1, il faut arrêter l'avion sur la piste ; si la panne survient après V1, il faut systématiquement continuer le décollage sur les (*n* - 1) moteurs restants (cette technique vaut pour les bimoteurs, mais également sur les multimoteurs à *n* moteurs).

Procédures de décollage

Sur un avion commercial, le décollage est préparé et exécuté selon des procédures très strictes.

La vitesse V1 est calculée lors de la préparation du vol, compte tenu de la charge de l'avion et des conditions extérieures. Cette vitesse est inscrite sur un « carton de décollage », qui doit rester pendant tout le décollage sous les yeux des pilotes. Lors du roulage, avant décollage, un briefing est effectué, à l'initiative du commandant de bord, au cours duquel la procédure en cas de panne moteur est rappelée.

En phase d'exécution du décollage, le pilote non aux commandes (PNF) annonce l'approche de V1 (par une annonce du type « 100 nœuds »), puis la vitesse V1. Si la panne moteur survient avant V1, le commandant de bord annonce « Arrêt décollage ». Le ou les moteurs restants sont passés en réversion et les freins sont actionnés au maximum. Si la panne survient au-delà de V1, le commandant de bord annonce « On continue ». Les actions de sécurité (coupe-feu du moteur en panne, extinction de l'incendie moteur si nécessaire, rentrée du train) ne sont en général entreprises que lorsque l'avion est bien dégagé du sol, pour éviter toute manœuvre à risques trop près du sol. Le retour au terrain est ensuite entrepris, selon une procédure définie par l'aérodrome et la compagnie.

Accidents

Plusieurs accidents se sont produits parce que le commandant de bord avait décidé d'arrêter l'avion au-delà de la vitesse V1. En 1962 (c'est le début des avions à réaction long-courriers), le Boeing 707 impressionnait les pilotes, certains en avaient même peur. Un Boeing 707 est au décollage d'Orly. Au moment de la rotation, le commandant de bord, aux commandes, ressent une résistance, qu'il juge anormale dans la profondeur. Il décide d'interrompre le décollage, croyant à un blocage des gouvernes et bien que la vitesse soit largement au-dessus de V1. L'avion sort de la piste et vient s'encastrer dans des maisons de la banlieue voisine. Tous les occupants sont tués, à l'exception d'une hôtesse de l'air.

On a vu ailleurs (voir *Décollage*) comment, en 1999, le commandant de bord d'un 737 avait tenté de décoller avec une configuration incorrecte et avait décidé d'interrompre le décollage après V1. L'avion sortit de la piste, traversa une route, percuta des obstacles ; de nombreux occupants furent tués ainsi que des automobilistes.

Parachutes

En dépit de la variété de mes expériences aéronautiques, je n'ai jamais sauté en parachute. J'ai pourtant failli, au début des années 1970. Nous avions organisé, au-dessus de l'étang de Berre, des séances d'entraînement au saut en parachute pour les pilotes et équipages d'essai.

Les premiers sauts avaient lieu depuis un hélicoptère. Toutes les précautions avaient été prises, avec des vedettes rapides en dessous pour récupérer les parachutistes dès leur arrivée sur l'eau. Mon tour allait arriver quand un jeune collègue, ingénieur navigant d'essai, s'est fait très peur : son parachute dorsal ne s'est pas ouvert, et il a eu toutes les difficultés du monde à ouvrir son parachute ventral de secours. On a sagement décidé d'arrêter ces expériences.

Par la suite, nous avons fait du parachute ascensionnel sur l'étang. J'ai sauté d'une tour avec un brise-chute. Dans ce cas, on est attaché par un câble à un boîtier fixé au sommet d'une tour. Quand on tire sur le câble du brise-chute à la main, il vient sans résistance, et c'est inquiétant. Le câble ne commence à être freiné qu'à partir d'une certaine vitesse. Mais ce n'était pas vraiment du parachutage.

En revanche, j'ai participé à des centaines de parachutages comme pilote, sur des Transall, des C-130 Hercules, des Noratlas, des Twin Otter. J'ai effectué des largages de charges lourdes à très basse hauteur. J'ai assisté à l'évolution des voilures avec les parachutistes d'essai. J'ai vu les premières voilures rectangulaires descendre avec une précision du point d'impact de quelques centimètres. J'ai aussi envoyé des parachutistes, par manque de précision, dans le bois carré qui jouxtait l'aire de parachutage à Brétigny. J'ai vu arriver les premiers parachutes double harnais, qui permettaient à un moniteur de sauter avec un passager sous la même voilure. Je me rappelle que, lors de ces sauts, les parachutistes d'essai voulaient toujours être en place moniteur, c'est-à-dire derrière, et jamais en place élève ou passager, devant.

Parachutes-freins

S'il est un parachute que j'ai souvent utilisé, c'est le parachute-frein. Les chasseurs des années 1960 se posaient à des vitesses tellement élevées que les freins de roues étaient à peine suffisants pour les arrêter sur la piste. Avec un taux d'usure tel qu'il fallait les changer très souvent. Pour ralentir les avions, on utilisait des parachutes-freins, que le pilote déployait à l'arrière de l'avion aussitôt après le toucher des roues (voir *Freinage*).

J'ai déployé des centaines de parachutes-freins sur le Mirage, que je larguais soigneusement en bord de piste en fin d'atterrissage : un petit virage en bord de piste, un coup de gaz, et le parachute finissait dans l'herbe.

Sur le Vautour, on rapportait le parachute ouvert jusqu'au parking. Il y avait d'ailleurs un risque : la poignée de parachute était juste à côté de la poignée de frein de parc, en bas à gauche de la planche de bord. Si on se trompait et si on tirait le frein de parc au lieu du parachute, on s'arrêtait encore plus vite : freins bloqués, les roues éclataient.

Il y a, tant dans l'aviation civile que dans l'aviation commerciale, des centaines d'histoires de parachutes. Pendant la Seconde Guerre mondiale, les troupes britanniques étaient engagées sur divers fronts en Extrême-Orient. Elles comptaient des régiments de troupes coloniales, dont les fameux Gurkhas, soldats indiens connus pour leur bravoure. Un jour, un colonel anglais qui commandait un régiment de Gurkhas avait demandé une dizaine de volontaires pour sauter derrière les lignes ennemies. À sa grande surprise, aucun de ses hommes n'avait réagi. Très fâché, le colonel dut avoir recours à la désignation d'office de dix de ses soldats. Et il leur déclara : « Vous avez une heure pour aller vous équiper et prendre vos parachutes. » Surprise dans les rangs : les Gurkhas avaient compris qu'il fallait sauter sans parachute. C'était la cause de leur manque d'enthousiasme. Ce qui n'avait pas empêché les volontaires désignés d'accepter la mission.

Au cours des années 1960, la France participait activement à l'entraînement des troupes des anciennes colonies. Dans un pays africain côtier, un Nord 262 emmenait un jour des parachutistes à l'entraînement. Alors que l'avion survolait des marécages à relativement basse hauteur, l'un des moteurs tomba en panne. Persuadé que le *stick* de parachutistes était prêt à sauter, le pilote, afin d'alléger l'avion, envoya l'ordre de sauter – lampe flashante et sirène, agrémentées d'un « tout le monde saute ! » impératif au *public address*. Les parachutistes, pas encore équipés de leur parachute mais pourvus d'un solide sens de la discipline, sautèrent tous les uns après les autres. Et tombèrent dans le marécage. Par chance, il n'y eut pas de victime.

Dans les années 1950, le Noratlas était le fleuron du transport aérien militaire en France. Il servait à toutes sortes de missions, transport de troupes, de fret, parachutages. Au cours d'une mission d'entraînement, des charges avaient été larguées par l'arrière – on enlevait les portes avant le vol. Après le largage, quelques parachutistes avaient suivi. Le dernier à sauter n'avait pas eu de chance : à l'ouverture, la voilure de son parachute s'était prise dans l'empennage horizontal de l'avion. Le malheureux était resté suspendu sous la queue du Noratlas. Impossible de le détacher, il fallait se poser dans cette configuration. L'atterrissage se fit à la vitesse minimale, le pilote freinant au maximum. Le parachutiste fut gravement blessé. Par la suite, les sauts humains ont été interdits par la porte arrière. On ne sauta plus que par les portes latérales.

Au début des années 1990, un cascadeur professionnel passionné de parachutisme imagina une cascade exceptionnelle : sauter d'un avion sans parachute en même temps qu'un comparse équipé de deux parachutes, un pour lui, l'autre pour le cascadeur. Les deux compères se rejoignaient en chute libre, le cascadeur récupérait son bien, l'enfilait, puis les deux parachutes s'ouvraient ensemble. Cela a parfaitement fonctionné plusieurs fois. Pour un dernier saut, les deux hommes ne se sont pas rejoints. Un seul parachute s'est ouvert. Le cascadeur est arrivé au sol sans parachute.

L'acte de piraterie ci-dessous revêt un caractère un peu exceptionnel. Il n'a pas fait de victimes et le pirate a utilisé un parachute (!). En 1971, un Boeing 727 effectue un vol intérieur aux États-Unis. En cours de vol, un passager appelle l'hôtesse et lui montre deux bâtons de dynamite reliés par des fils. Il menace de faire sauter l'avion si on ne lui donne pas 200 000 dollars après avoir débarqué les passagers à Seattle et être repartis avec un équipage réduit vers Mexico. On accède à sa demande. En route vers Mexico, après avoir guidé l'avion à basse altitude vers une région semi-désertique, radio et transpondeur coupés, le pirate enferme les PNT dans le cockpit. Il se dirige vers la porte arrière, l'ouvre et saute avec un parachute qu'il avait dissimulé dans ses bagages de cabine. On ne l'a jamais retrouvé.

Certains prétendent que c'est Léonard de Vinci, aux alentours de l'an 1500, qui inventa le parachute. On a retrouvé dans ses dessins celui d'un homme suspendu à une sorte de cloche pyramidale. C'est le Français Jacques Guarnerin qui a fait breveter le parachute. Il avait effectué son premier saut en 1797 au-dessus du parc Monceau à Paris, en sautant d'une montgolfière. Il semble que le premier homme à avoir sauté en parachute depuis un avion l'ait fait au-dessus de Saint Louis, aux États-Unis, en 1912. Ce serait un certain Berry.

Paramètres de pilotage

Si on veut analyser la façon idéale de piloter un avion, il faut se poser la question fondamentale : « Qu'est-ce que le pilotage ? » On pourrait répondre : c'est l'art (ou la technique) de faire évoluer un aéronef en vol pour le conduire d'un point à un autre le long d'une trajectoire décidée.

On analyse ici les paramètres dont dispose un pilote pour accomplir sa tâche de pilotage.

Ceux dont il faudrait disposer

Pour analyser sa trajectoire, un pilote a besoin de connaître divers paramètres. Dans le plan horizontal, il doit savoir quelle est la « route vraie » suivie par l'avion par rapport au sol (angle de route mesuré sur le nord vrai, c'est-à-dire le méridien) et quelle est la « vitesse sol », c'est-à-dire la vitesse de déplacement de l'avion par rapport au sol. Dans le plan vertical, il doit savoir quelle est l'« altitude vraie » de l'avion, afin de connaître la protection par rapport aux obstacles reportés sur la carte, et quelle est la « pente sol », c'est-à-dire l'angle de montée ou de descente par rapport au sol. Pour des raisons purement aérodynamiques, le pilote aurait besoin de connaître aussi l'« incidence de vol », seule protection directe contre le décrochage et qui lui permet par ailleurs de choisir un régime de vol optimisé (endurance maximale, par exemple). Pour une gestion plus directe de la trajectoire à court terme, une information, la « direction du vecteur vitesse-sol », apparaît dans le champ visuel (le pare-brise).

Pour lister les paramètres idéaux pour piloter un avion, on trouve donc :
- la route vraie ;
- la vitesse sol ;
- l'altitude vraie ;

– la pente sol ;
– l'incidence ;
– le vecteur vitesse.

CEUX DONT ON DISPOSE

Lorsque les premiers avions ont commencé à voler, il y a plus de cent ans, les capteurs disponibles ne permettaient pas d'offrir aux pilotes les paramètres idéaux ci-dessus. Des substitutions existaient alors, avec leurs défauts, qui continuent à équiper les avions légers actuels.

La route vraie a été remplacée par le cap compas. Après quelques progrès, ce cap a pu être stabilisé gyroscopiquement. Avec une correction instrumentale (dite « déviation »), d'amplitude limitée, on a pu donner accès au cap magnétique. Mais on était encore loin du compte. Il fallait, pour obtenir le cap vrai, corriger ce cap de la déclinaison magnétique, variable d'un point à un autre de la Terre, puis de la dérive due au vent, pour avoir enfin accès à la route vraie cherchée. Sur les avions commerciaux modernes, cette route vraie est calculée et présentée au pilote (sur le ND et sur le PFD – Voir *Écrans de cockpit*).

La vitesse sol a été remplacée par l'anémomètre. Il fallait passer de la vitesse indiquée sur cet instrument par les intermédiaires Vc, Ve, Vp avant de parvenir à la Vs souhaitée (voir *Vitesse*). Autant dire que le travail était difficile. Sur les avions commerciaux modernes, cette vitesse sol est calculée et présentée au pilote (sur le ND – Voir *Écrans de cockpit*).

L'altitude vraie a été remplacée par l'altitude indiquée sur un altimètre barométrique. Il y a quelques corrections à effectuer pour arriver à l'altitude vraie, corrections en général mineures.

Sur les avions commerciaux modernes, l'altimètre a été conservé et complété, à l'approche du sol, par un radio-altimètre qui indique la hauteur précise au-dessus du sol. L'altimètre classique reste indispensable pour la séparation verticale entre avions, en croisière, tous calés au calage standard 1013 hPa (voir *Altimétrie*).

La pente sol a été remplacée par une combinaison d'anémomètre, de variomètre et d'assiette. La pente résultait de la combinaison vitesse-assiette-vent et on pilotait l'assiette et le variomètre pour chercher la bonne pente par approximations successives. Sur les avions commerciaux modernes, la pente n'est généralement pas indiquée, sauf pour certaines approches, par un vecteur vitesse sol représenté au PFD.

L'incidence a été remplacée par l'assiette et l'anémomètre. Sur les avions commerciaux modernes, l'incidence n'est toujours pas présentée, mais la vitesse de décrochage est recalculée avec précision à partir de l'incidence et est notée sur l'anémomètre.

Le vecteur vitesse n'est pas proposé dans le champ visuel, les constructeurs étant opposés aux viseurs de pilotage dans les avions commerciaux (voir *Viseur de pilotage*).

Passagers clandestins

Depuis que le transport (dans la plus vaste acception du terme) existe, il y a des passagers clandestins. Le phénomène existait déjà dans l'Antiquité. Au XIXe siècle, la chose était courante sur les navires. Dans le chemin de fer américain, on ne compte plus, dans Steinbeck ou Dos Passos, les jeunes passagers clandestins voyageant dans des wagons de marchandises à la recherche de la Terre promise.

L'aviation se devait, bien entendu, d'avoir son lot de passagers clandestins. Dans l'aviation commerciale de la deuxième moitié du XXe siècle, on a signalé de très nombreux passagers clandestins, que la falsification, alors aisée, des billets d'avion rendait possible.

Un roman des années 1970 intitulé *Airport* rapporte des exemples drôles de passagers clandestins, comme celui de cette vieille dame qui se précipitait vers l'avion en cours d'embarquement, s'écriant « Ma petite fille a oublié son sac ! », et que les hôtesses laissaient passer – une bonne petite vieille.

Bien entendu, sitôt dans l'avion, la petite vieille se cachait dans un coin et parvenait en général à passer inaperçue jusqu'à l'arrivée. Elle a ainsi fait plusieurs fois le tour du monde. C'était avant les attentats du 11 septembre 2001. Depuis, les choses sont devenues plus difficiles. L'embarquement des passagers est beaucoup plus surveillé.

Ce que peu de gens savent, c'est qu'il y avait un passager clandestin sur un des premiers vols transatlantiques en juin 1929, deux ans après la traversée historique de Lindbergh. Cela s'est passé sur un avion dénommé l'*Oiseau canari*, avec un équipage de trois Français, Assollant, Lefèvre et Lotti, traversant l'Atlantique d'ouest en est. Le passager clandestin était un jeune Américain, dont je tairai le nom, car il ne mérite pas les honneurs des gazettes. Il fut découvert quelque temps après le décollage et ne fut même pas jeté par-dessus bord !

Des dernières années, on a pu retenir l'histoire de plusieurs passagers clandestins. Un steward d'une grande compagnie européenne désirait se rendre à New York dans un Boeing 747 de sa compagnie, avec un billet à tarif réduit. Il n'avait pas pu y avoir accès : l'avion était plein. Il s'était donc faufilé dans l'avion avant l'embarquement – avec son uniforme et son badge – et s'était introduit dans le double plafond, là où passent des câbles de commandes et des torons de fils électriques. Puis, il s'était confortablement calé dans un coin. Son voyage serait passé sans doute inaperçu si le maladroit n'avait éprouvé en cours de traversée une irrésistible envie de fumer. Des passagers, inquiets de voir de la fumée descendre du plafond, avaient prévenu le PNC, qui avait à son tour alerté le cockpit. L'un des deux copilotes de l'équipage (il y a souvent deux ou trois copilotes à bord des avions long-courriers) avait ouvert le plafond et découvert le pot-aux-roses.

Des jeunes gens veulent à tout prix fuir leur pays d'origine, où il n'y a pas d'avenir pour eux ; ils se cachent parfois dans le logement du train d'atterrissage d'un avion long-courrier en partance pour l'Europe. La plupart d'entre eux meurent de froid, après une dizaine d'heures à – 50 °C, au parking d'arrivée. Certains tombent en vol avant la rentrée du train, comme ces deux jeunes Chinois au décollage de Shanghai en janvier 2003, qui n'avaient pas pu se caler correctement et étaient tombés dans les environs de l'aérodrome peu après le décollage. Et puis, il y a eu ce jeune Brésilien de 15 ans, miraculé, qui fit, dans les années 1960, la traversée de Rio à Paris en état d'hibernation, et qui put être ranimé après l'atterrissage. Des médecins avaient expliqué que cela pouvait se justifier scientifiquement.

En 1972, un pilote privé s'était proposé de faire un aller-retour entre la France et Dakar sur un monomoteur Mousquetaire, sur les traces de Mermoz et de l'Aéropostale. Ce n'était pas un exploit en soi, mais pour un pilote qui n'avait jamais quitté les tours de piste de son aéroclub et les courtes navigations de week-end, c'était une aventure. L'aller s'était bien passé, au travers des nombreuses escales de la côte marocaine, dont certaines étaient encore alors des colonies espagnoles. Au retour, tout était bien allé jusqu'à Villa Cisneros. Au départ de cet aérodrome, vers El-Aiun, les problèmes étaient apparus. Au décollage, particulièrement long, le pilote avait eu du mal à soulever la roulette de queue pour mettre l'avion en ligne de vol. L'avion avait décollé avec une forte assiette, et il avait fallu pousser sur le manche pour maintenir une ligne de vol correcte – un comble au décollage ! Le pilote avait vérifié son compensateur de profondeur, *a priori* bien réglé. Il avait failli revenir se poser, mais il avait eu avant le départ des mots avec les autorités espagnoles locales et avait préféré continuer. Trois heures de vol, avec en permanence une pression à appliquer à piquer sur le manche… À l'arrivée à El-Aiun, une vérification s'imposait. On avait trouvé, caché dans le fuselage entoilé (dans lequel il s'était introduit en coupant la toile au couteau), un déserteur de la Légion étrangère espagnole qui fuyait sa garnison.

Patrouille

On utilise indifféremment les mots « patrouille » et « formation » pour désigner des avions qui volent à proximité immédiate l'un de l'autre.

Dans l'avion de chasse

Comme les gendarmes de la route, les pilotes de chasse se déplacent souvent à deux. On dit qu'ils volent en formation, ou en patrouille. Il y a différentes sortes de patrouilles : la patrouille serrée, la patrouille simple (un peu plus compliquée parce qu'elle comporte quatre avions), la patrouille de manœuvre.

En patrouille serrée, l'ailier est très près de son leader. Il y a seulement quelques dizaines de centimètres entre les deux avions. L'ailier est en général légèrement décalé en arrière du leader. Si l'espacement longitudinal est de plusieurs mètres, on parle d'« échelon refusé ». La patrouille de front est plus difficile, mais n'est jamais pratiquée. Sauf en défilé aérien – comme lorsque, en 1958, au retour du général de Gaulle, et pour lui faire plaisir, on nous faisait défiler devant lui dans une formation qui imitait la croix de Lorraine. En virage, l'ailier peut rester dans le plan des ailes du leader, ou dans son plan horizontal. On dit dans ce dernier cas que le virage est « en persienne » (ce qui est bien parlant).

Le décollage en patrouille ne pose aucun problème. Il suffit que le leader n'affiche pas la poussée maximale, afin de laisser à son ailier une marge de manœuvre. L'ailier tient la formation serrée et décolle naturellement en même temps que le leader, les deux avions étant identiques et à la même masse. La rentrée du train se fait « à imitation ». Il y eut un jour un dramatique décollage en patrouille à Cognac, en 1962, juste avant que l'escadre des FAS (Forces armées stratégiques) fasse mouvement sur Bordeaux. Deux Vautour A monoplaces décollaient en patrouille, le leader à gauche, l'ailier à droite, comme cela se fait en général. Tout à coup, juste avant la rotation, le moteur droit du leader s'éteignit. L'avion partit aussitôt vers la droite, où volait l'ailier. Ce dernier, pour éviter la collision, arracha son avion du sol. Mais sa vitesse était insuffisante. L'avion partit en fort cabré décéléré au second régime, puis décrocha et s'écrasa. Le leader sortit sur la droite de la piste à grande vitesse et termina sa course sur un talus. Résultat : deux morts, deux avions détruits et l'interdiction de décollage en patrouille pour des biréacteurs aux moteurs écartés.

L'atterrissage en patrouille ne pose pas davantage problème. Il suffit que le leader ne réduise pas totalement sa poussée afin de laisser à son ailier une marge de manœuvre. L'ailier tient sa place normalement, effectuant les sorties d'éléments à imitation du leader. Un code permet d'anticiper sans encombrer la fréquence radio. Par exemple, le leader montre son poing levé à l'ailier, puis l'ouvre et le ferme deux fois, ce qui signifie : « Attention pour la sortie des aérofreins ! » Puis il renverse la tête en arrière et la bascule d'un coup vers l'avant. Signification : « Top sortie. » Les deux avions sortent les aérofreins ensemble.

Dans l'aviation commerciale

Dans certaines régions des États-Unis, il fait beau toute l'année ou presque. C'est en particulier le cas de San Francisco en Californie et de Miami en Floride, deux aérodromes où le trafic est particulièrement dense. On pourrait, à San Francisco, faire atterrir les avions en IFR (Instrument Flying Rules), comme sur d'autres terrains. Mais il est impossible de faire atterrir deux avions à la fois sur les ILS des pistes qui sont très voisines (une centaine de mètres entre 28L et 28R – orientées au 280°, respectivement gauche et droite). On suggère aux avions d'atterrir à vue deux par deux sur ces pistes parallèles, en une sorte de patrouille lâche, chacun des deux avions surveillant l'autre. On arrive ainsi à faire atterrir deux avions ensemble en 28L et 28R, puis à en faire décoller deux autres une minute après sur les pistes perpendiculaires en 01L et 01R, avant l'atterrissage une minute plus tard de deux autres avions en 28L et 28R. Comme il n'est pas possible de demander officiellement cette manœuvre aux avions commerciaux, la phraséologie est la suivante : « Alaska 227, voyez-vous Fedex 045 à 1 mile dans vos 1 heure ? – Alaska 227, affirm » ; « Fedex 045, voyez-vous Alaska 227 à 1 mile dans vos 8 heures ? – Fedex 045, affirm » ; « Fedex 045, vous êtes autorisé pour une approche à vue piste 28R – Alaska 227, vous êtes autorisé pour une approche à vue 28L. »

C'est tout. Les deux avions se sont engagés tacitement non seulement à se surveiller réciproquement dans leurs approches sur les deux pistes parallèles, mais encore à essayer de rester au même niveau, en modulant leur vitesse, pour toucher des roues ensemble.

Patrouilles acrobatiques

Presque tous les pays de tout premier plan ont eu, à un moment ou à un autre, des patrouilles acrobatiques nationales. Les Américains, les Anglais, les Italiens. Avec des patrouilles à huit, douze avions ou davantage. Les Français ont eu la Patrouille de France (voir *PAF*). Tous ces pays, un jour ou l'autre, ont eu des collisions en vol lors de présentations aériennes, chaque patrouille voulant faire mieux que les autres. Passer plus près d'un autre avion en croisement face à face, de préférence au-dessus de la foule (en cas de choc, le spectacle est amélioré par les pompiers et les ambulances qui ramassent les morts dans le public). Ou passer plus bas. Il y a aussi les patrouilles acrobatiques privées, qui font souvent aussi bien (sinon mieux) que les patrouilles nationales, avec des avions plus petits et moins bruyants.

En 1967, lors du Salon aéronautique du Bourget, la Patrouille acrobatique de France effectuait comme chaque fois sa présentation. Cette présentation était bien rodée ; les Fouga Magister, qui équipaient la PAF à cette époque, s'entraînaient tout au long de l'année à Salon-de-Provence, où ils étaient basés. Cette année-là, le général commandant l'École de l'air (également installée à Salon-de-Provence) avait invité les femmes des pilotes de la PAF dans sa villa pour leur faire suivre les présentations en vol sur un grand écran de télévision. Elles assistèrent ainsi en direct à l'impact du sol d'un des avions de la patrouille. Le nom de la victime ne fut connu qu'un quart d'heure plus tard. On imagine l'ambiance dans l'assistance.

L'accident le plus dramatique survenu à une patrouille acrobatique s'est produit en Allemagne, à Ramstein, sur une base américaine, en 1988. Les dix avions Aermacchi de la patrouille italienne effectuaient leur présentation habituelle. Au cours de celle-ci, deux groupes d'avions (l'un de cinq avions, l'autre de quatre) devaient se croiser face à face à très basse hauteur juste devant la foule, parallèlement au front des spectateurs, tandis qu'un avion isolé (« le solo ») devait les survoler, face à la foule, quelques mètres au-dessus. Lors du meeting de 1988, l'avion se présentant face à la foule était trop bas de quelques mètres. Il a percuté les autres avions en cours de croisement. Il y eut une formidable explosion, des débris en flammes sur la foule, où l'on dénombra de très nombreux morts et blessés.

Toujours plus vite, toujours plus bas… À propos de passage bas, je ne peux m'empêcher de raconter cette anecdote : une patrouille acrobatique américaine de trois avions faisait, à l'entraînement, des boucles avec un passage de plus en plus bas d'une boucle à l'autre. À la troisième boucle, le leader était passé si bas qu'il avait percuté le sol. Les deux ailiers tenaient si bien la patrouille qu'ils avaient percuté aussi. Exactement au même endroit.

PATROUILLES HÉTÉROGÈNES

Dans ces patrouilles, spécialité du CEV de Brétigny, il n'y avait pas deux avions identiques. Pour les journées « Portes ouvertes », une fois tous les deux ans, on présentait à la foule des familles et des invités une patrouille comportant un maximum d'avions différents. On a ainsi vu des patrouilles de neuf ou douze avions, avec, par exemple, une Caravelle en leader, suivie en colonne par un Transall et un Mystère 20, avec, en ailiers, les Mirage 2000, Mirage III, Meteor, Vautour, Jaguar, Alpha Jet, Mirage F1. Il paraît que le spectacle valait le coup d'œil. Je ne l'ai jamais vu, participant à chaque fois à ces patrouilles.

Personnel naviguant commercial (PNC)

Dans un avion commercial, il n'y a pas seulement l'équipage de conduite cantonné dans le cockpit. Il y a aussi du personnel pour prendre en charge les passagers. Ce personnel, composé de femmes (hôtesses de l'air) et d'hommes (stewards), est installé en cabine. Il évolue entre des postes de service spécialement équipés (*galleys*), la cabine passagers elle-même, et des postes de repos pour les vols particulièrement longs et éprouvants. Car pour ces vols, aux heures creuses, des tours de service sont prévus, et seule une permanence est assurée en cabine.

Le terme « PNC » est différemment interprété. Pour certains, il signifie « personnel navigant commercial » ; cette interprétation, limitative, est à écarter. En effet, limiter le rôle des PNC à des tâches de service hôtelier est totalement erroné. Les PNC ont à bord un rôle essentiel de sécurité et de sécurisation. Tous sont titulaires d'un brevet (Certificat de sécurité et de sauvetage), obtenu au terme d'un apprentissage long et dense et renouvelé annuellement après des entraînements intensifs. Les PNC sont ceux qui informent et rassurent les passagers en cas de situation anormale, les préparent aux opérations délicates (évacuation au sol après atterrissage forcé, en mer après amerrissage). Dans les moments critiques, ce sont eux qui font évacuer l'avion, s'occupent des blessés et prennent la direction des premières opérations de survie. Il y aurait des dizaines d'exemples à donner de leur comportement exemplaire. Pour cela, on préfère les appeler « personnel navigant complémentaire » ou encore « personnel navigant de cabine », par analogie avec le terme anglo-saxon « *cabin crew* ».

Il reste que, comme pour les PNT, dont l'action est difficile et déterminante dans seulement moins de 1 % des vols – mais prend alors une importance vitale pour la survie de tous –, l'action des PNC se borne dans plus de 99 % des cas à une action commerciale : service des repas, confort des passagers, règlement des problèmes courants mineurs. Mais leur rôle devient essentiel en cas d'incident, d'accident ou de détournement. Comme par exemple dans l'incendie au sol d'un A340 d'Air France sur l'aérodrome de Toronto en août 2005. Suite à un atterrissage trop long, l'avion était sorti de la piste en subissant d'importants dégâts. Le PNC a pu faire évacuer la totalité des 297 passagers en moins d'une minute et quinze secondes. L'avion fut ensuite complètement détruit par le feu.

On colporte dans les *galleys* des anecdotes parfois drôles, dont l'authenticité peut sembler douteuse. Comme celle du passager nouveau riche, mal dégrossi, qui demande un café à l'hôtesse de première classe. Celle-ci lui demande : « Un café comment ? » ; il répond : « Un café, s'il vous plaît. »

Photographie aérienne

Il y a eu de nombreux avions spécialisés dans la photographie aérienne. On les appelle « avions de reconnaissance ». Leur nom-code américain commençait par la lettre R pour « *Recognition* », ou bien on ajoutait simplement la lettre R devant le nom-code de l'avion d'origine, sur lequel on avait ajouté des appareils photo.

Au gré des essais en vol, j'ai volé sur plusieurs de ces avions : Mirage IIIR et RD, un RB-26, un RT-33, un Mirage IV modifié photo, parmi d'autres.

Mirage III R de reconnaissance, avec sa caméra nasale

Il y avait au CEV de Brétigny une section photo. Il y a peu à dire sur la photo aérienne qui ne soit commun avec la photo en général. Il y a des caméras nasales, des caméras latérales obliques, des caméras verticales. Pour ces dernières, pour éviter sur la pellicule un flou dû à la vitesse d'avancement de l'avion, on faisait défiler (en sens contraire) cette pellicule à une vitesse proportionnelle à la vitesse de l'avion, afin que l'image reste fixe sur la pellicule pendant le temps de la prise de vue. Ce procédé s'appelait la « correction de filé ».

Tous les deux ans, pour le Salon aéronautique du Bourget, nous étions chargés de prendre les photos officielles des parkings de l'exposition statique. La photo ci-contre, que j'ai faite à l'occasion d'un de ces vols, a été prise au Salon de 1971. On y voit, parmi de nombreux autres avions, le Concorde (en haut) et son concurrent de l'époque, le Tu-144 (en bas). Le Tupolev Tu-144 s'est écrasé au Salon du Bourget de 1973, après un dernier passage qui clôturait sa présentation en vol. Certains ont imputé cet accident à un appareil photo qui se serait coincé à la base du manche de pilotage.

Photographie aérienne, Salon aéronautique du Bourget, 1971. Entre Concorde et Tupolev 144

On raconte également ailleurs (voir *Tourbillons d'apex*) comment l'un des plus beaux avions des années 1960, le B-70 Walkyrie, a été détruit à cause d'une séance photo, en « aspirant » avec ses tourbillons d'apex un F-104 en patrouille sur lui.

Pièces de rechange

Dans l'aviation, les hauts niveaux de sécurité atteints ne le sont que grâce à une attention soutenue portée à la certification des avions. Cette certification est effectuée avant la mise en ligne de l'avion et concerne toutes les pièces de l'avion, y compris celles qui sont susceptibles d'être changées pendant la vie de l'avion. Ce qui implique que, en exploitation, toutes les pièces de rechange doivent impérativement provenir d'usines ou d'ateliers agréés certifiés par le constructeur. Tout remplacement d'une pièce d'origine par une pièce non certifiée d'origine est strictement interdit.

Certaines compagnies, qui appliquent à leurs usagers des tarifs anormalement bas, ne peuvent subsister qu'en étant marginales avec les règles de sécurité internationales. Les visites d'entretien ne respectent pas toujours les normes certifiées, et certaines pièces de rechange sont achetées sur un marché parallèle, à des prix défiant toute concurrence mais avec des normes de sécurité incertaines.

En 2000, un DC-10 décollait de l'aérodrome Paris-Charles-de-Gaulle. Il avait subi peu avant une réparation sur le dispositif de réversion de son moteur central : un capotage de 40 centimètres de long avait été changé. Pour des raisons d'économie, on avait utilisé une pièce d'occasion. La pièce était tellement hors normes que les trous percés dedans pour son montage ne correspondaient pas aux trous d'origine sur l'avion… Au décollage, cette pièce fantaisiste se détacha et tomba sur la piste. Un Concorde d'Air France décolla juste après. Les roues de son train gauche ont roulé sur la pièce perdue par le DC-10 et ont éclaté. Les morceaux de pneumatique sont venus percer les réservoirs d'aile du Concorde, qui prit feu (voir *Concorde*). Le Concorde, qui avait dépassé la vitesse critique au décollage V1 (voir *Panne au décollage*), n'avait d'autre choix que de poursuivre. Ses moteurs très endommagés, il s'écrasa un peu plus loin, tout près de l'aérodrome du Bourget. Une pièce de rechange d'occasion qui a fini par coûter très cher à la compagnie du DC-10.

Pilotes

Il y a toutes sortes de pilotes, que l'on peut classer en fonction des conditions dans lesquelles ils volent.

Les pilotes du transport aérien commercial sont des pilotes de métier. Ils peuvent transporter des passagers et du fret. Parmi eux, on distingue, de façon un peu artificielle (car leurs brevets sont les mêmes), les pilotes des grandes compagnies, ceux des compagnies régionales, ceux des compagnies charters, et ceux des avions-taxis.

Les pilotes du travail aérien sont également pilotes de métier mais ne transportent pas de passagers ni de fret. Ils s'occupent des tâches agricoles (épandage sur les cultures), travaillent sur des plates-formes pétrolières *offshore*, sont pompiers volants. Ces pilotes sont également titulaires de brevets, mais qui sont différents des précédents.

Les pilotes privés, qui ne font pas du pilotage leur métier, sont instructeurs en aéroclub (à titre bénévole) ou volent pour leur plaisir en aéroclub ou sur un avion privé. Ils doivent également être titulaires d'un brevet, de niveau moindre que les précédents.

Les pilotes de l'armée de l'air peuvent être pilotes de chasse, de reconnaissance aérienne, de bombardement, de transport, de liaison. Ces pilotes ont un brevet militaire particulier.

Les pilotes de l'aéronautique navale ont les mêmes brevets que ceux de l'armée de l'air, avec des spécificités, comme celle des pilotes d'avions embarqués.

Un pilote peut passer de l'une à l'autre de ces catégories, à condition de passer les examens correspondants (voir *Carrière*).

Pistes

Dans les premiers temps de l'aviation, les avions se posaient n'importe où. Le moindre champ suffisait, et c'était une chance, car les pannes de moteur étaient fréquentes et les avions étaient souvent contraints de se poser en pleine nature, de « faire une vache », comme on disait alors.

L'anecdote des châteaux, maintes fois répétée au tout début du XXe siècle, ne manque pas de sel – d'autant que c'est de repas qu'il s'agit. Un pilote astucieux avait repéré un château dans la campagne, isolé à souhait. Il s'était assuré que les châtelains y séjournaient et que la compagnie y semblait bonne. Aux alentours de midi, il se présentait avec son coucou au-dessus des toits de la riche demeure. Tout le monde sortait sur la terrasse, tant le spectacle était alors exceptionnel. Le pilote faisait alors tousser son moteur, faisait un tour au-dessus du château en perdant de l'altitude, et finissait par se poser en cahotant, son moteur arrêté, sur la pelouse. Il s'extirpait de son engin, feignant une soudaine courbature. On s'affairait autour de lui, on le réconfortait. Lui s'excusait de la gêne qu'il provoquait, son moteur n'était pas au point. On le félicitait au contraire de son habileté. Mais qu'on ne s'inquiète pas, il allait réparer rapidement et repartir. Repartir ? Il n'en était pas question, on le retenait pour le repas. On faisait un excellent repas. Le pilote racontait ses exploits, on discutait de l'avenir incertain de l'aviation. Après les digestifs, l'habile homme parvenait à « réparer » son engin et à repartir, salué par ses hôtes de l'espace d'un repas.

Depuis, les choses ont changé. On a construit des pistes en tôles assemblées, conçues pour les opérations de la Seconde Guerre mondiale (de nombreuses pistes secondaires étaient encore ainsi recouvertes dans les années 1950-1960). Puis, ce furent les pistes en dur, bitumées, puis en béton précontraint. Les pistes utilisées actuellement par les avions commerciaux doivent répondre à des normes très précises de dégagement et de marquage. Ces normes sont regroupées dans l'annexe 14 de la convention OACI de Chicago, mais elles ne sont pas toujours respectées.

Ainsi, en 1997, un ATR-42 se posait long sur une piste courte à Florence (Italie). Malgré les efforts des pilotes, à cause d'un vent arrière imprévu, l'avion ne put être stoppé avant la fin de piste (voir *Facteurs humains*). Il sortit de la piste à faible vitesse, mais il y avait, 100 mètres après l'extrémité de la piste, contrairement à tous les règlements, un fossé de 4 mètres de profondeur longeant une autoroute. L'avion fut détruit, le commandant de bord tué. En 2001, un Cessna Citation roulait dans le brouillard sur l'aérodrome de Milan-Linate. Autorisé à prendre le taxiway R5, il confondit le 5 et le 6 sur les marques au sol et roula sur le R6 (les 5 et 6 peints avec un pochoir non réglementaire, de forme carrée, sont faciles à confondre). Cela le conduisit à traverser sans s'en rendre compte la piste en service d'où décollait un MD-87. La collision fut effroyable. Il n'y eut aucun survivant et les deux avions furent détruits (voir *Collision*). Ces deux accidents auraient été évités si les normes avaient été respectées.

Les pistes utilisées par les avions commerciaux ont une longueur de 3 à 4 kilomètres, et une largeur d'une cinquantaine de mètres. Pour des raisons d'essais en vol, la piste de Brétigny avait 100 mètres de large. En fait, elle n'en avait que 99. On raconte que le directeur du CEV de l'époque avait choisi d'économiser 1 mètre de béton pour construire des villas de fonction pour ses pilotes d'essai.

Piste mouillée ou inondée

Les performances de décollage et d'atterrissage des avions sont sérieusement perturbées sur des pistes mouillées ou inondées. Pour vérifier ces performances, on effectue, lors de la certification des nouveaux avions, des roulages partiels sur des pistes recouvertes de quelques centimètres d'eau. Pour cela, on aménage sur la piste un vaste bassin de caoutchouc aux bords constitués de boudins gonflés remplis d'eau (il faut plusieurs dizaines de tonnes d'eau). Puis on roule, on accélère et on freine dans l'eau pour en tirer les conclusions utiles sur la qualité du freinage.

En utilisation commerciale, on dispose dans les manuels de vol de courbes de performances piste sèche, piste mouillée et piste inondée. Le problème est que les services des aérodromes éprouvent de grandes difficultés à définir l'état réel de la piste.

Les atterrissages sur piste inondée ne sont pas sans risque. Comme en témoigne l'accident suivant. En 1999, un Boeing 747 arrive sur Bangkok dans des trombes d'eau. La piste la plus longue est fermée, l'autre, non rainurée, est glissante. L'approche est mal gérée dans la tornade. Le copilote, pilote en fonction, se présente trop haut et trop rapide. Il touche long et le commandant de bord ordonne une remise des gaz. Lorsque le copilote avance les manettes, le commandant de bord change d'avis, surpasse la main du copilote et réduit les manettes, en oubliant un moteur au passage, qui reste en forte poussée positive. De ce fait, les spoilers ne sortent pas et l'*auto brake* ne fonctionne pas. Il y a *aquaplaning* sur la piste inondée. Pour finir, les pilotes oublient de sortir les *reverse*. L'avion sort de piste en bout de bande. Les trains avant et droit sont arrachés dans les antennes ILS. L'avion finit dans la boue sur l'aile droite. Le commandant de bord n'ordonne pas l'évacuation. Les secours mettent vingt minutes à rejoindre l'avion et à évacuer les occupants, tous indemnes (3 PNT, 16 PNC et 391 passagers).

Il faut qu'une piste soit ouverte ou fermée

Octobre 2000. Un cyclone tropical arrive sur l'île de Taiwan. La pluie et les vents sont violents (36 nœuds, rafales à 56), la visibilité est mauvaise. Un 747 s'apprête à partir du terrain de Taipei pour Los Angeles. La piste en service est la 05L (05 gauche). Pour atteindre le seuil de cette piste, il faut traverser le seuil de la 05R (05 droite) par un chemin de roulement perpendiculaire. La piste 05R est en travaux, mais cela ne se voit pas depuis le seuil, car le début de piste est disponible pour roulage. La seconde partie est encombrée d'engins de travaux publics et de blocs de béton.

Un NOTAM (NOte To AirMen – note d'avertissement aux équipages) a été diffusé, mais il y a déjà deux mois, et les pilotes l'ont oublié… Pressé à cause du temps qui s'aggrave de minute en minute, le commandant de bord s'aligne sur la mauvaise piste au lieu de seulement la traverser. Le contrôleur de la tour ne peut le voir à cause de la pluie. Le commandant de bord lance son avion pour le décollage : V1, puis VR. Au moment où il commence à tirer sur son manche, il voit les engins devant lui. L'avion éclate dessus, se rompant en plusieurs morceaux. Un feu se déclare. Toute la partie centrale est détruite. Seuls les PNT et la moitié des passagers s'en sortiront. L'avion sera totalement détruit.

Place du mort

En voiture, la place du mort, c'est bien connu, est la place droite (sauf en Angleterre, bien entendu), celle qui est à côté du conducteur. Dans un avion commercial, la question est de savoir quelles sont les places les moins dangereuses en cas d'accident. Il semblerait qu'il y ait, dans les accidents mortels, plus de survivants à l'arrière de la cabine. Comme si l'avant supportait la majeure partie du choc et protégeait de fait la partie arrière.

J'ai eu à entreprendre, en 1998, des investigations sur un accident survenu en Thaïlande. Un avion commercial s'était écrasé au voisinage immédiat de la piste lors d'une tentative d'atterrissage par conditions météorologiques médiocres. Il y avait eu dans l'accident quelque 80 victimes sur 140 passagers. Durant l'enquête, l'un des survivants avait été interrogé. Il avait pris place à bord avec son fils, mais avait été placé sur un siège trop à l'avant à son goût. Persuadé que les places arrière étaient plus sûres, il avait demandé à être assis au fond de la cabine touriste. L'avion n'étant pas plein, on avait accédé à sa requête. Les occupants des quinze premières rangées étaient tous morts dans l'accident.

Il y aurait bien d'autres exemples de survivants à l'arrière d'avions gravement touchés dans un accident. Je n'en citerai ici que deux, qui m'ont concerné de plus près. En 1987, un Boeing 737 venait de décoller d'un aérodrome anglais. À la suite de vibrations ressenties en montée, l'équipage coupa un moteur et entreprit une descente pour revenir atterrir. En approche finale, de la poussée fut demandée au moteur restant… qui était le moteur en difficulté, car l'équipage avait coupé le bon moteur (voir *Moteurs*). L'avion toucha avant la piste, sur une autoroute.

Il y eut 50 morts sur les 125 occupants. Tous les survivants étaient situés à l'arrière de la cabine, derrière le bord de fuite de l'aile.

En 1990, un Boeing 737 en provenance d'Amérique du Sud se présentait à New York-JFK pour atterrir. Les conditions météorologiques étant particulièrement dégradées, il y avait de l'attente à l'arrivée. L'équipage omit de signaler aux contrôleurs son bas niveau de carburant (ce qui lui aurait permis d'obtenir une certaine priorité, au prix peut-être de remontrances) et s'écrasa à quelques kilomètres du seuil de piste (voir *Carburant*). Tout l'équipage fut tué, ainsi que 65 passagers (dont tous les passagers de première classe et ceux de la classe « affaires ») et des dizaines gravement touchés, handicapés à vie. Il y eut aussi trois passagers totalement indemnes. Ils étaient assis au dernier rang de la cabine « touriste ».

Il reste qu'il y a des accidents tellement graves qu'il n'y a pas de survivants. Dans ce cas, la seule façon de survivre est… de ne pas être dans l'avion. On cite de nombreux cas de passagers ayant survécu à un accident de l'aviation commerciale parce qu'ils avaient manqué l'avion ou qu'on avait refusé de les embarquer. L'histoire ci-dessous est arrivée en 1974 à une jeune femme qui n'était jamais montée en avion, terrorisée qu'elle était à l'idée de quitter la terre ferme. Elle habitait Bruxelles. Cette jeune femme était tombée amoureuse et son ami, en séjour prolongé à Agadir, l'avait pressée de venir le rejoindre. Elle s'était décidée et avait pris un billet pour Agadir. Pour découvrir, au moment de l'embarquement, que l'avion – un vol charter en Caravelle – faisait escale successivement à Madrid et Tanger avant d'atteindre Agadir. Un vol, passe encore, mais trois vols, c'était trop… Sacrifiant son billet à tarif réduit, cette jeune femme avait préféré acheter un billet à fort tarif, partant plus tard, mais sur un vol direct. Après son atterrissage à Agadir, elle apprit que le charter sur lequel elle avait refusé d'embarquer s'était écrasé en approche à Tanger.

Plus léger que l'air

On a du mal à imaginer, en ce début de troisième millénaire, que le grand débat du début du XXe siècle a été celui du plus léger et du plus lourd que l'air. Auparavant, pendant cent ans (entre les frères Montgolfier, 1790, et Clément Ader, 1890), on a cru que le plus léger que l'air l'emportait. Après l'accident du Hindenburg en 1935, la suprématie du plus lourd que l'air est devenue évidente. Entre les deux, entre 1890 et 1935, la question de l'avenir relatif des deux procédés se posait avec acuité.

Les avatars du plus léger que l'air peuvent être nommés selon la nature du gaz (léger) qui emplissait l'enveloppe du véhicule. On trouve ainsi successivement, avec des fortunes et des durées variables, les différents âges suivants : l'âge de l'air chaud, l'âge de l'hydrogène, l'âge de l'hélium, à nouveau l'âge de l'air chaud, et à nouveau l'âge de l'hélium.

L'âge de l'air chaud (1)

C'est avec de l'air chaud que tout a commencé. J'ai conservé de mon enfance l'image de la toute première expérience des frères Montgolfier, avec des poules et des moutons. Une véritable arche de Noé en miniature. Puis ce fut la première ascension humaine, en 1783. À cette époque, les aérostats étaient des ballons sphériques. Il n'y a pas grand chose à ajouter sur cette longue période, pendant laquelle le plus léger que l'air restait une curiosité et une distraction pour illuminés.

L'âge de l'hydrogène

On a franchi un pas important dans le plus léger que l'air lorsqu'on a eu l'idée de remplacer l'air chaud par un gaz plus léger que l'air. On a choisi le plus léger des gaz que l'on savait produire en quantité, l'hydrogène.

Le développement a été foudroyant. D'abord avec des ballons sphériques, captifs (retenus au sol par un câble) ou libres (qui s'en allaient au gré des vents). En 1870, c'est en ballon libre (profitant d'un vent favorable) que Léon Gambetta, pendant le siège de Paris, quitta la capitale pour Tours, où il organisa la levée en masse avec une délégation du pouvoir central.

Les derniers ballons captifs ont été utilisés pendant la guerre de 1914-1918 pour observer les lignes ennemies. Ces ballons, mous et vaguement allongés, avaient reçu le nom de « saucisse ». Ils n'ont guère eu d'avenir, étant une proie facile pour les premiers chasseurs à hélices. Lorsqu'une saucisse était atteinte, elle s'enflammait dans une boule de feu. L'observateur devait l'évacuer en se laissant glisser le long du câble de retenue à l'aide d'un harnais-frein spécial (dont le musée de l'Air, au Bourget, garde un exemplaire).

En parallèle, on a profilé des ballons, on les a équipés de propulseurs (moteurs à explosion et à hélices). On a pu diriger ces nouveaux appareils à volonté et on les a de ce fait appelés « ballons dirigeables », puis simplement « dirigeables ». Tant les civils que les militaires ont participé à leur développement. Le point d'orgue fut la liaison régulière transatlantique avec les Zeppelin. La description détaillée de ces paquebots volants est impressionnante : cabines de luxe, salle à manger, salon panoramique, fumoir (on croit rêver, avec des centaines de mètres cubes d'hydrogène au-dessus, les fumeurs sont décidément incurables – voir *Démocratisation*). Mais si l'hydrogène était facile à produire, il présentait un défaut rédhibitoire : il était inflammable. Et ce qui devait arriver arriva : au terme d'une traversée de l'Atlantique, un Zeppelin baptisé *Hindenburg* s'enflamma. C'était en 1937, à Helgoland, près de New York. Les journalistes et cinéastes étaient là et la catastrophe eut un retentissement mondial. Elle sonna le glas de l'hydrogène dans le transport commercial.

L'ÂGE DE L'HÉLIUM (1)

On proposa aussitôt le remplacement de l'hydrogène par l'hélium (deuxième gaz le plus léger après l'hydrogène), qui a l'avantage de ne pas être inflammable. Mais la Seconde Guerre mondiale approchait et l'état d'esprit n'était plus aux voyages. L'âge de l'hélium tourna court.

L'ÂGE DE L'AIR CHAUD (2)

Il fallut attendre les années 1980 pour voir le retour des montgolfières, avec des bouteilles de gaz butane et leurs brûleurs et des décorations de jour de fête. La montgolfière est devenue une distraction à la mode à la fin du XXe siècle. L'inconvénient des montgolfières vient de la difficulté à les diriger – euphémisme pour dire qu'elles vont où elles veulent, au gré du vent. Par ailleurs, on ne peut pas les utiliser par grand vent. L'un de mes amis, inconditionnel de ce sport, emporte toujours avec lui des coupes et du champagne frais. Lorsque d'aventure il est obligé de se poser dans un champ cultivé et qu'il voit arriver un paysan furieux, il prend un air jovial, offre le champagne et propose d'immortaliser l'événement avec son appareil photo numérique. Il paraît que ça marche.

L'ÂGE DE L'HÉLIUM (2)

Au tournant du millénaire, de riches aventuriers ont entrepris de faire le tour du monde en ballon gonflé à l'hélium. Et ils ont réussi. Dans le même temps, d'autres (dont les descendants du comte Zeppelin) envisagent de relancer des utilisations commerciales de dirigeables à l'hélium. Pour le transport de charges lourdes en montagne, voire pour le transport de passagers. Il est encore trop tôt pour savoir quel sera l'avenir de cet âge nouveau du plus léger que l'air.

L'accident du Hindenburg a durablement marqué les esprits, au point qu'on en a oublié les autres accidents de ballons et de dirigeables, qui ont pourtant été nombreux dans la première moitié du XXe siècle. Sans remonter si loin, on peut évoquer un accident de ballon à hydrogène plus récent, qui s'est passé dans le courant des années 1960. Le fils du grand astronome Audouin Dollfus faisait une ascension en ballon rond à hydrogène avec la femme d'un ami, lequel les suivait en avion léger, tournant autour du ballon. Pour descendre, l'aérostier dispose d'une soupape qui lui permet de libérer de l'hydrogène. Ce jour-là, la soupape s'était coincée et le ballon s'était mis à monter irrésistiblement pour finir par éclater. Les deux passagers étaient tombés accrochés à l'enveloppe qui descendait en torche, l'avion les suivant en continuant à tourner autour. L'aventure s'est terminée dans une ligne électrique, les deux passagers ne tombant finalement que d'une hauteur de trois mètres. Indemnes.

Porte-avions

Il est toujours délicat de parler de ce qui touche à la marine, car les marins sont très jaloux de leur spécificité, même si on parle seulement ici de l'aéronautique navale, c'est-à-dire d'une entité qui est à cheval entre la marine et l'aviation. Avec toutefois, pour les personnels concernés, une nette tendance à se considérer davantage comme marins que comme aviateurs.

Cet article étant simplement intitulé « porte-avions », on pourrait faire remarquer en préambule que ce terme n'implique pas la présence d'un navire. En effet, il y a eu entre les deux guerres des dirigeables porte-avions qui portaient, accrochés sous eux, des biplans de chasse à hélices, tel le E-33 britannique qui emportait un chasseur biplan Sopwith Camel.

Plus tard, au milieu des années 1950, il y a eu des avions porte-avions, tel le GRB-36, un gros bombardier américain sorti à la fin de la Seconde Guerre mondiale, qui portait sous lui un avion de reconnaissance à réaction, le RF-84.

Sopwith Camel sous un dirigeable E-33

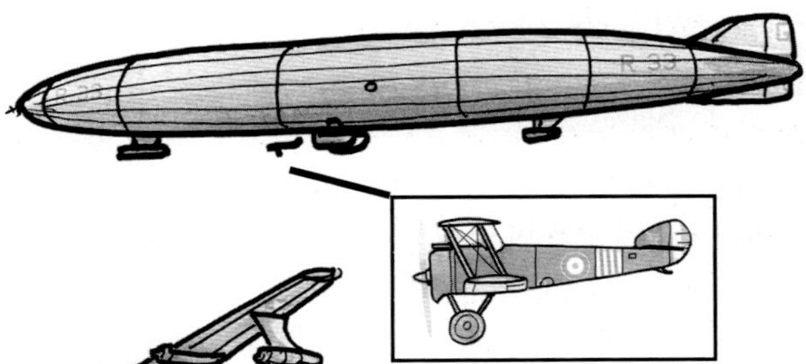

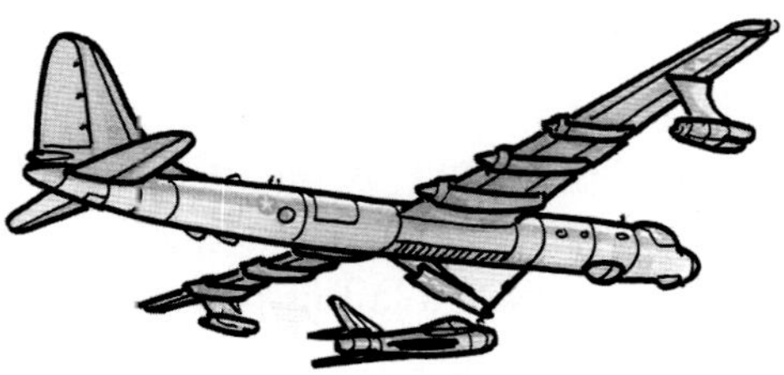

RF-84 sous un GRB-36

La terminologie « navire porte-avions » serait donc plus précise que le terme générique « porte-avions » – PA, comme le nomment les intéressés.

Pour se cantonner à la partie aéronautique du porte-avions, on dira que celui-ci héberge une flotte d'avions embarqués (pourquoi d'ailleurs utilise-t-on le mot « flotte », éminemment liquide, pour désigner un groupe d'avions ?) divisée en flottilles. Ces avions embarqués ont en général des ailes repliables vers le haut, car il n'y a pas beaucoup de place sur le porte-avions. Le réflexe de replier les ailes après un vol est tellement inné que les mécaniciens de la marine qui s'occupaient de la maintenance des avions embarqués en essai à Brétigny (l'Alizé, le Crusader, l'Étendard) nous faisaient replier les ailes au retour au parking. Il y avait pourtant de la place à Brétigny.

Les avions embarqués décollent du porte-avions sur une piste particulière, à l'aide de catapultes. Ils appontent sur une autre piste, d'axe décalé par rapport à la première, avec un crochet fixé au bout d'une crosse dite d'« appontage », qui accroche en début de pont des câbles placés en travers (les « brins »). Pour arriver sur le pont avec la trajectoire idéale d'appontage, les avions sont aidés par un officier d'appontage – que l'on pourrait nommer « Batman » à cause des raquettes avec lesquelles il bat l'air, si ce nom n'était déjà celui d'un superhéros chauve-souris. Il y a aussi pour les aider les miroirs d'appontage. Sur le Super-Étendard, un viseur particulièrement efficace permet un appontage sûr et précis. Je n'ai jamais apponté, mais j'ai pratiqué ce viseur, avec son vecteur vitesse-air et son information d'énergie totale, sur des pistes terrestres spécialement balisées (avec un triangle blanc en fin de pont simulé). On apponte en général face au vent, le porte-avions manœuvrant pour que le vent relatif sur le pont d'appontage soit le plus possible dans l'axe.

Les premiers essais de décollage et d'atterrissage d'avions sur les navires de guerre (vaguement aménagés pour ce faire) datent des années 1910. Pendant la Seconde Guerre mondiale, les porte-avions avaient une seule piste sur le pont, qui servait à la fois pour les décollages et les atterrissages. Il y aurait bien des histoires à raconter sur les porte-avions, comme celle qui se déroula dans le Pacifique vers la fin de la Seconde Guerre mondiale, où des appareils décollés de trois porte-avions américains tentèrent de se poser au retour de mission sur le seul porte-avions restant accessible. Cela se passait à l'issue d'un combat contre les Japonais dans les îles Mariannes (voir *Tir aux pigeons*). Ce porte-avions ne pouvant recueillir tous les avions, il fallait pousser les appareils à l'eau aussitôt après leur appontage. Les pilotes étaient saufs, mais il avait fallu détruire nombre d'avions en parfait état de marche faute de place sur le pont et faute de temps pour les descendre à l'entrepont. Il y a aussi l'histoire des Mitchell de Doolittle décollés d'un porte-avions pour aller bombarder Tokyo, que j'ai racontée ailleurs (voir *Avions embarqués*).

Position inusuelle

En aviation, on appelle « position inusuelle » une attitude de l'avion très écartée des attitudes de vol normales. Par exemple, pour un avion commercial, ce peut être une assiette longitudinale excessive (de l'ordre de 60° à cabrer) ou une inclinaison latérale trop forte (plus de 45° droite ou gauche). Les avions d'armes atteignent souvent de telles attitudes, qui restent déconseillées en vol aux instruments. C'est pourquoi, lors des entraînements au vol sans visibilité (voir *VSV*), on place systématiquement les jeunes pilotes dans de telles attitudes en leur demandant de s'en sortir au plus vite.

Dans l'aviation commerciale, on ne juge plus utiles de tels entraînements, les avions sortant rarement de leurs attitudes habituelles. Ce qui a parfois conduit à des situations dramatiques. Un Boeing 747 en croisière au niveau de vol 390 (39 000 pieds, environ 12 000 mètres) avait son pilote automatique embrayé en fonction tenue d'altitude. L'avion volait en ciel clair au-dessus d'une couche continue uniforme de nuages – une « mer de nuages » – dont le sommet se situait peu en dessous de l'avion. L'un des quatre moteurs tomba en panne. Un rapide calcul montra que, avec trois moteurs, l'avion ne pouvait maintenir le niveau 390 et devait descendre. Le copilote est chargé de négocier avec le contrôle un niveau inférieur. Mais le contact radio s'avère difficile, la fréquence étant chargée. La vitesse, avec trois moteurs, diminue. Le copilote n'arrive pas à obtenir l'autorisation de descendre. La vitesse continue à diminuer au point d'atteindre, en réduction, la vitesse de décrochage. L'avion décroche sur l'aile droite (décrochage dissymétrique, classique) et, simultanément, le pilote automatique se débraye. Le commandant de bord se précipite sur son manche. L'avion entre immédiatement dans la couche nuageuse, le commandant regarde son horizon artificiel et le découvre « en croix » (inclinaison 90° droite). Il n'a jamais vu une telle situation, croit à la panne de son instrument et s'adresse à son copilote : « Panne d'horizon, à toi les commandes ! » Le copilote saisit le manche, regarde son horizon, qu'il n'a jamais vu dans cette position et annonce : « Mon horizon est aussi en panne. » Le recours à l'horizon de secours n'apporte pas d'amélioration : il est aussi « en panne » – en fait, il indique lui aussi, correctement, 90 degrés d'inclinaison, devenus d'ailleurs 110 degrés. Début de panique à bord. La vitesse augmentant rapidement pendant que l'altitude décroît, le commandant de bord, incapable d'analyser la situation, tire sur le manche. Cela serait salutaire en vol rectiligne, mais fait ici réaliser à l'avion une sorte de boucle, position trois quarts dos au départ. Après avoir largement dépassé sa vitesse maximale autorisée, l'avion se redresse aux alentours de 6 000 pieds (2 000 mètres), en ayant perdu quelques parties de revêtement. Si les pilotes avaient su analyser cette position inusuelle, ils auraient pu éviter cette aventure. Après l'atterrissage, certains d'avoir été sauvés par l'habileté du commandant de bord, les passagers l'ont applaudi – l'information est sûre, je l'ai lue dans un hebdomadaire qui sait autant le poids des mots que le choc des photos. Une semaine plus tard, l'enquête achevée, le commandant était mis à pied.

Sur les instruments de pilotage cathodiques modernes, les PFD (Primary Flight Displays), l'approche des positions inusuelles est signalée par des marquages rouges directifs – c'est-à-dire donnant le sens de la correction à faire – immanquables. De plus, sur les avions équipés de commandes de vol électriques (CDVE) comme l'A320, les calculateurs des commandes de vol sont programmés pour empêcher l'avion d'atteindre les positions inusuelles, même sur sollicitation du pilote.

Présentation en vol

Dans les premiers temps de l'aviation, les avions étaient un jeu, un sport, un spectacle. La finalité des constructeurs pilotes était de présenter leurs réalisations dans des fêtes aériennes en en tirant le maximum devant les foules étonnées.

À la fin du millénaire, les choses ont bien évolué, et les prouesses des avions sont devenues banales. Il reste que les fêtes aériennes ont subsisté, avec exhibition de voltige aérienne individuelle, patrouilles acrobatiques et présentation en vol d'avions anciens. Une place à part doit être réservée aux présentations d'avions nouveaux, aux grands meetings internationaux comme Le Bourget en France ou Farnborough en Angleterre.

Dans les années 1950-1960, on pouvait voir au Bourget des avions exceptionnels : en une demi-journée, les Trident, Leduc, Griffon, Durandal, Baroudeur, Atar volant pour les seuls avions français, et j'en passe. Chaque pilote d'essai s'en donnait à cœur joie. C'était à qui ferait le plus de bruit, passerait le plus bas, le plus vite et le plus près de la foule. Plusieurs accidents se sont produits dans les années 1960-1970 à cause de ces opérations très marginales, où la sécurité passait après l'intensité du spectacle. À la fin des années 1960, les autorités aéronautiques françaises ont décidé d'y mettre bon ordre, et le CEV de Brétigny fut chargé de superviser les présentations de tous les avions du Salon du Bourget. Sous le nom-code de « Jupiter », un responsable pilote d'essai de Brétigny assurait, avec une petite équipe, la permanence au Bourget pendant la semaine du meeting. Des normes strictes étaient diffusées : passages sur la piste à une hauteur minimale de 300 pieds (et à 500 mètres en latéral de la foule, qui ne devait jamais être survolée), évolutions en virage à une hauteur minimale de 500 pieds. Les pilotes présentateurs devaient soumettre leurs programmes avant le début des présentations et ne plus les changer ensuite. Tous les vols étaient suivis au cinéthéodolite – un système de caméra déterminant avec précision la position d'un avion en vol –, et la première infraction était suivie d'un ordre d'atterrissage immédiat et d'un entretien entre le pilote fautif et Jupiter. Deux infractions interdisaient l'avion de toute présentation ultérieure pendant le Salon.

Une des présentations en vol les plus spectaculaires qu'il m'ait été donné de voir, du haut du PC Jupiter au Bourget, fut celle du Sukhoi 27 en 1989. Ce chasseur russe, qui avait une poussée bien supérieure à son poids et des gouvernes par jets lui permettant un contrôle dans des attitudes inhabituelles, présentait une figure inédite appelée « le cobra ».

L'avion se dressait verticalement devant la foule, immobile dans un vol stationnaire surréaliste « debout sur la queue », reculant même un peu, le nez restant planté verticalement dans le ciel.

Au même Salon du Bourget, un autre avion russe, un Mig-29, s'écrasa au cours d'une présentation. Le pilote s'éjecta *in extremis*. Mais cet avion n'a pas provoqué de drame parmi les spectateurs. Avec les précautions prises, les rares accidents qui ont eu lieu au Bourget au cours des trois dernières décennies n'ont jamais entraîné de désastre pour les spectateurs. Cela n'a pas été le cas partout (voir *Patrouille*).

Hélas, il y avait en France d'autres meetings que celui du Bourget. De nombreux aéroclubs ont continué pendant ce temps à organiser leurs fêtes aériennes sur des terrains de fortune, avec les mêmes acrobates que jadis. Puis, on a sollicité la Patrouille de France, qui est venue faire ses présentations habituelles. Sans risque, car la PAF est uniquement constituée de professionnels de la présentation en vol. Plus grave, on a fait appel à des compagnies aériennes qui ont envoyé des avions commerciaux. En 1987, on a vu un Concorde d'Air France passer sur la piste de La Ferté-Allais, berceau des avions anciens, à quelques dizaines de pieds (3 à 4 mètres). Plusieurs spectateurs se sont jetés à terre lors du passage.

Le sommet a été atteint en 1988. L'un des tout premiers A320 d'Air France, avec deux commandants de bord instructeurs aux commandes, a fait un passage sur une piste d'aéroclub à 30 pieds de hauteur (une dizaine de mètres), à faible vitesse et moteurs réduits, ne remettant de la poussée que tardivement. Il était trop bas, trop lent, et transportait des passagers à bord (qui avaient payé leur place pour ce vol). Sans la moindre énergie résiduelle en réserve, l'avion s'est répandu dans la forêt au bout de la piste en herbe – les arbres mesuraient à peine 12 mètres de haut. L'avion fut détruit dans les flammes, il y eut seulement trois victimes : un jeune handicapé, une fillette qui n'avait pas réussi à détacher sa ceinture, et une femme qui était venue l'aider mais avait été rattrapée par les flammes. Le commandant de bord connaissait à peine la machine. Le directeur des opérations avait autorisé ce type d'exhibition avec une hauteur minimale de 100 pieds. Pour des non-professionnels de la présentation et avec des passagers, quand les vrais professionnels du Bourget étaient limités à 300 pieds…

Pressurisation

Tous les avions modernes ou presque, avions commerciaux comme avions d'armes, sont pressurisés.

Le principe est le suivant : quand on s'élève dans l'atmosphère, la pression et la température décroissent. Ces deux décroissances sont préjudiciables à l'être humain, qui n'est pas conçu pour s'élever en altitude. Les basses pressions d'altitude pourraient, sans protection, provoquer des dégagements gazeux dans certaines cellules. Plus grave, la baisse de pression de l'air entraîne une baisse corrélative de la pression partielle d'oxygène, qui pourrait entraîner par anoxie (manque d'oxygène) la perte de conscience et la mort (voir *Médecine aéronautique*). Les basses températures (la température aux altitudes de vol couramment fréquentées descend jusqu'en dessous de – 60 °C) peuvent entraîner des gelures et également la mort.

Pour éviter ces problèmes, les avions sont pressurisés. Les lois de pressurisation des avions commerciaux sont plus élaborées que celles des avions d'armes, pour le confort des passagers. On restitue dans la cabine une pression voisine de celle du sol (on parle d'« altitude cabine voisine de zéro »). Comme on ne peut pas restituer exactement une altitude cabine de zéro à cause des risques de décompression, on restitue une altitude cabine voisine de celle des stations de sports d'hiver. De plus, on chauffe la cabine par un débit continu d'air chaud (climatisation).

Montée et descente

Du fait de l'impossibilité de pressurisation absolue, il y a en vol une légère dépression par rapport à la pression au sol. Quand l'avion vole à une altitude de 12 000 mètres, comme le font la plupart des avions commerciaux, l'altitude cabine monte jusqu'à 2 000 mètres en moyenne. Pour les passagers, la montée à cette altitude et la descente de cette altitude ne posent généralement pas de problème particulier. Les passagers enrhumés souffrent parfois un peu dans la descente, les fosses nasales congestionnées bloquant l'accès à certains orifices (sinus). L'air peut s'échapper de ces cavités pendant la montée, mais ne peut plus y entrer pendant la recompression de descente, ce qui crée des douleurs que la déglutition ou le bâillement forcé allègent parfois (voir *Médecine aéronautique*).

DÉCOMPRESSION

Quand un accident provoque, en altitude, une rupture dans la structure de la cabine, l'air s'échappe et il y a décompression. Techniquement, si le rapport entre la taille du trou et le volume cabine est élevé, on parle de décompression explosive. Sur les avions commerciaux, les trous qui peuvent apparaître dans le fuselage sont en général limités en taille : perte d'un hublot, par exemple. L'air de la cabine prend du temps pour s'échapper par ce trou. Mais après quelques minutes se pose le problème respiratoire. Le risque immédiat, en cas de perte d'un hublot, concerne les passagers à proximité, qui peuvent être aspirés à l'extérieur s'ils ne sont pas attachés (d'où l'intérêt de rester attaché pendant tout le vol si on n'a pas besoin de se lever). Dans certains cas, le trou dans la cabine est plus important. On a vu un Boeing 737 perdre une partie notable de la partie supérieure du fuselage, se transformant partiellement en avion décapotable. Un autre Boeing 747 perdit un panneau latéral de sa cabine de près de 10 mètres carrés de surface. Dans ces cas, exceptionnels sur des avions commerciaux, mais qui, en cas d'explosion de verrière, sont systématiques sur les avions d'armes (la surface de verrière étant toujours importante devant le volume de la cabine), on parle de décompression explosive. Sur un avion commercial, quoi qu'il arrive (décompression lente ou explosive), le problème respiratoire demeure, qu'il soit à terme ou immédiat. Il faut que les pilotes effectuent immédiatement une descente de secours la plus rapide possible, jusqu'à l'altitude de 4 000 mètres (12 000 pieds), considérée comme l'altitude de sécurité pour ce qui est de la pressurisation.

Pendant le temps de la descente, les passagers doivent sans délai utiliser un masque à oxygène, qui tombe du plafond à leur portée. Ils doivent tirer sur le masque (ce qui provoque l'ouverture de l'alimentation en oxygène), puis le placer sur le visage. Un pilote de chasse qui se retrouve brutalement sans verrière conserve son masque à oxygène, qu'il porte en permanence. Il est donc protégé contre l'anoxie. En revanche, son corps est sans protection aux basses pressions qui règnent entre 11 000 et 13 000 mètres. Le corps humain (du moins pour un pilote de chasse ou d'essai) peut résister sans problème à de telles basses pressions. Mais la perte de verrière ou une éjection à des altitudes supérieures seraient dangereuses. Pour voler à ces altitudes et couvrir le cas d'une injection brutale en air raréfié, les pilotes doivent être équipés de combinaisons spéciales pressurisées (qui ressemblent à des combinaisons spatiales).

De nombreux accidents dus à des décompressions sont survenus dans l'aviation commerciale. Je n'en citerai ici que trois, parmi les plus dramatiques.

Sur un Boeing 747 en montée au départ d'Honolulu, une porte cargo mal verrouillée est arrachée. Cela entraîne deux conséquences : les moteurs situés sous l'aile droite (du côté de l'arrachement) sont atteints et mis hors service, et la cabine passagers subit une violente décompression. Par le trou béant ouvert dans le plancher de la cabine au-dessus de la soute, neuf passagers sont aspirés à l'extérieur et disparaissent en mer.

Les pilotes parviennent à poser l'avion. Les autres passagers ont survécu grâce à leur masque à oxygène.

Au passage des 23 000 pieds (7 000 mètres) d'un BAC 111 en montée, la pression extérieure est de 400 hectopascals, soit le tiers de celle qui est rétablie à l'intérieur de l'avion, et la température extérieure est de – 30 °C.

Brutalement, le pare-brise du cockpit du côté gauche est arraché sous l'action de la dépression. Le commandant de bord, sans doute mal attaché, est aspiré à l'extérieur. Un steward qui se trouvait entre les deux pilotes a le temps de saisir à bras-le-corps les jambes du commandant de bord pour empêcher qu'il quitte l'avion, puis il s'attache dans le siège de gauche pour assurer sa prise. Le copilote effectue une descente rapide et pose l'avion en urgence. Le commandant de bord sort vivant de l'aventure, avec quelques fractures et des gelures. L'enquête montrera que le pare-brise avait été changé avant le vol et que le mécanicien n'avait pas utilisé les bons rivets.

Sur le DC-10 d'Ermenonville, en 1974 (voir *Commandes de vol électriques*), une porte de soute avait été arrachée en montée alors que l'avion passait les 3 000 mètres. À cette altitude, on cherche encore à conserver en cabine la même pression qu'au sol, ce qui fait que la cabine est en nette surpression par rapport à l'extérieur. Les soutes de l'avion se sont retrouvées à cette faible pression extérieure alors que la cabine passagers était en pression. Le plancher de cette cabine, non conçu pour supporter de pareilles différences de pression, s'est effondré vers le bas. Six passagers ont été aspirés avec leur siège par le trou qui s'est ouvert, en même temps que l'effondrement du plancher bloquait les câbles de la gouverne de profondeur, entraînant la perte totale de l'appareil.

Public address

Quand un membre d'équipage (pilote ou PNC) désire s'adresser à l'ensemble des passagers, il utilise le système d'annonce au public, le *public address*.

C'est au travers du *public address* que sont effectuées les démonstrations des équipements et procédures de sécurité avant le décollage – sauf si celles-ci sont diffusées en images préenregistrées sur les écrans cabine ou sur les postes de télévision individuels. Ces annonces réglementaires concernent la façon d'attacher, de régler et de détacher la ceinture ainsi que la position des issues de secours, l'utilisation des masques à oxygène et celle des gilets de sauvetage. J'ai toujours été choqué par le faible taux d'assiduité des passagers à ces annonces, alors que certaines compagnies précisent bien de suivre les démonstrations avec attention, car tous les avions ne sont pas identiques. Ce taux, que j'ai mesuré au cours des centaines de vols que j'ai effectués en tant que passager en transport commercial, tourne autour de 5 à 10 %. Neuf passagers sur dix ne lèvent pas le nez de leur journal pendant les annonces, sauf parfois brièvement, d'un air étonné, avec l'air de se dire « Tiens, cela se fait encore… ». En classe affaires, classe des grands voyageurs « à qui on ne la fait plus », le mépris est quasi total. Personnellement, je suis intégralement toutes les démonstrations et je connais par cœur les différences entre les gilets de sauvetage : il y a ceux qu'on attache d'un double nœud sur le côté et ceux qui ont des attaches à clip vers le bas. Je les suis avec attention, par politesse. Et l'hôtesse en charge de cette corvée me remercie souvent d'un sourire un peu complice et reconnaissant.

Le *public address* est activé par un micro, qui peut être indépendant ou bien permet de s'adresser soit à un poste précis de l'avion, soit aux mécaniciens sol lors de la mise en route et du repoussage de l'avion, soit enfin aux passagers. Dans le cas du multi-adressage, il arrive qu'il y ait des ratés, si l'utilisateur se trompe de touche, ce qui arrive parfois aux pilotes, alors interrompus par l'irruption d'une hôtesse en cockpit s'exclamant : « Commandant, vous ne parlez pas aux mécaniciens mais aux passagers ! »

On raconte cette histoire, probablement apocryphe, d'un commandant de bord désirant appeler une hôtesse qui travaillait au *galley* arrière. Croyant parler à un PNC de l'arrière, on entendit dans le *public address* : « Peux-tu demander à Vanessa de m'apporter un café et de venir me faire un bisou derrière l'oreille ? » Traversant l'avion à la hâte vers le cockpit pour annoncer au commandant son erreur, Vanessa fut arrêtée par un passager qui lui dit : « Je crois qu'il a demandé un café d'abord ! »

R comme...

Radar

Le radar (acronyme de RAdio Detecting And Ranging, en français détection et télémétrie par radioélectricité) est un dispositif qui a été conçu en Angleterre pendant la Seconde Guerre mondiale. Il a d'emblée équipé les systèmes de défense du territoire britannique, qui furent dès lors en mesure de voir approcher les raids allemands de nuit et par mauvais temps.

Le radar utilise un émetteur qui envoie dans l'espace des ondes radioélectriques de façon omnidirectionnelle ou directive selon les besoins. Si l'onde rencontre un obstacle, une partie est réfléchie, et le récepteur du radar enregistre cette réponse, qu'il peut localiser ensuite. L'une des difficultés rencontrées dans la mise au point du radar est l'énergie qu'il met en jeu. En effet, l'énergie rayonnée par un radar omnidirectionnel se répartit sur toute la surface d'une sphère centrée sur l'émetteur. Et elle diminue localement à mesure qu'on s'éloigne de celui-ci, comme le carré de la distance. L'énergie reçue à 2 kilomètres est quatre fois plus faible que celle reçue à 1 kilomètre. Le phénomène étant le même pour l'onde réfléchie, le radar reçoit d'un obstacle situé à 2 kilomètres de lui seize fois moins d'énergie en retour qu'il n'en reçoit d'un obstacle situé à 1 kilomètre. Pour détecter des objets éloignés, il faut mettre en jeu des énergies considérables.

Pour mesurer la distance d'un obstacle connu en position, on a besoin d'une énergie limitée : il suffit d'envoyer une onde radar très directive dans la bonne direction. Certains radioaltimètres dirigés verticalement vers le sol sous l'avion permettent de ne pas disperser l'onde émise. Pour mesurer la distance de la Terre à la Lune, on a utilisé une onde émise extrêmement directive (laser) et on a posé sur la Lune un réflecteur très directif, également laser, de façon à ne disperser ni l'onde émise ni l'onde réfléchie. On a ainsi mesuré la distance Terre-Lune avec une précision du demi-centimètre (le résultat exact est difficile à formuler, étant donné les irrégularités de surface et de mouvement relatif). On a par ailleurs découvert que la Lune s'éloigne de la Terre d'environ 5 centimètres par an. Il y a encore de l'avenir pour les sonates au clair de lune.

Radar air-air

Dans les années d'après guerre, les avions ont été équipés de radars pour leur permettre l'identification des hostiles et le tir en mauvaises conditions météorologiques. Je ne raconterai pas ici les mésaventures des radars air-air. J'ai participé au développement de plusieurs d'entre eux. L'un d'eux, à cause du long nez qu'il donnait au chasseur qui l'hébergeait, avait été baptisé « Cyrano ». L'un des progrès les plus importants permis par le radar a été la possibilité d'accrochage électronique sur une cible identifiée. Grâce à ce dispositif, le radar peut suivre sans la perdre une cible qui a été identifiée par le pilote.

Radar air-sol

La reconnaissance du sol au radar était un problème plus difficile que la reconnaissance d'une cible en vol, pour des raisons évidentes d'environnement. Le premier avion d'armes vendu comme capable de cette performance a été le Mirage IIIE dans les années 1960. Mais seuls des pilotes particulièrement doués parvenaient à tirer quelque chose du système. C'est dans les années 1980-1990 que des progrès décisifs ont été faits pour les avions d'armes, avec :

– des systèmes de recalage de navigation par image radar, un ordinateur numérique embarqué comparant l'image radar actuelle relevée par le radar de bord avec des images radar en mémoire dans une vaste mémoire (*data base*). Nous avons développé ces systèmes sur une Caravelle du CEV de Brétigny ;

– un système de suivi automatique de terrain nommé « Antilope » (joli nom pour un radar destiné à faire sauter les obstacles), que nous avons développé sur les Vautour, Mystère 20 et Mirage 2000. Ce système permet à un ordinateur numérique embarqué couplé au pilote automatique de faire voler l'avion au plus près du sol, même par mauvaises conditions météorologiques, pour éviter une détection par les radars ennemis.

Radar sol-air

Les radars sol-air ont d'abord été développés par les militaires, pour la défense du territoire. Ils n'ont cessé de s'améliorer entre 1950 et la fin du siècle. Le centre de détection des agresseurs potentiels est installé en France à Taverny, dans d'anciennes carrières de gypse datant de 1815 aménagées en base militaire par les Allemands pendant la dernière guerre – ils y ont monté des V1 et des V2. Les militaires qui y travaillaient jour et nuit ont curieusement été surnommés « les Tavernicoles ». Mais c'est surtout pour l'aviation commerciale que ces radars sont devenus essentiels. Leur développement a permis l'essor de l'aviation commerciale mondiale. Actuellement, la quasi-totalité des vols continentaux est suivie par radar. Avec l'amélioration décisive apportée par le transpondeur (voir *Contrôle radar*), le radar a permis des densités de trafic inimaginables, dans des conditions de sécurité exceptionnelles.

Radar météorologique de bord

Les avions commerciaux sont équipés de radars permettant de déceler les conditions météorologiques à l'avant de l'avion. En fait, ce radar détecte uniquement les masses nuageuses importantes, en particulier les cumulonimbus, qui sont les nuages les plus dangereux, donc ceux qu'il faut éviter à tout prix. Dans la traversée du front intertropical (FIT), en Afrique en particulier, les avions de ligne rencontrent souvent des cumulonimbus extrêmement dangereux dont le sommet dépasse largement le niveau de croisière des avions. De nuit, il est difficile de les identifier sans radar (encore que les éclairs les illuminent de façon quasi continue de l'intérieur). Même de jour, ils sont parfois noyés dans d'autres nuages, moins dangereux, qui les dissimulent. Le radar météo est indispensable pour les vols traversant le FIT.

Dans les années 1990, un Boeing 747 assurant un vol de Johannesburg (Afrique du Sud) à Paris prit le risque de décoller avec son radar météo en panne, se contentant des informations trouvées dans le dossier météo succinct de préparation du vol (une carte de format réduit pour localiser les cumulonimbus sur toute l'Afrique). Dans sa traversée du FIT, il a subi des dégâts importants ; il y eut un mort et plusieurs blessés à bord. Pour ce type de vol, les compagnies exigent désormais, dans la LME (liste minimale d'équipements, en anglais MEL, Minimum Equipment List), qui est la liste des équipements pour lesquels on peut tolérer une panne avant un vol, que le radar météo fonctionne avant le départ.

Radioactivité

La Terre est soumise en permanence à un important bombardement de particules, nommé « rayonnement cosmique ». On ne s'est jamais inquiété, pour l'aviation commerciale, de la nocivité potentielle de ce rayonnement, considérée comme négligeable à l'altitude de vol pratiquée par les avions civils.

Au cours des années 1970, la compagnie aérienne UTA obtint un contrat de transport de minerai d'uranium entre Windhoek (Namibie) et la France, assuré par des DC-8 cargos. Naturellement inquiets, les pilotes avaient demandé de pouvoir contrôler la radioactivité à bord en cas de fuite d'un fût en vol. Ils avaient demandé l'installation de compteurs Geiger sur les avions. On vérifiait ainsi la cargaison avant le départ, puis les équipages disposaient en cockpit d'une information leur permettant de détecter toute radioactivité anormale en vol. Dès les premiers vols, les vérifications au sol avant décollage ont montré que le conditionnement soigné des fûts entraînait une radioactivité négligeable.

La surprise survint en croisière : à 39 000 pieds (12 000 mètres), on découvrit un taux de radioactivité multiplié par 20 par rapport à celui relevé au niveau au sol à cause des rayons cosmiques, heureusement, à une valeur restant très en deçà des valeurs critiques.

Ravitaillement en vol

Pourquoi parle-t-on de « ravitaillement en vol » et non d'« avitaillement en vol » ? Peut-être parce que le ravitaillement suit toujours un avitaillement qui a eu lieu avant le décollage.

Le ravitaillement en vol est essentiellement pratiqué dans l'aviation militaire, pour permettre à certains avions de partir vers une mission éloignée avec le plein de carburant. Comme le décollage et la montée consomment énormément, un ravitaillement est efficace s'il est effectué en fin de montée, juste avant la mise de cap vers l'objectif de la mission. Si la mission est lointaine, le ravitaillement idéal a lieu juste avant le passage des lignes hostiles. On ravitaille ainsi aussi bien des avions de chasse que des avions de transport, et même des hélicoptères.

Il y a deux grands types de ravitaillement en vol, sachant que le ravitaillé (l'avion qui vient prendre du carburant) est l'élément principal par rapport au ravitailleur (*tanker* en anglais) : le ravitaillement « mâle » et le ravitaillement « femelle ».

Dans le ravitaillement « mâle », le ravitailleur présente au ravitaillé une sorte de panier en forme d'entonnoir dans lequel le ravitaillé vient insérer une perche fixée sur son nez, son aile ou son fuselage. Une fois la perche insérée et verrouillée, le carburant coule des réservoirs du ravitailleur dans ceux du ravitaillé, lequel se maintient en position stable, en patrouille arrière, sous le ravitailleur en général (quand il y a un seul panier). C'est le ravitaillé qui fait tout le travail, le ravitailleur se contentant pratiquement de rester stable avec son pilote automatique embrayé.

Dans le ravitaillement « femelle », c'est le ravitaillé qui présente au ravitailleur une porte ouverte, en général sur le dessus de son fuselage, puis reste en patrouille avec le ravitailleur dans l'attente des opérations. Celles-ci sont conduites par un opérateur à bord du ravitailleur, le *boomer*, installé dans la queue, avec des commandes pour piloter en position une perche mobile. Le *boomer* vient insérer sa perche pilotable (équipée d'ailettes en guise de gouvernes) dans la porte ouverte du ravitaillé, qui se contente de tenir la patrouille à distance correcte.

J'ai eu, dans ma carrière au CEV, deux opportunités de toucher au ravitaillement en vol. La première fois, c'était sur le C-135F de l'armée de l'air française. Pour les besoins de la force de frappe, afin de ravitailler les Mirage IV, le général de Gaulle avait acheté des ravitailleurs américains, des KC-135, modifiés pour pouvoir transporter également du fret. On les avait appelés les C-135F (F pour France). Dans les année 1980, ces avions ont été rajeunis. Leurs moteurs, à simple flux, étaient devenus trop bruyants pour les nouvelles normes aéroportuaires et peu économiques. On les a remplacés par des moteurs double flux. On a aussi modernisé les équipements, notamment le pilote automatique.

Plus tard, je fus responsable de la mise au point des AWACS français (voir *AWACS*). Comme ces avions faisaient partie d'une commande groupée franco-britannique, ils étaient équipés pour les deux types de ravitaillement : ravitaillement mâle sur TriStar pour les Anglais (voir *TriStar*), ravitaillement femelle sur C-135F pour les Français. Un pilote anglais et moi-même partagions les vols de mise au point, à Seattle sur la côte nord-ouest des États-Unis, fief de Boeing. Nous avons eu à effectuer de nombreux vols de ravitaillement dans les deux configurations, de jour comme de nuit, en ligne droite et en virage, selon les demandes de l'armée de l'air. Au cours d'un vol « mâle », nous avons cassé la perche de l'AWACS, pourtant solide. Il faut dire que tenir la patrouille serrée à quelques mètres derrière et sous un ravitailleur avec quatre moteurs à équilibrer pour voler droit n'est pas une partie de plaisir.

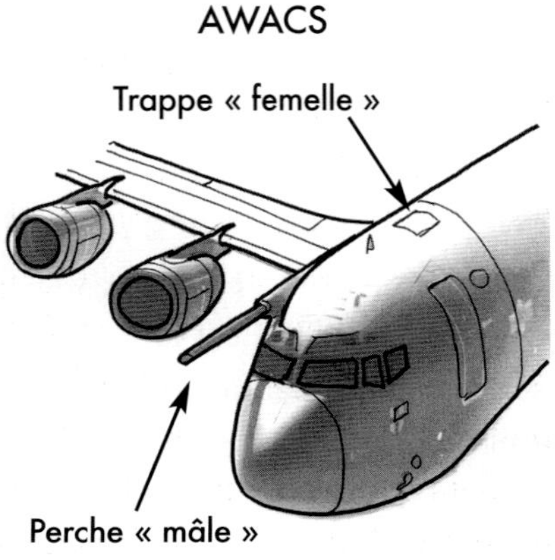

Quand ont commencé les études du futur avion commercial supersonique Concorde, avec les dimensions limitées que devait avoir l'avion, il est vite apparu que la quantité de carburant serait juste suffisante pour effectuer le vol Paris (ou Londres)-New York (avec les réserves réglementaires – voir *Concorde*). *A fortiori* pour le vol Paris (ou Londres)-Rio de Janeiro, pour lequel l'escale de Dakar s'imposait. Il fut un temps envisagé de recourir au ravitaillement en vol, mais les obstacles réglementaires et des questions de sécurité ont fait renoncer rapidement à ce projet.

Records

Pendant les premiers temps, l'aviation était un véritable sport. Les pilotes construisaient eux-mêmes leurs machines. Même lorsque les machines furent ensuite construites par des professionnels, leurs vols restaient des exploits.

La notion de record a ainsi été attachée aux premiers vols. Il y avait, au cours des premières années, des records qui s'établissaient et qui tombaient tous les jours, ou presque. Je n'entreprendrai pas ici le décompte de tous ces records (que l'on trouvera dans n'importe quelle histoire de l'aviation ou dans le grand livre Guinness des records), mais quelques-uns valent la peine d'être mentionnés.

Il y eut d'abord des « premières », comme le premier vol d'un plus lourd que l'air, le premier kilomètre parcouru en ligne droite, ou le premier vol en circuit fermé (l'avion parcourut un circuit donné et revint se poser à son point de départ, ce qui n'était pas évident dans les débuts de l'aviation).

Il y eut ensuite les records de vitesse, de distance, d'altitude, de durée, qui se faisaient et se défaisaient sans cesse.

Puis vint le temps des premières traversées : traversée de la Manche par Blériot, traversée de la Méditerranée par Roland Garros (qui n'est plus guère connu que par les adeptes du tennis), traversée de l'Atlantique par Lindbergh (si Lindbergh fut le premier à effectuer la traversée d'un seul bond dans le sens ouest-est, il y eut auparavant ceux qui firent la traversée avec escale à Terre-Neuve ou aux Açores, puis ceux qui l'ont effectuée dans le sens est-ouest, jugé plus difficile), traversée du Pacifique, tour du monde.

Jusque dans les années 1960, on considérait qu'il fallait distinguer, comme dans les sports classiques, les records masculins et les records féminins. La compétition était particulièrement vive pour le record de vitesse entre les Français et les Américains, qui alignaient respectivement Jacqueline Auriol et Jacqueline Cochran (voir *Femmes en aviation*). Puis on a réalisé que c'étaient les avions qui battaient les records, plus que les pilotes. La notion de record féminin disparut.

D'autres records ont défrayé la chronique : la traversée de la Manche à la seule force musculaire (le pilote fait tourner l'hélice avec un pédalier), la traversée de la Manche en avion solaire (l'hélice est actionnée à partir de l'énergie accumulée dans des piles solaires qui recouvrent l'extrados de l'aile), le tour du monde sans escale en ballon libre ou encore le tour du monde en avion sans escale et sans ravitaillement en vol.

Routes aériennes

Les avions commerciaux sillonnent les cieux de la planète dans tous les sens. Mais quelles routes suivent-ils ?

Dans les premiers temps de la navigation aérienne, le seul repère d'orientation disponible était le cap magnétique, fourni par la boussole – sur les avions, comme sur les navires, on préfère dire « le compas ». Ce cap magnétique donne la direction dans laquelle est orienté l'avion par rapport au nord magnétique. Sans trop entrer dans le détail, on peut dire qu'il est assez facile de passer du cap magnétique au cap vrai, lui-même repéré par rapport au nord vrai, par simple addition de la déclinaison magnétique. Cette dernière est variable à long terme, mais est définie à un moment donné en chaque endroit de la Terre. Il était donc aisé de connaître à bord le cap vrai de l'avion et donc, avec connaissance de la dérive due au vent, de connaître la route vraie de l'avion. On s'est donc intéressé aux routes présentant un angle constant avec tous les méridiens successifs traversés, routes qui ont reçu le nom de « loxodromies ». En fait, ces routes ne présentent plus qu'un intérêt historique, car, sur de longues distances, elles sont plus longues que la route directe. Cette route directe, qui correspond sur la sphère terrestre à l'arc de grand cercle entre point de départ et point d'arrivée, est dite « orthodromie ». Du fait de la déformation que certaines cartes apportent à la représentation de la Terre, cette route directe semble parfois plus longue que la ligne droite, qui est intuitivement le plus court chemin d'un point à un autre. Sur la carte de la figure (qui est une carte Mercator utilisée pour les planisphères), la route la plus courte entre Paris et San Francisco est la ligne courbe en trait plein qui passe au nord par le sud du Groenland et la baie d'Hudson. Les systèmes de navigation inertielle permettent de suivre sans difficulté des orthodromies. Mais l'orthodromie, route la plus courte en distance entre deux points, n'est pas forcément plus courte en temps. En effet, les vents peuvent être contraires sur l'orthodromie, ce qui fait qu'on peut aller plus vite sur une route voisine où ils sont moins forts. L'anticyclone des Açores est accompagné de vents tournant dans le sens des aiguilles d'une montre, qui s'opposent à l'orthodromie Paris-New York (dans le sens est-ouest). Ce qui fait, pour la petite histoire, que la traversée de l'Atlantique était plus facile pour les Américains que pour les Européens, et que Lindbergh a réussi avant Costes et Bellonte. Des calculs assez complexes permettant de déterminer chaque jour, en fonction des vents, la route à temps minimal (RTM) placent généralement la RTM Paris-New York au nord de l'orthodromie par l'Islande, le milieu du Groenland et le Labrador (ligne courbe en tirets sur la figure).

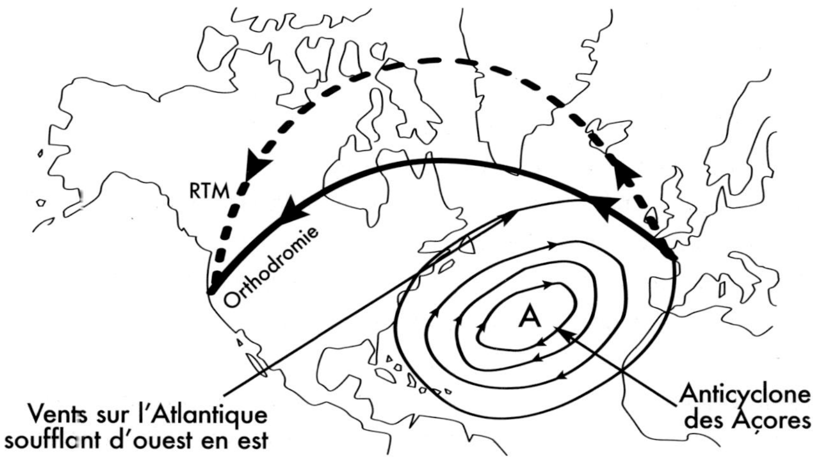

Lindbergh a traversé l'Atlantique d'ouest en est en 1927, seul, avec beaucoup de courage et un peu d'inconscience. La traversée d'est en ouest était plus difficile, cinq fois plus difficile selon les experts de l'époque. Deux Français ont relevé le défi, le pilote Costes et son mécanicien Bellonte. Aussi calmes et réfléchis que Lindbergh était fou, aussi organisés que Lindbergh était aventurier. J'ai eu la chance exceptionnelle de pouvoir discuter avec Bellonte de cette traversée historique un jour de 1980, à l'Aéroclub de France. Il m'a raconté cette épopée devant une carte de l'Atlantique Nord qui raconte l'exploit toujours encadrée au mur. Je n'ai plus revu Bellonte, qui s'est éteint, avec ses souvenirs, en 1984. Le voyage reposant sur de bonnes informations météorologiques permettant de calculer la route idéale, Costes et Bellonte avaient organisé tout un réseau de renseignements avec des cargos et des paquebots transatlantiques. Ils pouvaient ainsi tenir à jour la carte des vents presque en temps réel. La situation idéale, pour les performances de leur Breguet, se présentait deux ou trois fois dans l'année. Une première occasion s'était présentée en 1929, mais les promesses de la prévision n'avaient pas été tenues et ils avaient sagement fait demi-tour. Une deuxième occasion s'est présentée en 1930. Cette fois, ils sont passés. Trois ans après Lindbergh.

Routes réellement suivies

Dans la pratique, le trafic aérien est tellement important que l'on ne peut pas laisser chaque avion choisir sa route à sa guise. Cela était le cas dans les tout premiers temps de l'aviation commerciale. Les premiers vols réguliers Paris-Londres, dans les années 1920, se faisaient en vol à vue (voir *Démocratisation*). Il fallait éviter les nuages, et l'heure d'arrivée était toujours imprévue. Ces premiers vols réguliers n'avaient de régulier que le nom. Puis, on créa les « routes aériennes » (*airways* en anglais), balisées si possible par des moyens radioélectriques, que les avions doivent suivre avec le maximum de précision. Ce qui ne pose pas de problème, étant donné la qualité des équipements des avions modernes.

En voiture, on circule à double sens, chacun tenant sa droite (sauf en Grande-Bretagne). Sur les routes aériennes, le double sens est un étagement vertical et non un espacement latéral. Cet espacement se fait généralement de 300 mètres en 300 mètres (en fait, de 1 000 pieds en 1 000 pieds, les avions utilisant les anciennes unités anglo-saxonnes FL (pour Flight Level, FL) 40 pour 4 000 pieds, FL 50 pour 5 000 pieds, etc.). Avec, de bas en haut, alternativement un avion dans chaque sens. Sur une route nord-sud par exemple, le premier niveau, FL 60, est réservé aux avions allant vers le nord, puis le FL 70 aux avions allant vers le sud, puis le FL 80 de nouveau aux avions allant vers le nord, etc.

Routes atlantiques

Sur l'Atlantique Nord, les vents sont forts et varient beaucoup d'un jour à l'autre, l'anticyclone des Açores étant sujet à des variations. Le trafic étant important, on tente d'avoir chaque jour les routes aériennes les plus voisines possible de la RTM (route à temps minimal). On calcule donc, chaque jour, par ordinateur, un réseau de routes aériennes (les *tracks*) pour la journée. Les utilisateurs choisissent parmi ces *tracks* celui qui est disponible à l'heure du vol projeté.

Routes Concorde

Le Concorde volait très au-dessus des avions commerciaux classiques (20 000 mètres au lieu de 13 000 mètres). De plus, il n'y avait, à l'époque, qu'une demi-douzaine de vols transatlantiques de Concorde par jour, contre plusieurs centaines de vols classiques. De ce fait, le Concorde était le seul avion à pouvoir librement choisir sa route sur l'Atlantique – en s'insérant bien entendu dans les routes communes au départ et à l'arrivée.

Routes asiatiques

Pendant des années, à l'époque d'une Union soviétique et d'une Chine communistes intransigeantes, la route conduisant d'Europe occidentale à la proche Asie du Sud-Est passait par la Yougoslavie, la Turquie, le Pakistan, l'Inde et l'Indonésie. Très loin de la route directe orthodromique. Pour le Japon, il fallait passer par l'Alaska, avec escale à Anchorage. Quand les routes directes se sont ouvertes, on s'est mis à aller au plus court. Entre Paris et Singapour, la route passe maintenant par les Pays-Bas, le Danemark, la Finlande, la Sibérie, puis la Mongolie et la Chine.

Routes polaires

Certaines routes particulières passent à la verticale du pôle Nord. L'une de ces routes a longtemps été pratiquée par Air France sur la ligne Tokyo-Paris. Elle est un peu plus longue que la route normale, mais le terrain de Tokyo-Narita était alors fermé dans la soirée à une heure butée (à cause des riverains) et Paris-CDG était, pour les mêmes raisons, ouvert le matin seulement à partir d'une autre heure butée – ce qui entraînait une durée minimale réglementaire du vol, d'où un rallongement du temps de vol et un passage par le pôle.

J'ai moi-même survolé le pôle Nord en vol d'essai en MD-11. Ce n'est pas spécialement spectaculaire. C'est tout blanc. Je posai un jour la question : « Savez-vous quelle est la route à prendre pour aller du pôle Nord à Yuma [Arizona] ? » Mon interlocuteur est resté perplexe. La bonne réponse est : « La route sud, 180 degrés. » En effet, quelle que soit la destination, on quitte toujours le pôle Nord avec une route plein sud.

Rudder travel

Parmi les gouvernes classiques (ailerons, profondeur, direction), la gouverne de direction mérite une attention particulière. En vol normal, cette gouverne n'est pas d'une grande utilité pour les avions commerciaux. Contrairement à ce qui se passe sur les avions légers, le virage, en conditions de vol normales, ne nécessite pas d'action au palonnier. Le peu d'action qui pourrait être nécessaire est en général appliqué automatiquement par un système coordonnateur automatique.

C'est dans des conditions particulières, essentiellement au décollage, que la direction a un rôle essentiel. En cas de panne d'un moteur au décollage, alors que les moteurs sont à poussée presque maximale, l'avion subit une embardée que le pilote doit contrer. Seule une action énergique au palonnier permet de bloquer cette embardée. La gouverne de direction est dimensionnée pour permettre ce contre dans de bonnes conditions.

Que se passerait-il si, en vol de croisière à grande vitesse, le pilote pouvait braquer à fond la gouverne de direction d'un côté ? La réponse ne fait aucun doute : la direction étant largement dimensionnée (à cause de la panne au décollage dont on parle prédédemment), la force transversale serait si forte qu'il y aurait rupture immédiate de la direction elle-même ou du fuselage. La solution à ce problème pourrait être de seulement prévenir les pilotes d'avoir à éviter des braquages importants en croisière. On préfère en général anticiper sur une faute du pilote et limiter artificiellement la course possible de la direction à grande vitesse. Le dispositif limiteur est le *rudder travel limiter*, plus simplement *rudder travel.*

Généralement, il y a plusieurs limitations successives de course de la direction quand la vitesse augmente. Il est hélas difficile de délimiter avec précision pour quelles vitesses un plein débattement est nécessaire, et pour quelles vitesses il faut le limiter.

En 2001, un Airbus A300-600 au décollage de New York passa dans la turbulence de sillage d'un gros-porteur qui avait décollé un peu avant lui (voir *Turbulence de sillage*). Sa vitesse était critique, au point que le *rudder travel* avait commencé son action limitative, mais la direction pouvait encore avoir un débattement important. Le pilote contra le mouvement provoqué par le sillage en actionnant fortement son palonnier, à droite puis à gauche. Cette action importante suffit à rompre la dérive verticale. L'avion s'écrasa, tuant tous ses occupants et plusieurs personnes au sol.

S *comme...*

Sécurité et sûreté

La sécurité et la sûreté vont toutes deux dans le même sens, qui est d'assurer aux passagers des avions commerciaux des vols avec un minimum de risque. Mais elles relèvent de deux domaines très différents.

La sécurité a pour but la diminution des risques d'occurrence des anomalies d'exploitation involontaires, en optimisant les avions et leurs cockpits, en entraînant et en suivant les équipages tout au long de leur carrière, en améliorant les procédures et les matériels de survie en cas de problème. La sûreté consiste à tenter d'empêcher des actions illicites volontaires : attentats et détournements d'avion, par exemple. On notera que les termes anglo-saxons pour ces concepts sont respectivement « *safety* » pour la sécurité et « *security* » pour la sûreté...

Détournements et attentats

Sans doute à cause d'un manque général de vigilance, il y a eu, au cours des années 1950-2000, de nombreuses actions illicites dans les vols commerciaux. Il n'est pas possible d'en faire ici une présentation exhaustive.

On se bornera à quelques anecdotes significatives.

L'un des détournements les plus spectaculaires des dernières années a sans doute été celui de l'avion d'Air France à Entebbe (Ouganda) en juillet 1976. Spectaculaire davantage par son dénouement que par l'acte de piraterie en lui-même. Lorsque l'avion s'est retrouvé aux mains des pirates sur l'aérodrome ougandais, le dictateur local, Idi Amin Dada, avait pris le parti des pirates. Les Israéliens, qui comptaient nombre de leurs ressortissants parmi les passagers, réussirent un coup de force en faisant atterrir discrètement, de nuit, des commandos sur l'aérodrome, avec une fausse voiture présidentielle et un sosie du dictateur pour tromper les gardiens et les terroristes. Tous les passagers furent évacués, à l'exception d'une vieille dame qui mourut à l'hôpital de Kampala.

À la veille de Noël 1994, sur l'aérodrome d'Alger, des intégristes musulmans prirent le contrôle d'un A300 d'Air France à destination de Paris. Les autorités algériennes l'empêchèrent de partir pendant plus de vingt-quatre heures, pendant lesquelles plusieurs passagers furent froidement exécutés. Alger autorisa enfin l'avion à décoller. Il prit la destination de Marseille, où il fallait compléter le plein de carburant, insuffisant selon l'équipage pour atteindre Paris. Les autorités françaises firent mine d'accepter les conditions des terroristes, et en particulier de ravitailler l'avion en carburant. Profitant de la fatigue des pirates – tactique systématiquement utilisée dans ce type de situation –, des troupes de choc de la gendarmerie (le GIGN) donnaient l'assaut et se rendaient maîtres de l'appareil. Air France a refusé ensuite, pendant des années, d'assurer tout vol vers l'Algérie.

Au milieu des années 1980, on commençait déjà à prendre davantage de précautions lors de l'embarquement des passagers : vérification approfondie des identités, passage des bagages de cabine (et des passagers) sous un portique de détection aux rayons X, reconnaissance des bagages de soute en cas de non-présentation à l'embarquement d'un passager ayant enregistré des bagages. J'ai retenu deux anecdotes mineures de cette époque.

La France avait livré à un pays africain deux portiques pour le contrôle des passagers. Nous avons eu la surprise de les voir installés à l'envers, pour le contrôle des passagers débarquant. Les autorités nous ont répondu que, installés ainsi, les portiques permettaient de vérifier que personne n'introduisait d'arme dans le pays en vue d'un coup d'État.

Lors d'un départ d'un autre pays africain, un passager qui avait enregistré des bagages de soute n'avait pas embarqué dans l'avion au moment de la fermeture des portes avant le départ. Conformément aux procédures, une reconnaissance bagages fut effectuée, qui consistait à débarquer les bagages de soute, à les aligner sous l'avion, et à les faire défiler devant les passagers, chacun reconnaissant ses propres bagages. La reconnaissance terminée, tous les passagers ayant rejoint leur siège, environ 3 tonnes de bagages restaient à terre. Une enquête permit de découvrir le pot-aux-roses. Un « gang » de bagagistes, pour moitié en Afrique, pour moitié en France, faisait transporter à des tarifs compétitifs du fret rangé dans des valises et chargé puis déchargé hors de tout contrôle dans des avions commerciaux. Au risque de surcharge au décollage pouvant entraîner un accident.

À la suite du 11 septembre 2001

Au lendemain des attentats du 11 septembre 2001, au cours desquels des avions commerciaux furent détournés par des terroristes et précipités sur le World Trade Center de New York et le Pentagone de Washington (voir *Bâtiments*), le monde de l'aviation commerciale a accordé une attention renouvelée aux problèmes de sûreté. On a proposé pêle-mêle d'armer les pilotes, de verrouiller les portes de cockpit par des fermetures actionnées de l'intérieur, de supprimer les haches mises à la disposition de l'équipage pour sortir de l'avion en cas de crash, d'embarquer des agents de sûreté mêlés aux passagers... Sans prendre position sur des solutions encore en pleine mouvance quelques années après ces attentats, on a pu imaginer des accidents fictifs dans lesquels des solutions hâtives aux problèmes de sûreté pouvaient créer de sérieux problèmes de sécurité. Car le mieux peut parfois être l'ennemi du bien. Les « solutions » aux problèmes de sûreté imaginées ci-dessous sont brutales et sans nuance. Elles correspondent aux premières réactions après le 11 septembre. Les solutions finalement retenues seront plus nuancées.

Accident imaginaire n° 1 : On a décidé que les portes de cockpit, blindées, ne pouvaient être ouvertes que de l'intérieur du cockpit et devaient être fermées en vol, sauf nécessité absolue. Dans ce premier accident imaginaire, le copilote a un besoin physiologique naturel en vol de croisière. Il quitte son siège, va aux toilettes, laissant le commandant de bord seul dans le cockpit pour quelques instants. Il referme la porte derrière lui en sortant. Dans les secondes qui suivent, le commandant a une crise cardiaque et meurt. Cette éventualité ne peut être exclue (voir *Équipage de conduite*). Quand le copilote veut rejoindre son poste, il ne peut accéder au cockpit, verrouillé de l'intérieur. L'avion continue son vol de croisière avec le pilote automatique. Seule solution : il faut fracturer la porte. Mais elle est blindée et il n'y a plus de hache à la disposition du PNC. Impossible de reprendre le contrôle de l'avion, qui continue, en perdition, jusqu'à épuisement de son carburant. Une telle situation s'est effectivement produite dans les années 1950, mais en dehors du cadre de la sûreté. Les premiers pilotes automatiques avaient été introduits dans les avions commerciaux depuis peu. Au-dessus de l'Afrique, les deux pilotes d'un vol commercial, après avoir branché le PA en mode croisière, étaient allés parader en cabine, expliquant aux passagers que l'avion volait tout seul. La suite avait été la même que celle contée ci-dessus, à un détail près : la porte du cockpit avait claqué et s'était verrouillée. Mais les pilotes avaient pu utiliser la hache, accessible, pour retourner, penauds, dans le cockpit.

Accident imaginaire n° 2 : On a décidé que les pilotes devaient être armés, selon les recommandations du Syndicat des pilotes de ligne américains, et avec l'approbation de la National Rifle Association. Dans ce deuxième accident imaginaire, un pirate a réussi à faire irruption dans le cockpit et a placé un couteau sur la gorge du commandant de bord. Le copilote, profitant d'une seconde d'inattention du pirate, sort son arme et fait feu vers lui, mais il le manque. Il ne manque toutefois pas la large vitre latérale. Il y a une décompression brutale qui met hors d'état d'agir le pirate, mais aussi les deux pilotes, assommés. L'avion se met rapidement en position de décrochage et part en vrille jusqu'au sol, où il s'écrase.

Accident imaginaire n° 3 : Le troisième accident imaginaire ressemble au précédent, à ceci près que le copilote n'est pas armé. La tentative du pirate se situe peu après le décollage, en montée initiale, aux alentours de 5 000 pieds (1 500 mètres) d'altitude, à vitesse intermédiaire.

Lorsque le commandant de bord est menacé par le pirate, le copilote décide une action brutale aux commandes destinée à le déséquilibrer : il lance au palonnier un fort doublet au pied (à fond à gauche, puis à droite). Le pirate perd l'équilibre et tombe sur le plancher du cockpit. Mais la dérive de l'avion se rompt sous les efforts alternés excessifs qui lui sont appliqués, et l'avion, incontrôlable, va s'écraser. Une telle rupture de dérive s'est produite en novembre 2001 après le décollage de New York, dans des conditions analogues à celles décrites ci-dessus – au pirate près. La cause de l'action au palonnier était un déséquilibre dû au passage dans le sillage d'un autre avion (voir *Rudder travel*).

Depuis le 11 septembre 2001, certains pays (dont essentiellement les États-Unis) ont envisagé la possibilité de faire abattre un avion commercial aux mains de terroristes, pour éviter un nouveau drame comme celui du World Trade Center. Une controverse s'est ouverte à ce sujet, qui n'est pas achevée. Qui pourrait prendre la décision ? Sur quels critères ? Avec quels délais ? Nul n'a encore donné la réponse à ces questions.

Simulateur de vol

Pour éviter des heures de vol d'entraînement qui coûtent très cher, on a imaginé très tôt (après la Seconde Guerre mondiale) d'entraîner les équipages à terre dans des machines simulant au mieux les cabines d'avion, que l'on a appelées « simulateurs de vol ».

Le cockpit d'un simulateur de vol moderne est la copie rigoureuse de celui de l'avion simulé. Les instruments et les commandes sont reliés à un ordinateur dans lequel ont été insérées les équations du vol de l'avion, ce qui fait que le simulateur peut calculer à chaque instant ce que seraient les mouvements de l'avion réel. Un instructeur, installé derrière l'équipage à l'entraînement, peut afficher sur une console la position géographique simulée de départ du vol, ainsi que les conditions météorologiques souhaitées (vent, visibilité, plafond, turbulence) et les pannes.

Les tout derniers simulateurs sont si performants et présentent un environnement si proche du vol réel que la qualification d'un pilote sur un avion nouveau est souvent acceptée avec du simulateur seul, sans séance de maniabilité sur l'avion réel. On parle de « *zero-flight-time type rating* » (*type rating* étant la qualification de type).

Les simulateurs élémentaires

Pour le tout début d'apprentissage d'un avion nouveau, on peut, pour éviter des dépenses inutiles, passer par des simulations plus élémentaires. On peut tour à tour utiliser : un *cockpit trainer*, qui se contente de présenter une cabine de pilotage inerte dans laquelle tous les composants sont représentés sans être actifs (on y apprend la localisation des composants), ou un simulateur plus complet, interactif, dans lequel on peut traiter des pannes, voire effectuer des séquences de vol. On peut y pratiquer toutes les procédures liées à l'avion. N'y manquent que la visualisation et le mouvement. On appelle parfois ces simulateurs les FBS (Fixed Base Simulators).

Les simulateurs complets

Pour acquérir la totale maîtrise du vol sur l'avion, on utilise des simulateurs capables de restituer la totalité de l'ambiance du vol, vision sur le monde extérieur et mouvements inclus. De tels simulateurs sont dits FFS (Full Flight Simulators).

Les perfectionnements qui donnent au simulateur tout son réalisme sont le mouvement et la visualisation. Le simulateur est une cabine montée sur vérins, lesquels lui impriment des mouvements propres à donner à l'équipage des sensations correspondant au vol. Les accélérations étant difficilement simulables, on les remplace par des inclinaisons. Ainsi, un fort freinage au sol est simulé par une inclinaison vers l'avant. Les pilotes ne la voient pas mais ont l'impression d'être projetés vers l'avant comme au freinage (voir *Médecine aéronautique*). Concernant la visualisation, on place sur le pare-brise de larges écrans de télévision sur lesquels est reproduit le paysage extérieur : l'aéroport et les pistes au sol, le paysage extérieur en vol et la piste en finale. Cette reproduction était initialement (jusque dans les années 1980) faite à partir d'un paysage miniature au-dessus duquel se déplaçait une minicaméra asservie à l'ordinateur calculant les attitudes et déplacements de l'avion. Maintenant, une vidéo synthétique 3-D, générée par l'ordinateur, remplace ce système devenu caduc.

Simulateur d'essai

Au cours du développement d'un nouvel avion, avant la construction du premier prototype, on utilise, pour finaliser le cockpit, un simulateur d'essai. On y étudie l'ergonomie du poste, la configuration de certains instruments. Ces simulateurs n'ont généralement ni mouvement ni visualisation. On considère que les pilotes d'essai ont suffisamment d'expérience et d'imagination pour passer outre ces détails. Au tout début de la conception d'un nouveau cockpit, les différentes manettes sont en bois, les instruments sont des dessins ou des photos d'instruments (à l'échelle 1/1) collés à l'emplacement prévu. Les pilotes d'essai, dans leur siège, vérifient la lisibilité et l'accessibilité de tous les composants du cockpit, suggérant de modifier la forme d'une manette ou la position d'un instrument.

Souffleries

Lorsqu'on conçoit un avion nouveau, on commence par le dessiner. C'est le stade de la planche à dessin du bureau d'études. Cette phase était jadis conduite avec de vrais papiers et de vrais crayons sur une vraie planche à dessin. Aujourd'hui, le travail est réalisé à l'ordinateur, et le nouvel avion est dessiné en trois dimensions. Il apparaît à l'écran, on peut le faire tourner dans toutes les directions, le retoucher, le remodeler jusqu'à ce qu'il donne satisfaction (voir *Trois-D*). Ensuite, on procède à la modélisation. On construit une maquette de l'avion et on s'emploie à vérifier que les performances aérodynamiques espérées sont atteintes. Bien que les moyens de calcul numériques modernes permettent de prévoir, avec une marge d'erreur limitée, les performances aérodynamiques de l'avion en projet, il faut parfois (il fallait systématiquement jadis) avoir recours aux essais en soufflerie.

Souffleries subsoniques

Une soufflerie est une veine d'air, un tunnel (d'ailleurs, les Anglo-Saxons l'appellent « *wind tunnel* ») dans lequel le vol est reproduit avec le vent relatif de l'air sur l'avion. Mais, alors qu'en vol réel l'air est fixe et l'avion mobile, ici, c'est l'avion qui est fixe et l'air qui est mobile. Les toutes premières souffleries étaient le plus large possible. Il y en avait une à Modane en France, dont la veine d'air faisait plus de dix mètres de largeur sur presque autant de hauteur. Le site avait été choisi dans les Alpes pour la pureté de son air. On pouvait y placer de vrais avions (légers), sans avoir besoin de recourir à leur maquette. La veine d'air était mise en mouvement par une batterie d'hélices. Ces hélices étaient installées à la sortie de la veine d'air. Elles aspiraient l'air en sortie de veine au lieu de le pousser vers l'avion en début de veine, afin de diminuer les risques de turbulence dans la section de mesure.

On a essayé de nombreux avions à Modane. Puis la taille des avions augmentant, il a fallu passer aux maquettes et à des souffleries plus petites et plus maniables. La soufflerie de Modane a survécu aux avions, pour lesquels elle avait été conçue. On y a plus tard testé des voitures, et même des skieurs (nature de la matière servant aux combinaisons, attitude du skieur en recherche de vitesse). J'ai souvenir d'essais de la position dite « de l'œuf » dans les années 1960. Le skieur était immobile au milieu de la veine d'air, sur des dispositifs de mesure de traînée. Ce qui me fait d'ailleurs penser à un dessin de Chaval représentant un skieur en position de l'œuf, immobile sur un terrain plat comme le sol de la soufflerie ; le dessin s'appelait « *L'Œuf sur le plat* ».

Les souffleries ont ensuite pris des tailles plus modestes. On y a essayé des maquettes d'envergure limitée à quelques dizaines de centimètres, 1 mètre au maximum. À la surface des maquettes étaient percés des trous minuscules qui servaient aux capteurs de pression. On parvenait ainsi à définir avec précision le profil de répartition des dépressions et des surpressions autour d'une voilure (figure ci-contre), la traînée d'une aile ou d'un fuselage.

Les souffleries verticales ont une destination particulière : elles servent à étudier les vrilles. L'air y est aspiré verticalement, vers le

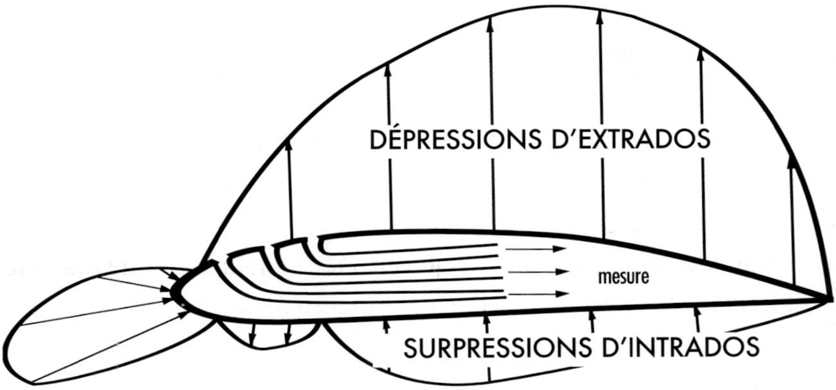

haut, et on y fait descendre en vrille une maquette (en fait immobile, car c'est l'air qui monte) (voir *Vrille*).

Souffleries supersoniques

Lorsqu'on veut étudier en soufflerie la maquette d'un avion supersonique, il faut accélérer la veine d'air à une vitesse supersonique. Ce qui pose des problèmes technologiques évidents. On est conduit à diminuer la section des veines d'air et, corrélativement, celle des maquettes. Les souffleries classiques (subsoniques et supersoniques) sont à veine continue, c'est-à-dire qu'elles débitent l'air en circuit fermé (A sur la figure ci-dessous). Les mesures peuvent durer le temps voulu.

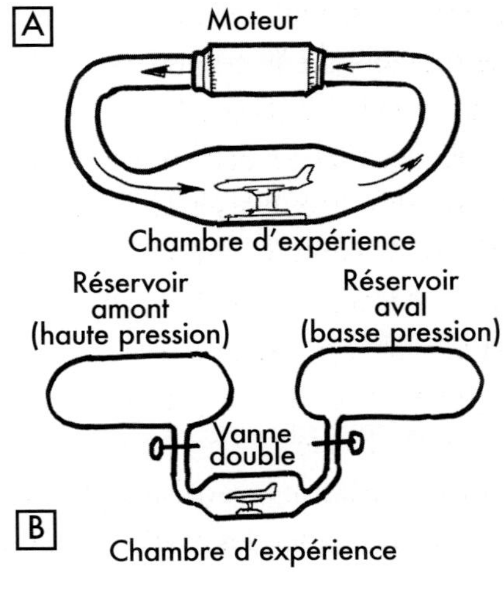

Il faut parfois avoir recours à des souffleries dites « à rafale ». Dans les souffleries à rafale (B), on remplit d'air sous haute pression un réservoir (à gauche) et on fait un vide poussé dans un autre (à droite). À l'ouverture d'une vanne double (sortie de la haute pression, entrée de la basse pression), l'air va du premier réservoir vers le second en traversant la zone de mesure en supersonique. Il est ainsi possible d'atteindre des nombres de Mach plus élevés. Mais la durée de la mesure est limitée.

Souffleries hypersoniques

Lorsqu'on veut atteindre des nombres de Mach très élevés (Mach 5 ou Mach 8), même la rafale ne suffit plus. Il faut de plus catapulter la maquette dans la rafale pour pouvoir additionner les vitesses de la rafale et de la maquette, qui est un véritable obus. J'ai assisté au tir de telles maquettes à Ames (États-Unis). Le problème majeur est de synchroniser rafale et maquette et d'avoir les instruments de mesure (externes) bien placés au point de rencontre des deux.

Suicide

Un article « Suicide » ne devrait pas avoir sa place dans un ouvrage sur l'aviation. Pourtant, on connaît des accidents dans lesquels la question du suicide a été au moins posée.

Suicide d'un pilote de chasse

Si un pilote de chasse décide de se suicider aux commandes de son avion, nul n'en saura rien – sauf s'il l'annonce par ailleurs, mais il n'y a pas, à ma connaissance, de tels cas. Si un pilote du transport commercial décide de se suicider aux commandes de son avion, la question qu'il faut d'abord se poser est de savoir si le terme qui convient est bien « suicide ». Il s'agit plutôt d'un meurtre. En effet, le pilote qui commet un tel acte entraîne dans sa mort l'équipage et tous les passagers. La chose prend alors un aspect particulièrement odieux. Et pourtant, il y a des cas connus de tels actes, confirmés ou probables. Qui restent heureusement très rares.

En avion commercial

Que l'on ne s'attende pas à trouver ici une analyse exhaustive de tous les suicides aériens. D'abord parce que, comme pour les avions d'armes, certains accidents inexpliqués concernant les avions de ligne peuvent être dus à des suicides de pilotes. Ensuite parce que, lorsqu'un doute existe, il faut rester prudent dans ses analyses. Les quelques cas cités ci-dessous sont donc cités sous toutes réserves.

Il n'y a pas d'aérofreins aérodynamiques sur le DC-8. Pour réduire la vitesse de l'avion en vol, on peut sortir des *reverse* (dispositifs de réversion de poussée des moteurs) sur ralenti (voir *Inversion de poussée*). En plus d'une brutale réduction de vitesse, cela a pour effet de faire plonger l'avion vers le sol, sauf à contrer sans délai le moment piqueur induit. Cette utilisation des *reverse* est d'ailleurs peu pratiquée, car elle entraîne de fortes vibrations, désagréables pour les passagers. Au début des années 1960, le commandant de bord d'un DC-8 en courte finale vers un aérodrome côtier sortit les *reverse* sans prévenir. L'avion, à quelques dizaines de mètres de la surface, a brutalement piqué, avant que le copilote ait eu le temps de réagir. Il y a eu de nombreux morts à l'impact sur l'eau. L'enquête a conclu au suicide. Dans les investigations qui ont suivi, on a trouvé que ce commandant de bord avait déjà été arrêté de vol et soigné pour troubles psychiques. Il venait juste de reprendre ses vols après un ultime examen au cours duquel les médecins l'avaient déclaré apte.

On a parlé par ailleurs du cas d'un avion de ligne moyen-courrier biturbopropulseur à équipage mixte, le commandant de bord étant un homme, la copilote étant une jeune femme. L'avion étant en vol vers 2 000 mètres, le commandant de bord a poussé à fond sur le manche, mettant l'avion en piqué prononcé. La jeune femme a tenté de contrer son action, mais elle n'avait pas assez de force. Elle a supplié son commandant de bord d'interrompre son action suicidaire. Elle n'y est pas parvenue (voir *Femmes en aviation*). Il n'y a pas eu de survivant.

Les *kamikaze*

Il y a aussi les *kamikaze*, c'est-à-dire ceux qui jettent leur avion sur une cible sachant qu'ils vont mourir, mais en essayant de faire subir un maximum de dommages à ceux qu'ils visent. Dans cette catégorie un peu à part, il y a les « vrais » *kamikaze*, les pilotes de chasse japonais qui précipitaient leur avion, bourré d'explosifs, sur les bateaux de guerre américains dans le Pacifique. La plupart d'entre eux étaient jeunes, avec une expérience du vol extrêmement réduite. Le résultat de leurs attaques a été dans l'ensemble limité. Citons cette anecdote du pilote qui venait de se faire licencier au Botswana et qui a décollé seul, sans autorisation, sur l'un des trois ATR-42 de sa compagnie. Après trois heures de discussions infructueuses à la radio, arrivant au bout de ses réserves en carburant, il avait demandé qu'on évacue tous les êtres vivants des parkings. Puis avait précipité son avion sur les deux autres ATR-42 de la compagnie.

En 1987, un employé d'une compagnie aérienne, récemment licencié, voulait lui aussi se venger. Il n'était pas pilote. Il embarqua dans un BAe-146 de la compagnie et se fit accepter en poste de pilotage. Il verrouilla ensuite la porte du cockpit, tua froidement les deux pilotes et poussa sur les manches. L'avion s'est écrasé, tuant les 43 occupants.

Il y a enfin les attentats du 11 septembre 2001 aux États-Unis, qui revêtent un aspect particulier par leur contexte politique (voir *Bâtiments*).

Ceci est l'histoire d'un mécanicien navigant d'une compagnie spécialisée dans le fret international. Sa femme venait de le quitter, il était menacé d'un licenciement prochain à la suite d'une faute professionnelle grave. Il avait décidé de prendre une forte assurance vie pour ses enfants et de se suicider. C'était en 1994. Plutôt que d'attendre d'être désigné dans un équipage de la compagnie, il avait choisi de partir en passager – cela était possible pour les membres de la compagnie, en avion-cargo, sur un siège de service. Il avait choisi un avion partant de la base principale de la compagnie, avec un équipage vulnérable : vieux commandant de bord et mécanicien ancien, jeune femme copilote. Le scénario était de tuer les trois membres d'équipage à l'arme blanche (marteau et harpon), puis de prendre les commandes et précipiter l'avion sur le siège de la compagnie – avec la prime d'assurance à la clé. Par malchance pour l'organisateur, l'équipage fut remplacé au dernier moment par trois gaillards en pleine forme. Après le décollage, le « suicidaire » agressa l'un des trois membres d'équipage (fracture multiple du crâne) et blessa les deux autres. Dans la bagarre, il fut lui-même blessé et immobilisé ; l'un des pilotes réussit à poser l'avion en catastrophe. L'avion s'immobilisa sur la piste parmi les ambulances et les voitures de police. Les trois membres d'équipage avaient survécu, mais l'un resta handicapé à vie. Le suicidaire fut condamné à la prison à perpétuité.

Citons aussi l'histoire du pilote qui s'est tiré une balle derrière la tête sans être armé... Cette histoire est assez extraordinaire. Encore qu'il ne s'agisse pas vraiment d'un suicide, même si c'est la victime qui avait appuyé sur la détente… Il s'agit d'un pilote de chasse qui faisait du tir air-air au canon sur une cible remorquée par un autre avion – pratique courante dans l'entraînement des pilotes de chasse, surtout dans les années 1960-1970. Tout cela se déroule en l'air, aux alentours de 10 000 mètres d'altitude. Ce pilote avait effectué une passe de tir en piqué sur sa cible, au cours de laquelle il avait tiré une vingtaine d'obus. Puis, approchant rapidement de la cible, il avait amorcé un piqué accentué pour passer dessous, ce qui l'avait amené vers 3 000 mètres, loin en avant du lieu du tir, en ressource pour stabiliser son altitude. Il reçut alors une rafale venant de son arrière, qui avait touché l'avion en différents points. Un obus avait même atteint la verrière de l'avion, ne blessant pas, par chance, le pilote. On a cherché longtemps à savoir quel était l'avion responsable de cette fâcheuse rafale. Avant de s'apercevoir que cette rafale était celle que l'avion lui-même avait lâchée dans sa passe de tir. La couleur des balles ne laissait aucun doute. Dans les entraînements au tir air-air, chaque pilote avait des obus de couleur différente pour le calcul des résultats, une même cible étant utilisée

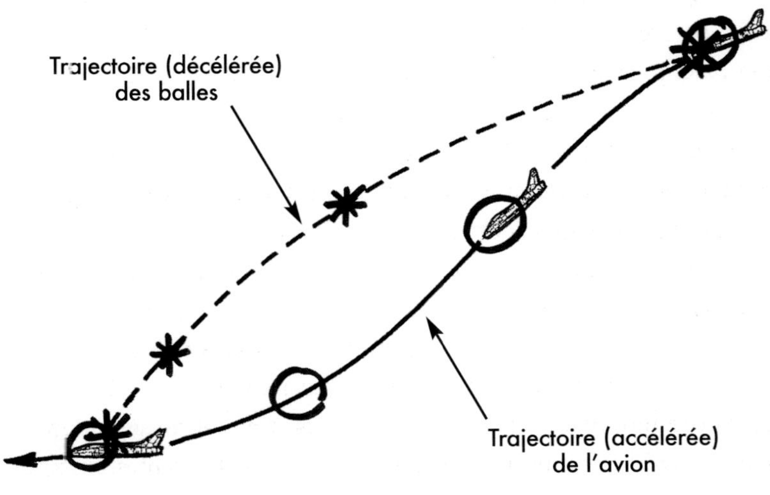

pour plusieurs tireurs. Dans son piqué très prononcé, l'avion était passé sous les obus qu'il venait de tirer (ceux-ci ayant rapidement atteint leur vitesse limite alors que lui continuait à accélérer). Dans la ressource qui avait suivi, l'avion avait traversé la trajectoire de la rafale, qui l'avait atteint de plein fouet. La figure page précédente montre les positions relatives de l'avion et des balles.

Surréservation

La surréservation (*surbooking* en terminologie anglo-saxonne) est le principe qui consiste à vendre plus de places que l'avion n'en contient. Il est évident, à première vue, qu'il s'agit d'une pratique condamnable. Et pourtant…

Pourtant, si les compagnies aériennes s'en tenaient à la stricte logique, elles feraient rapidement faillite. En effet, considérons un avion de 300 places. La vente des billets sur le vol que doit effectuer cet avion commence à J – 6 mois (J étant la date programmée du vol). Si la compagnie se borne à mettre en vente 300 billets pour ce vol, elle peut très bien les avoir tous vendus à J – 3 mois et fermer ses ventes. Le jour J, seuls 110 passagers se présentent au départ du vol. Les 190 passagers manquants (appelés *no-show* dans le jargon du métier) n'auront pas annulé leur réservation, car un billet non utilisé reste valable. La compagnie va perdre de l'argent, alors que de nombreux clients se seront présentés dans les derniers mois, à qui on aura annoncé que le vol était complet.

Une analyse statistique montre que, si on veut avoir un avion plein le jour du départ, il faut vendre plus de billets que l'avion n'a de places. Alors les compagnies mettent en vente 600 billets pour 300 places à J – 6 mois. Puis elles « pilotent à vue », rétrécissant progressivement le nombre de places en vente (par exemple, 500 places à J – 4, 400 à J – 2...). Avec ce procédé, on a des chances d'avoir un avion plein au départ. Et cela fonctionne sans problème dans plus de 95 % des cas.

Bien entendu, il arrive parfois que se présentent au départ plus de passagers qu'il n'y a de places dans l'avion. Dans ce cas s'engage une négociation. Je ne résiste pas à l'envie de raconter ce qui se passe alors. Dans un premier temps, dès que les responsables s'aperçoivent qu'il va y avoir plus de passagers que de places, ils repèrent dans la file d'attente des jeunes qui, de toute évidence, rentrent de vacances. À ceux-là, il suffit en général de proposer une nuit d'hôtel et un bon dîner : ils sont prêts à attendre le vol du lendemain. Comme ils ont voyagé au cours de leurs vacances dans des conditions difficiles, un hôtel et un bon repas sont pour eux une aubaine. Si cela ne suffit pas, les responsables s'adressent à des couples plus âgés. Des retraités qui n'ont pas d'impératif de date. À ceux-là, il faut proposer un hôtel quatre-étoiles, un grand restaurant, voire un spectacle dans la soirée. Si cela ne suffit toujours pas, il faut proposer en plus une somme d'argent et faire monter lentement les enchères, en s'assurant que les premiers démissionnaires se sont éloignés, pour ne pas faire de jaloux. À ce stade, il arrive que l'on joue, comme dans un jeu radiophonique, à quitte ou double : si les passagers sollicités attendent trop, d'autres passagers empocheront la prime, et il faudra partir sur le vol, en regrettant peut-être une bonne affaire… Et puis, en extrême limite, les responsables de la compagnie se retrouvent devant des irréductibles qui veulent tous partir, sans accepter la moindre concession. Dans ce cas, on refuse l'accès à bord aux derniers arrivés, avec le risque d'un procès, dans lequel la compagnie part perdante. C'est pour cette raison que, si on veut être sûr de partir sur un vol donné, il vaut mieux arriver à l'aéroport avec deux heures d'avance.

En 2004, la Commission européenne, saisie du problème, a fixé des amendes forfaitaires – fonction de la longueur du trajet projeté – à verser par les compagnies en cas de refus d'embarquer un passager pour cause de surréservation. Il est peu probable que cela suffise à régler définitivement les problèmes, l'abandon pur et simple du principe de la surréservation n'étant pas envisageable pour les compagnies, pour les raisons exposées plus haut. Au moins les passagers auront-ils une base de négociation juridique. Mais les forfaits prévus par la convention de l'OACI en cas d'accident n'ont pas empêché les poursuites en justice par des ayants droit de victimes insatisfaites.

Survie

Quand on passe sa vie à prendre des risques, on s'expose à se trouver peut-être un jour dans des situations difficiles dans lesquelles il faudra tenter de survivre. En fait, même quand on est seulement pilote de ligne, il faut se préparer aux situations extrêmes et connaître les procédures de survie. Pour soi et pour les autres.

Sur terre

C'est surtout pour les avions militaires que se pose la question de la survie sur terre. Durant mes années d'escadre, j'ai survolé des terres hostiles. J'ai survolé le Sahara lors de campagnes africaines en Vautour. Pire, j'ai survolé la jungle birmane, toujours en Vautour, lors de manœuvres en Thaïlande. Pour ces survols, nous avions dans notre siège éjectable un paquetage appelé « Sater » (acronyme de SAuvetage sur TERre), avec des moyens de signalisation, héliographes et fusées, et des moyens de survie, rations alimentaires, boissons et purificateurs d'eau, médicaments.

À propos des héliographes, il me vient une anecdote. Ces petits miroirs, percés d'un trou de visée, permettaient de renvoyer un éclat de soleil vers les avions survolant les lieux. Je n'y ai jamais cru. Jusqu'au jour où, à la fin des années 1990, une hôtesse de repos sur un vol transatlantique britannique regardait distraitement l'océan, à 10 000 mètres en dessous. Elle aperçut un éclat sur l'eau, puis deux, puis une série. Intriguée, elle alla voir le commandant de bord, qui dut se rendre à l'évidence : il s'agissait de signaux de détresse. Les organismes du contrôle furent prévenus, prévinrent à leur tour les moyens de recherche, qui trouvèrent finalement le *dinghy* d'un voilier de plaisance qui avait fait naufrage, à 1 000 milles de toute terre habitée.

Pour récupérer les aviateurs en difficulté tombés lors d'opérations militaires, les Américains ont mis au point un dispositif original : l'aviateur tombé gonfle à l'hélium un ballon qu'il laisse monter au-dessus de lui en s'y attachant par un solide câble. Un avion spécialement équipé, un C-130 Hercules, dispose d'une « pince » à l'avant qui vient saisir en se refermant sur lui le câble tendu au-dessus du naufragé, puis le hisse à bord. La figure ci-dessous montre l'avion en approche sur le câble, pince ouverte, juste avant la saisie.

RÉCUPÉRATION D'UN NAUFRAGÉ
PAR UN C-130

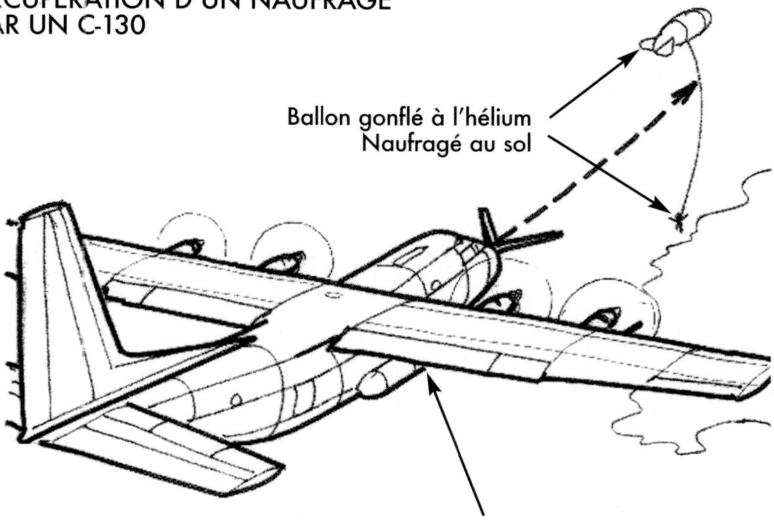

La question de la survie sur terre ne se pose pas pour les avions commerciaux. Encore que… Voici deux accidents dans lesquels le problème de la survie s'est posé avec plus ou moins d'acuité. Il y a cet accident survenu dans les Andes en 1972, dans lequel les passagers d'un Fokker FH-227 ont survécu de longues semaines dans la neige en… mangeant le corps des passagers décédés et congelés par le froid (voir *Football*). Il y a également cet autre accident (voir *Football*) survenu au Brésil un jour de demi-finale de qualifications à la Coupe du monde de football. Après une gestion du vol désastreuse, l'équipage avait dû, à court de carburant et hors de tout contact radio, se poser en pleine forêt vierge amazonienne.

Heureusement, tous les avions commerciaux sont équipés de balises de détresse, qui émettent automatiquement des signaux d'alerte en cas de crash (voir *Urgence et détresse*). Dans cet accident, la balise avait bien fonctionné et l'avion avait pu être repéré dans les quarante-huit heures. Plusieurs passagers avaient été tués à l'impact. Mais de nombreux autres avaient survécu et furent récupérés après deux jours de survie dans la jungle.

En mer

Si un avion commercial doit se poser en détresse sur l'eau, tout aura été fait pour la survie de l'équipage et des passagers. Chacun a un gilet de sauvetage avec sifflet et lampe de signalisation, il y a des canots de sauvetage pour tout le monde. L'avion pouvant flotter pendant un certain temps après l'amerrissage, le PNC est entraîné pour faire évacuer tous les occupants dans de bonnes conditions. Dans le cadre de mes entraînements périodiques de survie en tant que commandant de bord, j'ai sauté plusieurs fois dans une piscine pour m'entraîner à de telles opérations, dites « opérations SAMAR » (pour SAuvetage MARitime). De tels amerrissages forcés sont rares. J'ai toutefois eu à enquêter sur l'un d'eux, qui était survenu sur un Boeing 767 détourné par des pirates au-dessus de l'océan Indien (voir *Amerrissage*).

Syndromes

Selon le Larousse, un syndrome est « un ensemble de plusieurs symptômes ou signes en rapport avec un état pathologique donné et permettant, par leur groupement, d'orienter le diagnostic ». Dans l'aviation commerciale, on a identifié ces dernières années deux syndromes qu'il convient de connaître quand on pratique cette aviation.

Syndrome de la classe touriste

On a découvert, à la fin du millénaire, une maladie spécifique aux avions commerciaux : le « syndrome de la classe touriste ». Le principe d'apparition de cette maladie est le suivant : les vols intercontinentaux sont de plus en plus longs (ils atteignent et souvent dépassent quinze heures) alors que le confort des sièges en classe touriste ne s'améliore que très peu. Il y a de plus en plus de passagers qui restent immobilisés pendant des durées de plus en plus longues. Il y a eu peu d'accidents en vol même, mais on a découvert que de plus en plus de passagers souffraient de désordres circulatoires dans les jours suivant leur vol. Certains cas sont allés en justice, il y a eu des condamnations. Le remède à cette maladie est loin d'être évident. Il est peu réaliste d'envisager dans les avions des aires réservées à la promenade. On procède à des informations, on suggère aux passagers des exercices physiques qu'ils peuvent effectuer sans quitter leur siège. Certaines compagnies aériennes, conscientes du risque que présente le syndrome de la classe touriste, projettent en vol des films expliquant comment faire une gymnastique discrète et appropriée tout en restant sur son siège. D'autres exposent les techniques dans les brochures distribuées aux passagers, pêle-mêle avec des informations touristiques et la publicité pour les articles hors taxes. Le problème reste posé et fait l'objet d'études approfondies et de symposiums internationaux.

Syndrome de Stockholm

Le « syndrome de Stockholm » s'applique quant à lui au comportement des victimes de prise d'otages, qui développent un sentiment paradoxal de confiance vis-à-vis de leurs ravisseurs. Dans l'aviation commerciale, une sorte de complicité contre nature s'établit parfois entre des pirates de l'air et les passagers de l'avion qu'ils ont détourné. Quand le détournement dure un certain temps, la cohabitation forcée et rapprochée entre pirates et victimes fait que les uns et les autres apprennent à se connaître, et que cette connaissance acquise des gestes, habitudes, comportements crée une sorte de complicité involontaire. Après quelques dizaines d'heures, voire quelques jours pour les longs détournements, on a vu des sourires échangés entre passagers et pirates, des gestes presque amicaux, et en tout cas quelque chose qui n'est plus une attitude hostile de tous les instants. Certaines conversations s'établissent, dans lesquelles on voit les passagers « comprendre » les raisons qui ont motivé le détournement. De leur côté, certains pirates qui étaient violents en début d'opération deviennent plus conciliants. Ce ramollissement des relations peut devenir un facteur important dans l'issue du détournement. Des libérations partielles d'otages permettent aux forces d'intervention qui interrogent les otages libérés de connaître des détails sur la personnalité de chaque pirate, ses habitudes, sa place habituelle à bord (cela a été le cas dans le détournement de l'A300 d'Air France à Marseille en 1994 – voir *Sécurité et sûreté*), et d'adapter leur intervention en conséquence.

T *comme...*

Temps et date

La mesure du temps et le repérage des dates sont essentiels pour un pilote. Aussi faut-il avoir les idées claires sur la question. Et ce n'est pas évident.

Unités de temps

Dans le Système international de mesures, l'unité officielle de temps est la seconde. La seconde est la durée de 9 192 631 770 périodes de la radiation correspondant à la transition entre les deux niveaux hyperfins de l'état fondamental de l'atome de césium. En fait, la définition initiale de la seconde était la 60e partie de la minute, elle-même 60e partie de l'heure, elle-même 24e partie de la journée. Mais cette définition était trop floue, sachant que les techniques modernes permettent de travailler avec une précision étonnante : on travaille à la nanoseconde près, soit une précision de 10^{-9} seconde, ou 0,000 000 001 seconde.

On peut donc retenir que le temps est l'une des grandeurs les mieux mesurables (la milliseconde est courante dans les essais en vol, comme la nanoseconde dans l'informatique liée à l'aviation moderne) et que, contrairement aux autres grandeurs pour lesquelles certains ont réussi à imposer leurs mesures barbares (pied, mille nautique, gallon, livre par pouce carré...), les unités internationales sont utilisées par tous pour la mesure du temps en aéronautique. Il est vrai qu'il n'y en a pas d'autre.

On définit donc la seconde à partir de changements d'état intra-atomiques. Les multiples pratiques de la seconde sont la minute, l'heure, le jour, l'année. Avec les complications que l'on sait, l'année ne comptant pas un nombre entier de jours. Nous n'entrerons pas ici dans les dédales du calendrier, qui sont passionnants, mais qui sortent du cadre de l'aéronautique.

Repérage du temps

Le temps est aligné sur la position du Soleil. Le temps est donc associé à un angle. Ce qui explique pourquoi les astronomes mesurent les angles en unités de temps. D'où des risques d'erreurs permanents pour les non-spécialistes : une heure correspond à 15°, une minute de temps (1 min) correspond à 15 secondes d'angle(15"). Le temps est donc aligné sur la position du Soleil. On dira qu'il est 0 heure quand le Soleil passe au méridien. Mais de quel soleil et de quel méridien s'agit-il ? Le vrai Soleil (identifié à son centre) a un mouvement irrégulier qu'il faut « lisser » pour arriver à un temps mesurable avec des horloges et chronomètres.

Pour parvenir à ce temps, il faut se livrer à de nombreux calculs. On définit tout d'abord un « soleil fictif », qui parcourt un tour annuel de la Terre sur l'écliptique dans le même temps que le Soleil vrai, mais avec un mouvement régulier (pour des raisons pratiques, on dira que le Soleil tourne autour de la Terre). Il y a parfois, à certaines périodes de l'année, jusqu'à dix-huit minutes d'écart entre les deux, ce qui n'est pas rien. On définit ensuite un « soleil moyen », qui suit le soleil fictif sur l'équateur au lieu de l'écliptique. Le temps moyen est le temps mesuré sur la position du soleil moyen (par la conversion angle-temps utilisée en astronomie). Ce temps moyen vaut zéro au passage du soleil moyen au méridien du lieu, ce qui est gênant, la journée correspondante commençant quand le Soleil est au plus haut dans le ciel. Pour éviter cette gêne, on définit un « soleil civil » décalé de 180 degrés, et le temps civil comme la mesure de la position (transformée en temps) de la position de ce soleil civil.

Il est ainsi midi en temps civil local quand le soleil moyen, au mouvement régulier, passe au méridien du lieu.

Pour les avions, qui changent de lieu à chaque instant, il faut une référence de temps commune à toute la Terre. On a choisi comme temps universel coordonné (UTC) le temps civil local du méridien origine.

Les Anglais continuent à appeler le temps UTC « GMT » parce que le méridien origine passe par l'observatoire de Greenwich. Mais cette appellation, historiquement justifiable, est maintenant impropre.

Conversion du temps

Il n'y a aucune raison pour que les habitants d'un pays vivent à l'heure universelle, qui n'est pratique qu'en Europe occidentale. Pour cela, on a divisé le tour de la Terre en 24 fuseaux horaires de 15 degrés de largeur chacun (15° x 24 = 360°). Le fuseau 0 entoure le méridien origine (7,5° de part et d'autre). Les autres fuseaux se suivent ensuite, vers l'ouest et vers l'est, de 15° en 15°. Quand il est 15 heures UTC, il est 18 heures dans le fuseau de Damas (Syrie), situé par quelque 34° est, donc dans le fuseau – 2. Chaque pays adopte une heure légale officielle voisine de celle du fuseau horaire le plus proche, mais ce n'est pas la règle : l'heure légale de Damas est en avance d'une heure sur l'heure du fuseau de Damas. La France, bien qu'en majeure partie dans le fuseau origine, a choisi comme heure légale UTC + 1 en hiver et UTC + 2 en été, comme la plupart des pays européens. Les pays à grande extension en longitude (comme les États-Unis ou la Russie) ont des heures légales différentes selon les États ou les régions qui les composent

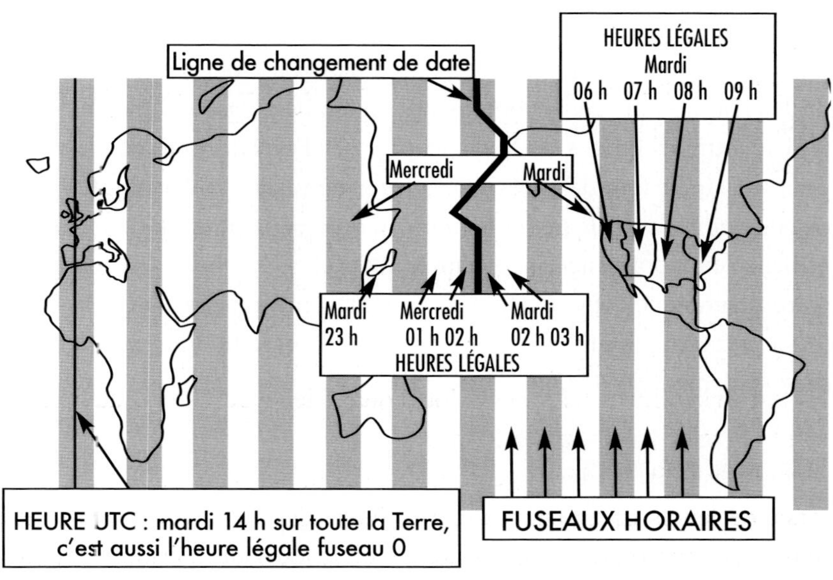

(voir figure page précédente). Cet état de fait permettait de calculer l'heure locale d'atterrissage à New York du Concorde, qui quittait chaque jour Paris à 11 heures heure locale et dont la durée de vol était de trois heures trente. La France ayant pour heure locale (en hiver) UTC + 1, l'État de New York UTC – 5, on calcule donc : décollage de Paris à 11 heures – 1 heure = 10 heures UTC, arrivée à New York à 10 heures + 3 h 30 = 13 h 30 UTC, soit 13 h 30 – 5 heures = 8 h 30 heure locale, donc arrivé avant d'être parti, en temps local...

Problème de changement de date

Les lecteurs du *Tour du monde en 80 jours* de Jules Verne savent qu'on ne rajeunit pas d'une heure tous les 15 degrés en allant vers l'ouest et qu'on ne rajeunit pas d'un jour en revenant à son point de départ. En tournant assez vite, en partant un jeudi midi, un voyageur se retrouverait revenir à son point de départ à 13 heures le mercredi, alors que les habitants restés sur place en seraient à 13 heures le jeudi. Phileas Fogg avait oublié ce fait, et faillit perdre son pari. Il faut, en volant toujours vers l'ouest, vieillir brutalement et artificiellement de vingt-quatre heures quelque part. Il a été décidé que ce quelque part serait le méridien 180°, de l'autre côté de la Terre. On appelle ce méridien « la ligne de changement de date ».

Ainsi, le troisième millénaire n'a pas commencé pour tout le monde au même instant. Il a commencé le 1er janvier 2001 à 0 heure, c'est entendu, mais les premiers Terriens à parvenir à cette date ont été les insulaires du Pacifique. Puis ce fut le tour des Australiens et des Japonais. Plus tard, le tour des Russes de Moscou, puis des Français, puis des Anglais. Tout à la fin, le tour des Brésiliens, des Américains de Washington, puis de ceux de Hawaii. Je ne parle même pas de ceux pour qui le troisième millénaire a commencé le 1er janvier 2000 ! Si les siècles et les millénaires commençaient pour un quantième terminé par deux zéros, le IIe siècle aurait commencé le 1er janvier 100, et le premier siècle aurait duré seulement 99 ans, de l'an 1 à l'an 99...

Décalage horaire

Les voyageurs au long cours, surtout les équipages de vols long-courriers intercontinentaux, sont soumis à d'importants décalages horaires.

Le voyageur qui décolle de Paris en milieu d'après-midi, par exemple à 15 heures locales, atterrit à San Francisco treize heures plus tard. Il est alors 18 heures sur la côte Ouest des États-Unis. Le voyageur dispose d'une longue soirée devant lui. En fait, il est 4 heures du matin à Paris et également à son horloge interne. Il a sommeil et va se coucher sans plus attendre, quitte à se réveiller quand il sera 9 heures le lendemain à son horloge interne (et à Paris), mais pas encore minuit à San Francisco.

L'être humain vit avec un rythme journalier de vingt-quatre heures, qui règle ses périodes de veille et de sommeil. Il est éveillé pendant seize heures, dort pendant huit heures. Mais si les heures diurnes et les heures nocturnes changent, un autre rythme vient s'imposer, le rythme circadien (ou rythme nycthéméral). Quand le voyageur arrive en un lieu où le décalage horaire est important, il va avoir besoin de plusieurs jours pour retrouver un rythme en accord avec le pays dans lequel il se trouve.

Combien de jours faut-il pour retrouver un rythme correspondant au pays dans lequel on vient d'arriver ? Cela dépend de l'importance du décalage et de l'individu. En général, deux à trois jours suffisent.

Le décalage horaire est-il plus facile à supporter à l'Ouest (vers l'Amérique) ou à l'Est (vers l'Asie) ? La plupart des voyageurs supportent mieux les voyages ver l'est.

Existe-t-il une méthode pour moins souffrir des décalages horaires ? Pour les voyages courts (séjour de vingt-quatre heures), on peut essayer de conserver ses horaires d'origine, ce qui revient à vivre la nuit et à dormir le jour pendant vingt-quatre heures. Pour les voyages plus longs, une méthode est d'essayer de dormir dès que l'on est fatigué, quelle que soit l'heure.

Terre

La question de la forme de la Terre se pose quand on étudie des systèmes de navigation élaborés comme la navigation inertielle ou la navigation par satellite (GPS ou Galileo). Nous n'entrerons pas ici dans le détail des problèmes posés ; nous nous contenterons de voir comment la connaissance de la forme exacte de la Terre s'est affinée avec le progrès des connaissances. Tout d'abord, pour que les choses soient claires, on appellera ici « forme de la Terre » la forme limitée par la surface des mers et des océans (surface dite « équipotentielle zéro »), sans tenir compte du relief.

On peut passer rapidement sur la première forme donnée à la Terre : celle d'une galette. En signalant toutefois que, si cette croyance était répandue au Moyen Âge, les Grecs savaient que la Terre était sphérique et avaient même mesuré son rayon en comparant les longueurs respectives des ombres d'un bâton planté verticalement dans le sol, à midi, en deux points de latitude différente. Mais, comme disait Rudyard Kipling, c'est une autre histoire. Partons donc de la galette.

C'est aux environs du milieu du deuxième millénaire que l'idée que la Terre était ronde s'est imposée. Partant d'Europe vers l'ouest, Christophe Colomb (peu avant l'an 1500) aurait bien trouvé la Chine si l'Amérique ne s'était mise en travers de son chemin. On notera que l'Église n'a officiellement reconnu la sphéricité de la Terre qu'à l'aube de l'ère spatiale.

Paraphrasant Galilée marmonnant après son procès « Et pourtant, elle tourne ! », on pourrait dire : « Et pourtant, elle n'est pas ronde ! » La forme sphérique a été une approximation suffisante pendant des siècles. Puis les cartographes ont dû se rendre à l'évidence : la Terre était aplatie aux pôles. Et pas de façon négligeable : il y avait 22 kilomètres d'écart entre le rayon terrestre à l'équateur et le rayon terrestre au pôle. Le rayon terrestre mesure 6 367 km ± 11 km. On a donc assimilé la forme de la Terre à celle d'un ellipsoïde de révolution, c'est-à-dire au volume engendré par une ellipse tournant autour de son petit axe. Cette approximation a suffi jusqu'au début du XXe siècle.

Puis on a constaté que le rayon de la Terre au pôle Nord était un peu supérieur à celui au pôle Sud. Tout en restant volume de révolution, la Terre avait en fait légèrement la forme d'une poire. On a mis en équation cette forme affinée, que l'on a appelée « géoïde ». On a considéré que c'était là le bout du chemin.

L'entrée dans l'ère spatiale a montré qu'il n'en était rien. Les satellites artificiels ne se comportaient pas comme ils auraient dû le faire autour d'un géoïde de révolution. Les calculs ont montré que la surface du niveau moyen des mers – la surface équipotentielle zéro – est une surface bosselée, le champ de gravité (sur lequel s'aligne l'équipotentielle zéro) étant irrégulier du fait de la concentration de masses continentales en certains points. Les creux et les bosses peuvent atteindre plus de 100 mètres par rapport au géoïde de révolution.

Ici s'achève – pour combien de temps ? – la saga de la forme de la Terre.

Tir aux pigeons

S'il y a une idée insupportable, c'est bien celle d'un avion commercial, avec des dizaines, voire des centaines, de passagers à bord, qui se fait abattre par des avions de chasse ou par des missiles. Il est normal que les autorités militaires, chargées de la défense d'un territoire, mettent tout en œuvre pour empêcher l'intrusion d'un avion douteux. Mais…

Les cas d'avions civils abattus, dont il est question ici, étaient, eux, parfaitement identifiés, ou identifiables avec un minimum de bonne volonté. Et pourtant, des généraux ont donné l'ordre fatal, et des pilotes de chasse ont appuyé sur le bouton qui a conduit des innocents à la mort. Peut-être peut-on faire une distinction entre ce qui n'est sans doute qu'une erreur et ce qui est un acte délibéré.

Erreurs fatales

En 1968, un Vickers Viscount, avion moyen-courrier quadriturbopropulseur, très populaire à l'époque, effectue la ligne de Cork (Irlande) à Londres. Il fait beau, tout se passe bien. Alors qu'il passe la côte irlandaise, le commandant de bord change de fréquence, comme on l'y a invité. Mais le contact a du mal à être établi sur la nouvelle fréquence, quelque chose d'anormal se passe. Le signal de position de l'avion disparaît des écrans radar, les contrôleurs déclenchent une alerte. L'avion a piqué à la verticale et s'est écrasé en mer avec ses 60 occupants. Des navires de guerre de Sa Très Gracieuse Majesté, qui étaient en manœuvres dans le secteur, prennent en compte les recherches – sans que personne ne leur ait rien demandé. Après des mois, ils annoncent qu'ils ont retrouvé l'épave, mais ne restituent pas les corps des victimes. Pendant plus de vingt ans, la famille d'une des victimes, américaine, met tout en œuvre pour savoir la vérité. En vain. L'Intelligence Service veille sans doute, pour cacher la triste vérité : l'avion a été abattu par un missile incontrôlé. Les Anglais sont étonnants : le renseignement est pour eux intelligence, alors que ces deux mots n'ont souvent rien à voir l'un avec l'autre.

Il y a eu d'autres cas pour lesquels on a supposé que des missiles pouvaient être à l'origine de la chute d'un avion commercial. Une Caravelle, en Méditerranée, dans les années 1950, a coulé à grande profondeur. On a parlé d'un missile tiré par un bateau de guerre français. L'enquête a conclu à une autre cause. Un Boeing 747 de la TWA plongea en mer en 1996, peu après son décollage de New York. L'enquête a conclu à une explosion dans un réservoir presque vide à la suite d'un court-circuit dans des fils électriques mal isolés (voir *Carburant*). Il reste que l'US Navy était en manœuvre au large des côtes et que de nombreuses personnes continuent, des années après, à tenir à bout de bras la thèse du missile.

Le début du XXIe siècle n'a pas vu diminuer de façon notable le nombre d'erreurs fatales. Un avion de ligne iranien a été abattu par erreur par l'US Navy pendant les conflits du Proche-Orient. Entre 2001 et 2003, deux avions commerciaux ont été abattus par erreur par des missiles ukrainiens lors de manœuvres : un avion israélien et un avion russe.

Actes volontaires

On a raconté l'histoire (voir *Inertie*) du Boeing 747 coréen qui effectuait en 1983 le vol Anchorage-Séoul. À la suite d'erreurs de navigation, expliquées par ailleurs, l'avion avait dévié de sa route et était entré en territoire soviétique. Une interception avait été ordonnée par les autorités militaires soviétiques (rien d'anormal à ce niveau, on se renseigne sur la nature de l'intrus). Mais l'interception par une escadre de chasse du Kamtchatka avait échoué du fait de la maladresse des unités d'interception. Furieux de cet échec, les généraux avaient ordonné une deuxième interception par les avions d'une autre escadre. Cette interception se produisait alors que le 747 sortait du territoire soviétique et entrait dans les eaux internationales. Les généraux avaient alors décidé de faire abattre l'intrus, lequel, de toute évidence, ne représentait aucun danger. Il y eut 260 morts dans l'avion civil. Les Soviétiques firent également atterrir en catastrophe, près de Mourmansk, un autre avion coréen, un Boeing 707. C'était en 1978, à la suite là encore d'une erreur de navigation (voir *Gyroscope*). Comme dans l'exemple précédent, un général avait donné l'ordre d'abattre l'avion. Mais le pilote de chasse avait fait mine de ne pas comprendre et avait seulement contraint le Boeing 707 à un atterrissage de fortune. Il n'y avait eu que deux morts. Tous les pilotes de chasse ne sont pas des barbares.

Les Soviétiques ne sont pas les seuls à s'en prendre à des avions commerciaux. La chasse israélienne a à son actif un avion de passagers libyen abattu avec ses 100 occupants.

Le tir aux pigeons des Mariannes

L'expression « tir aux pigeons », que j'utilise ici pour parler du tir peu glorieux du chasseur qui abat sa cible sans risque, a été utilisée vers la fin de la Seconde Guerre mondiale, dans le Pacifique. C'était en juin 1944. Les Américains commençaient à avoir une certaine maîtrise du ciel. C'est à proximité des îles Mariannes que s'est déroulée la dernière grande bataille aéronavale de la guerre du Pacifique. Dans cette bataille, les Japonais perdirent trois porte-avions, en eurent quatre gravement endommagés, sur une flotte restante de neuf porte-avions. Les avions américains n'avaient eu aucune difficulté à abattre des dizaines de chasseurs nippons, ce qui avait valu à cette bataille le surnom de « tir aux pigeons des Mariannes ».

Toilettes

Les avions sont équipés de toilettes, qui peuvent d'ailleurs poser un sérieux problème au PNC si plusieurs d'entre elles tombent en panne durant un vol long-courrier...

Un incident peu banal se produisit dans les toilettes d'un avion au début des années 2000, qui aurait pu se terminer tragiquement. Ces toilettes sont vidangées en vol par dépression et au sol par une pompe aspirante, après ouverture d'un clapet de sécurité. Un passager était assis sur le siège des toilettes quand le clapet de sécurité s'est ouvert accidentellement en plein vol. La dépression (l'air extérieur étant à une pression bien inférieure à la pression cabine – voir *Pressurisation*) eut le même effet que celui d'une ventouse et le passager se retrouva verrouillé sur le siège. Il fallut faire descendre l'avion à une altitude inférieure pour le libérer. Heureusement sans mal.

Top

On a souvent besoin, au cours d'un vol d'essai, de noter et d'inscrire sur les documents de suivi de vol un événement, qu'il soit attendu ou imprévu, mais potentiellement intéressant. Par exemple, un bruit anormal entendu après une opération, un changement d'état dans les paramètres de vol, l'apparition d'un signal lumineux... Pour marquer un tel événement, il est possible de simplement « prendre date » en déclenchant son chronomètre, ce qui s'appelle « prendre un top chrono ». On peut aussi, lors des essais en vol (également maintenant sur les avions de ligne), inscrire un signal sur l'enregistreur de vol, qu'il soit analogique ou numérique. On marque alors l'événement sur le média enregistreur (ruban magnétique, *listing* informatique) en pressant un bouton : on a alors « inscrit un top » sur la bande.

Ce terme a tellement de succès qu'il est utilisé pour d'autres occurrences.

Au cours d'un vol d'essai, si on veut effectuer une opération simultanée entre plusieurs participants (l'avion et la salle d'écoute ou deux avions en essais simultanés, un chasseur et un plastron), on annonce : « Attention, début de l'opération au top », parfois précédé d'un décompte : « Trois, deux, un, top ! » Cet emploi abusif du mot conduit parfois à des dialogues surréalistes. Lorsqu'on veut envoyer un signal de synchronisation sans enregistrement, avec liberté de lancer ou non le chronomètre, on annonce : « Attention, pour un top sans top… Top ! »

Tourbillons d'apex

Une aile d'avion, afin d'être portante, doit être le siège de surpressions d'intrados (dessous de l'aile) et surtout de dépressions d'extrados (dessus de l'aile). Sur une aile qui serait d'allongement infini, l'écoulement de l'air serait bidimensionnel, c'est-à-dire sans composante transversale, tous les filets d'air restant dans des plans sagittaux (plans parallèles au plan de symétrie de l'avion).

Aile normale, droite ou en flèche

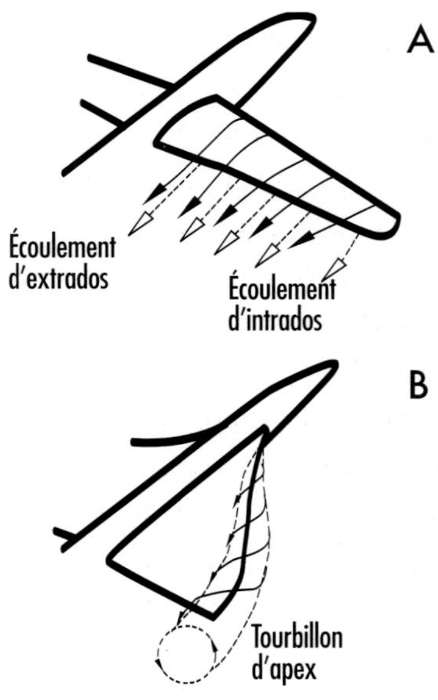

Sur une aile d'envergure limitée, comme le sont toutes les ailes, il y a une emplanture et une extrémité. À l'extrémité, les surpressions d'intrados ont tendance à contourner l'aile pour rejoindre les dépressions d'extrados. Cette tendance se traduit par une convergence des filets d'air d'extrados (vers le fuselage) et une divergence des filets d'air d'intrados. Ces filets d'intrados et d'extrados ont tendance à s'enrouler en bout d'aile en un tourbillon (A sur la figure). Ce tourbillon est le plus souvent pénalisant à cause de la traînée qu'il induit ; on cherche donc à le contrer par des bidons de carburant en bout d'aile (comme sur le Cessna 420) ou par de petites surfaces de bout d'aile dites *winglets* (comme sur le MD-11 ou sur l'A340). En l'absence de telles barrières, ces petits tourbillons restent installés au bout de l'aile ; l'avion les traîne derrière lui et ils participent au sillage (voir *Turbulence de sillage*).

Aile delta ou gothique

Sur une aile delta ou une aile gothique comme celle du Concorde, la tendance naturelle des filets d'air au contournement de l'intrados vers l'extrados se manifeste dès l'emplanture (B sur la figure). Cela crée un large tourbillon, beaucoup plus important que sur une aile droite ou en flèche, qui naît à la pointe avant de l'aile et qui, ravitaillé de façon continue par les surpressions d'intrados, s'amplifie jusqu'à l'extrémité de l'aile. Ce tourbillon, dit « tourbillon d'apex », apporte un meilleur contrôle aux fortes incidences associées au décollage et à l'atterrissage.

L'accident du Walkyrie

Au milieu des années 1960, les États-Unis développaient un bombardier géant supersonique, avec une aile delta, deux dérives verticales et six réacteurs regroupés sous le fuselage, le XB-70 Walkyrie (voir *Walkyrie*). Cet avion, dont seuls deux exemplaires ont été construits, était sur le point d'être abandonné au profit du B-1 lorsque la firme Lockheed décida de prendre des photos d'un XB-70 avec, en patrouille sur ses ailes, des chasseurs Lockheed, dont deux F-104 Starfighter. L'un des deux F-104, qui volait au-dessus de l'extrémité de l'aile du XB-70, fut littéralement happé par le tourbillon d'apex du bombardier. Le tourbillon, convergent à cet endroit et particulièrement violent étant donné la taille de l'avion, le projeta vers le fuselage du Walkyrie. Il passa juste au-dessus de l'aile, fauchant au passage les deux dérives du XB-70, qui partit en vrille à plat, c'est-à-dire avec une assiette très faible (le nez pratiquement sur l'horizon), descendant en tournoyant sur une trajectoire verticale. Les pilotes se retrouvèrent projetés vers la planche de bord sous l'action d'un facteur de charge longitudinal n_X inhabituel dû à la force centrifuge (voir *Facteur de charge*) ; ils eurent de grosses difficultés pour s'éjecter (voir *Éjection*). Ce fut le plus dramatique accident de l'aviation dû aux tourbillons d'apex.

Tour d'avion

Le terme « tour d'avion » peut s'appliquer à deux contextes différents.

On peut « faire un tour d'avion » ; celui qui fait un tour d'avion pour la première fois fait son « baptême de l'air ». On peut faire des tours d'avion dans les aéroclubs. Les pilotes professionnels font également le tour de leur avion avant de décoller, pour s'assurer que l'avion est en bon état. Cette procédure est obligatoire, même si un mécanicien sol a effectué des vérifications complètes avant de livrer l'avion à son équipage.

Sur les avions de chasse, c'est le pilote qui effectue son tour d'avion, en vérifiant que les gouvernes sont libres, que les antennes aérodynamiques (prises de pression statique et de pression totale) sont propres et dégagées, que les capteurs d'incidence sont libres. Traditionnellement, pour vérifier si les pneus sont correctement gonflés, le pilote de chasse envoie un grand coup de pied dans chacun d'eux au passage. Lorsqu'on lâche un jeune pilote sur un avion de chasse, on lui explique qu'il doit, après son tour d'avion, se glisser dans le cockpit, s'asseoir et vérifier de quel côté est la manette des gaz : si elle est à main droite, c'est qu'il s'est trompé de côté. Il doit ressortir et s'asseoir dans le bon sens (!). Sur les avions commerciaux, c'est le mécanicien navigant ou le copilote qui effectue ce tour d'avion. On appelle cela « la visite prévol extérieure ».

Train d'atterrissage

On appelle ainsi un ensemble de roues qui sert à faire atterrir l'avion sur la piste. On aura compris qu'il lui sert aussi à décoller. Quoi qu'il en soit, c'est le terme « train d'atterrissage » qui est resté, comme si revenir au sol était plus important pour l'homme que s'en arracher (voir *Bogies, balancines, diabolos, etc.*). Il est vrai que le terme « train de décollage et d'atterrissage » serait un peu lourd. On notera toutefois qu'il existe des trains servant seulement au décollage, et des trains servant seulement à l'atterrissage

Trains fixes et trains rentrants

Les premiers avions avaient des trains fixes, comme les voitures. Cela a duré jusque bien après la guerre de 1914-1918 (le Stuka allemand de la Seconde Guerre mondiale avait conservé un train fixe). Puis, on s'est aperçu que le fait de conserver les roues fixes sous le fuselage entraînait une traînée parasite inutile et coûteuse en terme de consommation.

On a donc conçu et réalisé des trains rétractables en vol, les « trains rentrants ».

Sur les derniers avions commerciaux, afin de minimiser la traînée, on ne se contente pas de rentrer le train en vol : on referme les trappes du logement du train quand le train est sorti. On économise ainsi une traînée parasite dans les phases de décollage et d'atterrissage.

Trains de décollage seulement

Certains trains ne servent qu'au décollage. On peut citer, parmi les ancêtres célèbres, celui de l'avion de Nungesser et Coli, qui tentèrent l'une des premières traversées de l'Atlantique dans le sens est-ouest. L'avion décolla du Bourget avec un train supportant le fuselage sans lui être attaché. Ce train était destiné à rester au sol, pour ne pas augmenter inutilement la charge et la traînée. Il était prévu que l'avion se pose sur le ventre à l'arrivée. La tentative de Nungesser et Coli échoua de peu en mai 1927. L'avion a décollé, le train est resté au sol. C'est d'ailleurs tout ce que l'on a conservé de l'avion, disparu corps et biens quelque part du côté de Terre-Neuve. Pour la petite histoire, on peut rappeler qu'un grand journal parisien mal informé racontait, le lendemain de la tentative, l'arrivée des héros à New York, leur accueil par les autorités américaines et leur descente triomphale sur Broadway. Il y avait alors des journalistes qui, pour parler d'aéronautique, ne manquaient pas d'air...

Un autre exemple célèbre est celui du Baroudeur, un chasseur à réaction expérimental de la fin des années 1950, qui, au décollage, prenait de la vitesse sur un chariot (lequel restait au sol quand l'avion décollait) et se posait sur des patins fixés sous son fuselage. Cet avion était capable de décoller aussi sur ses patins ventraux. Je le revois encore, cahotant sur les pierres de la Crau dans sa prise de vitesse et parvenant à décoller ainsi.

Trains d'atterrissage seulement

Certains trains ne servent qu'à l'atterrissage. Le plus célèbre est celui de la navette spatiale américaine, qui, décollant au sommet d'une fusée, n'a pas besoin de train de décollage. Par contre, à son retour sur Terre, elle utilise un train d'atterrissage, sortant automatiquement à la bonne hauteur, pour atterrir sur les pistes du lac salé d'Edwards. Moins connu mais plus ancien est le train de l'avion expérimental français à statoréacteur, le Leduc 021. Cet avion décollait fixé sur le dos d'un quadrimoteur classique, un Languedoc, et revenait se poser sur la piste d'Istres avec un train classique.

Trains d'atterrissage (et aussi de décollage)

En dehors de ces exemples, qui restent exceptionnels, la très grande majorité des trains servent au décollage et à l'atterrissage.

Traînées de condensation

Certains jours, le ciel est zébré de longues lignes blanches laissées par les avions à réaction qui volent en altitude. Ce sont des traînées de condensation. Il faut savoir que ce que l'on voit blanc dans le ciel, qu'il s'agisse de nuages (voir *Nuages*) ou de traînées, n'est pas de la vapeur d'eau mais de l'eau liquide. La vapeur d'eau est transparente et n'est pas visible. L'eau liquide, en altitude, apparaît à l'œil dans une couleur blanche. Il existe en fait deux types de traînées de condensation : les traînées fugitives et les traînées persistantes.

Traînées fugitives

Lorsqu'un avion vole, il se forme autour de son aile des dépressions et des surpressions localisées. Autour du fuselage également, bien que de façon moindre. Si l'avion vole dans une atmosphère très humide (dans laquelle la vapeur d'eau est presque saturée, où l'humidité relative est de l'ordre de 95 %), les variations de pression liées au passage de l'avion peuvent suffire à faire passer l'eau contenue dans l'air de l'état de vapeur d'eau à l'état liquide. Il y a alors formation dans le sillage de l'avion d'une traînée blanche, qui peut être importante si l'air est très humide. Lorsque l'avion est passé, les variations de pression disparaissent après quelques secondes et l'air retrouve sa situation initiale, avec son humidité relative élevée mais inférieure à 100 %. L'air redevient transparent, la traînée disparaît. Dans ce cas, on voit les avions tirer derrière eux une traînée de 200 ou 300 mètres, comme une banderole. On notera que de telles traînées, fugitives, apparaissent parfois à basse altitude au bout des ailes d'un chasseur en ressource serrée ou aux extrémités des pales d'une hélice en rotation.

Traînées persistantes

Lorsqu'un avion à réaction vole, ses moteurs émettent des gaz qui contiennent de la vapeur d'eau. Si l'avion vole dans une atmosphère extrêmement humide (dans laquelle l'humidité relative est de l'ordre de 98-99 %), l'apport de vapeur d'eau par les moteurs suffit à faire passer l'humidité relative à plus de 100 %, c'est à dire en fait à 100 %, avec condensation de l'excès de vapeur d'eau. Derrière chaque moteur apparaît alors une traînée de condensation. À la différence des précédentes, ces traînées ne disparaissent pas après le passage de l'avion, car l'eau apportée par les moteurs demeure sur place. On a alors des traînées persistantes qui peuvent rester barrer le ciel sur des kilomètres, longtemps après le passage de l'avion. En observant bien les traînées juste derrière l'avion, on peut savoir si l'avion est un bi-, un tri- ou un quadriréacteur.

Transall

Le C-160 Transall est un avion de transport militaire franco-allemand construit dans les années 1960. Un des rares avions franco-allemands de l'après 1939-1945.

Le Transall est un bel avion, équipé de deux gros turbopropulseurs au son grave et d'un groupe turbogénérateur (GTG, lequel fait d'ailleurs un bruit infernal avec des râles à fendre l'âme au démarrage) situé dans le logement de train gauche, destiné à fournir de l'énergie au sol. Tout, dans le cockpit du Transall, est bilingue (franco-allemand). Rien en anglais. Ce qui représente une exception notable dans l'univers anglo-saxon de l'aéronautique. C'est au cours de mes nombreux vols en Transall que j'ai appris que, en allemand, « train d'atterrissage » se disait *Fahrwerk*, « oxygène », *Sauerstoff*, et « altitude-cabine », *Kabinendruck*.

Le Transall disposait d'une faculté particulière : il pouvait évoluer en marche arrière sur les parkings, ce que ne peuvent pas faire la plupart des avions, même équipés de systèmes de réversion. On pouvait se garer tout au bord des aires de stationnement de Brétigny, le dos aux champs, en reculant. Comme on peut se garer en voiture.

Dès mon arrivée au CEV à Brétigny, j'ai participé aux réceptions de Transall, lesquels sortaient de chaîne, et ai effectué de nombreuses visites à Bremen-Lemwerder et à Hamburg-Finkenwerder, où se trouvaient les chaînes de montage.

Parmi les multiples essais effectués sur Transall, je citerai seulement, dans le désordre : les essais de parachutage (parachutages humains et largage de charges lourdes à très basse hauteur), les essais « foudre » à la veille des essais de l'Airbus A320 à commandes de vol électriques (essais qui consistaient à rechercher systématiquement le foudroiement en vol pour en tirer des leçons utiles ; pour ces vols à risque, nous portions tous un parachute), les essais du viseur de pilotage en développement sur l'avion.

Les essais à Flores

Vers la fin des années 1960, la France développait son programme de fusées intercontinentales et effectuait des tirs depuis les Landes vers les Açores. Dans l'île Flores située à l'extrême-ouest de l'archipel, un détachement français assurait le suivi balistique des tirs, avec l'aide des DC-7C du groupe AMOR de Brétigny (voir *AMOR*). Pour ravitailler le

Largage de charges lourdes en Transall

détachement français en matériel et produits divers, l'armée de l'air envoyait tous les mois à Flores un Transall du COTAM (Commandement opérationnel du transport aérien militaire). Mais la piste de Flores était courte (800 mètres), et un régime de forts vents d'ouest créait parfois des rabattants sur toute l'approche finale, car la piste était orientée nord-sud et était située sous le vent des collines escarpées de l'île – un ancien volcan, comme toutes les îles des Açores. Ce qui devait arriver arriva : un Transall, gêné par le vent, toucha durement le sol avant le seuil de piste et resta immobilisé à quelques centaines de mètres du seuil. Le COTAM ne s'émut pas particulièrement de cet accident et envoya un deuxième Transall avec une équipe et du matériel pour dépanner le premier. Le deuxième Transall toucha également avant la piste et le GTG mit le feu à l'avion, qui fut détruit. Il n'y eut pas de victime. Mais on était à la veille de Noël et l'avion apportait les cadeaux des familles du détachement, lesquels disparurent dans l'incendie. Le CEV fut chargé d'analyser le problème. Deux pilotes d'essai et une équipe composée de mécaniciens, navigateurs, expérimentateurs chargés des mesures et météorologues partirent en Transall de Brétigny. Après trois mois d'essais (par séries de quelques jours à chaque fois), nous avons défini une procédure permettant de garantir un atterrissage sûr, ou de renoncer et de se replier sur la base arrière de Santa Maria.

Nous avons surtout effectué des essais passionnants, d'une rigueur absolue, avec des prises de risques mesurés. Nous avons fourni à l'armée de l'air des recommandations qui ont permis l'exploitation sans problème du terrain dans les années qui ont suivi. Nous avions demandé des travaux mineurs d'aménagement de la piste. En attendant que ces travaux soient terminés, le COTAM a demandé que les deux pilotes d'essai soient, pendant un an à tour de rôle, les commandants de bord des Transall militaires qui avaient repris les rotations mensuelles sur Flores.

Transall postale

En 1971, nous recevions des cadres d'Air France à Brétigny. Dans la conversation, nous avons parlé de la Postale et du trafic postal de nuit géré par Air France. J'avais demandé : « Pourquoi n'utilisez-vous pas un avion comme le Transall, dont la cabine se prête au transport de grandes quantités de courrier, voire à son tri en vol ? » L'idée avait plu, était remontée à la direction d'Air France, qui avait décidé d'acheter et d'équiper un avion. Nous avons fait une minicertification de l'avion modifié dans cette perspective limitée, et le Transall, repeint en blanc, vola un temps ainsi. Puis Air France l'abandonna, sans doute à cause du bruit du GTG sur les parkings la nuit.

Travelosphère

La Terre est une boule plus ou moins sphérique, constituée de matériaux solides (la croûte terrestre) partiellement recouverts d'eau. On peut, en première approximation, appeler cette croûte la « lithosphère ». Au-dessus, il y a l'atmosphère, continue, qui s'étend très loin (plusieurs dizaines de kilomètres) en diminuant progressivement de densité. Entre la lithosphère et l'atmosphère, il y a une coque sphérique dite « biosphère ». Cette coque, discontinue, mesure, selon les lieux où elle est établie, quelques millimètres (zones nordiques à lichens ou océans à plancton) ou quelques dizaines de mètres (forêts équatoriales). La biosphère comprend tout le monde vivant, végétal et animal. Elle est donc discontinue, la végétation et les animaux ne recouvrant pas toute la surface.

Une nouvelle coque sphérique

Depuis le milieu du XXe siècle est apparue une deuxième coque sphérique, insérée dans l'atmosphère, de quelque 10 kilomètres d'épaisseur (entre les altitudes 2 000 et 12 000 mètres) et beaucoup plus discontinue que la biosphère. Si l'on n'est pas effrayé par les néologismes (et l'aéronautique est un milieu où l'on ne devrait pas l'être), on peut appeler cette région la « travelosphère » (de l'anglais *travel*), c'est-à-dire la région occupée par les voyageurs aériens. On pourrait appeler « mermozoïdes » les humains qui séjournent dans cette région, pour rendre hommage au pionnier de l'aviation commerciale.

Cela peut paraître bien artificiel, mais cette région existe réellement. Elle a ses règles propres et est complètement indépendante du reste du monde. Il y a une ressemblance étroite entre un passager de classe affaires survolant la région parisienne et un autre passager de classe affaires survolant la jungle birmane. Et il y a une grande différence entre le mode de vie commun de ces deux passagers et ce qui se passe sous eux, à la surface de la Terre : les guerres, les révolutions, les marins dans la tempête et les fauves en chasse dans la savane. Les mermozoïdes, qui vivent dans la travelosphère, sont très spécialisés, comme les termites d'une termitière. Il y a le commandant de bord roi (qui peut être une reine), les ouvriers et ouvrières. Depuis le 11 septembre 2001, il y a même parfois des soldats armés et discrets. Au sein de la travelosphère, il fait une température égale, de l'ordre de 20 ° C. La pression ambiante y est constante. On y mange et on y dort dans des conditions satisfaisantes. On peut même y manger végétarien, sans porc et même casher (il faut le préciser en achetant son billet). On peut y voir des spectacles de cinéma, y écouter de la musique. On peut téléphoner à n'importe quel habitant de la planète. Il y a des classes, comme dans le monde d'en bas. Mais, par chance, pas de lutte des classes. Un monde à part, dont l'existence est un fait. Et qui n'est pas négligeable, car il comporte en permanence plusieurs dizaines de milliers d'habitants qui se ressemblent tous.

TriStar

Dans la course aux avions à haute capacité et à long rayon d'action, à la fin des années 1960, trois grands constructeurs américains étaient en concurrence. Boeing proposait un quadriréacteur deux-ponts, le Boeing 747, Douglas un triréacteur, le DC-10, Lockheed également un triréacteur, le L-1011 TriStar. Parmi les trois, c'est incontestablement Boeing qui se plaça en tête, suivi par Douglas. Lockheed eut moins de succès. Le TriStar se vendit mal. En Europe, la compagnie britannique British Airways fut l'une des rares à en acheter. Dix ans après, elle s'en débarrassait.

C'est l'armée de l'air britannique, la Royal Air Force, qui hérita de ces appareils, qu'elle convertit en ravitailleurs en vol. J'ai eu l'occasion de faire du ravitaillement en vol, lors des essais de l'AWACS français (voir *AWACS*), sur le TriStar. J'ai pu piloter l'avion avec l'équipage de la RAF détaché à Seattle pour ces essais.

Il n'y a pas grand chose à dire sur cet avion. Il n'était pas question de faire du ravitaillement femelle avec le TriStar, dont la queue n'était pas prévue pour recevoir un *boomer* (voir *Ravitaillement en vol*). L'avion a donc été équipé de paniers pour du ravitaillement mâle. Et, pour que l'équipage puisse surveiller les avions venus se ravitailler sur le TriStar, une caméra vidéo a été installée à l'arrière, avec écran en place mécanicien navigant, accessible directement de la place commandant de bord.

L'avion avait une particularité digne d'intérêt : en début d'approche finale, on sortait les spoilers (des deux côtés) à demi. Puis, selon que l'on était un peu trop haut ou un peu trop bas, on sortait ou on rentrait quelques degrés de spoilers, ce qui permettait d'effectuer une descente parfaitement stabilisée en assiette. On contrôlait la force Fz, que l'on ne contrôle pas sur les avions classiques.

Trois-D

En informatique, on appelle 3-D une représentation en trois dimensions. Il s'agit de la représentation d'un objet tridimensionnel que l'on peut faire tourner à volonté sur l'écran pour le voir sous tous les angles, voire pénétrer à l'intérieur si l'objet en question est creux, par exemple un bâtiment.

En aéronautique, il y a également une règle des 3-D, qui n'a rien à voir, mais qui est simple et pratique. Cette règle, qui n'est pas à mettre entre les mains des pilotes de l'hémisphère Sud (car elle y est partiellement fausse) s'énonce ainsi : *dépression* – dérive *droite* – *danger*.

Explications. Quand un avion vole vers une *dépression* (c'est-à-dire vers une région à basses pressions barométriques), sa dérive est *droite*. Par ailleurs, s'il vole à calage altimétrique constant, son altitude réelle *diminue*, donc il y a danger. Pour un pilote d'avion léger, cette règle simple à retenir et simple à appliquer peut permettre d'éviter des accidents.

À propos de 3-D, il faut mentionner que, dans la conception d'un avion nouveau, on crée et on modifie l'avion sur ordinateur en 3-D avant d'en construire le premier prototype. Cela fait gagner du temps et, surtout, évite des errements et des malfaçons.

Trou d'air

Certaines croyances ont la vie dure. Un jour, lors d'un vol en turbulence, un passager sentit qu'il s'enfonçait brutalement. Il avait l'impression de tomber dans un trou. Un journaliste, qui rapporta peu après l'aventure, formula pour la première fois le mythe du « trou d'air ». Une sorte de trou, de vide, qui se serait ménagé une place dans la masse d'air, alors que chacun sait que la nature a horreur du vide et qu'un tel trou, si d'aventure il parvenait à se creuser, serait immédiatement rempli par l'air avoisinant. En fait, les trous d'air sont dus aux mouvements verticaux alternés de l'air dans une masse d'air turbulente (voir *Turbulence*).

Turboréacteur

Depuis le début des années 1950, le turboréacteur, plus communément appelé simplement « réacteur » (ce qui est gage de son succès), équipe très largement les avions militaires et commerciaux. Son seul concurrent (mais qui est limité aux avions de moyennes performances) est le turbopropulseur, qui équipe néanmoins un nombre d'avions beaucoup plus restreint.

Sans décrire ici en détail le turboréacteur, on en dessine les grandes lignes de façon sommaire, au risque d'inévitables approximations. De l'air, pris à l'avant du réacteur, est comprimé dans un compresseur. L'air, sous pression, est mélangé à du carburant et brûlé dans une chambre de combustion. Le mélange brûlé, qui se trouve à très haute pression, est éjecté vers l'arrière, essentiellement pour créer la poussée au travers d'une tuyère convergente, poussée qui fait avancer le réacteur et donc l'avion, et pour faire tourner une turbine, qui récupère une partie de l'énergie pour faire tourner le compresseur.

Le compresseur peut être centrifuge : l'air est projeté de façon radiale par la force centrifuge du compresseur en rotation et récupéré par une canalisation courbée pour être envoyé sous pression vers la chambre de combustion. Cette méthode était la méthode initiale des années 1945-1950 ; depuis, elle a été abandonnée pour la suivante. Le compresseur peut aussi être axial. Il est alors constitué d'une série de roues à aubes qui compressent (par étages successifs) l'air en tournant. L'air étant dévié au passage de chaque roue est littéralement remis dans l'axe par une roue fixe. L'ensemble des aubes mobiles s'appelle « le rotor », l'ensemble des aubes fixes s'appelle « le stator ». Sur certains réacteurs très évolués, on a réussi à avoir des aubes à calage variable (telles les ailettes du compresseur du moteur du F-104).

Il y a peu à dire sur la chambre de combustion, si ce n'est qu'il y a eu des chambres uniques annulaires et des chambres multiples en couronne.

La turbine est un peu l'opposé du compresseur. La pression des gaz brûlés y décroît (un peu) pour faire tourner le compresseur par un attelage axial. La tuyère fait encore un peu augmenter la vitesse des gaz brûlés de sortie pour provoquer la poussée.

Réacteurs particuliers

Le réacteur double flux comporte deux attelages distincts, qui constituent deux corps : un corps « haute pression » HP, qui achève la compression commencée dans le compresseur BP, assure la combustion et récupère pour lui de l'énergie dans la turbine HP ; un corps « basse pression » BP, dont le compresseur commence la compression en récupérant de l'énergie dans la turbine BP. Certains étages du compresseur BP, à l'avant, envoient l'air directement à l'extérieur, uniquement pour la propulsion, travaillant un peu comme une hélice. C'est le « fan ». On appelle « taux de dilution » le rapport des deux flux dits « froid » et « chaud ».

Le réacteur à postcombustion PC (*reheat* pour les Anglais, *afterburner* pour les Américains) est un réacteur dans lequel on peut injecter de nouveau du carburant dans le mélange de sortie, et provoquer une seconde combustion. La poussée devient alors extrêmement importante, la consommation aussi. En dehors du Concorde, ce dispositif n'est utilisé que sur les avions d'armes.

Le réacteur supersonique présente une particularité au niveau de son entrée d'air : la combustion devant se faire en subsonique, il faut faire passer l'écoulement, qui est supersonique en amont, à subsonique à l'intérieur du réacteur. On utilise pour cela des entrées d'air spéciales, qui sont le siège d'une onde de choc. Sur les entrées d'air droites, non adaptées (Mystère IV, Vautour), la recompression se fait au travers d'une onde de choc droite, avec perte d'énergie. Pour créer une onde de choc adaptée plus efficace, on peut utiliser des obstacles plans (dièdres) créant une onde de choc plane oblique devant une entrée d'air rectangulaire (Concorde, Walkyrie) ou des obstacles coniques créant une onde de choc conique devant une entrée d'air circulaire ou semi-circulaire (Mirage).

On pourrait montrer l'entrée d'air tridimensionnelle supersonique d'un Mirage III-B avec sa souris, qui est mobile d'arrière (subsonique) en avant (supersonique). L'onde de choc conique créée par la pointe de la souris doit être adaptée au bord circulaire de l'entrée d'air. Comme l'angle au sommet de l'onde de choc varie avec ce nombre de Mach, le calage de l'obstacle (souris) dans l'entrée d'air doit varier en vol.

L'ATAR VOLANT

Dans l'euphorie de la fin des années 1950, certains se sont demandés s'il était possible de voler sans avion. Un constructeur a donc dépouillé un avion de ses ailes, puis de son fuselage. Il a posé le réacteur debout sur sa tuyère, a placé un siège (éjectable, on ne sait jamais) tout en haut, au-dessus de l'entrée d'air. Et la chose a volé. Je la vois encore devant moi, lors d'un Salon du Bourget. Et en plus, particulièrement stable : le pilote d'essai assis au sommet levait les deux bras pour montrer que ça tenait en l'air tout seul. En fait, cet Atar volant aurait dû par la suite être enveloppé d'un minifuselage et d'une aile plus ou moins cylindrique. Il aurait ainsi pu décoller à la verticale puis assurer une transition le faisant ressembler à un avion normal, que l'on aurait appelé « Coléoptère ». Mais ça n'a jamais marché.

Problèmes

Il y a eu, au cours des cinquante dernières années, de nombreux accidents dus aux turboréacteurs. En voici deux exemples. Une compagnie américaine avait l'habitude de démonter les moteurs extérieurs du DC-10 d'un bloc, moteur et mât, sans suivre les recommandations de Douglas, qui conseillait un démontage en séquence. En 1979, au décollage de Chicago, des pièces de l'un des DC-10 de cette compagnie se détachèrent de l'aile gauche peu avant la rotation. À la rotation, le moteur n° 1 s'arracha, passa par-dessus l'aile et emporta avec lui des canalisations hydrauliques. Les becs de l'aile gauche, verrouillés seulement par la pression hydraulique (sans verrouillage mécanique), rentrèrent. L'aile décrocha. L'avion avait alors 14 degrés d'assiette. Le DC-10 s'écrasa dans le prolongement de la piste à plus de 90 degrés d'inclinaison gauche, dans une forte explosion et une boule de feu. Il n'y eut aucun survivant.

Les turboréacteurs supportent généralement bien la traversée des orages. Sauf si ceux-ci sont particulièrement violents… En 1977, un DC-9 traverse un cumulonimbus à 15 000 pieds (5 000 mètres) en montée. Dans une violente averse de grêle, les pare-brise latéraux du cockpit sont brisés, les deux moteurs s'arrêtent. Le contrôle dirige l'avion vers une zone plus dégagée, où se trouve un aérodrome militaire. L'avion est amené à 7 000 pieds dans l'axe de la piste, mais les pilotes pensent ne pas pouvoir l'atteindre (après-coup, on a démontré que cela aurait été possible, mais on ne peut pas leur reprocher cette mauvaise évaluation). Ils se préparent à un crash sur une route étroite (7 mètres de large) en forêt. À l'impact, l'avion perd l'aile gauche, puis la droite. En fort dérapage, le fuselage percute une pompe à essence, cinq voitures et un camion. Le tout s'enflamme. La moitié des victimes sont tuées à l'impact, l'autre moitié dans l'incendie. De nombreux passagers sont blessés aux pieds (ils avaient ôté leurs chaussures pour le crash, selon les consignes) ou par des coulées de plastique fondu. En tout, 51 passagers et les deux pilotes furent tués – plus huit personnes qui se trouvaient au bord de la route du crash.

Turbulence

Dans et au voisinage de certains nuages, les mouvements convectifs de l'air créent des remous que l'on appelle « turbulences ». Les nuages caractéristiques de la turbulence sont les nuages en forme de chou-fleur, les cumulus, et surtout les cumulonimbus, au développement vertical gigantesque – leur sommet peut atteindre 15 000 mètres d'altitude. Une turbulence particulièrement violente peut causer des dommages à bord des avions : ce qui n'est pas attaché à bord (y compris les passagers) peut être soulevé et renversé. Seuls sont protégés les passagers qui ont conservé leur ceinture attachée (voir *Facteur de charge*).

Nuages de turbulence

Pour éviter la turbulence liée aux nuages, les pilotes doivent si possible éviter ces nuages. Il n'est pas facile d'éviter les cumulus, parfois omniprésents. Mais les risques qui leur sont attachés sont faibles. Par contre, il est impératif d'éviter les cumulonimbus. C'est relativement facile de jour et par beau temps, car ils sont isolés et bien visibles. De nuit, ou lorsqu'ils sont partiellement noyés dans d'autres masses nuageuses, il faut utiliser le radar météorologique de bord, sur lequel on les découvre sans problème (voir *Radar*). Il m'est arrivé, en traversant la zone de convergence intertropicale (zone de convergence des alizés, au voisinage de l'équateur), d'avoir à faire des contournements de plusieurs centaines de kilomètres pour éviter des cumulonimbus, qui peuvent former sous ces latitudes de véritables barrières.

Accidents

Il est rare qu'un avion commercial soit complètement détruit à la suite d'une turbulence. Il peut toutefois y avoir, même en altitude, des perturbations violentes qui peuvent conduire à des catastrophes. En 1966, l'équipage d'un Boeing 707 au-dessus du Japon s'était proposé de faire voir aux passagers, d'un peu plus près qu'à l'ordinaire, le Fuji Yama. Il passa si près de la montagne (à quelques centaines de mètres) que l'avion explosa dans la turbulence induite par le vent. Les 124 occupants périrent dans l'accident.

TURBULENCE EN CIEL CLAIR

On rencontre parfois de la turbulence (et même une turbulence violente) en ciel clair. Cette turbulence (Clear Air Turbulence, CAT, en anglais) est liée aux courants-jets (voir *Courant-jet*). Dans la fine couche de transition entre le courant-jet et la masse d'air relativement calme qui l'environne, un intense frottement crée des tourbillons (comme ceux créés par la coque d'un navire dans l'eau environnante). Il est extrêmement difficile d'éviter cette turbulence, totalement invisible. Il faut se référer aux cartes météorologiques fournies avant le vol, sur lesquelles apparaissent nettement les courants-jets et les zones à risque de turbulence, notées « CAT ».

On a raconté ailleurs (voir *Ceinture de sécurité*) comment un passager avait refusé, sur un vol entre l'Extrême-Orient et l'Europe, d'attacher sa ceinture. Et comment il avait été blessé dans une turbulence en ciel clair.

Il est vrai que la présence de violentes turbulences dans un ciel parfaitement dégagé est surprenante. Le risque est cependant réel.

Turbulence de sillage

Tout mobile se déplaçant dans un fluide laisse derrière lui un sillage, comme la voiture dans l'air ou le bateau dans l'eau. Les effets du sillage sont doubles : d'abord sur le mobile lui-même, en créant une sorte de succion arrière qui a pour effet de le ralentir (d'où certaines formes aérodynamiques comme celle du TGV – en fait, il y a deux formes aérodynamiques, à l'avant pour mieux pénétrer dans l'air, à l'arrière pour diminuer le sillage ; comme ce sont les mêmes, le TGV peut rouler dans les deux sens) ; ensuite,sur les autres mobiles, qui passent derrière le mobile auteur du sillage et sont pris dans les effets de ce sillage.

Celui d'un avion a les mêmes caractéristiques. On s'intéresse ici surtout aux effets de ce sillage sur les avions qui suivent l'avion auteur du sillage. Le sillage d'un avion est dû d'une part aux tourbillons de bout d'aile qui se développent derrière lui (voir *Tourbillons d'apex*), d'autre part à la perturbation provoquée par l'aile elle-même et le fuselage.

Accidents

La plupart des accidents dus à la turbulence de sillage se produisent au décollage. Si l'avion suiveur est léger, les risques sont plus grands. J'ai été personnellement aspiré par la turbulence d'un Transall, plus exactement par son tourbillon d'aile droite, alors que je décollais en Morane Paris, en patrouille avec lui, en position d'ailier droit. Je devais observer et filmer le Transall, qui emportait des équipements externes. Je me suis retrouvé involontairement derrière lui à une trentaine de mètres de hauteur.

Un de mes amis, qui commençait un stage de pilote d'essai sur un avion de chasse à l'École américaine des pilotes d'essai d'Edwards AFB (Air Force Base) aux États-Unis, a été aspiré au décollage derrière un Galaxy, s'est retrouvé sur le dos et s'est écrasé au sol. Il a été tué sur le coup.

Même un avion plus gros peut être perturbé. Fin 2001, un Airbus A300-600 décollant de New York-JFK à moins de deux minutes – qui est l'espacement réglementaire entre deux avions au décollage – derrière un Boeing 747 a été violemment incliné vers la gauche, puis vers la droite à la traversée des deux tourbillons de bouts d'aile de son prédécesseur. En se défendant au palonnier (de façon un peu trop énergique), le pilote a rompu sa dérive verticale et s'est écrasé, tuant équipage et passagers (voir *Rudder travel*).

Il y a peu de remèdes contre la turbulence de sillage. Le seul est peut-être de demander aux contrôleurs aériens de bien respecter des espacements minimaux de deux minutes entre deux avions au décollage.

U comme…

Unités

Un système d'unités bien stable et bien défini est indispensable à l'homme, qui en a besoin pour le commerce et l'industrie. Il y a 200 ans environ, avec les progrès spectaculaires de la science, on s'est aperçu que les équations de la physique pouvaient utiliser un nombre de grandeurs de base limité. Par exemple, la force, qui s'exprime par F = mxg (masse multipliée par accélération), n'a pas besoin d'unité spéciale : on peut rattacher son unité à celles de la masse et de l'accélération. L'accélération s'exprime à son tour par $g = L/t^2$ (longueur divisée deux fois par le temps) et peut s'exprimer en fonction des unités de longueur et de temps. La force peut donc être exprimée dans une unité qui, elle-même, ne se réfère qu'aux unités de masse, de longueur et de temps.

Le système international

Pour la physique courante (en dehors de certains domaines spécifiques comme l'optique ou l'électricité), on a besoin de trois unités de base seulement : les unités de masse, de longueur et de temps. Tout ensemble d'unités basées sur ces trois unités fondamentales constitue un système cohérent d'unités. Les équations de la physique peuvent s'y appliquer sans précaution particulière, sans coefficient correcteur.

L'ensemble des pays s'est accordé sur un tel système : dans le système international (SI), les trois unités de base sont le kilogramme, le mètre et la seconde. On notera que ce système est parfois appelé « système métrique », bien que ce terme soit impropre, et que le SI s'appuie sur la numération décimale, chaque unité étant pourvue de multiples et sous-multiples se déduisant les uns des autres par un facteur 10.

Le mètre, qui a donné son nom initial au SI, était défini à l'origine avec peu de précision comme la 10 000e partie du quart du méridien terrestre – lequel a été mesuré par triangulation juste après la Révolution française.

À la fin du XIXe siècle, le mètre correspondait à la longueur d'un mètre étalon, déposé au pavillon de Breteuil à Sèvres (où il se trouve toujours...). Actuellement, le mètre est la longueur du trajet parcouru dans le vide par la lumière pendant 1/299 792 458 de seconde.

Tous les pays se sont rangés à ce système – même si les Britanniques ne l'ont fait que tardivement –, sauf les États-Unis qui, forts de leur suprématie économique mondiale, se sont considérés comme exemptés de l'obligation de se rallier aux autres pays du monde.

Il est intéressant de comparer les unités internationales et les américaines :

Longueur :	mètre	pouce, yard / statute mile
Capacité :	mètre cube (m^3) /	US gallon
Pression :	pascal ($kg/m/s^2$)	livre par pouce carré (PSI)
Température :	degré centigrade	degré Farenheit

Pour illustrer le manque d'esprit pratique des unités anglo-saxonnes et ceci pour les seules unités de longueur : dans le système international, 1 mètre vaut 100 centimètres, 1 000 millimètres, 1 000 000 micromètres (microns), il faut 10 mètres pour faire un décamètre, 1 000 pour faire 1 kilomètre ; dans le système américain, 1 statute mile vaut 1 760 yards (un mille nautique en vaut 2 025), 1 yard vaut 3 pieds, 1 pied vaut 12 pouces.

Le système international définit non seulement les unités, mais aussi la manière de les écrire. On ne met jamais de s au pluriel des unités abrégées. Ainsi, on écrit « 580 kg » et non « 580 kgs ». Les unités dérivées de noms de savants s'écrivent avec une minuscule si l'unité est écrite en entier, avec une majuscule si l'unité est écrite en abrégé : 20 ampères ou 20 A, 12 kilowatts ou 12 kW, 3 gigahertz ou 3 gHz. Les notations décimales des multiples et sous-multiples s'écrivent en minuscules : 95 nanosecondes, 6 microteslas, 23 millimètres, 85,65 hectopascals.

Par ailleurs, on fait apparaître dans l'écriture des unités la manière dont la grandeur qu'elles représentent a été obtenue. Ainsi, une vitesse s'écrit en m/s (ou en km/h), la vitesse étant le résultat d'une division (mètres par seconde, kilomètres par heure). Mais un travail (une consommation électrique est un travail) s'écrit en Ws (ou en kWh), le travail étant le résultat d'une multiplication (watts.seconde ou kilowatts.heure – une puissance de 30 kW utilisée pendant deux heures entraîne une consommation de 60 kWh)

Unités aéronautiques

À la fin de Seconde Guerre mondiale, les Américains avaient pris une telle avance sur le plan international qu'ils ont tenté d'imposer leurs propres unités au monde aéronautique. En fait, ils ont seulement réussi pour certaines d'entre elles. Un bilan rapide des unités utilisées en aéronautique permet de dresser un constat des dégâts.
Longueur : verticalement, pied / horizontalement, mille nautique (US)
Masse : kilogramme et tonne / parfois livre (*pound*) (US)(SI)
Poids et force : livre de poussée (US) / souvent aussi décanewton (SI)
Vitesse : nœud (lié au mille nautique) / le MPH (SM/h US) a été évincé
Capacité : litre (SI : 1 litre = 1dm^3) / parfois encore gallon (US)
Pression : hectopascal (SI) / parfois encore pouce de mercure (US) pour la pression atmosphérique ; PSI (Pound/Square Inch ou livre par pouce carré – US) pour les pressions hydrauliques.

En résumé, le système international a assez bien résisté – on notera que le mille nautique et le nœud ne sont pas vraiment des unités anglo-saxonnes, étant liés à des angles et à la Terre (1 NM est la longueur de la minute de latitude). Dans les échanges internationaux et les certifications européennes d'avions américains, on exige un maximum d'unités SI (sauf pour le pied, le nœud et le mille nautique).

Encore des accidents

Il y a eu à différentes reprises des accidents dus à des confusions d'unités. Je n'en citerai ici que deux. On a raconté comment un équipage canadien de Boeing 767 effectuant un avitaillement en carburant en avait commandé une certaine quantité en US gallons, que le soutier, passé au système international en suivant la loi canadienne, avait livré en litres. L'US gallon valant 3,785 litres, l'équipage avait décollé avec pratiquement quatre fois moins de carburant que prévu. L'avion s'était retrouvé sans carburant au-dessus d'un territoire sans aérodrome. En fait, il y avait dans ce cas une panne des jaugeurs à bord qui, ajoutée à l'erreur dans l'avitaillement, a permis d'arriver à une situation catastrophique. Un accident est souvent dû à une accumulation de plusieurs causes.

Un autre accident s'est produit en 1995 sur un DC-8F (cargo) en convoyage « trois moteurs » (voir *Moteurs*). On sait que certains quadrimoteurs peuvent être convoyés, en vol décommercialisé, avec un moteur arrêté. La seule précaution à prendre est d'afficher, en début de décollage, la poussée maximale sur les deux moteurs restants symétriques et une poussée limitée sur le troisième. On n'affiche la poussée maximale sur ce moteur dissymétrique que lorsqu'est dépassée une vitesse minimale de contrôle au sol, Vmcg. En effet, la poussée maximale en-dessous de Vmcg provoquerait une embardée et une sortie de piste. L'équipage de l'avion avait donc calculé Vmcg à partir des conditions atmosphériques du jour, mais en confondant degrés Celsius et degrés Fahrenheit, ce qui avait donné une Vmcg de 199 km/h au lieu de 206, valeur correcte. Lorsque l'avion avait atteint les 200 km/h, le mécanicien navigant avait affiché la pleine poussée sur le moteur dissymétrique… et l'avion était sorti de piste. Résultat : avion détruit, équipage tué. Pour une erreur d'unités.

Bien qu'il s'agisse ici d'espace, et non plus d'aéronautique – mais l'espace est le prolongement naturel de l'atmosphère –, on peut signaler que l'une des premières sondes envoyées par les États-Unis vers la planète Mars a échoué… pour une question d'unités. Tous les composants, dont une grande quantité provenait de sous-traitants, n'étaient pas définis dans le même système d'unités. La sonde est passée très loin de Mars. Le projet, mettant en ligne des sous-traitants internationaux, était rédigé en unités internationales SI. Certains fournisseurs américains n'ont pas bien compris les reproches qui leur furent adressés par la suite. Ils avaient pourtant travaillé dans leurs unités habituelles, celles des États-Unis, première puissance économique mondiale…

Urgence et détresse

Lorsqu'un accident va se produire, il arrive parfois que l'on sache à l'avance qu'il y a un grave problème à bord. Dans d'autres cas, l'accident se produit sans préavis. C'est le cas d'un avion qui s'écrase juste après son décollage ou qui explose en vol. Lorsqu'il est possible de savoir à l'avance qu'un avion a des problèmes, on peut tout mettre en œuvre pour tenter d'empêcher l'accident, ou du moins diminuer la gravité de ses conséquences.

Les stades successifs d'alerte

Quand on n'a plus de nouvelles d'un avion, en vol commercial, au bout d'un certain temps (qui dépend de la phase du vol – ce temps n'est pas le même pour un avion en croisière et un avion en approche finale), on déclenche une phase dite d'« incertitude ». Tous les services du contrôle concernés se concertent pour tenter de renouer le contact avec l'avion ou avoir des informations sur lui.

Quand on commence à avoir des doutes sérieux sur la situation d'un avion commercial, quand la probabilité de l'accident devient élevée, on passe au stade suivant, qui est le stade d'alerte ou d'urgence. Non seulement on intensifie les recherches sur la position de l'avion, mais on prépare les moyens de recherche et de sauvetage : avions et hélicoptères de recherche sur terre ou en mer, pompiers, ambulances le cas échéant.

Le dernier stade est déclenché lorsque l'accident est certain : c'est le stade de détresse. On s'applique à rechercher le lieu de l'accident – si l'épave n'est pas encore localisée – et on déploie tous les moyens de sauvetage. En général, pour les accidents les plus graves, on organise un poste de commandement qui coordonne les moyens mis en œuvre.

Les procédures

Pour informer un maximum de personnes d'un problème en vol, on peut bien entendu utiliser la fréquence radio sur laquelle on se trouve au moment de la découverte du problème (que ce problème soit découvert à bord de l'appareil ou par une personne autre au sol ou en vol). Toutefois, on a réservé pour ces cas certaines fréquences d' urgence en VHF (gamme de fréquences utilisée par l'aviation commerciale), la fréquence prévue étant de 121,5 MHz. Toutes les stations – en particulier tous les avions en vol – doivent veiller cette fréquence en permanence.

Les messages prévus pour alerter un maximum de personnes sont codés et brefs. En graphie, on envoyait le signal « SOS ». En phonie, on utilise les mots codes « panne panne » en cas d'urgence, et « mayday » en cas de détresse. Dès qu'un tel signal est entendu, tout le monde fait silence. Puis la station la mieux placée (en général un contrôleur) prend la direction initiale des opérations. Sinon, un avion en vol qui a reçu l'information relaie l'alerte vers une station appropriée.

Le recours à l'utilisation du signal « mayday » doit être systématique en cas de problème grave. En janvier 1990, un Boeing 737 en arrivée sur New York, ralenti par du mauvais temps (voir *Carburant*) dut effectuer plusieurs circuits d'attente, arrivant en approche finale avec une autonomie restante de quelques minutes. Il se présenta mal et dut remettre les gaz. Il n'avait plus de carburant, les moteurs s'arrêtèrent, il se posa en catastrophe, faisant 73 victimes sur les 158 occupants. Sa seule erreur : il avait demandé une priorité à l'atterrissage sans préciser pourquoi, au lieu d'utiliser le mot magique « mayday », qui lui aurait fait accorder une priorité absolue. Et aurait sauvé tous les passagers et l'équipage.

Les moyens de secours

Lorsqu'un avion a été accidenté sur un aérodrome ou à proximité, il n'y a pas de problème de recherche. Mais, dans de nombreux cas, il faut localiser l'épave, puis la rejoindre. Et ce n'est pas toujours facile.

Lorsqu'un avion touche violemment le sol, une balise de détresse se déclenche, qui émet des signaux permettant de localiser et de rejoindre l'épave. De nombreux avions ont été secourus grâce à cette balise, qui équipe aussi bien les avions commerciaux que les avions légers.

Les balises de détresse n'ont pas toujours été systématiquement utilisées. En 1981, un avion léger effectuait un vol dans l'est de la France par très mauvaises conditions météorologiques. Le pilote tenta une approche sur Mulhouse, mais échoua à cause de la tempête de neige et un fort vent. Dans sa remise de gaz, il se laissa déporter vers la Forêt-Noire en Allemagne et heurta le sommet d'une crête boisée. Le pilote et son passager s'en sortirent avec des blessures légères, ils se traînèrent vers un abri forestier proche et attendirent. Mais l'avion n'était pas équipé de balise de détresse et on ne les retrouva que le lendemain. Ils étaient tous deux morts de froid dans la nuit.

Délais nécessaires pour retrouver une épave

Dans de nombreux cas, heureusement, il n'y a pas de problème de localisation : en juillet 2000, lorsque le Concorde s'est écrasé après son décollage entre les aéroports de Roissy et du Bourget, les secours étaient sur place dans les deux minutes qui ont suivi. Hélas, la rapidité des moyens de sauvetage n'avait pas suffi à sauver passagers et équipage.

Dans un accident survenu à Abidjan en 2000, un avion s'est abîmé en mer à quelques kilomètres du rivage (il venait de décoller face à l'océan). Il a fallu plusieurs heures pour localiser le point de chute (il faisait nuit). De nombreux passagers, qui avaient survécu à l'impact, sont morts noyés. Avec des moyens adaptés, il aurait pu y avoir de nombreux survivants.

Lors de l'accident de l'A320 du mont Sainte-Odile dans les Vosges, il a fallu également des heures pour retrouver l'épave. C'était de nuit, en hiver, dans la forêt ; parmi les survivants, plusieurs sont morts de froid ou n'ont pas survécu à des blessures *a priori* non mortelles.

En 1989, un Boeing 737 brésilien s'est posé en pleine forêt équatoriale (voir *Football*). Grâce à la balise de détresse, on a retrouvé l'épave avec de nombreux survivants, après seulement vingt-quatre heures de recherche.

Dans le cas du FH-227 qui s'est abîmé dans les Andes en 1975 (voir *Football*), on n'a pas retrouvé l'épave, malgré des semaines de recherche (pour la petite histoire, un radiesthésiste qui cherchait avec son pendule sur une carte s'était trompé de 450 kilomètres). Ce sont des passagers survivants qui, au printemps suivant l'accident, soit deux mois après, parvinrent dans des zones habitées pour emmener les sauveteurs sur les lieux du drame. Il n'y avait pas de balise de détresse réglementaire.

Le cas extrême est celui d'un avion à hélices qui a percuté les Andes dans les années 1950, et qui fut localisé seulement quarante ans plus tard, lorsque le glacier sur lequel il se trouvait livra, sur sa moraine frontale, les débris de l'accident. Certains corps étaient parfaitement conservés.

V comme...

Vautour

Le Vautour est l'un des avions sur lesquels j'ai volé le plus longtemps. Mon premier vol remonte à 1960, mon dernier vol à 1995, soit trente-cinq ans après.

J'ai volé sur toutes sortes de Vautour :

– le Vautour A, monoplace, chasseur construit seulement à quelques exemplaires, et qui nous servait d'avion de lâcher à Cognac ;

– le Vautour B, biplace de bombardement léger, avec un navigateur-bombardier dans le nez vitré, qui a été mon avion en escadre de 1960 à 1963 ;

– le Vautour N, biplace chasseur tout-temps, avec un navigateur en place arrière, que j'ai retrouvé au CEV en 1968 ;

– tous les Vautour modifiés du CEV, qui servaient de bancs d'essai volants aux différents radars Cyrano, au système de suivi de terrain du Mirage 2000 et à bien d'autres équipements.

Le Vautour était construit par la SNCASO, Société nationale de constructions aéronautiques du Sud-Ouest (qui, plus tard, fusionnant avec la SNCASE, du Sud-Est, devait donner Sud-Aviation, devenue ensuite l'Aérospatiale). Le nom officiel du Vautour était le SO-4050. C'était un biréacteur à hautes performances, présenté comme supersonique en léger piqué. En fait, je n'ai que très rarement passé le mur du son sur le Vautour. D'abord parce qu'il fallait piquer comme un fou pour le franchir, ensuite parce que cela ne présentait aucun intérêt de perdre du temps pour avoir la satisfaction puérile de voir l'aiguille d'un machmètre franchir la valeur 1. Je n'ai accompli cette « prouesse » qu'une dizaine de fois pour des vols de contrôle en sortie de révision majeure, à Saint-Nazaire (Loire-Atlantique) ou à Hao (Polynésie), où il fallait s'assurer que l'avion avait bien retrouvé son domaine de vol. En fait, le piqué sonique présentait un seul intérêt. Il a permis de découvrir une curieuse particularité de cet avion, que je n'ai rencontrée sur aucun autre : l'IPEA (inversion partielle de l'efficacité d'ailerons), qui apparaissait aux alentours de Mach 0,96. Due à des phénomènes de zones d'écoulement supersonique sur l'extrados des ailes (« cloches soniques ») au droit des ailerons, l'IPEA faisait que, lorsqu'on poussait le manche vers la droite, l'avion s'inclinait à gauche, et vice-versa. Si on insistait, l'avion finissait par virer du côté voulu. Cette inversion était plutôt amusante.

Le Vautour n'avait pas, par ailleurs, une aile exceptionnelle. Celle du Vautour A avait une tendance au décollement d'extrados de la couche limite (ce qui le rendait dangereux aux basses vitesses), qu'il avait fallu corriger par des *vortex generators* ou « générateurs de tourbillons ». Ces vortex étaient des petites surfaces métalliques carrées de 4 ou 5 centimètres de côté plantées perpendiculairement à l'extrados de l'aile, alternativement tournées vers la gauche et la droite, et qui rendaient donc l'écoulement d'extrados tourbillonnaire moins propice au décollement. Les Vautour B et N avaient reçu une aile redessinée avec le bord d'attaque incliné vers le bas (bord d'attaque cambré) pour faciliter le pilotage aux basses vitesses.

Avec son train monotrace – un diabolo à l'avant, un à l'arrière –, le Vautour avait une fâcheuse tendance à faire des montagnes russes à l'atterrissage pour peu qu'on le présente à trop grande vitesse. Il touchait alors d'abord du diabolo avant, qui rebondissait, précipitant au sol le diabolo arrière, qui rebondissait à son tour. L'avion repartait nez dans le ciel, puis piquait du nez et repartait pour un nouveau bond. La meilleure solution était de remettre les gaz dès que possible et de se présenter pour un nouvel atterrissage.

Autre particularité du train : on freinait l'avion à l'aide d'une sorte de frein de bicyclette, à l'avant du manche, lequel agissait sur les deux diabolos.

Vautour B

Le roulage au sol était contrôlé par l'orientation du train avant par des pressions sur deux petits basculeurs dits « pédalettes » – c'était leur nom officiel – situés en haut des palonniers, à l'emplacement des pédales de frein sur les avions d'armes classiques, source de gags dès le premier virage, au sortir du parking, le jour du lâcher.

J'ai eu la chance de participer à une campagne de manœuvres intéressante sur le Vautour. C'était au début des années 1960. Le général de Gaulle, soucieux du prestige de la France, la voulait présente partout dans le monde. Il y avait, dans le Sud-Est asiatique, une alliance militaire sur le modèle de l'OTAN qui s'appelait OTASE (Organisation du traité de l'Asie du Sud-Est). Quatre Vautour, basés dans la jungle, ont représenté la France dans des manœuvres de l'OTASE en Thaïlande aux côtés des États-Unis, de l'Angleterre et de l'Australie.

J'ai participé à une autre opération amusante, cette fois au milieu des années 1960. Il n'y avait pas encore de satellite de télévision pour retransmettre en direct des événements qui se passaient à l'autre bout du monde.

Le général de Gaulle avait fait à cette époque un voyage officiel en Iran, sur lequel régnait alors le Shah. Il voulait impérativement que les commentaires sur les événements de la journée (le voyage étant programmé pour plusieurs jours) soient diffusés au journal de 20 heures de la chaîne, unique, de télévision. Pour ce faire, nous avions été chargés de mettre un Vautour en alerte à Téhéran. Vers 17 heures heure locale (il était plus tôt à Paris), un motard iranien apportait au pilote du Vautour une bobine de film enregistrée dans la journée. Le Vautour ralliait d'un seul coup d'aile Téhéran à Orly, où l'attendait un motard français qui emportait la bobine aux studios de Cognacq-Jay juste à temps pour le 20 heures. Lors d'un de ces voyages, le pilote, pressé de transmettre la bobine, avait ouvert sa verrière et lancé la bobine au motard, au pied de l'avion, à Orly, avant que les réacteurs soient arrêtés. Le réacteur gauche avala la bobine. Il avait ensuite fallu expliquer le problème au général de Gaulle, qui n'a pas, dit-on, apprécié le sel de la situation.

Vautour nucléaire

Bien que prédécesseurs du Mirage IV et premiers avions de la force de frappe française en cours de formation, les Vautour n'ont jamais été équipés de la bombe. Mais ils ont eu une aventure nucléaire. À la fin des années 1960 et au début des années 1970, la France procéda à des essais nucléaires aériens sur l'atoll de Mururoa, dans le Pacifique. Afin de prélever des gaz dans le nuage nucléaire à fin d'analyse, deux Vautour avaient été spécialement équipés à Saint-Nazaire : bidons capteurs de gaz, cabine fermée par des volets noirs métalliques pour éviter au pilote l'aveuglement dû à l'éclair de l'explosion de la bombe. Ces volets s'entrouvraient à peine pour permettre de voir devant, au décollage et à l'atterrissage. L'inconfort absolu. Quand ces avions furent prêts, je suis allé leur faire subir un premier vol de contrôle à Saint-Nazaire. Puis, on les démonta et on les transporta par bateau en Polynésie. Je suis allé leur faire subir un second vol de contrôle à Hao, un atoll proche de Mururoa. Je n'ai pas participé aux essais nucléaires et n'ai plus revu ces deux Vautour. Je sais que leurs carcasses ont fini, démontées, dans le lagon de Hao, à la demande des Polynésiens. Il paraît que cela faisait des nichoirs parfaits pour les langoustes.

Suivi de terrain en Vautour

Une des tranches d'essai les plus intéressantes que j'ai eue à effectuer sur le Vautour a été la tranche de suivi de terrain automatique

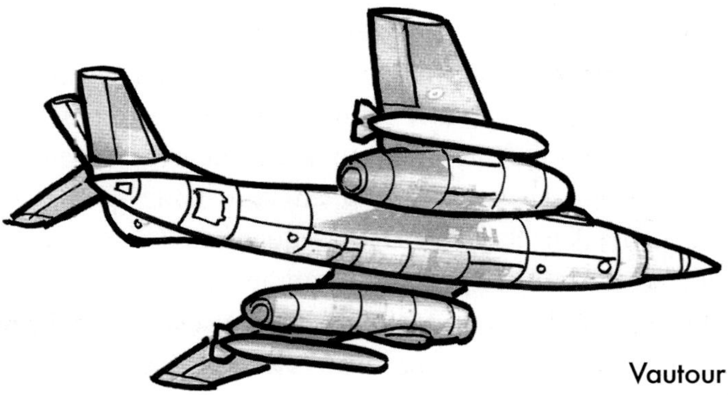

Vautour B du CEV
au nez modifié

« Antilope », préparant une des composantes opérationnelles du futur Mirage 2000. Dans ces essais, un radar frontal observait le sol à l'avant, et un pilote automatique faisait effectuer à l'avion un vol à très basse hauteur, suivant de près le relief. Le pilote automatique fonctionnait au début de façon capricieuse, et nous volions avec une « poire » de débrayage PA fixée au creux de la main gauche par un élastique, craignant, sur un ordre aberrant du PA, de n'avoir pas le temps d'atteindre un bouton de débrayage en planche de bord. Des vols passionnants, accompagnés par un MS-760 Paris-II qui assurait l'anticollision sur les autres avions, car nous n'avions guère le temps de regarder le ciel. Nous étions deux pilotes chargés de ces essais à Brétigny. Le second s'est tué sur l'avion, après avoir manqué son dernier virage sur la piste 23, en retour de vol d'essai.

Le Vautour et Blériot

Lord Northcliffe, directeur du journal londonien *Daily Mail*, avait offert en 1908 un prix de mille livres au premier aviateur qui franchirait la Manche. Wilbur Wright avait été sollicité, mais il avait déclaré que ce serait un risque inutile. Les plus grands visionnaires ont parfois la vue un peu courte. Le Français Louis Blériot avait relevé le défi et avait été le premier à relier Sangatte à Douvres en 1909. En 1959, pour fêter le 50e anniversaire de l'aventure, le *Daily Mail* a organisé une course entre Marble Arch à Londres et l'Arc de triomphe à Paris. Cette course était ouverte à tous les concurrents, qui devaient utiliser des moyens de transport variés, allant de la moto à l'avion. Colette Duval, Gilles Delamare (des célébrités de l'époque) et bien d'autres ont participé à la course. Leur moyen aérien était... un Vautour B (piloté par des pilotes de Cognac). Les autres moyens étaient des hélicoptères, des motos. Les conditions de sécurité étaient loin d'être optimales, les appareils volant en rase-motte et à grande vitesse en vol à vue dans des zones très fréquentées. Les Anglais ont utilisé un Hunter biplace, un peu moins rapide que le Vautour. C'est pourtant un Anglais, un certain Maughan, qui remporta le chalenge. Les motos anglaises étaient apparemment plus performantes que les françaises.

Vent

Le vent correspond au déplacement de l'air sur le sol. Il peut être général sur toute une région s'il s'agit du déplacement d'une masse d'air de grandes dimensions, ou très localisé s'il est lié à des particularités locales.

Le vent peut être représenté par un vecteur à trois dimensions. En général, il est plus ou moins parallèle au sol, et on se contente de deux dimensions. Le vent est indiqué par la direction d'où il vient – ce qui n'est pas classique –, et sa vitesse (sa force) est indiquée en nœuds dans l'aéronautique. Pour ce qui est de la direction, elle est généralement donnée en orientation vraie (par rapport au nord vrai), sauf sur un aérodrome (où les pistes sont indiquées en orientation magnétique), où la direction d'où vient le vent est donnée en magnétique.

Il existe différentes façons d'indiquer la force à un pilote qui va atterrir : on indique la force instantanée ou une force moyenne sur les deux ou dix dernières minutes. On indique aussi la force de la rafale. On dira ainsi : « vent de 320°, force 12 nœuds, rafale 25 » pour un vent soufflant en moyenne du 320° magnétique, à une vitesse de 12 nœuds, avec des rafales à 25 nœuds.

À bord des avions modernes, le vent est représenté à la fois en numérique et en analogique. En numérique, sous la forme « 120/20 » pour un vent soufflant du 120° vrai, force 20 nœuds. En analogique, sous forme d'un petit vecteur, dans un coin de la carte du ND (Navigation Display), qui permet de voir d'un seul coup d'œil s'il est arrière (favorable), debout (défavorable) ou travers.

VENTS PLANÉTAIRES, SYNOPTIQUES ET VENTS LOCAUX

Il y a des vents qui soufflent toute l'année de la même façon. Tels sont les vents alizés, qui soufflent des tropiques vers l'équateur, du nord-est dans l'hémisphère Nord, du sud-est dans l'hémisphère Sud (figure A). Comme ils soufflent en fait vers l'équateur thermique, qui est le cercle le plus chaud parallèle à l'équateur, un peu au nord en été, au sud en hiver, les alizés suivent cette tendance (on appelle ici « été » l'été boréal). Au plus fort de l'été, il arrive que les alizés du sud incurvent leur trajectoire au passage de l'équateur terrestre et se retrouvent dans l'hémisphère Nord à souffler du sud-ouest, exactement face à face avec les alizés du nord.

LES ALIZÉS

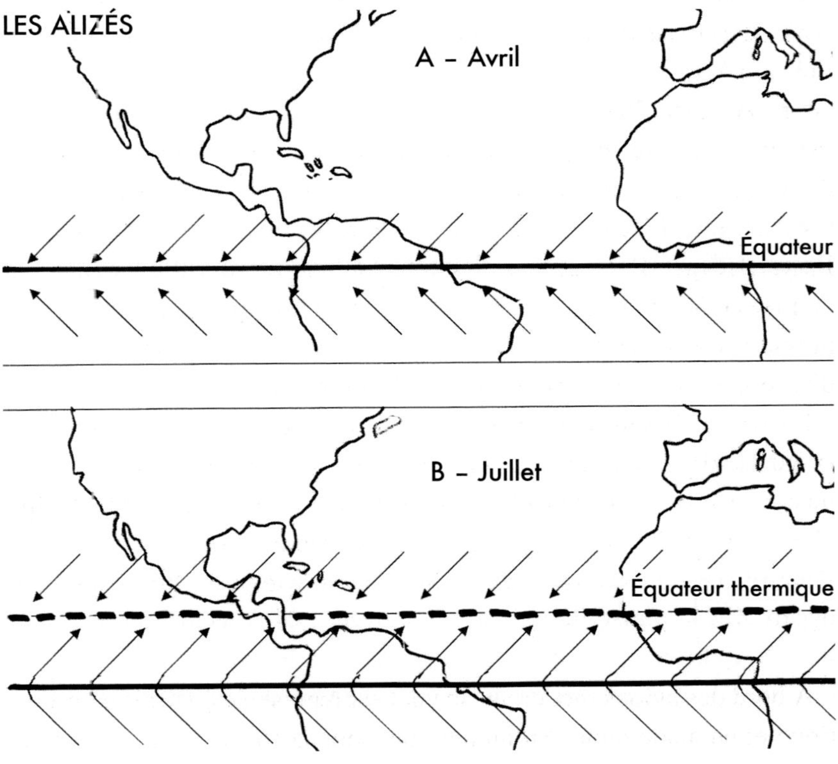

Les vents synoptiques sont des vents qui, dans une situation générale donnée, restent établis de façon stable sur une région pendant un certain temps. Par exemple, en France, quand il y a une dépression bien stable sur les îles Britanniques, il y a un vent synoptique d'ouest bien établi sur le nord de la France.

Du fait du relief ou de la nature du sol, il arrive qu'il y ait des vents locaux particuliers, bien identifiables. Telles sont les brises de terre et les brises de mer sur les côtes (de terre le matin, de mer le soir), ou les vents de vallée. Tels sont aussi certains vents locaux comme le Mistral et la Tramontane, qui correspondent à une dépression creusée sur le golfe du Lion, le premier descendant la vallée du Rhône, le second se glissant depuis l'Aquitaine, entre les Pyrénées et le Massif central.

Vidange en vol

Les avions commerciaux (voir *Masse*) ont des limitations de masse structurales très strictes : la masse maximale de structure sans carburant (ou MZFW, Maximum Zero Fuel Weight), la masse maximale de structure au décollage (ou MTOW, Maximum Take Off Weight) et la masse maximale de structure à l'atterrissage (ou MLW, Maximum Landing Weight). Il n'est pas difficile de respecter les deux premières, car le risque de dépassement n'existe que lors de la préparation du vol. Il suffit de vérifier que le chargement puis le carburant embarqué respectent les limites réglementaires. Pour ce qui est de la limite à l'atterrissage, c'est un peu plus délicat dans certains cas. En effet, au cours de la préparation du vol, on peut toujours s'assurer que le délestage prévu (c'est-à-dire la quantité de carburant prévue pour être consommée au cours du vol) ramènera pour l'atterrissage la masse de l'avion en dessous de la limite d'atterrissage MLW. Mais il peut y avoir des cas imprévus qui obligent à écourter le vol. Par exemple, la panne d'un moteur juste après le décollage. Dans ce cas, il faut envisager de se reposer sur le terrain de départ. Or, la masse de l'avion est souvent très au-dessus de la masse limite à l'atterrissage, surtout dans le cas d'un long-courrier. Il n'est pas rare de se retrouver alors avec un excédent de masse de plusieurs dizaines de tonnes. La solution est alors la vidange en vol.

Pour permettre à un avion dans cette situation de pouvoir se reposer assez rapidement, on a installé à bord des systèmes de vidange rapide en vol. Des canalisations s'ouvrent depuis les réservoirs vers l'extérieur, et il est possible de ramener la masse dans les limites réglementaires en quelques dizaines de minutes au maximum.

Il peut paraître inacceptable de tolérer qu'un avion puisse larguer des dizaines de tonnes de carburant en vol dans la nature. Il est vrai que cette idée est peu plaisante. Mais on peut la comprendre quand des vies humaines sont en jeu. Par ailleurs, pour limiter les dégâts, on demande aux équipages de vidanger en vol au-dessus de zones moins sensibles. On leur demande aussi de procéder aux vidanges à haute altitude, de façon à ce que le carburant soit littéralement « vaporisé » et ne retombe pas en pluie.

Les dégâts occasionnés sont absolument minimes et se chiffrent en millionièmes en comparaison de ceux causés par les dégazages sauvages de certains navires en haute mer. De plus, le nombre de vidanges annuel dans le monde est limité à quelques unités et il n'y a pas, comme me l'affirmait un ami écologiste, des centaines de tonnes larguées chaque jour au voisinage des grands aéroports par des avions des lignes régulières simplement soucieux de s'alléger avant d'atterrir pour se poser plus confortablement !

En cas d'extrême urgence (feu à bord), le temps est compté et il vaut mieux ne pas vidanger. L'avion est exceptionnellement autorisé à atterrir avec une masse au-dessus de la valeur limite. La masse structurale limite permet un atterrissage sans risque pour l'avion avec une vitesse verticale de 3 mètres/seconde. C'est beaucoup. En cas d'extrême urgence, même à 40 tonnes au-dessus de la limite d'atterrissage, on peut atterrir sans risque en soignant la qualité du toucher, en se posant « sur des œufs », selon le terme consacré.

Une histoire triste a concerné un MD-11 (voir *Feu à bord)* qui assurait un vol New York-Genève ; l'avion avait subi un feu à bord, avec dégagement d'importantes fumées en cockpit, pendant sa montée, peu après son décollage. Un grand aérodrome international était droit devant lui et il pouvait y atterrir en moins de cinq minutes. Conscient du danger, les contrôleurs aériens avaient fait dégager tous les autres avions et lui proposaient de le guider en priorité vers la piste d'atterrissage. Plus ou moins conscient du risque, mais également soucieux de respecter le règlement, car l'avion était lourd, le commandant de bord a hésité. Le contrôleur a insisté : il pouvait atterrir sans délai. Finalement, le commandant a préféré ignorer le risque et respecter un règlement qui, pourtant, pouvait être contourné sans risque. Il a décidé de vidanger son carburant jusqu'à atteindre la masse maximale à l'atterrissage, ce qui nécessitait une vingtaine de minutes. Au grand dam du contrôleur, le commandant a entrepris une vidange. Il ne s'est pas posé au-dessus de la masse maximale autorisée. Il s'est désintégré en vol, la structure mangée par l'incendie.

Viseur de pilotage

On distingue deux types de pilotage : le pilotage à long terme, où il s'agit de conduire l'avion d'un point à un autre et qui est essentiellement un problème de navigation, et le pilotage à court terme, où il s'agit d'effectuer un décollage ou une montée, une approche ou un atterrissage.

Pour le pilotage à court terme, qui seul nous intéresse dans cet article, les opérations d'approche et d'atterrissage sont de loin les plus délicates. Il s'agit de poser l'avion dans les conditions idéales sur une piste qui est devant le pilote. Pour ces opérations, le viseur de pilotage peut être d'une aide particulièrement efficace.

Symboles

Le viseur de pilotage est essentiellement constitué d'une vitre semi-transparente, placée devant les yeux du pilote, entre ses yeux et le monde extérieur. Un calculateur et un générateur de symboles envoient dans cette vitre, projetés à l'infini, une série de symboles qui viennent aider au pilotage. Le pilote voit ces symboles superposés au monde extérieur qu'il aperçoit devant lui.

Les symboles présentés dans un viseur sont de trois types, profondément différents dans leur nature :

– les symboles analogiques superposables au monde extérieur, tels une ligne horizontale qui se superpose à l'horizon réel, ou le vecteur vitesse sol qui désigne avec précision au sol l'endroit vers lequel se dirige l'avion, l'endroit où il va toucher le sol s'il conserve une trajectoire rectiligne ;
– les symboles analogiques non superposables au monde extérieur, telles les bandes se développant comme des colonnes de thermomètre, qui ont l'avantage de l'analogique pour la rapidité de perception, mais doivent être conservées en vision périphérique, car elles pourraient gêner la vision directe du monde extérieur ;
– les symboles numériques, qui ne sont pas directement perçus, qu'il faut lire et qui ne doivent figurer dans le viseur qu'en complément périphérique.

Bien entendu, il est toujours possible au pilote d'éliminer du viseur, quand ils ne servent pas, des symboles pouvant gêner le pilotage.

Historique

Les premiers viseurs ont été les viseurs militaires. Il y a d'abord eu des viseurs élémentaires pendant la guerre de 1914-1918, constitués d'un simple croisillon, puis, pendant la Seconde Guerre mondiale, des viseurs optiques mécaniques pouvant intégrer certaines corrections (correction but, correction tireur), une télémétrie, etc. Les viseurs de pilotage civils sont apparus tardivement, dans les années 1970. Le tout premier viseur opérationnel installé sur un avion commercial dérivait des viseurs militaires, et il n'est pas surprenant que ce soit un constructeur d'avions militaires (Dassault) qui l'ait installé sur l'un de ses avions civils, le Mercure. C'est feu la compagnie intérieure française Air Inter qui a utilisé ce viseur sur cet avion (dont elle a été le seul client). Par la suite, en achetant des A320, Air Inter a demandé qu'ils soient également équipés de viseurs de pilotage. Les Américains ont développé plusieurs viseurs de pilotage civils, dont aucun n'a abouti à une réalisation opérationnelle dans l'aviation commerciale. Par contre, la navette spatiale a été équipée d'un viseur d'approche et d'atterrissage, que j'ai eu l'occasion de tester au simulateur à Edwards AFB et qui était remarquable.

Viseurs VMC, viseurs IMC

La vocation première des viseurs de pilotage est d'être utilisés en vol à vue (soit VMC ou Visual Meteorological Conditions). On peut alors présenter dans le viseur essentiellement le vecteur vitesse-sol, qui est la tangente à la trajectoire instantanée. Ce vecteur, dont l'origine est l'avion (assimilé à l'œil du pilote), est vu comme un point. Il indique le point où va aller l'avion si le pilote conserve une trajectoire rectiligne. Le vecteur vitesse est généralement représenté par un petit cercle muni de trois ailettes. Sur la figure ci-dessous, les symboles sont en traits gras, le paysage extérieur en pointillés fins.

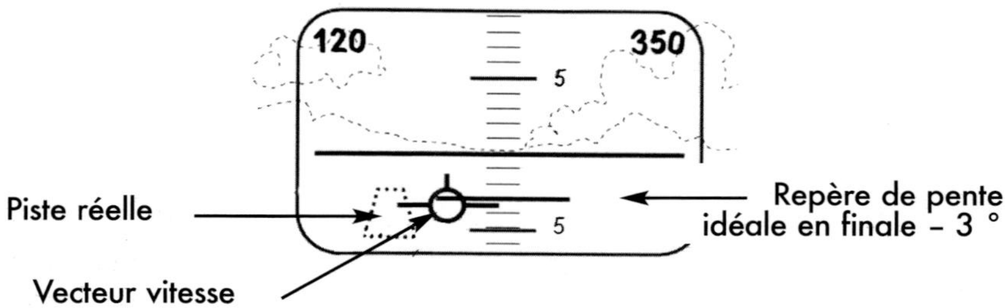

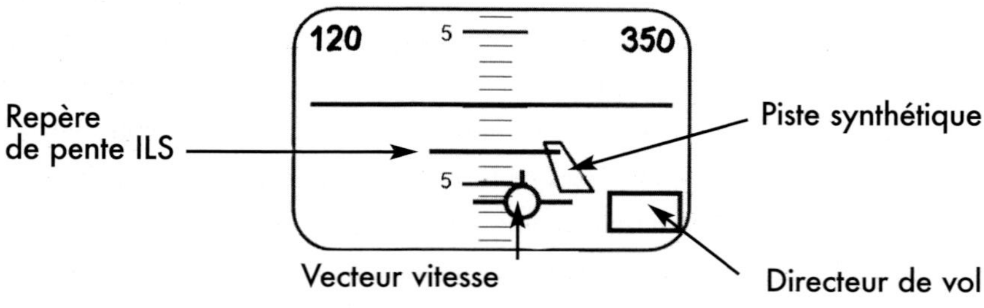

Sur la figure du haut, le pilote peut effectuer l'analyse suivante. En descente, l'avion est un peu haut : le repère de pente, réglé sur la pente d'approche idéale de – 3°, conduit au-delà de la mi-piste ; une correction est en cours, la pente actuelle étant de – 3,5°. Mais cette correction est insuffisante. En latéral, l'avion est sur l'axe de piste : le trapèze apparent de piste est symétrique, isocèle. Mais cette situation va se détériorer, car le vecteur vitesse est à droite de la piste : l'avion va s'écarter vers la droite. Les valeurs numériques peuvent indiquer vitesse et hauteur au-dessus du sol (120 nœuds, 350 pieds).

On peut concevoir des viseurs pouvant être utilisés en vol aux instruments : IMC (Instrument Meteorological Conditions). Pour cela, dans une approche ILS par exemple (figure ci-contre), on peut créer ce que l'on appelle une « piste synthétique », qui viendra se superposer à la piste réelle au passage à vue. Sur la figuredu bas, l'analyse est la suivante : l'avion est trop à gauche (vue de la piste déformée) et trop haut (le repère réglé sur la pente d'approche idéale arrive en fin de piste). Le directeur de vol (sorte de petite boîte) indique la position sur laquelle il faut placer le vecteur vitesse : bien à droite et bien plus bas. Bien entendu, les figures représentent des viseurs imaginaires. Mais des viseurs voisins (pour leur utilisation « pilotage ») équipent des avions militaires comme – pour ne parler que de ceux sur lesquels j'ai volé – le Mirage 2000, le Transall, et le Super-Étendard, qui apponte avec son viseur.

Viseur de pilotage et aviation civile

Les constructeurs d'avions commerciaux ne cherchent pas à se tourner vers les viseurs de pilotage. L'option générale de l'aviation civile moderne est le tout-automatique. Dans ces conditions, le pilotage par un pilote ne présente pas d'intérêt, et il est inutile d'apporter au pilote des aides directes, comme celle du viseur, pour améliorer son pilotage. Sur les avions commerciaux actuels, le pilote n'utilise les commandes de vol manuelles que pour deux courtes phases : le décollage, car on n'a pas encore mis au point un décollage automatique à cause des problèmes potentiels de panne au décollage (mais, dès 100 mètres de hauteur, le pilote automatique est embrayé et couplé au système de gestion du vol FMS, Flight Management System), et l'atterrissage à vue. Encore est-il conseillé de laisser le pilote automatique couplé le plus longtemps possible à l'ILS (Instrument Landing System, système radioélectrique d'alignement en finale), voire de le conserver pour l'atterrissage, qui devient alors entièrement automatique.

Il reste qu'il est toujours hasardeux de tenter de prévoir l'avenir à propos de technologie. Et, au tournant du millénaire, un viseur de pilotage était à l'étude dans les bureaux d'Airbus pour une possible version future sur l'A380.

Il est bien évident que les viseurs ont suivi les progrès de la technologie. Les symboles, encore mécaniques sur le viseur du Mercure (fentes dans une plaque noire), sont maintenant dessinés et animés sur tube cathodique. L'ensemble est électronique. Dans les viseurs plus récents, dits « holographiques », la collimation est faite au sein des vitres du viseur. C'est le cas sur le Rafale en particulier.

Vitesse

La notion de vitesse, pour une voiture, est simple et unique. Une voiture roule à 80 km/h si elle parcourt 80 kilomètres en une heure. On peut le constater sur son compteur de vitesse s'il est bien réglé, ce qui est facile à faire. Dans un avion, on n'a pas un accès simple à la vitesse de l'avion par rapport au sol. Par ailleurs, on fait appel à d'autres vitesses utiles au pilotage de l'avion en termes de mécanique du vol, mais qui n'ont pas grand chose à voir avec une vitesse d'avancement. Pour bien comprendre les différentes notions de vitesse dans un avion, le mieux est de parcourir les avatars successifs de la vitesse dans l'histoire de l'aviation.

Les premières mesures de vitesse

La transcription pure et simple sur un avion du système mesurant la vitesse d'avancement d'une voiture était impossible. L'avion se déplace dans une masse d'air sur laquelle aucun dispositif mécanique ne peut s'appuyer. Il a donc fallu développer, dès les premiers vols, des instruments permettant de mesurer, très approximativement d'abord, puis de mieux en mieux, la vitesse de l'avion par rapport à la masse d'air.

Le loch aérien était une sorte de petit moulin dont les ailettes, munies de coupelles, tournaient dans le vent relatif, plus ou moins vite en fonction de la vitesse d'avancement de l'avion. Mais cette mesure était très imprécise.

On a ensuite assez vite remarqué que, le long d'une surface convexe sur laquelle l'air se déplaçait à grande vitesse, la pression diminuait. Lorsqu'on roule dans une voiture décapotable, la vitesse le long de la capote tend celle-ci vers l'extérieur. Ceux qui ont eu l'expérience des

2 CV Citroën connaissent bien ce phénomène. On a donc, dès les premiers avions, tenté de mesurer la dépression ΔP occasionnée le long d'une paroi par la vitesse. Pour accentuer la vitesse de l'écoulement, donc la dépression, et la rendre plus facilement mesurable, on faisait accélérer l'air relatif de l'avion dans un tube dit « convergent-divergent » placé dans le courant d'air, sorte de Yo-Yo creux des années 1930, avec mesure de la dépression au col.

Malgré des étalonnages soignés, le tube de Venturi restait trop sommaire pour donner des résultats fiables. Les progrès dans l'étude de la mécanique des fluides ont permis, à partir de mesures des pressions statique et totale et de leur traitement analogique, de fournir une indication de vitesse un peu plus proche de la vitesse d'avancement de l'avion dans la masse d'air. Après des corrections appropriées – corrections d'installation d'antenne, correction instrumentale –, on pouvait disposer à bord d'une information appelée « vitesse conventionnelle » (Vc), vitesse la plus proche de la vitesse d'avancement dans la masse d'air directement mesurable dans un avion. Le capteur de pression était une antenne dite « tube Pitot » pour la pression totale, complété par des prises de pression statique sur la peau de l'avion, l'instrument de présentation de l'information en planche de bord, l'« anémomètre Badin ». Ces noms sont devenus des noms communs. Les pilotes parlent du « pitot » et du « badin ».

VERS LA VITESSE PROPRE

En fait, à grande vitesse et haute altitude, la vitesse conventionnelle Vc reste assez éloignée de la vitesse d'avancement de l'avion dans l'air, la vitesse propre (Vp). À titre indicatif, pour une vitesse indiquée, vitesse Badin de 250 nœuds (environ 450 km/h), dans un avion volant au niveau de vol 310 (vers 10 000 mètres), en air froid, on peut avoir une vitesse propre Vp de 385 nœuds. La vitesse indiquée n'a donc rien à voir avec la vitesse propre, qui peut lui être supérieure de 50 % dans ces conditions. On peut se poser la question de savoir pourquoi on continue à présenter aux pilotes des vitesses Vc qui n'ont rien à voir avec la vraie vitesse Vp. La raison en est que le décrochage d'un avion, toutes conditions égales par ailleurs (configuration, masse), se passe à une certaine vitesse Vc (vitesse de décrochage), notée « Vs » et indiquée dans les manuels de vol ; la vitesse Badin d'approche est fixée réglementairement à 1,3 Vs. Réglementairement, en attendant l'avènement de l'incidence sur les planches de bord (car le décrochage est en fait fonction de l'incidence), on continue à présenter aux pilotes la Vc.

La vraie vitesse par rapport au sol

La vitesse propre Vp est la vitesse d'avancement par rapport à la masse d'air dans laquelle vole l'avion. Mais cette masse d'air se déplace par rapport au sol, sous l'effet du vent. De ce fait, pour connaître le temps nécessaire pour aller d'un point à un autre, il faut calculer, à partir de Vp et du vent (Vw), la vitesse sol Vs (Vs désigne à la fois la vitesse conventionnelle de décrochage et la vitesse sol, ce qui peut être source de confusion. La vitesse de décrochage Vs est exprimée en Vc pour vitesse conventionnelle ; la vitesse sol Vs est une vitesse vraie.)

Pour les avions long-courriers qui rencontrent des vents (les courants-jets ou *jet-streams*) pouvant atteindre 200 nœuds, la vitesse sol peut se trouver à 50 % au-dessus ou en-dessous de la Vp.

Les vents moyens sur l'Atlantique Nord ont, du fait de l'anticyclone des Açores, une composante moyenne ouest (c'est-à-dire qu'ils soufflent de l'Amérique vers l'Europe). Un même avion aura plus de facilité à effectuer la traversée d'ouest en est (vitesse sol plus élevée, temps de vol plus court). Il n'est donc pas surprenant que la première traversée de l'Atlantique ait été réalisée par un pilote américain.

J'ai déjà signalé ce fait ailleurs, mais la question me tient à cœur, et Costes et Bellonte ont au moins autant de mérite que Lindbergh (voir *Routes aériennes*). *Bis repetita placent*, comme disait Cicéron.

Les vents rencontrés aux alentours de 11 000 à 13 000 mètres (35 000 à 40 000 pieds), altitude moyenne de vol des avions commerciaux long-courriers, atteignent souvent des vitesses de 300 à 400 km/h (200 à 250 nœuds). Comme ces avions volent à des vitesses de l'ordre de 800 km/h (450 nœuds), il n'est pas rare qu'ils aient des vitesses sol extrêmement variables. Ce n'était pas le cas du Concorde qui, à son niveau de vol (20 000 mètres ou 60 000 pieds), ne rencontrait que des vents extrêmement faibles (50 km/h – 30 nœuds au maximum). Sa vitesse sol ne s'écartait de sa vitesse propre que de quelques pour-cent.

Au début du troisième millénaire, la connaissance des vents tout autour du monde est si précise (en particulier avec les observations satellitaires et les calculateurs de prévision météorologique) que les vitesses sol sont calculables avec précision avant le vol ; sur un vol Paris-Los Angeles, il n'est pas rare, après une douzaine d'heures de vol, que l'heure d'arrivée soit celle qui était prévue, à deux ou trois minutes près.

Un jour de Mistral, en remorquant deux planeurs vers le nord derrière un Morane 500 dans la vallée du Rhône, j'ai été doublé par des poids lourds sur la RN-7 (c'était avant la construction de l'autoroute du Soleil). Il faut dire que cet avion croisait à moins de 180 km/h et que le mistral soufflait à plus de 100 km/h. Il suffisait aux camions de rouler à 90 km/h pour me doubler. On raconte même qu'un Broussard décollant de la piste d'Istres face au nord par fort mistral s'est posé, à court de carburant, sur la même piste, après être resté à sa verticale pendant deux heures. Mais Istres est dans le midi de la France, et cette anecdote a une forte odeur de galéjade.

VITESSE NULLE

En dehors des hélicoptères et de certains avions particuliers (comme le Harrier anglais), un avion ne peut pas voler s'il n'avance pas. Il est pourtant possible d'amener un Mirage III à vitesse nulle en vol, bien que cela paraisse *a priori* impossible. Il suffit de mettre l'avion à la verticale en montée, le nez dans le ciel. Même avec du régime, la poussée étant inférieure au poids, l'avion finit par s'immobiliser. Bien sûr, il n'a pas alors atteint une situation d'avenir. Il repart en arrière sur la queue, le réacteur qui n'est plus alimenté s'arrête. L'avion tombe, mais, par effet girouette, se retrouve bientôt le nez vers le bas. Il suffit alors de rallumer le moteur et de reprendre le vol. Cette manœuvre est toutefois vivement déconseillée, le réacteur n'étant pas conçu pour cela.

Vol

De quoi peut-on bien parler dans un article dont le titre est « Vol » et qui s'insère dans un ouvrage essentiellement consacré à l'aviation ? On pourrait penser qu'une telle question n'a guère de sens, le vol étant le sujet de la plupart des autres articles.

Le mot « vol » est à prendre ici dans une acception différente de celle qui a cours ailleurs dans cet ouvrage. On l'entend ici dans le sens qu'il prend dans l'histoire de ce mécanicien à qui on demandait si, après vingt ans passés dans les hangars de maintenance d'une grande compagnie aérienne, il avait beaucoup volé et qui répondait : « Pas beaucoup, un tournevis par-ci, un compresseur par-là... »

Vols d'avions

Il y a eu, au cours de l'histoire de l'aviation, des avions qui ont été volés. Encore que la chose ne soit pas fréquente, car il est difficile de revendre un avion volé, beaucoup plus difficile que de revendre une voiture volée.

En 1976, sur une base américaine en Allemagne, un mécanicien de l'USAF, pilote d'aéroclub à ses heures, qui venait d'être abandonné par sa fiancée, décida de voler un C-130 Hercules plein de carburant pour aller la rejoindre aux États-Unis. Il monta dans un avion à minuit, sur le parking noir et désert, mit les moteurs en route et s'en alla, tous feux éteints, vers le seuil de piste. Il garda la radio éteinte et n'entendit pas les appels du contrôleur de permanence à la tour de contrôle. Il décolla, monta au cap 270° vers 24 000 pieds, direction les États-Unis. L'alerte ayant été donnée, il fut intercepté par des chasseurs américains puis français au-dessus de la France. Mais il n'était pas question de l'abattre. Après Nantes, de nouveaux chasseurs américains l'interceptèrent au-dessus de l'océan. Il se perdit en mer dans la nuit.

L'histoire la plus savoureuse que je connaisse dans ce domaine reste celle qui s'est passée en Normandie en 1941. Les Allemands avaient envahi la France et avaient installé des escadrilles sur la base de Caen.

Un jeune pilote français, qui n'avait pas eu le temps d'être breveté pilote à cause de la guerre, s'était enfui en Algérie, puis était revenu en Normandie, sa terre natale. Il avait décidé de voler un avion aux Allemands, sur le terrain de Nantes-Carpiquet, mal surveillé, comme le montre la suite. Il avait revêtu une combinaison et s'était mêlé aux ouvriers. Voler un Ju-88 ou un Me-110 était hors de question : ces avions étaient trop complexes. Avisant dans un hangar un Bückler Bu-131, avion d'entraînement de la Luftwaffe, il s'en approcha et fit mine d'être occupé sur le moteur. Puis il pénétra dans le cockpit, mit le moteur en route et le fit chauffer. Il roula vers la piste ; deux voitures allemandes l'ont même laissé passer. Il s'aligna et décolla, sans répondre aux appels de la tour. De toute manière, il n'avait pas branché la radio. Il fit un passage sur la gare, pour prévenir un ami, au courant de ses intentions, puis prit le cap nord. La chasse allemande, vite alertée, fit décoller deux patrouilles pour le rattraper. Mais elles ne le trouvèrent pas, ni entre le terrain et la côte ni au-dessus de la Manche. Une heure après, les chasseurs rentraient bredouilles. Le jeune inconscient avait décidé, avant de mettre le cap sur l'Angleterre, d'aller faire un passage au-dessus de la maison de ses parents, à Falaise. Il ne prit la route de l'Angleterre que plus tard, alors que la chasse allemande s'était reposée. Il atterrit sur un terrain de chasse anglais, un peu au hasard (il faut dire qu'à cette époque, il y avait des terrains d'aviation partout en Angleterre). Moteur coupé, entouré de militaires l'arme au poing, il cria, les bras levés, « *I am Frenchie !* ». Ce jeune pilote fit ensuite carrière comme pilote de chasse en France.

Un an plus tard, en 1942, un autre vol incroyable eut lieu en Russie. Un lieutenant pilote russe aux commandes d'un Iliouchine Il-2 s'engagea dans un combat aérien avec un Messerschmitt Bf-109 allemand. Il fut abattu, mais parvint à poser son avion en flammes dans un champ. Il s'en extirpa et, craignant une explosion, courut se mettre à l'abri dans un buisson. Il vit alors le Messerschmitt atterrir dans le même champ, le pilote allemand en sortir revolver au poing et se diriger vers la carcasse de l'Iliouchine en feu, laissant tourner son moteur. Le lieutenant russe courut vers l'avion allemand, monta dans le cockpit et décolla, laissant le pilote, penaud, au sol. Puis il revint se poser sur sa base.

DÉSERTIONS

Dans un autre registre, il est arrivé aussi que certains pilotes de chasse décident de changer de camp aux commandes de leur avion. Vers la fin de la guerre d'Indochine (à l'époque, la France terminait sa guerre), un pilote de chasse nord-vietnamien avait décidé de déserter avec son Mig-17 de construction soviétique. L'avion fut rendu à son pays d'origine, mais le pilote demanda l'asile politique en France. L'armée de l'air l'engagea comme pilote. Il vola pendant des années en escadre de chasse en France, avec un curieux statut : n'étant pas de nationalité française, il avait dû s'engager dans la Légion étrangère, qui l'avait détaché auprès de l'armée de l'air. Il fut le seul pilote de chasse légionnaire à avoir volé en France.

Il y a eu d'autres transfuges des pays de l'Est qui se sont réfugiés en Occident pendant les dures années de la guerre froide, par exemple ce pilote russe qui posa son Mig-19 sur une base de l'OTAN. Les Américains ont repeint l'avion aux couleurs de l'USAF, avec l'étoile US à la place de l'étoile rouge, puis ont effectué une évaluation opérationnelle complète avant de rendre l'avion, gardant toutefois le pilote en tant que réfugié politique alors que les Russes le réclamaient. En 1976, un autre pilote russe avait également décidé de rejoindre l'Occident avec son Mig-25, un avion spécialement conçu par les Soviétiques pour s'attaquer au bombardier supersonique Walkyrie qui, à l'époque, devait être le fer de lance des États-Unis contre les forces communistes. Décollant d'un terrain des environs de Vladivostok (ce qui rend approximative l'expression « rejoindre l'Occident »), il mit le cap sur le Japon, pays « occidental » le plus proche. Volant à basse altitude, il réussit à échapper aux radars soviétiques. Il se posa, presque à court de carburant, sur un terrain civil ; il sortit de la piste, mais son avion n'avait subi que peu de dégâts. Les Américains purent tout à loisir examiner l'avion, en collaboration avec les services secrets japonais, pendant un mois, avant de le rendre aux Soviétiques. Ils gardèrent le pilote, que les Russes réclamaient. On dit que cette analyse conduisit à la conclusion que le chasseur russe n'était pas si performant que les Américains le craignaient.

Je n'ai pas eu connaissance de transfuges des pays occidentaux vers les pays de l'Est dans ces années de guerre froide.

Vol dos

Le vol dos n'est pas une configuration de vol habituelle, sauf pour les pilotes de chasse et les pilotes de voltige. Cela méritait bien un article.

Vol dos volontaire

De nombreux avions, comme les avions légers de voltige ou les avions d'armes, sont capables de vol dos. Le vol dos ne présente en fait aucune difficulté, après une certaine phase d'acclimatation relativement courte.

Pour qu'un avion puisse faire du vol dos, il suffit que son système de carburant soit adapté, c'est-à-dire que le ou les moteurs puissent continuer à fonctionner avec les réservoirs de carburant à l'envers. En vol dos, en dehors du fait que le facteur de charge est –1, c'est-à-dire que l'on « pend dans les bretelles », il suffit de pousser sur le manche pour monter, et de tirer pour descendre. Les virages bien équilibrés sont un peu plus difficiles. On ne peut plus se servir de la bille, qui est tombée dans un coin de son logement : on utilise une bulle qui a pris sa place. Mais les actions au palonnier ont sur la bulle des effets inverses de ceux qu'elles ont sur la bille (le pied, qui repousse la bille en vol normal, aspire la bulle en vol dos).

Vol dos involontaire

Il est arrivé, à plusieurs reprises dans l'histoire de l'aviation commerciale, que des avions se retrouvent en vol dos à la suite d'une perte de contrôle (voir *Position inusuelle*).

Vol dos à l'atterrissage

Au cours de mes expertises, j'ai été témoin de trois cas de vol dos à l'atterrissage (dans la mesure où l'on peut parler de « vol » pour des avions qui viennent d'atterrir). Il s'agit de passages dos involontaires à l'atterrissage pour des avions commerciaux.

En 1992, un DC-10 toucha un peu fort lors d'un atterrissage à Faro (Portugal) – fort, mais à l'intérieur du domaine de non-rupture. Le train droit se brisa, cassant l'aile droite à son niveau. L'avion fit un demi-tonneau à droite, toucha la piste du sommet de sa dérive, puis revint en position normale (une aile en moins) ; il y eut plusieurs morts.

En 1997, un MD-11 (successeur du DC-10, même structure générale) toucha un peu fort à l'atterrissage à Newark (USA), toujours à l'intérieur du domaine de non-rupture. Le train droit se brisa, cassant l'aile droite à son niveau ; l'avion fit un demi-tonneau à droite, toucha la piste du sommet de sa dérive et resta sur le dos. Il n'y eut aucune victime, c'était un avion-cargo. L'équipage est sorti par une fenêtre du cockpit.

En 1999, un MD-11 toucha un peu fort à l'atterrissage à Hong-Kong (Chine), subissant le même accident que les précédents. Il y eut plusieurs morts ; les survivants furent désincarcérés de l'épave trois heures après le crash.

Avant d'être invité à donner mon avis sur ces accidents à titre d'expert, je n'imaginais pas qu'un avion commercial puisse passer sur le dos à l'atterrissage. On s'est posé de sérieuses questions sur la structure des DC-10/MD-11. Les réponses sont pour l'instant confidentielles. Sans doute en saura-t-on officiellement davantage un jour sur la raison profonde de ces trois accidents. Leur analyse deviendra alors un cas d'école, alors que leur occurrence est passée presque inaperçue dans les médias.

Si les cas de passage dos d'avions commerciaux sont rares, ils se produisent parfois çà et là. En 1995, un Grumman Gulfstream-1 se présente à l'atterrissage à Lyon-Satolas (qui ne s'appelait pas encore Saint-Exupéry). Il effectue une approche finale rapide en décélération et touche violemment le sol sur le train droit. L'aile droite se brise, l'avion passe sur le dos et prend feu. Les 24 passagers et les trois membres d'équipage parviennent à évacuer à temps.

Vol dos sur un avion de voltige

Il n'est *a priori* pas surprenant qu'un avion de voltige fasse du vol dos. Mais qu'il ne puisse faire que du vol dos l'est bien davantage. En juin 1970, un pilote de voltige effectue un entraînement pour une présentation acrobatique en vue des championnats de monde de voltige.

Dans une ressource verticale, son Zlin Akrobat casse son aile droite, qui se replie vers le haut sans se détacher complètement, comme la couverture d'un livre. Instinctivement, le pilote fait un demi-tonneau. En vol dos, l'aile tient en place. Le pilote n'ayant pas de parachute, il effectue un circuit d'approche en vol dos. En finale, une tentative pour revenir en vol normal à faible vitesse replie l'aile. Il retourne immédiatement au vol dos. En très courte finale, il fait un demi-tonneau à 5 mètres du sol (l'aile gauche effleurant le sol) et atterrit sans problème.

Voltige

La voltige aérienne telle que je l'ai pratiquée était un plaisir, une sorte de sport. La voltige aérienne bien faite est presque un métier et ne procure pas sur le coup de grande satisfaction, tant elle est difficile et épuisante. Les satisfactions qu'elle apporte sont celles d'un travail bien fait.

La figure ci-dessous montre (de façon schématique) quelques figures de base de voltige. Les Anglo-Saxons, qui ont une langue adaptable aux nouveautés, appellent le brouillard londonien « *smog* » (contraction de

VOLTIGE

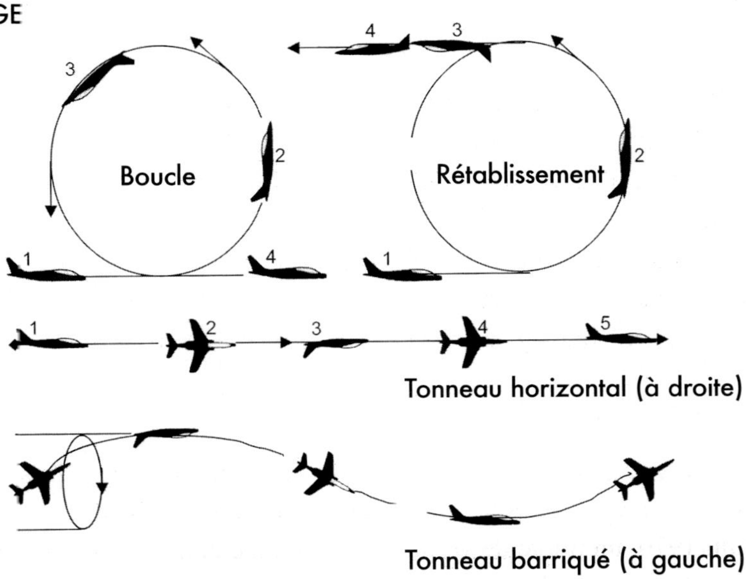

smoke, « fumée », et *fog*, « brouillard »), le tunnel sous la Manche « *chunnel* » (contraction de *Channel*, « Manche », et *tunnel*), et la voltige aérienne « *aerobatics* ».

J'ai fait de la voltige sur de nombreux avions, des avions légers comme le MS-733 ou le CAP 20, des avions d'entraînement comme le Fouga Magister ou le T-33, des avions de chasse comme le Vampire ou le Mirage III. Toujours avec plaisir, sans forcer mon talent, la satisfaction visée étant la mienne et non celle du public. J'ai même eu l'occasion de faire des boucles inversées (où l'on pique vers l'avant avant de passer le point bas à un facteur de charge de – 2) sur un avion adapté à cette manœuvre, le Nord 3202.

Voltige sur avion commercial

On peut, en fait, effectuer plusieurs figures de voltige sur des avions plus gros. Dans les années 1960, lors du convoyage d'une Caravelle, un commandant de bord voulut se faire plaisir. Le convoyage étant effectué avec le seul équipage technique (deux pilotes et un mécanicien navigant), il pensait que, avec la complicité des deux autres, sa démonstration passerait inaperçue. Il était parti pour une boucle. Manquant d'expérience en voltige aérienne, du moins sur ce type d'avion, il commença par frôler le décrochage au point haut puis, se retrouvant en piqué accentué dans le dernier quart de la trajectoire, dut tirer sur son manche jusqu'à atteindre un facteur de charge de 4 (pour un maximum autorisé de 2,5). Fait plus grave, nul n'a parlé de l'incident dans l'équipage et l'avion revola sans contrôle technique avec des passagers. C'est seulement au cours d'une analyse de routine du FDR – la boîte noire qui enregistre les paramètres et qui est systématiquement dépouillée de loin en loin, même s'il n'y a pas d'accident – que l'on découvrit l'incident. Le commandant de bord fut immédiatement licencié.

Cette autre histoire se passe sur un Beech 99, aux États-Unis, en 1994. L'avion devait effectuer un vol de contrôle de routine, avec aux commandes deux pilotes instructeurs de la même compagnie qui se jugaient trop bons pour effectuer un banal contrôle. Ils décident de tuer le temps en discutant et écoutant de la musique. C'est la nuit et il fait beau. Puis ils décident de faire des huit paresseux à 2 000 pieds. Le huit paresseux n'est pas vraiment de la voltige. C'est une succession de montées à gauche puis à droite, avec des inclinaisons approchant les 90 degrés à droite puis à gauche, le tout en douceur et sans risque. L'un des deux pilotes, qui prétend avoir fait de la voltige en avion léger, propose de faire un tonneau barriqué. Il part à 1 300 pieds point bas, en prise de vitesse. La figure, un peu plus délicate, surtout de nuit et à basse altitude, est complètement ratée. L'avion s'écrase dans une boule de feu. Comme il n'y avait personne dans les locaux de la compagnie, nul ne s'inquiète (les pilotes devaient, à leur retour, garer l'avion eux-mêmes pour la fin de la nuit). C'est la femme d'un des pilotes qui donne l'alerte, trois heures après l'heure d'atterrissage prévu. On ne retrouva l'épave de l'avion que le lendemain matin.

On peut, avec de l'expérience et beaucoup de précautions, effectuer sur des avions de taille notable certaines figures de voltige comme le tonneau barriqué, qui, bien fait, ne fatigue pas l'avion. Mais il ne faut pas se lancer dans de telles expériences.

Vrille

La vrille a toujours été considérée comme un phénomène particulièrement dangereux dans l'aviation. C'est la situation dans laquelle se trouve un avion qui descend rapidement vers le sol en tournoyant sur lui-même. Si le pilote ne parvient pas à sortir à temps de cette vrille – ce qui est parfois difficile –, il va s'écraser au sol. Dans les aéroclubs, on enseignait jadis aux jeunes pilotes cette maxime : « Le décrochage, c'est la vrille ; la vrille, c'est la mort ». Heureusement, on arrive parfois à sortir de vrille.

L'analyse aérodynamique d'une vrille n'est pas simple. Tous les avions ne descendent pas en vrille de la même façon. Par ailleurs, il y a des vrilles « à plat », des vrilles « ventre » et des vrilles « dos », ces dernières étant plus rares mais également plus dangereuses.

Pour se cantonner à la forme de vrille la plus classique, on dira que l'avion descend sur une trajectoire hélicoïdale à axe vertical. Le diamètre de l'hélice-trajectoire A est réduit (de l'ordre de grandeur de la taille de l'avion). Dans sa descente, l'avion a une forte incidence α (souvent plusieurs dizaines de degrés). Par ailleurs, descendant avec le nez relativement haut et avec une trajectoire très proche de la verticale, l'avion entraîne derrière lui une sorte de sillage vertical, zone de fluide mort cylindrique B.

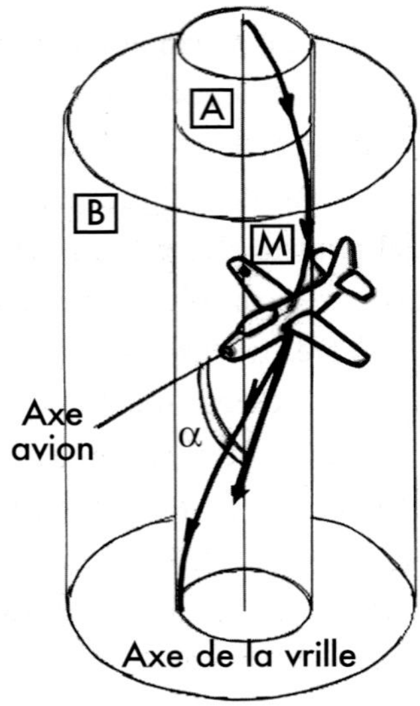

Sortie de vrille

Il existe différentes méthodes pour sortir de vrille, variables selon l'avion, plus ou moins efficaces. Une des plus classiques est : manche secteur avant, pied contre. Mais il vaut mieux connaître la procédure appropriée à l'avion sur lequel on vole. En Mirage III, en cas de vrille, il fallait réduire la poussée, mettre le palonnier au neutre, et mettre « du manche avec », plus exactement placer le manche du côté de la vrille sur un repère de bandes jaunes et noires alternées peintes à l'intérieur du cockpit.

Essais de vrille

Lorsqu'un nouvel avion est produit et lorsqu'on veut s'assurer de son comportement en vrille (allure de la vrille, méthode pour en sortir), on procède d'abord à des essais en soufflerie, puis à des essais en vol. Pour les essais en soufflerie, on utilise une soufflerie verticale à grand diamètre dans laquelle l'air est aspiré vers le haut. La veine d'air est entourée de filets verticaux suspendus. Une fois la soufflerie en action, on lance dans la veine d'air une maquette de l'avion, dans l'attitude probable de l'avion en vrille, avec éventuellement une rotation initiale appropriée. Si on a trouvé la bonne attitude et approché la bonne vitesse de rotation, si par ailleurs la vitesse de la veine d'air est adaptée, la maquette s'établit en vrille, tout en restant stable à la même hauteur du fait de la vitesse verticale de la veine d'air qui compense sa chute.

Généralement, on ne réussit pas du premier coup. Parfois, l'avion tombe au fond de la soufflerie parce que la vitesse de la veine d'air est insuffisante, ou bien la maquette sort de la veine et vient s'échouer dans des filets disposés à cet effet tout autour. On finit par y arriver, pour peu que l'expérimentateur ait vite trouvé le bon coup de main. On peut alors observer et filmer à loisir l'allure de la vrille.

On peut également étudier la procédure de sortie de vrille, en équipant la maquette de gouvernes télécommandées. Le film est alors essentiel pour analyser la phase transitoire de sortie de vrille. Il existe en France une soufflerie particulièrement bien adaptée à l'étude des vrilles, à l'IMFL (Institut de mécanique des fluides de Lille).

Pour les essais en vol, on fait accompagner l'avion en essai par un autre avion, si possible équipé de caméras. Puis on effectue plusieurs mises en vrille et sorties de vrille. Pour analyser plus facilement le film de la vrille (car, pour des raisons de sécurité, l'avion qui emporte le *cameraman* chargé de la restitution se tient assez loin de l'avion en essai), on peint parfois les ailes de l'avion en vrille de couleurs vives différentes – rouge et jaune par exemple. Ces essais sont très dangereux. On se donne une altitude minimale à laquelle il faut impérativement évacuer l'avion si la procédure de sortie de vrille s'avère inefficace. Malgré toutes ces précautions, les essais de vrille se terminent parfois tragiquement. Un de mes camarades de promotion à l'EPNER s'est tué dans des essais de vrille sur le prototype d'un monomoteur de voltige au Brésil.

Malgré des résultats satisfaisants en essai en soufflerie, l'avion n'est pas sorti de vrille, ni avec la procédure définie ni avec une autre. Le pilote a évacué l'avion à l'altitude décidée avant le vol. Mais il n'a pas pu ouvrir son parachute. Il n'y avait pas assez de vent relatif dans la zone de sillage (B de la figure précédente). Il s'est écrasé au sol avec son parachute ouvert mais avec la voile non gonflée, exactement au point de chute de l'avion.

Vrille sur un avion commercial

Des vols commerciaux ont subi, à plusieurs reprises, des décrochages et des vrilles. La plupart de ces vrilles se sont terminées par des accidents mortels. L'aventure ci-dessous, qui se déroula dans les années 1960, s'est mieux terminée. Le mécanicien navigant d'un Boeing 727 en vol commercial s'était rendu aux toilettes (détail important pour la suite). L'avion volait au niveau de vol 330 (soit 33 000 pieds – environ 10 000 mètres). Il y avait de nombreux cumulonimbus et le commandant de bord était obligé de slalomer entre les têtes de nuages, car il est strictement recommandé de ne pas y entrer (voir *Nuages*). Pour passer franchement au-dessus, le commandant de bord demanda au contrôleur à voler 2 000 pieds plus haut, au niveau 350 (35 000 pieds). Mais l'avion était un peu lourd. Le commandant de bord eut alors une idée aéronautiquement valable mais réglementairement incorrecte : sortir quelques degrés de volets (ce qui est rigoureusement interdit en altitude par les procédures). Il plaça donc la commande des volets sur « sorti ». Mais, comme il y avait sur cet avion des crans présélectionnés et comme il ne voulait que quelques degrés, il coupa le circuit électrique des volets quand il eut atteint la bonne valeur en débrayant un conjoncteur-disjoncteur (*breaker*) au panneau mécanicien. Il monta sans difficulté au niveau 350. Quand le mécanicien navigant revint des toilettes (voilà pourquoi ce détail était important), il vit sur son panneau un *breaker* coupé, sans doute intempestivement. Il le remit en marche sans rien dire. Les volets rentrèrent immédiatement. L'avion, qui avait alors une portance insuffisante pour son altitude, décrocha et partit en vrille. L'équipage était perdu ; les commandes furent actionnées dans le désordre le plus absolu, tirées, poussées, à droite et à gauche. On n'a pas restitué le nombre de tours effectué, mais il doit être important, car l'avion retrouva un vol normal seulement à 5 000 pieds, soit 10 000 mètres plus bas. C'est le copilote qui fut à l'origine de la sortie de vrille : il avait sorti le train d'atterrissage à la vitesse incroyable de 480 nœuds (900 km/h). Le train est sorti et a tenu, mais les trappes ont été arrachées. L'avion a été sauvé ; on ne compta que cinq blessés légers à bord.

VSV (Vol sans visibilité)

Les techniques de base du vol sans visibilité (VSV) ont été développées vers la fin de la Seconde Guerre mondiale. Pour voler sans visibilité, le pilote doit utiliser ses instruments. Il y a deux types d'instruments : ceux qui permettent de piloter l'avion (monter, descendre, tourner ou voler tout droit) et ceux qui permettent de suivre une trajectoire (pour aller d'un point à un autre ou pour atterrir sur un terrain).

Les instruments de pilotage en VSV étaient au départ assez rudimentaires : un compas magnétique (stabilisé ensuite sous forme de compas gyromagnétique), un indicateur de virage (remplacé plus tard par l'horizon artificiel), un anémomètre, un altimètre et un variomètre. Au cours des années 1960, tous les instruments ont été directement alimentés par des centrales anémométriques (anémomètre, variomètre, altimètre) et gyroscopiques (horizon artificiel, compas gyromagnétique). À partir des années 1970, la stabilisation par plate-forme inertielle s'est généralisée. Au cours des années 1980-1990, les instruments électromécaniques ont été remplacés par des tubes cathodiques. Mais le VSV de base est resté le même. À ceci près que les pilotes le pratiquaient de moins en moins, laissant le pilote automatique diriger l'avion.

Pour le suivi de trajectoire en ligne, on a utilisé tour à tour : des systèmes radioélectriques du type LORAN, DECCA ou CONSOL, des balises radiocompas ou NDB (Non Directional Balises) et des balises VOR-DME. Pour les approches sur les aérodromes, on a utilisé le radiocompas, le radiogoniomètre, le VOR, puis presque systématiquement l'ILS.

Les militaires, qui ont toujours davantage fait confiance aux contrôleurs radar sol, ont préféré les approches GCA (Ground Control Approach), dans lesquelles c'est le contrôleur qui guide l'avion, le pilote se contentant de suivre les ordres (en cap et en vitesse verticale) qui lui sont adressés.

Vitesse verticale

L'entraînement au VSV se fait dans des simulateurs de vol installés au sol. Les premiers simulateurs étaient des sortes de caisses à savon montées sur des soufflets pneumatiques capables de prendre des attitudes à cabrer et piquer et de tourner sur 360 degrés. Ces engins primitifs s'appelaient « *Link trainers* », du nom de leur constructeur. Leur cockpit était sommaire, ne cherchant pas à simuler un avion existant. Ils ne servaient qu'à l'apprentissage basique du VSV.

Plus tard sont apparus des simulateurs de vol plus complets aux ambitions plus grandes : on y aborde le vol entier, et pas seulement les questions basiques de VSV. On peut également pratiquer l'entraînement au VSV en vol, sur des avions d'entraînement spécialement conçus. Le pilote à l'entraînement ne doit pas voir l'extérieur et se cache sous une capote qui ne lui laisse voir que la planche de bord.

Nous pratiquions cet entraînement en école de chasse sur le T-33 (T-Bird). Le pilote instructeur était devant, l'élève derrière, sous la capote. Je me rappelle que, pour certains exercices complexes dits « panneau partiel », dans lesquels il fallait pratiquer le VSV sans horizon artificiel, nous simulions la panne d'horizon en abaissant devant l'instrument un cache métallique. Une fois abaissé, ce cache établissait un contact électrique qui allumait un voyant ambre sur la planche de bord de l'instructeur. Nous n'avons pas mis longtemps à comprendre que, avec un petit fil électrique judicieusement placé, nous pouvions faire allumer le voyant de l'instructeur tout en continuant à utiliser l'horizon artificiel. Comme on disait dans les années 1960, en France on n'a pas de pétrole mais on a des idées.

W comme…

Walkyrie

Au milieu des années 1960, les États-Unis ont fait voler l'un des avions les plus extraordinaires de la fin du millénaire. La Walkyrie appartient à la mythologie germanique. Elle a été mise en scène par Richard Wagner dans *L'Anneau de Nibelung* à la fin du XIXe siècle à Bayreuth, où l'opéra est repris tous les ans dans un festival de renommée mondiale.

Quand les Américains ont choisi ce nom pour un de leurs avions les plus fameux, ils en ont déformé l'orthographe et l'ont transformé en « Valkyrie ». Malgré le respect que j'ai pour les innovations américaines, je ne puis me résoudre à déformer le nom et conserverai ici l'orthographe originelle allemande.

Le XB-70 Walkyrie était un immense avion construit par North American, à aile delta, propulsé par six réacteurs installés côte à côte sous le fuselage. Ce grand oiseau blanc avait deux dérives sur la face supérieure de son aile. Les extrémités triangulaires de l'aile pouvaient, pour stabiliser le vol, basculer vers le bas. Il avait sur le nez des « moustaches » (empennage canard) de l'envergure d'un chasseur de l'époque. Cet avion, qui dépassait Mach 3, devait être le fer de lance de l'aviation militaire américaine dans son bras-de-fer avec l'Union soviétique. Il ne fut construit qu'en deux exemplaires ; l'un des deux termina sa carrière de façon lamentable dans le tournage d'un film publicitaire (voir *Tourbillons d'apex*).

Si on observe un plan trois-vues du Walkyrie dans une encyclopédie de l'aviation, on n'est guère impressionné. On est même un peu déçu, tant l'avion paraît frêle et fragile. Il faut dire que, dans ces encyclopédies, chaque avion dispose pour son plan trois-vues d'un espace qui est le même pour tous. Il faut réduire d'une façon excessive les plans du Walkyrie pour parvenir à les faire entrer dans la case prévue à cet effet.

Pour ma part, j'ai découvert le Walkyrie en 1965, dans un immense hangar de la base d'Edwards AFB, où il était en maintenance. C'était pendant le voyage d'études de ma promotion de Sup'Aéro. L'impression que j'eus alors est difficile à exprimer. J'avais l'impression de me trouver devant un monument, une gigantesque statue d'art moderne, un Calder lançant une flèche au-dessus de ma tête (c'était le nez de l'avion) pendant que les deux plans des ailes allaient se perdre bien loin, dans les angles de l'immense hangar. Ce qui m'a le plus impressionné, ce sont les entrées d'air. Nous avions été autorisés à escalader les nombreuses marches des échelles métalliques qui entouraient l'avion pour accéder aux deux immenses entrées d'air, deux portes béantes de plus de 2 mètres de haut sur autant de large avec, derrière, un long couloir courbe menant aux réacteurs en batterie – trois derrière chaque porte. Le sol des couloirs était recouvert d'un tapis rouge, et l'ensemble était éclairé par des projecteurs. Sur le côté (côté fuselage), les panneaux de recompression supersonique donnaient l'impression de larges battants de portes cochères entrouvertes. Nous en sommes restés ébahis. Cela restera pour moi une des émotions fortes de ma vie de pilote. Et pourtant, je n'ai pas volé sur cet avion.

Z *comme...*

Zénith et horizon

Pendant des années, entre 1945 et 1965 – date d'apparition des premières centrales inertielles –, la navigation astronomique a été pratiquement le seul moyen, pour un avion long-courrier effectuant un vol intercontinental, de faire le point, c'est-à-dire de déterminer sa position. Le navigateur chargé de déterminer ce « point astro » – qui faisait ses visées au travers d'un astrodôme – devait avoir de très bonnes connaissances en astronomie de position.

On donne ci-contre les éléments de repérage de la position d'un astre sur la sphère locale d'un observateur.

Coordonnées horizontales

Sur la sphère céleste qui nous entoure (et dont on ne voit que la moitié supérieure), le point situé exactement à la verticale d'un observateur (au-dessus) est dit « zénith » (Z) de cet observateur. Le point opposé de la sphère,

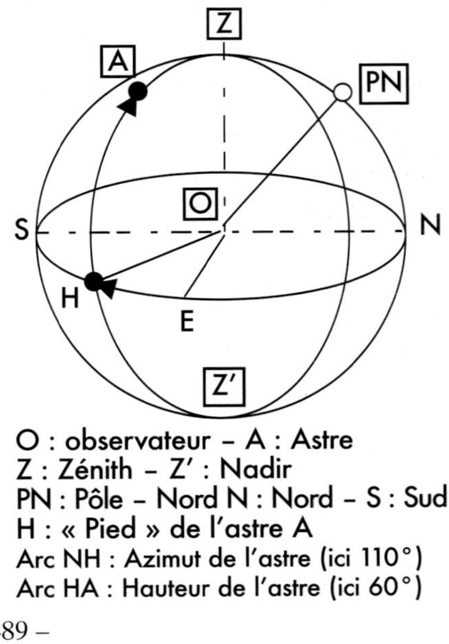

O : observateur – A : Astre
Z : Zénith – Z' : Nadir
PN : Pôle – Nord N : Nord – S : Sud
H : « Pied » de l'astre A
Arc NH : Azimut de l'astre (ici 110°)
Arc HA : Hauteur de l'astre (ici 60°)

invisible car exactement sous les pieds de l'observateur, est appelé « nadir » (Z'). Le zénith, avec le grand cercle associé qui n'est autre que l'horizon de l'observateur, le pôle Nord (projeté sur la sphère céleste) et le Nord (projection du pôle Nord sur l'horizon depuis le zénith) permettent de définir les coordonnées horizontales d'un astre pour l'observateur.

Ces coordonnées sont (figure page précédente) : la hauteur (HA), mesurée angulairement sur le cercle de hauteur de l'astre à partir de l'horizon vers l'astre et comptée de 0 à 90 degrés (on notera que le complément de la hauteur, noté ZA, compté du zénith vers l'astre, est appelé « distance zénithale »), et l'azimut NH, mesuré sur l'horizon à partir du Nord vers le cercle de hauteur de l'astre et compté de 0 à 360 degrés dans le sens des aiguilles d'une montre.

Mouvements apparents du soleil

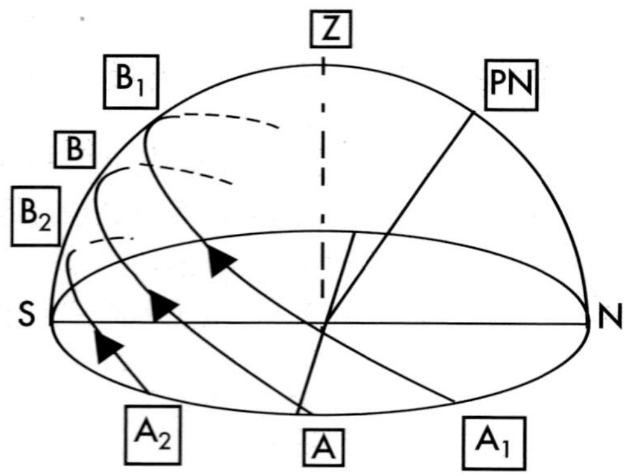

On pourra retenir quelques particularités concernant la sphère locale et les coordonnées horizontales. Le pôle visible (le pôle Nord pour un observateur de l'hémisphère Nord, le pôle Sud pour un observateur de l'hémisphère Sud) est situé à une hauteur au-dessus du point cardinal correspondant (Nord ou Sud) égale à la latitude de l'observateur. En clair, à Paris (environ 48° de latitude nord), le pôle Nord (*grosso modo* l'étoile polaire) est à 48 degrés au-dessus du Nord. Le Soleil, qui a une déclinaison nulle aux équinoxes (21 mars et 21 septembre), une déclinaison de 23° 27' N au solstice d'été (21 juin) et de 23° 27' S au solstice d'hiver (21 décembre), passe sur la sphère locale aux positions représentées sur la figure ci-dessus. À Paris, le 21 mars, le Soleil se lève exactement à l'est (en A), passe à midi à 42 degrés au-dessus de l'horizon sud (point B), et se couche à l'ouest (point C derrière la figure). Toujours à Paris, le 21 juin, le Soleil se lève au nord-est (point A1), passe à midi à 65 degrés au-dessus de l'horizon sud, soit très haut dans le ciel (point B1), et se couche au nord-ouest (point C1, derrière la figure). Toujours à Paris, le 21 décembre, le Soleil se lève au sud-est (en A2), passe à midi à 19 degrés au-dessus de l'horizon sud, soit très bas dans le ciel (point B2), et se couche au sud-ouest (point C2, derrière la figure). La durée du trajet du Soleil dans le ciel visible – c'est-à-dire la longueur de la journée – est donc, à Paris, de : douze heures aux équinoxes de printemps et d'automne (21 mars et 21 septembre), quinze heures vingt au solstice d'été (21 juin) et huit heures quarante au solstice d'hiver (21 décembre).

Jour, nuit et saisons

Une façon élégante de présenter l'évolution des jours et des nuits au cours de l'année consiste à tracer sur un planisphère les zones d'ombre et de lumière liées au Soleil – la moitié de la Terre est éclairée en permanence tandis que l'autre moitié est dans l'ombre. Sur le planisphère, le grand cercle séparant le jour de la nuit est représenté par une courbe vaguement sinusoïdale.

La figure 1 ci-dessous représente l'état des lieux au solstice d'hiver (21 décembre). Le point subastral du Soleil est à sa position extrême sud, sur le tropique du Capricorne (point noir au large de l'Australie à 23 heures UTC). Il fait nuit à Paris (sur le parallèle P) ; c'est la nuit la

JOUR ET NUIT LE 21 DÉCEMBRE
(SOLSTICE D'HIVER) 23 h UTC

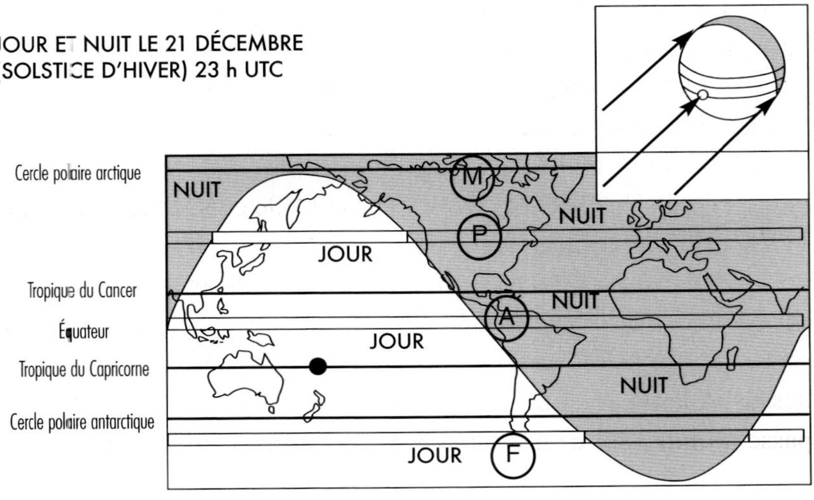

plus longue de l'année pour les Parisiens. C'est la nuit continue au pôle Nord et au nord du cercle polaire arctique (comme à Mourmansk, parallèle M). C'est le jour continu au pôle Sud et au sud du cercle polaire antarctique.

À Abidjan, sur l'équateur (A), le jour et la nuit durent chacun douze heures.

La figure 2 ci-dessous représente l'état des lieux à l'équinoxe d'automne (21 septembre). Le point subastral du Soleil est sur l'équateur (point noir au large de Djibouti à 8 heures UTC). Les jours et les nuits durent partout douze heures, à Mourmansk comme à Abidjan, à Paris comme aux îles Falkland (F).

Au solstice d'été (le 21 juin), la situation est exactement à l'opposé de celle de la figure 1. Le point subastral du Soleil est à sa position extrême nord, sur le tropique du Cancer. La durée du jour est maximale à Paris ; le Soleil ne se couche pas au nord du cercle polaire arctique.

JOUR ET NUIT LE 21 SEPTEMBRE
(ÉQUINOXE D'AUTOMNE) 08 h UTC

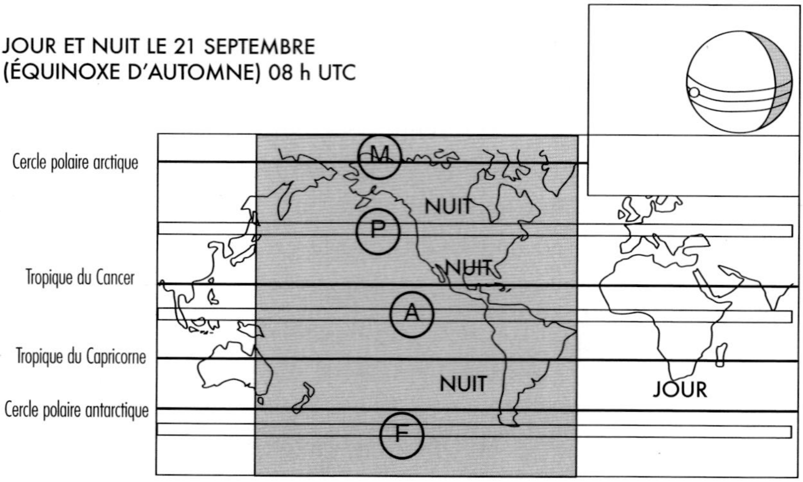

POUR PLUS DE RENSEIGNEMENTS :

contacter Information service
08 26 30 64 78 (0,15 €/min.)

Éditions Privat
BP 73621
31036 Toulouse Cedex 1

Corrections : Patricia Sultan et Anne Desmier.

Cet ouvrage a été achevé d'imprimer sur les presses
de l'imprimerie Alzamora, Girona (Espagne),
en avril 2007.
Photogravure de la couverture et des illustrations intérieures :
Quat'Coul, à Toulouse (31).

Imprimé en Espagne.